普通高等教育计算机类系列教材

云计算原理、技术及应用

马宏伟 等 编著

科学出版社

北 京

内 容 简 介

云计算技术原理繁杂，新技术层出不穷，应用实践不断深化。本书包括并行计算、虚拟化、分布式系统、数据中心、OpenStack、容器和容器云、Apache Hadoop 等内容，尝试从基本原理、主流技术和应用实践三个方面全面、系统地介绍云计算，帮助读者把握云计算的全局，厘清云计算的发展脉络。本书将科学性和实用性有机结合，引入云计算的最新技术，内容新颖、语言简明。

本书可以作为普通高等院校计算机、电子信息、自动化及相关专业的本科生或研究生的教材，帮助学生掌握云计算的基本原理，熟悉云计算的主流技术，熟练应用云计算技术分析和解决实际问题。本书也可以供对云计算技术感兴趣的工程技术人员参考。

图书在版编目（CIP）数据

云计算原理、技术及应用 / 马宏伟等编著. —北京：科学出版社，2024.6
普通高等教育计算机类系列教材
ISBN 978-7-03-077234-3

Ⅰ.①云… Ⅱ.①马… Ⅲ.①云计算-高等学校-教材 Ⅳ.①TP393.027

中国国家版本馆 CIP 数据核字（2023）第 244270 号

责任编辑：纪晓芬 / 责任校对：马英菊
责任印制：吕春珉 / 封面设计：东方人华平面设计部

科学出版社 出版
北京东黄城根北街 16 号
邮政编码：100717
http://www.sciencep.com
三河市良远印务有限公司印刷
科学出版社发行　各地新华书店经销
*
2024 年 6 月第 一 版　开本：787×1092　1/16
2024 年 6 月第一次印刷　印张：22
字数：521 000
定价：68.00 元
（如有印装质量问题，我社负责调换）
销售部电话 010-62136230　编辑部电话 010-62135397-2021

前　言

　　1961 年，约翰·麦卡锡（John McCarthy）教授在麻省理工学院百年校庆时预见了云计算的出现："Computing may someday be organized as a public utility just as the telephone system is a public utility."（也许有一天，计算会像电话系统一样被组织成为一种公用事业。）现今，云计算已经成为数字经济和社会的基础设施，正在深刻影响和改变着人们的工作和生活方式。

　　党的二十大报告提出，要构建新一代信息技术等一批新的增长引擎，打造具有国际竞争力的数字产业集群。云计算是信息时代国际竞争的制高点和经济发展新动能的助燃剂，加快推动云计算创新发展，是推进中国式现代化进程的关键。

　　云计算是分布式计算、并行计算、网格计算、网络存储、虚拟化、负载均衡、热备冗余等传统计算机技术和网络技术融合发展的产物。目前，将云计算基本原理、主流技术和应用实践相结合的教材比较少见。为此，作者尝试总结云计算的基本原理、主流技术和应用实践，结合近年来讲授相关课程的教学经验，编写了本书。

　　本书有三个突出特点。

　　1. 系统、全面

　　初入云计算领域的读者容易在多种多样的框架、技术和平台中迷失，难以对云计算基本原理和主流技术进行总体把握。本书按照云计算基本原理、主流技术和应用实践三个层次系统性地组织内容，有利于读者把握云计算的全局，厘清脉络。

　　2. 理论与实践相结合

　　在基本原理部分重点介绍了并行计算、分布式计算、虚拟化等核心技术原理，目的是解决"为什么"的问题；在主流技术部分重点介绍了并行程序设计框架（message passing interface，MPI）、Intel VT、GFS/HDFS/Ceph、OpenStack、亚马逊云计算服务（Amazon Web services，AWS），以及以 Docker 和 Kubernetes 为代表的容器和容器云、Hadoop MapReduce 等，目的是解决"做什么"的问题；在应用实践部分重点介绍了集群搭建、并行程序设计、容器应用部署、MapReduce 应用程序设计等，目的是解决"怎么做"的问题。另外，在内容组织上，本书将原理、技术和应用实践三部分交叉融合。一方面有利于加深对基本原理的理解，另一方面有利于"知行合一"，提升学习效果。例如，在第二章"并行计算"中，首先介绍并行计算机的基本概念、并行计算机体系结构、并行计算性能评价、并行程序设计模型、并行程序设计过程等基本原理，接着介绍 MPICH 等主流 MPI 并行程序编程框架，最后介绍并行程序实例。

　　3. 内容新颖

　　本书引入了云计算技术相关的最新进展和成果。例如，第一章"云计算概论"包含

X+云、法律与合规等内容；第五章"数据中心"介绍了网络功能虚拟化和数据中心网络的最新技术；第七章"容器和容器云"包含 Docker Compose、Kubernetes 等内容。

本书由马宏伟组织并主持编写，具体分工如下：马宏伟编写第一至四章及第七章，李学东副教授编写第五章，徐慧慧博士编写第六章，李晓峰教授编写第八章。

在本书撰写过程中，作者得到了许多人的帮助和支持，并得到了山东建筑大学研究生教材建设立项经费资助。感谢科学出版社为本书出版提供的大力帮助，感谢所有帮助、支持和鼓励我们完成本书编写工作的家人和朋友。

云计算相关技术繁多，且充满活力。尽管作者对云计算非常感兴趣，但自知才疏学浅，仅是略知皮毛，书中难免存在不足和疏漏之处，敬请读者不吝赐教。

目　　录

第一章　云计算概论

云计算已经成为数字经济和社会的基础设施，正在深刻影响和改变着人们的工作和生活方式。本章对云计算进行简要介绍，包括云计算的基本概念、服务模式、部署模型、关键技术、应用场景，以及云计算的起源和发展、面临的挑战。

第一节　云计算的基本概念

互联网时代，信息与数据量爆炸式增长，对计算机的计算和存储能力都提出了极高的要求。传统应用正变得越来越复杂，需要支持更多用户，拥有更强的计算能力和更高的安全性等。为了满足对应用和数据处理能力不断增长的实际需求，用户不得不购买更多的服务器、存储、网络等硬件设备，以及数据库、中间件等软件。即使软硬件资源比较充足，但仍然会经常遇到计算机崩溃、软件运行速度越来越慢、安全问题不断侵扰等诸多令人不胜其烦的问题。

维护一台计算机比较简单，维护一批计算机的工作实际上非常复杂，且成本高昂。软硬件升级、网络管理维护、机房环境控制、故障排查、用户管理等工作都需要大批专业技术人员。即使是在拥有出色信息技术（information technology，IT）部门的大型企业中，用户仍不断抱怨系统难以满足需求。对于中小规模企业和个人创业者来说，IT系统运维成本更是难以承受。如果软硬件设备处理能力足够强大且绿色节能、从不崩溃，即使崩溃数据也不会丢失、不受病毒影响、无须频繁地打补丁，信息技术人员的工作将会非常惬意。

从资源提供的角度来看，如果不能为应用提供充足的资源，应用系统性能将受到损害，结果要么是损失收入，要么是流失客户。如果为应用提供超出用户或应用实际需求的过量资源，系统资源将得不到有效利用，运营成本居高不下，利润也会受到影响。因此，根据实际需求动态地调整资源供给既是目标，也是要求。

云计算应运而生。将应用部署在云端，用户不用再关注令人头疼的软硬件问题，这些问题由云服务提供商（即云服务商）负责处理。用户只需要根据自己的实际需求，像用水、用电一样使用云服务，并按实际的资源使用量支付费用。云计算实现了资源管理的灵活性，可以做到资源层面的弹性管理。云服务商将计算、存储、网络资源汇聚成资源池，为大量用户提供服务。大量用户对资源总体需求的波动性相对较小，这有利于云服务商更灵活、有效地控制资源供给和进行资源管理，可以在满足用户需求的同时节约运营成本。

目前，云计算逐步进入成熟化阶段，已经成为数字经济和社会的基础设施，正在深刻影响和改变着人们的工作和生活方式。亚马逊（Amazon）、微软（Microsoft）、谷歌（Google）、IBM、阿里巴巴等公司大力支持云计算技术和云计算平台研发，越来越多的企业使用了基于云的服务，我们生活中的点点滴滴都直接或间接地受到了云计算的影响。抖音、支付宝、淘宝、微信等常用 App 的背后都有云计算的强大支持。

一、云计算的定义

云计算是从大型计算机到客户机-服务器转变之后的又一次巨变，是分布式计算、并行计算、网格计算、效用计算、网络存储、虚拟化、负载均衡、热备冗余等传统计算机和网络技术融合发展的产物。云计算的出现彻底改变了整个 IT 产业的结构和运行方式。同时，云计算与人工智能、大数据、物联网、通信等技术都有比较紧密的关系。

目前，云计算还没有一个统一的定义。不同的人从不同的视角，对云计算有不同的认识和理解。从用户角度看，云计算是通过互连网络提供的 IT 服务。用户通常更关心云计算提供的硬件、软件、数据、配置等服务，以及使用这些服务的方式和费用，希望能像使用水、电、煤气一样使用云计算服务。从云服务商角度看，云计算是为大规模用户提供按需使用、按量付费、弹性扩展、安全可靠、成本低廉的 IT 基础设施和商业模式。从技术角度看，云计算是可以将虚拟化的 IT 资源进行动态部署、动态分配、实时监控的分布式计算系统。

美国国家标准与技术研究院（National Institute of Standards and Technology，NIST）将云计算定义为一种模式，它允许用户通过无所不在的、便捷的、按需获得的网络接入一个可动态配置的共享计算资源池（包括网络、服务器、存储、应用以及业务），并且能以最小的管理代价或者交互复杂度实现可配置计算资源的快速提供与发布。

百度百科分别定义了狭义云计算和广义云计算。狭义云计算指 IT 基础设施的交付和使用模式，即通过网络以按需、易扩展的方式获得所需的资源（包括硬件、平台、软件）。提供资源的网络被称为"云"。"云"中的资源在使用者看来可以无限扩展，并且可以随时获取、按需使用、按使用量付费。这种特性经常被称为像使用水、电一样使用 IT 基础设施。广义的云计算指服务的交付和使用模式，指通过网络以按需、易扩展的方式获得所需的服务。这种服务可以是与软件、互联网相关的 IT 服务，也可以是任意其他形式的服务。

二、云计算的基本特征

云计算的基本特征主要包括按需使用、泛在接入、资源池化、快速弹性、可计量的服务等。

① 按需使用。用户可以单方面使用云计算资源，通常不需要或很少需要云服务商的协助，因而称作"按需的自助服务"。一旦配置好所需的资源，用户对资源的访问可以自动化，基本不再需要云服务商的介入。

② 泛在接入。计算的资源或服务可以通过网络以标准机制访问，用户可以随时随

地使用云终端设备接入网络并使用云端的各种资源。云终端可以是手机、平板电脑、笔记本计算机、台式机等，接入方式可以是无线、有线、移动等，云终端中的操作系统可以是 Windows、UNIX/Linux、macOS、Android、iOS 等。

③ 资源池化。云中资源被池化，通过多租户形式共享给或同时服务于多个用户。各种资源只有被池化后，才可以根据用户需求进行动态分配或再分配。多租户形式允许多个用户使用同一资源或其实例，用户之间相互隔离，每个用户意识不到自己使用的资源还在同时被其他用户使用。另外，用户通常不知道所使用资源的确切位置，但多数云服务商允许用户在以自助方式申请资源时指定大概的区域范围。比如，在哪个国家、省、数据中心。

④ 快速弹性。用户能方便、快捷地按需获取和释放资源。也就是说，在有需要时能快速获取资源从而扩展计算能力，不需要时能迅速释放资源以降低计算能力，减少资源使用费用。对于用户来说，云端的计算资源是无限的，可以随时申请并获取任意数量的资源；对于云服务商而言，可以根据用户要求和条件自动、透明地扩展云端资源。快速弹性通常被认为是云计算的主要驱动力之一，与云计算节省投资和降低运营成本具有直接和密切的关系。拥有大量资源的云服务商可以提供很大程度的弹性，如亚马逊云计算服务（Amazon Web services，AWS）的弹性计算云（elastic compute cloud，EC2）。

⑤ 可计量的服务。用户使用云端资源需要付费。使用费的计量方法有很多，比如，根据某类资源（CPU、存储、内存、网络带宽）的使用量和使用时间计费，也可以按照资源使用次数计费。但不管如何计费，计费标准要清楚，计量方法要明确。云服务商需要监测和控制资源的使用情况和性能，及时输出资源使用报告，做到供需双方费用结算清楚、明白。

三、云计算的优势

云计算与传统的 IT 系统相比，具有如下优势。

① 节省投资、降低成本。经济性是云计算的最大优势。首先，基于云计算的 IT 系统的初期投资明显比建设本地 IT 基础设施要少。使用云计算，用户无须购买所需的绝大多数设备和软件，只需要按照使用量支付相应费用。其次，云服务商负责系统维护和更新，用户的管理和维护成本大大降低。最后，云计算平台的规模化经济效益、效率提高和云服务商之间的竞争，会促使云服务的价格不断降低。

② 专注业务。企业可以从建设、管理和维护 IT 基础设施的繁杂工作中抽出身来专注于业务和创新等核心竞争能力建设。正是这些核心能力，能够使企业获得竞争优势，超越竞争对手，获得用户和市场。

③ 可扩展和灵活。可扩展性和灵活性是云计算的重要特征。本地 IT 基础设施的更新、升级需要大量开发和测试工作，既需要资本和人力，也需要时间。云计算系统可以根据用户的实际需求动态、灵活地提供资源。

④ 快速敏捷。云计算的自助服务形式大大加快了系统部署的速度。使用云计算平台可以在短时间内完成成百上千个节点的部署，无须烦琐的审批流程，无须耗时的设备采购和交付过程。

⑤ 安全可靠。在可靠性方面，云计算的优势非常突出。有了云存储，丢失数据的风险基本上不复存在。数据始终可用，即使用户的设备出现故障。此外，云服务商拥有针对各种应急场景的数据恢复机制，即使出现故障也不会丢失用户数据。在网络安全方面，云服务商能够提供超出单个用户所能及的高度安全性，可以确保内部存储和共享系统的安全性。

⑥ 覆盖范围广。采用传统 IT 基础设施架构时，一般企业（特别是中小型企业）往往只能覆盖较小地理区域中的用户。采用云计算，企业可以在全球不同地点运营的云服务平台中部署应用，从而将业务覆盖多个地理区域，甚至全球的最终用户。

第二节 服 务 模 式

云计算的服务模式也叫交付模式，指云服务商提供的具体的、事先打包好的资源组合。

一、服务模式的类型

云计算服务模式主要有基础设施即服务（infrastructure as a service，IaaS）、平台即服务（platform as a service，PaaS）、软件即服务（software as a service，SaaS）。随着云计算技术的发展和应用的普及，现在有"一切皆服务"的趋势。比如，数据即服务（data as a service，DaaS）、函数即服务（function as a service，FaaS）、存储即服务（storage as a service，STaaS）、后端即服务（backend as a service，BaaS）、安全即服务（security as a service，SECaaS）等。下面主要介绍三种主要服务模式。

1. 基础设施即服务

基础设施即服务（IaaS）是通过 Internet 配置和管理的、即时的 IT 基础设施。云服务商提供处理、存储、网络和其他基本计算资源，用户可以部署和运行任意软件，包括操作系统和应用程序。用户使用 IaaS 的云计算相当于使用裸机。商业化的 IaaS 平台有 Amazon 的 EC2、简单存储服务（simple storage service，S3），Microsoft 的 Azure VM、Disk Storage，阿里云的弹性计算服务（elastic compute service，ECS）、弹性块存储（elastic block storage，EBS）等。

IaaS 可根据需求快速纵向扩缩。用户只需按使用量付费，无须购买和管理自己的物理服务器和其他的数据中心基础设施，从而避免了相应的开支和复杂的管理维护操作。云服务商将每项资源作为单独的服务对外提供，用户只需根据需要租用资源。云服务商负责管理基础设施，用户负责购买、安装、配置和管理自己的软件系统（包括操作系统、中间件和应用程序）。

IaaS 的优点包括以下四点。

① 节省成本。消除资金投入及降低后续费用。IaaS 省去了设置和管理 IT 基础设施

的前期成本，是初创企业测试新创意的实惠之选。

② 快速创新。当决定推出新产品或新创意后，用户可以在几分钟或几小时内准备好必需的计算基础设施，可以节省部署或更新基础设施通常所需的几天或几周，甚至几个月的宝贵时间。

③ 快速响应业务条件的变化。IaaS 支持快速扩展资源以适应应用程序需求的激增（如电子商务网站在节假日举行大型促销活动），并在活动减少时再次缩减回原来状态以节省费用。

④ 改进业务连续性和快速灾难恢复。实现高可用性、业务连续性和灾难恢复都需要大量技术和工作人员，代价高昂。通过用户和云服务商之间协商的服务级别协议（service level agreement，SLA），IaaS 可以降低这方面的成本，用户能在灾难或故障期间照常访问应用程序和数据。

2. 平台即服务

平台即服务（PaaS）是云环境中完整的应用开发和部署环境，用户可以使用其中的资源交付内容，从基于云的简单应用到启用云的复杂企业应用系统皆可。用户以即用即付的方式从云服务商处购买所需资源，并通过安全的 Internet 连接访问这些资源。

PaaS 旨在支持 Web 应用程序的完整生命周期，包括生成、测试、部署、管理和更新。与 IaaS 类似，PaaS 除了提供服务器、存储空间和网络等资源，还包括中间件、开发工具、商业智能服务和数据库管理系统等软件。用户无须购买和管理软件许可证、底层应用程序基础系统和中间件、容器资源编排和业务流程协调程序或开发工具及其他资源，避免了复杂操作和庞大开支。用户只需要管理自己开发的应用程序和服务即可，其他事情由云服务商负责。

不同 PaaS 产品带有不同的应用程序开发栈。例如，Google App Engine 提供 Java 和 Python 环境，Microsoft Azure 提供 Visual Studio 环境。

PaaS 的优点包括以下五点。

① 减少编码时间。PaaS 开发工具可以通过云平台中内置的预编码应用程序组件（如工作流、目录服务、安全功能、搜索等）大幅度减少开发应用程序所需的时间。

② 提高开发能力。平台即服务组件可以拓展开发团队的能力，无须增加熟悉基础设施相关技术和具有必需技能的员工。

③ 经济实惠。PaaS 使个人和企业能够使用自身没有能力整套购买的先进开发软件、商业智能系统和分析工具。

④ 支持地理位置分散的开发团队。通过 Internet 访问开发环境，即使团队成员相距很远也能合作进行应用开发。

⑤ 有效管理应用程序生命周期。通常，PaaS 的集成环境中提供支持应用程序完整生命周期（包括生成、测试、部署、管理和更新）的全部功能。

3. 软件即服务

软件即服务（SaaS）让用户能够通过 Internet 连接和使用基于云的应用程序。SaaS

提供完整的软件解决方案，用户可以从云服务商处以即用即付方式购买应用程序。用户购买或租用应用后，通过 Internet 连接到该应用（通常使用 Web 浏览器）。所有基础设施、中间件、应用软件和应用数据都位于云服务商的数据中心。云服务商负责管理硬件和软件，根据双方协商确定的服务协议可以确保应用和数据的可用性和安全性。

SaaS 的优点包括以下四点。

① 使用先进应用软件。SaaS 让缺乏自行购买、部署和管理必需基础设施和软件资源能力的企业能够使用诸如企业资源规划（enterprise resource planning，ERP）、客户关系管理（customer relationship management，CRM）等企业应用软件。同时，SaaS 可以根据使用水平自动扩缩。

② 免客户端。可以从 Web 浏览器直接运行大部分 SaaS 应用，无须下载和安装任何软件，这意味着用户无须购买和安装特殊软件。

③ 增强的移动性。用户可以使用任何连接到 Internet 的计算机或移动设备访问应用和数据，SaaS 让企业轻松增强员工的"移动性"。此外，用户无须学习专业知识即可处理移动计算带来的安全问题，无论使用数据的设备是什么类型，云服务商将确保数据安全。

④ 从任何位置访问。将数据存储到云端后，用户可通过任何连接到 Internet 的计算机访问数据，并且计算机或移动设备发生故障时数据不会丢失。

二、服务模式的比较

从基础设施到平台，再到软件，资源供应形式的抽象程度越来越高，用户需关注的底层设施越来越少，越来越多的控制和管理工作由云服务商负责，如图 1.1 所示。

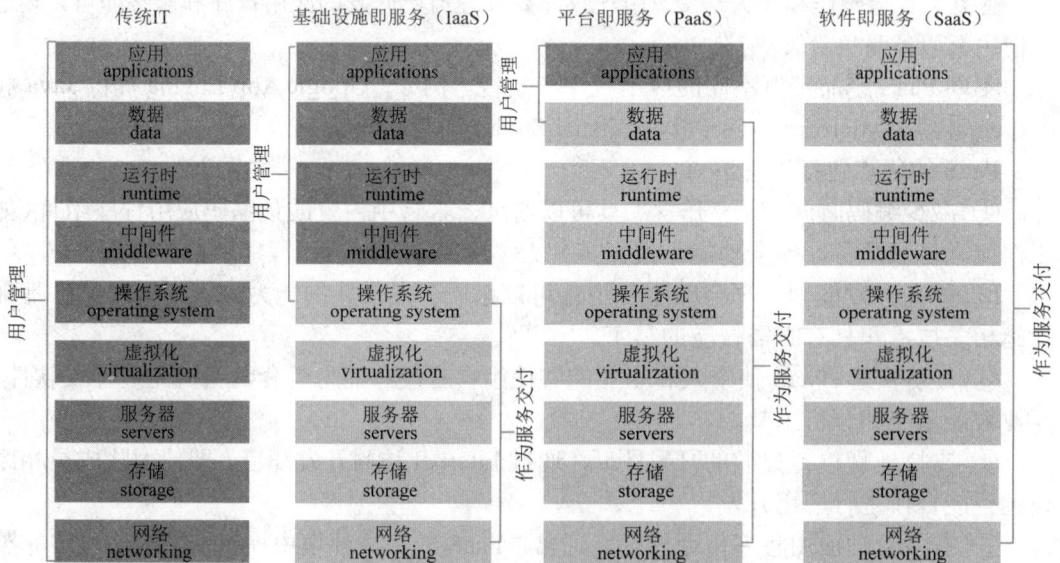

图 1.1　云计算的资源栈

IaaS 提供 IT 硬件，与用户自己购买计算机类似，只不过计算机主机由云服务商提供，用户通过网络使用。PaaS 提供基于硬件的开发平台，与用户自己购买操作系统和软件开发平台（如微软的 Visual Studio）类似，应用开发人员只需要通过网络使用开发平台并调用相应的接口就可以进行软件开发。SaaS 提供软件服务，与用户平时使用的应用软件类似，只不过软件后台运行在云端的服务器中。不同服务模式的差异主要体现在用户对资源的控制程度上，如表 1.1 所示。

表 1.1　不同服务模式的控制内容的比较

控制者	服务模式		
	IaaS	PaaS	SaaS
用户	用户数据（内容）； 应用程序； 运行时环境； 数据库、中间件	用户数据（内容）； 应用程序	用户数据（内容）； 特定应用程序配置
云服务商	操作系统； 虚拟化； 服务器； 存储； 网络； 其他基础资源	运行时环境； 数据库、中间件； 操作系统； 虚拟化； 服务器； 存储； 网络； 其他基础资源	多数应用程序功能； 运行时环境； 数据库、中间件； 操作系统； 虚拟化； 服务器； 存储； 网络； 其他基础资源

第三节　部署模型

云计算的部署模型主要有私有云、公有云、社区云和混合云。为了更好地满足用户的多样性需求，云计算的部署模型出现了新形式，包括虚拟私有云和多云两类。

一、私有云

私有云（private cloud）的核心特征是软硬件资源专供一个机构或组织使用。私有云的所有者、管理者和运营者可以是本机构、第三方，也可以是两者的联合。私有云的基础设施可以位于机构或组织内部，也可以托管在其他地方。

私有云的基础设施位于机构内部时，机构既是用户，也是云服务商。通常情况下，机构内的某个部门或某个第三方会承担云服务商的角色，其他部门或个人是用户。

私有云的基础设施位于机构内部的优点是数据安全性、系统可用性等由自己控制。与传统 IT 基础设施相比，私有云可以有效降低 IT 基础设施的复杂性和运行成本，灵活性更强，缺点是用户需要承担私有云的建设成本。私有云比较适合有众多分支机构的大型企业、政府部门。

二、公有云

公有云（public cloud）是由云服务商拥有的、对公众开放的云环境，即公有云是为外部用户提供服务的云，云服务主要提供给公众使用。云服务商负责建设、部署、管理、维护、运营，以服务形式为用户提供各种资源。用户使用公有云时感觉不到自己正在和其他用户共享资源，就像自己独享资源一样。知名的公有云服务商有 AWS、Microsoft Azure、Google Cloud、阿里云等。

公有云为大规模用户提供服务，具有成本低、免维护、高扩展性、高可靠性等优点。对于用户而言，应用程序、服务及数据都存放在公有云服务商处，无须相应的投资和建设。但也正是由于数据不是在本地存储，安全性方面存在一定风险。另外，公有云的可用性完全不受用户控制，存在一定的不确定性。经常使用公有云的用户偶尔也会遇到资源和服务暂时无法使用的情况。

三、社区云

社区云（community cloud）服务于一个特定的用户群体。这些用户在职责任务、安全需求、管理策略、法律合规等方面有共同要求，或者需要遵守同样的规定。社区云既不像私有云那样只服务于某个机构或组织，也不像公有云那样是一个完全开放的云计算环境，而是介于私有云和公有云之间。

社区云的所有者、管理者和运营者可以是一个或多个社区成员，可以是某个第三方，也可以是两者的联合。社区云的基础设施可以位于一个或多个社区成员内部，也可以托管在其他地方。

社区云的构建一般有两种方式：一种是某个行业的领导企业自主建设社区云，然后与其他社区成员分享；另一种是社区成员联合建设，共同分担建设成本。与私有云相比，社区云成员共同承担云基础设施的建设和运行管理成本，资源利用率也较高。

四、混合云

混合云（hybrid cloud）是两种或两种以上不同部署模型的云（私有云、公有云、社区云）组成的云环境。混合云中的云环境各自独立，通过标准或专有技术组合起来，这些技术能实现云之间的数据和应用程序的平滑流转。图 1.2 所示为一种混合云。

当私有云资源出现短暂性需求过大时，自动地租赁公有云资源来平抑私有云资源的需求。或者，用户选择把处理敏感数据的云服务部署在私有云上，将其他的云服务部署在公有云上。

由于混合云中的云环境可能存在差异，以及私有云提供者和公有云提供者之间在管理责任（如数据安全）上有所分离，所以相比较而言，混合云的构建和管理维护比较复杂，具有一定的挑战性。

目前，由私有和公有云构成的混合云是最流行的云部署模型。Flexera 发布的 *Flexera 2023 State of the Cloud Report* 指出，72%的受访企业采用了混合云。

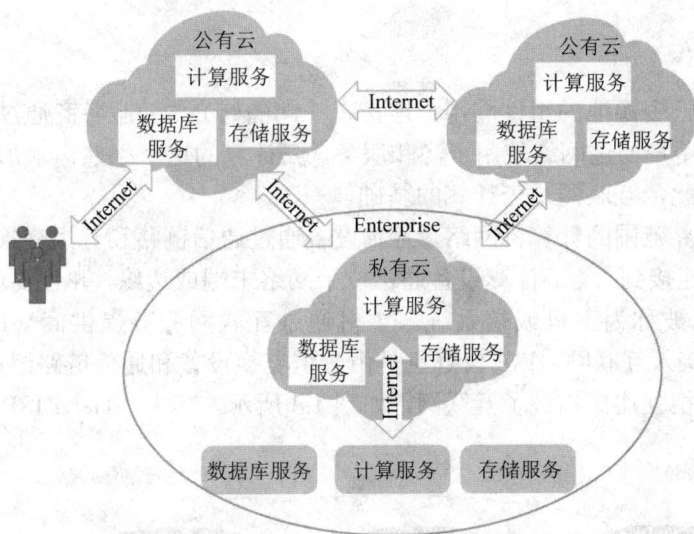

图 1.2 混合云

五、虚拟私有云

虚拟私有云也称为专有云、托管云。虚拟私有云构建在公有云之上，是一个公有云计算资源的动态配置资源池，即公有云提供者托管和管理的、自我包含的云环境。虚拟私有云的资源只对一个特定的用户或用户群体提供服务，并不与其他用户共享。实质上，虚拟私有云把公有云的多租户架构变成了单租户架构。用户和虚拟私有云之间的数据传输使用加密协议、隧道协议或其他安全机制。比如，AWS 提供了虚拟私有云服务、允许用户通过 VPN 连接 EC2 等服务，谷歌 App Engine 的 Secure Data Connector 也提供了类似的功能。

六、多云

多云和混合云类似，两者的区别比较细微，且越来越模糊。与混合云强调不同部署模型的"混合"不同，多云更强调"多"，即多个公有云或多个私有云（而不是公有云加私有云）组成的云架构。

实际上，混合云是多云的一个子集。Flexera 发布的 *Flexera* 2023 *State of the Cloud Report* 指出，87%的受访企业正在实施多云或混合云策略，其中，13%的企业只采用了多个公有云，2%的企业只采用了多个私有云，多达 72%的企业采用了混合云（包括一个或多个公有云，以及一个或多个私有云）。

第四节 关 键 技 术

云计算的关键技术包括互联网、并行计算与分布式计算、虚拟化、面向服务的计算等。

一、互联网

互联网是将云资源池的组件与用户连接在一起的媒介。云服务商通过网络向用户提供资源和服务，用户通过网络使用资源和服务。云计算的这个必然需求形成了对互联网的固有依赖。因此，互联网是云计算的基础。

互联网是世界范围的计算机网络，各种设备通过通信链路和分组交换设备（包括路由器和交换机）连接到一起。计算设备通常位于网络末端或边缘，并且要运行应用程序，因此计算设备也被称为主机或端系统。主机通过互联网服务提供商（Internet service provider，ISP）接入互联网。ISP 自身也是由分组交换设备和通信链路组成的网络，ISP之间使用路由器相互连接构成了互联网，如图 1.3 所示。其中，Tier 1 ISP 相互连接构成了互联网骨干。

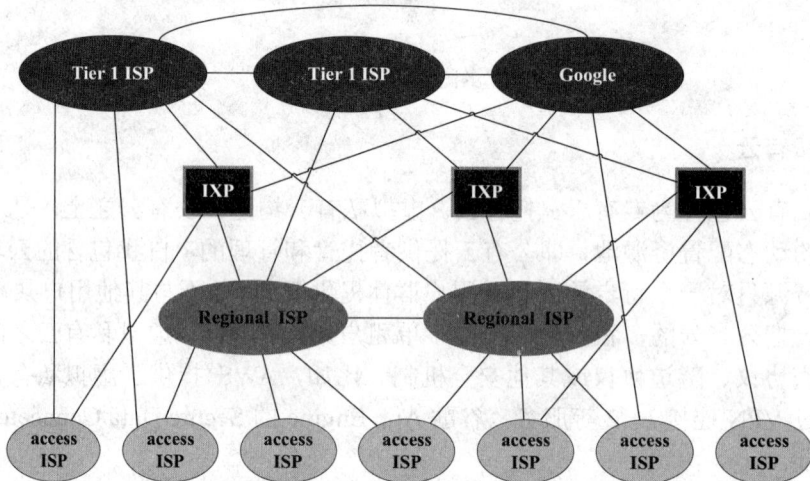

图 1.3　ISP 之间通过路由器互连构成互联网

互联网采用分组交换技术，主机间的数据传输路径可能有多条。主机间交换的数据被分成了多个分组，分组中携带有目的地址信息。路由器或交换机收到分组后从中提取目的地址，并据此查找转发表以确定输出端口，然后将分组从输入端口传输到相应的输出端口。分组经过一系列路由器或交换机处理后，从发送方传输到接收方。

互联网作为一种基础设施，为应用提供了两种类型的服务：一种是无连接的不可靠数据传输；另一种是面向连接的可靠数据传输。无连接的不可靠数据传输指发送数据之前无须建立连接，但数据在传输过程中可能会出现差错、丢失，也可能会乱序。面向连接的可靠数据传输指在数据传输之前建立连接，与打电话类似，并且接收方收到的数据不会出现差错或丢失，也不会乱序。应用可以根据实际需求，选择使用其中的一种服务。

主机间的通信必须遵守一定的规则，即网络协议。网络协议定义了两个或多个通信实体之间交换的报文格式和顺序，以及实体在收到报文和发送报文或发生其他事件后所采取的动作。互联网广泛地使用了协议，不同的协议完成不同的功能。互联网将实现主机间通信的功能划分为 5 层，并规定了同层实体间通信的协议以及相邻层之间的服务和接口。主机间通信时，发送方自顶向下逐层对数据进行封装，接收方自底向上逐层进行解封装。图 1.4 为互联网的体系结构及封装/解封装。

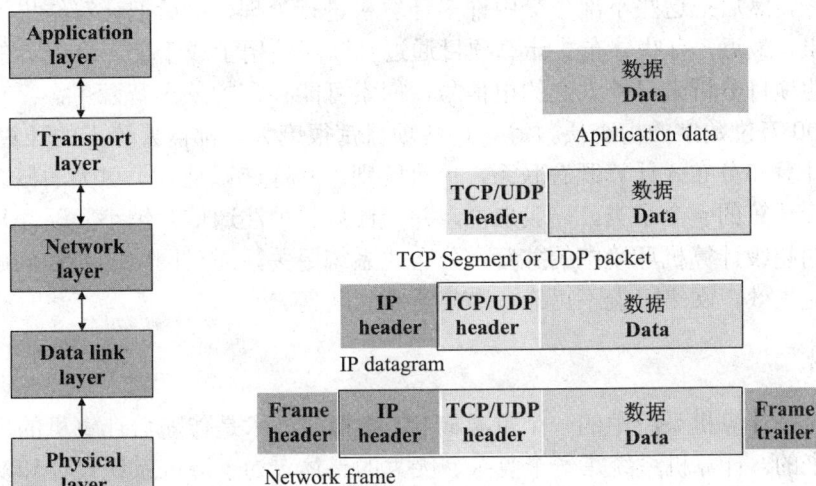

图 1.4 互联网体系结构及封装/解封装

互联网自 20 世纪 60 年代诞生以来取得了巨大成功。但是，由于体系结构的限制，目前也存在一些问题。比如，尽管互联网可以向应用提供面向连接的可靠数据传输服务，但网络层只有"尽力而为"（best effort）一种服务，没有任何服务质量（quality of services，QoS）保证。路由器通常按照"先到先服务"（first come first serve，FCFS）原则传输分组，分组传输可能会经历较大的延迟，可能会由于缓存溢出而被丢弃，连续发送的多个分组之间的顺序也可能无法保持，端到端的吞吐率没有任何保证。要保证服务质量，在分组传输路径上预留足够的资源是必要条件。由于多路径、动态路由选择、自治属性等互联网特性，在传输路径上为分组传输预留资源基本上不可行，或代价难以承受。

云计算环境下，云服务商通过网络向用户提供服务时必然存在数据传输质量无法控制的实际情况。云计算对互联网提出了"传输快、大带宽、更可靠、更安全"的新要求，互联网需要做出改变才能够更好地支撑云计算的发展。

软件定义网络（software defined network，SDN）作为一种新型的互联网体系结构，通过分离控制平面和数据平面，以软件编程的形式定义和控制网络，被认为是网络领域的一场革命，为解决现有互联网存在的问题提供了可能。

二、并行计算与分布式计算

并行计算是与串行计算相对而言的，指同时使用多种计算资源解决复杂计算问题的过程，是提高计算机系统计算速度和处理能力的有效手段。并行计算的基本思想是用多个处理器协同求解同一问题，即将被求解的问题分解成若干个部分，各部分均由一个独立的处理器进行处理。并行计算系统既可以是专门设计的、含有多个处理器的超级计算机，也可以是以某种方式互连的由若干台独立计算机构成的集群。并行计算通常分为时间并行和空间并行两大类。时间并行是指流水线技术，空间并行是指多个处理机的并行。

分布式计算与集中式计算相对应，它把一个需要巨大计算能力才能解决的问题分成许多小部分，然后把这些小部分交由许多计算机进行处理，最后把计算结果汇总起来得到最终结果。最近，有些分布式计算项目通过互联网使用了成千上万志愿者的闲置计算能力。有的项目分析来自外太空的电信号，探索可能存在的外星智慧生命；有的项目寻找超过 1000 万位数字的梅森质数等。这些项目都很庞大，都需要惊人的计算能力。

并行计算和分布式计算既有联系，也有区别。并行计算是一个更大的概念，分布式计算是并行计算的一个子类。一般来说，并行计算更关注通信开销小、硬件几乎不存在失效问题的超级计算机环境中的并行；分布式系统更关注通过网络的协作问题，系统中的节点可能失效，网络可能不可靠，节点异构，等等。

三、虚拟化

虚拟化是计算机系统中的一个重要概念，虚拟化技术是伴随着计算机的出现而产生和发展起来的。计算机系统是一个复杂、庞大的整体，为了降低系统设计和实现的复杂性，提高软件可移植性，计算机系统被分成了多个层次，每一层次都向上一层呈现一种抽象。每一层只需了解下层抽象的接口，不需要了解其内部运作机制。虚拟化就是由位于下层的模块通过向上一层模块提供一个与它原先所期待的运行环境完全一致的接口的方法，抽象出一个虚拟的软件或硬件接口，使上层可以直接运行在虚拟环境中。

虚拟化的含义很广泛，将任何一种形式的资源抽象成另一种形式的技术都是虚拟化技术。通过虚拟化，物理资源被抽象表示为逻辑资源或虚拟资源，用户或程序可以像访问物理资源一样访问虚拟资源。比如，进程的虚拟地址空间就是把物理内存空间虚拟成逻辑内存空间。相对于进程级的虚拟化，虚拟机是另外一个层面的虚拟化，抽象的是整个物理机，包括 CPU、内存和 I/O 设备等。

虚拟化是构建云计算环境的关键技术。在虚拟化技术支持下，一台物理机可以模拟多台虚拟机，这种虚拟化叫作分区。每台虚拟机中都可以运行操作系统。运行虚拟化软件的物理机叫作宿主机，虚拟机叫作客户机。虚拟化软件一般指虚拟机监视器（virtual machine monitor，VMM），或者 Hypervisor。利用虚拟化技术，还可以把若干分散的物理服务器整合成一台逻辑上的服务器，即集群。

IaaS 模式的云服务商将数据中心中的服务器、存储、网络等资源虚拟化为逻辑资源，然后以服务方式提供给用户。用户使用虚拟的服务器、存储和网络，像使用物理的服务器、存储和网络一样。

四、面向服务的计算

面向服务的计算（service oriented computing，SOC）是将服务作为开发应用程序和系统解决方案的基本元素的一种计算范式，支持快速、低成本、灵活、可互操作和可进化的应用程序和系统的开发。

　　服务是一个抽象概念，表示一个自描述、与平台无关的组件，可以执行从简单函数到复杂业务流程的任何功能。实际上，任何执行任务的代码都可以转换为服务，并通过网络访问协议公开其功能。

　　服务应该是松散耦合、可重用、与编程语言无关和位置透明的。松散耦合特性使服务可以轻松地应用于不同的场景，使其可重用；独立于特定平台，增加了服务的可访问性；用户可以在服务注册处查找服务，并以位置透明的方式使用服务，从而为范围更广的用户提供服务。

　　服务被重组并聚合成面向服务的架构（service oriented architecture，SOA）。SOA 是一种将应用程序和系统重组为一组交互式服务的架构，通过发布和可被发现的接口为在网络中分布的最终用户或其他实体提供服务。SOA 本质上是服务的集合。面向服务的计算引入并广泛使用了服务质量和 SaaS 两个重要概念，它们是云计算的基础。

　　服务质量确定了一组功能属性和非功能属性，用于从不同角度评估服务的质量。服务质量可以使用性能指标描述，如响应时间、安全属性、事务完整性、可靠性、可伸缩性和可用性。客户和服务提供商通过服务等级协定（service level agreement，SLA）规定服务调用时需要满足的最低服务质量要求。

　　应用服务提供商（application service provider，ASP）通过互联网以订阅或租赁方式提供基于软件服务的解决方案。ASP 负责维护基础设施和提供应用程序，用户无须承担维护成本。SaaS 之所以成为可能，最重要的原因是通过多租户机制实现了规模经济。SaaS 通过 SOC 实现了快速发展，其中松散耦合的软件组件可以单独定价并对外公开，而不是整个应用程序，从而允许将复杂的业务流程和事务以服务形式交付，同时允许基于服务构建可从任何地方被任何人访问的应用程序。

　　目前，Web 服务是最主要的面向服务计算的实现方式。Web 服务中的服务使用 Web 服务描述语言（Web services description language，WSDL）进行定义，包括功能、调用方法（如功能表述、调用参数、返回值类型），通过简单对象访问协议（simple object access protocol，SOAP）调用 Web 服务并收集结果。WSDL 和 SOAP 均运行在 HTTP/HTTPS 之上，可以保证 Web 服务的平台独立性。另外，统一描述、发现与集成（universal description, discovery and integration，UDDI）负责 Web 服务的注册、发布和查询，是 Web 服务的重要组成部分。Web 服务的结构如图 1.5 所示。

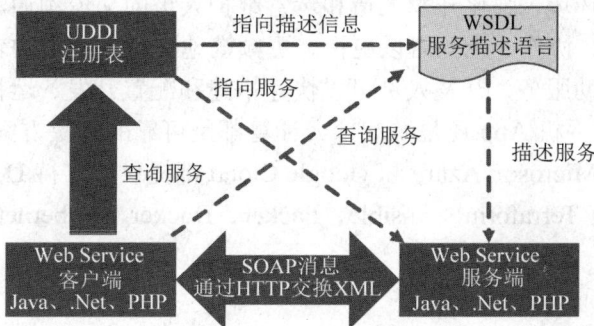

图 1.5　Web 服务的结构

分布式服务可以组合在一起的系统开发是 SOC 对实现云计算的重大贡献。Web 服务因易于与主流的万维网（WWW）环境集成，为分布式服务组合提供了合适的工具。

第五节 应用场景

云计算的应用领域不仅涉及传统的 Web 应用，在物联网、大数据和人工智能等新兴领域的重要性也愈发凸显。随着 5G 部署的快速推进，云计算的服务边界还将会进一步拓展。未来，云计算将进一步促进互联网"脱虚向实"，为传统产业的发展赋能，不断促进新模式、新形态的形成。

一、大数据分析处理

互联网时代，数据的生产和收集手段不断丰富和完善，数据量急剧增长。科学、工程、商业、经济、社会等领域都有大量需要处理的数据，规模甚至达到了 PB（2^{50}B）级别。如此大量的数据，对存储、分析挖掘及计算能力的需求远超传统 IT 架构能够提供的能力。为满足大数据分析处理的需求，一方面，需要加大投入，扩展软硬件系统；另一方面，需要采用分布式计算模型对数据进行并行处理，这对数据分析人员提出了更高的要求——既要了解业务需求，又要熟悉计算模型。目前，同时具有两方面知识和能力的人才比较稀缺。

云计算为大数据分析处理提供了可能和有效手段。在对大数据进行分析处理时，海量数据存储在云上，使用云计算提供的分布式并行计算能力进行分析处理，数据分析人员无须对分布式并行计算环境进行管理、维护。现在已经出现了许多基于云计算的开源大数据框架，如 Hadoop、Cassandra 等。对于中小企业来说，如果没有云计算，实时进行数据的收集和分析处理几乎不可能。

二、应用软件开发

云计算为 DevOps 提供了基础支撑，深刻改变了软件开发模式，极大提升了软件企业的生产效率和创新能力。云计算可利用新一代敏捷软件开发平台，提供开放、可伸缩、可扩展的软件交付环境，强化开发人员和运营维护人员的交流沟通。软件交付过程变得实时、敏捷、高效、协作，企业可以更快、更频繁地交付更稳定的软件。比如，使用云计算的基础设施自助服务，开发人员可以快速搭建和配置开发、运行、测试环境。无论是开发 Web 应用、手机 App 还是游戏，云计算都是可靠的解决方案。

目前，AWS、Microsoft Azure 和 Google Cloud 都提供了支持 DevOps 的服务。常用 DevOps 工具软件有 Terraform、Ansible、Packer、Docker、Kubernetes 等。

三、备份与恢复

把大量的数据在云中存储或备份，可以节省投资、简化复杂的设置和管理任务，也便于数据的远程访问。同时，云存储提供了更大的灵活性，用户可以享受大型存储和按需备份服务。Dropbox、Google Drive 和 Amazon S3 是目前比较流行的云备份解决方案。

四、社交媒体

社交媒体是云计算最受欢迎的应用。社交网络每时每刻都在产生大量数据，它需要强大的处理能力完成分析、检索、推荐，以及一个强大的托管解决方案来实时存储、管理、分析数据。云计算可以有效地满足社交媒体的实际需求。比如，微信、QQ、Facebook、LinkedIn、X（Twitter）等都在使用云计算。

五、高性能计算

高性能计算或并行计算主要是为了突破资源限制，让更多的机器共同完成一项复杂任务，加快任务处理速度。云计算既可以通过虚拟化技术让资源过剩的单台物理机独立、相互隔离地完成多个任务，也可以将服务器组成集群共同完成一个复杂任务。云计算和高性能计算的结合具有很好的前景。

通常，高性能计算系统节点之间耦合程度高、距离近，而集群系统节点之间的关系一般比较松散且相距较远。因此，高性能计算系统处理计算密集且通信量大的复杂任务的效率更高。云计算允许用户根据需要更改操作系统、软件版本、节点规模，可为用户提供可定制的高性能计算环境，灵活度及便捷性很强，并且成本相对较低。

六、X+云

云计算可以提供便捷、灵活、可扩展、低成本、高可靠性的 IT 资源，正在快速从互联网行业向传统行业渗透和覆盖。云计算为传统行业构建起了一种全新的 IT 服务方式，也可以为包括大数据、人工智能等的多种新技术的进一步发展和落地提供支持。与互联网行业相比，传统行业更需要简单、易用和廉价的云计算服务。云计算与传统行业的结合具有广阔的前景，云计算已经成为行业数字化转型的重要基础资源，将赋能更多行业的发展，包括政务、医疗、教育、娱乐等。

第六节　云计算的起源和发展

云计算的思想最早可以追溯到约翰·麦卡锡（John McCarthy）教授在麻省理工学院百年庆典上提出的"utility computing"（效用计算）。他认为："如果设想的那种计算机（指同时支持多人使用的分时计算机）能够成真，那么也许有一天，计算会像电话系统一样被组织成为一种公用事业。……效用计算将成为一种全新的、重要的基础。"

1984 年，Sun 公司联合创始人约翰·盖奇（John Gage）提出了"网络就是计算机"的著名论断，用来描述分布式计算技术带来的新世界。从计算方法的角度看，云计算是分布式计算的一种。

随着互联网的发展和普及，自 20 世纪 90 年代中期，人们开始使用各种各样的互联网应用，包括搜索引擎、电子邮件、社交媒体、电子商务。尽管这些服务是以用户为中心的，但是这些应用推动并且验证了形成云计算的核心概念。

1996 年，康柏公司（Compaq）认为商业计算会向 "cloud computing"（云计算）的方向转移，这是 "cloud computing" 一词第一次正式出现。

1997 年，美国南加利福尼亚大学教授拉姆纳特·K.切拉帕（Ramnath K. Chellappa）第一次给出了云计算的学术定义，即 "计算边界由经济合理性而不由技术决定的计算模式"。

1999 年，Salesforce 公司成立，提出了远程提供服务的思想，并率先通过互联网向企业提供 CRM 软件系统，这是最早的软件即服务（SaaS）模型。Salesforce 被公认为是云计算的先驱。

2002 年，亚马逊正式启动 AWS。

2003—2004 年，谷歌公司发表了 GFS（Google file system）、BigTable、MapReduce 等学术论文，云计算时代拉开了帷幕。

2006 年，亚马逊推出了 S3 和 EC2。用户可以通过租赁计算、存储资源来运行企业应用程序，奠定了云计算服务的基石。至今，亚马逊仍是最大的公有云服务商。同年 8 月，谷歌前 CEO 埃里克·施密特（Eric Schmidt）正式提出了 "cloud computing" 的概念，"云计算" 这一术语出现在了商业领域。

2008 年，谷歌公司推出了 Google App Engine（GAE），PaaS 开始进入大众视野。

2010 年，微软公司正式发布 Windows Azure。Windows Azure 于 2014 年更名为 Microsoft Azure。同年，开源云平台 OpenStack 和 CloudStack 正式发布。

2011 年，阿里云正式上线，发布了第一个云服务 ECS（elastic compute service）。目前，阿里云为全球第四大云服务商。

2013 年，容器引擎 Docker 作为开源项目发布，标志着容器技术的成熟，掀起了云原生的浪潮。Docker 可以将应用程序及其依赖（如配置文件等）打包到容器中，在不同服务器上运行容器，基本不存在兼容性问题。

2014 年，谷歌发布了基于容器的集群管理平台 Kubernetes，实现了容器集群的自动化部署、自动伸缩、维护等功能，推动 PaaS 向容器即服务（container as a service，CaaS）转型。2015 年，谷歌将 Kubernetes 捐赠给了云原生计算基金会（Cloud Native Computing Foundation，CNCF）。

2016 年，亚马逊、微软和谷歌的 IaaS 公有云服务形成了非常明显的优势地位，云计算从抽象的概念变成了知名云计算服务提供商的产品。

2018 年，IBM 花费 340 亿美元收购 Red Hat，成为世界排名第一的混合云提供商。同年，微软耗资 75 亿美元收购了 GitHub。

2019 年，Kubernetes 成为企业容器 PaaS 平台的事实标准。

2020 年，全球云基础设施服务市场规模达 1420 亿美元。市场研究机构 Canalys 发布的全球云基础设施报告指出，2020 年第四季度 AWS、Microsoft Azure、Google Cloud 和阿里云为全球领先的云服务商，市场份额分别为 31%、20%、7%、6%。

第七节　云计算面临的挑战

目前，云计算面临的挑战主要包括安全、运营管理控制、可移植性、法律与合规等方面。

一、安全

越来越多的企业将业务和数据向云中迁移，安全仍然是它们最关心的问题。Flexera公司2023年的调查结果显示，79%的受访企业将安全看作云计算面临的最大挑战。

作为一种新型的计算模式，云计算有别于传统IT业务，面临着新的安全风险，主要包括以下三个方面。

① 资源虚拟化共享风险。云计算中，服务器等资源通过虚拟化被多个用户、应用共享。传统安全策略主要适用于物理设备，如物理主机、网络设备、磁盘阵列等，无法管理到每个虚拟机、虚拟网络等。因此，传统的基于物理安全边界的防护机制难以有效保护共享虚拟化环境下的用户应用及信息。

② 数据安全风险。用户使用云服务过程中，不可避免地要通过互联网将数据移动到云上或从云中下载。在此过程中，如果没有采取足够的安全措施，将面临数据泄露和被篡改的风险。

③ 安全漏洞风险。使用云计算则意味着云服务商要与用户一起分担数据安全的责任。由于云资源通常是共享的，不同用户的信任边界可能出现重叠，这加大了资源被攻击、数据被窃取或破坏的可能性。

二、运营管理控制

云计算环境中，资源属于云服务商所有，用户对云资源的管理控制能力通常比对本地资源的管理控制能力要弱。在成本管理、通信性能、技术人才等方面也面临挑战。

① 成本管理。云服务商的定价方案比较复杂，通常涉及资源类型、使用时段、资源量、优惠活动等多种因素。用户可能会由于不能充分理解云服务商的复杂定价方案而不能有效降低系统的运行成本。另外，云计算环境下，有时候开发人员或其他IT技术人员会启动一个意图在短时间内使用的云计算实例，却忘记停止并释放实例，这将带来不必要的资源浪费和费用。

② 通信性能。用户和云服务商之间一般相距较远，数据传输需要经历更多的跳数，或者受到不可靠网络连接的影响。这会导致通信延迟的波动和带宽受限问题。

③ 技术人才。云计算技术发展非常迅速，新技术、新服务不断涌现。比如，多云、微服务架构、无服务器计算、虚拟私有云等。目前，云计算相关技术人才比较缺乏，企业很难找到具备所需技能的人员，并且这种趋势可能会持续下去。

三、可移植性

尽管云计算具有灵活、敏捷的优点，在云中启动新应用程序是一个相当简单的过程，但是，应用程序通常存在模块依赖或相关，将现有应用程序迁移到云计算环境要比在云中启动一个新应用程序困难得多。

云计算行业内还没有建立工业标准，公有云存在不同程度的私有化现象。当用户定制的云环境解决方案依赖于公有云服务商的私有环境时，在不同云服务商之间进行业务迁移面临挑战。

目前，AWS、Microsoft Azure、Google Cloud、阿里云等云服务商在公有云市场占主导地位。考虑到云服务商之间的可移植性较差的实际情况，少数超大规模公有云服务商占主导地位可能会导致用户被服务商锁定。

四、法律与合规

用户使用公有云或将自己的 IT 系统托管于基于云计算的第三方时，用户数据可能存储在不同的地方，甚至是位于不同国家或地区的存储系统中，并且用户通常并不清楚自己的数据被放置在什么地方的哪台（些）服务器中。

不同国家对于数据隐私、信息安全监管的法律规定有所不同。比如，英国法律规定英国公民的个人数据只能留在英国境内。2001 年美国通过了《美国爱国者法案》，其中有"使用适当之手段来阻止或避免恐怖主义以团结并强化美国"的条文。根据该法案的规定，总部在美国的公司，只要其位于美国外的子公司与美国总部有关联，并且子公司的信息被认为与美国国家安全有关，这些信息就必须接受美国相关机构的检查。任何一家美国公司，只要是在欧洲营运，都无法保证存储在欧洲的资料不受到美国的检查。2011 年 8 月，谷歌依据《美国爱国者法案》规定把谷歌位于欧洲的数据中心的数据交给了美国情报机构。因此，使用云服务可能给用户带来潜在的法律和法规问题。

习　题

1. 什么是云计算？
2. 云计算的主要特点有哪些？
3. 云计算与传统计算模式相比具有哪些优势？
4. 云计算的典型服务模式是哪几种？各种服务模式的优点是什么？
5. 云计算的部署模型有哪几种？各种云计算部署模型的特点是什么？
6. 访问 AWS 官网（https://aws.amazon.com）。AWS 提供的主要云服务有哪些？
7. 访问阿里云官网（https://www.aliyun.com）。阿里云提供的主要云服务有哪些？
8. 简单解释分布式计算和并行计算，两者的不同主要是什么？
9. 你认为云计算面临的最大挑战是什么？请简单解释。
10. 说说自己对"云计算是信息时代国际竞争的制高点和经济发展新动能的助燃剂，加快推动云计算创新发展，是推进中国式现代化进程的关键"的认识。

第二章　并　行　计　算

并行计算和分布式计算是云计算的基础。本章介绍并行计算的基本概念、并行计算机体系结构、并行计算性能评价、并行程序设计模型、并行程序设计过程和 MPI 并行程序设计。

第一节　并行计算的基本概念

一、并行计算概述

传统软件一般采用串行计算模式，即将任务或问题分解为一系列离散的计算机指令，在只有一个 CPU 核心的计算机中执行指令，并且任意时刻最多只有一条指令正在执行。

并行计算与串行计算相对应，指同时利用并行计算机的多种资源来解决计算问题，是提高计算机系统计算速度和处理能力的有效手段。并行计算的基本思想是同时使用多个 CPU 协同求解同一问题，即将问题分解成若干个部分，各部分均由一个独立的 CPU 或 CPU 核心处理。并行计算机既可以是专门设计的、有多个处理器的超级计算机，也可以是以某种方式互连的若干台独立计算机构成的集群，或者是两者的组合。

1. 并行类型

并行计算分为时间上的并行和空间上的并行。时间上的并行指的是流水线技术，空间上的并行则是指用多个处理器并发执行计算。目前，几乎所有的计算机都采用了指令流水线技术。并行计算科学主要研究的是空间并行问题。

2. 并行层次

并行计算的层次包括位级并行、指令级并行、数据级并行、任务级并行等。位级并行指通过增加处理器的字长提高并行性。CPU 的字长从最初的 4 位逐步增加到了今天的 64 位。指令级并行指处理器同时执行多条指令，流水线、超标量、超长指令字、多线程等是目前常用的指令级并行技术。指令级并行依赖于分支预测、动态调度、推测以及编译器的支持才能有效工作。数据级并行指在单指令流控制下同时处理多个数据，SIMD 系统、使用向量或矩阵指令的向量机使得数据级并行变得流行。任务级并行也叫线程级并行，指的是多核或众核处理器同时执行多个线程或任务。

3. 并行系统

并行系统可以粗略地分为三种：共享内存系统、分布式系统和 GPU 系统。共享内存系统是指由共享统一内存空间的多个处理单元组成的系统。分布式系统由多个计算机系统通过互连网络相互连接在一起构成，每台计算机都有自己的处理单元和内存。GPU系统即基于 GPU 的通用计算系统，将并行 GPU 或 GPU 集群的多核、多线程并行机制用于通用数值计算密集型任务。

二、并行计算和分布式计算的区别与联系

并行计算和分布式计算两个概念的内涵存在重叠，两者之间的区别比较细微。并行计算可以看作耦合紧密的分布式计算，分布式计算可以看作耦合松散的并行计算。

一般来说，分布式计算强调分布，通常指多台计算机合作完成同一个任务，这些计算机一般位于不同的地理位置。并行计算的概念比分布式计算要宽泛，只要同时处理多个任务就可以理解为并行，但并行系统中的设备或组件不一定分布在不同的地理位置。

并行系统和分布式系统分别指支持并行计算和分布式计算的计算机系统。两个概念的区别也比较细微，并且有不断融合的趋势。两者的区别如表 2.1 所示。

表 2.1　并行系统与分布式系统的区别

区别	并行系统	分布式系统
内存	耦合紧密	分布式内存，比较松散
控制	全局时钟控制	无全局时钟，需使用同步算法进行控制
处理器互连	形式：总线、网状、树形、超立方体等 带宽：Tb/s	形式：Ethernet、Myrinet 等 带宽：Gb/s
关注点及应用	性能（时间、速度），科学计算	可扩展、可靠性，信息/资源共享

第二节　并行计算机体系结构

一、计算机系统的分类

1966 年，迈克尔·J.弗林（Michael J. Flynn）根据指令流、数据流的多倍性特征将计算机系统分为四类，称为 Flynn 分类法。

1. 单指令流单数据流

单指令流单数据流（single instruction stream and single data stream，SISD）系统就是传统的顺序执行的单处理器计算机，即冯·诺依曼计算机。SISD 系统中，控制单元每次只对一条指令进行译码，只对一个操作部件分配数据。所有指令串行执行，不支持任何形式的并行计算。

2. 单指令流多数据流

单指令流多数据流（single instruction stream and multiple data stream，SIMD）系统

中包括多个处理单元（processing element，PE），由单一指令部件控制。这些处理单元按照同一指令流的要求分配各自所需的不同数据。

例如，矩阵加法运算 $C=A+B$。可以根据处理单元的数量，对矩阵 A 和 B 中的数据按照相同规则进行分组，并将每组数据分配给一个 PE，所有 PE 同时进行求和运算。

阵列处理机是一种典型的 SIMD 系统，其他的 SIMD 系统还有 Intel 的 SSE、NVIDIA 的 GPU 等。

3. 多指令流单数据流

多指令流单数据流（multiple instruction stream and single data stream，MISD）系统有多个控制单元，可以同时执行多条不同的指令，完成对同一数据流的处理。MISD 系统主要用于容错，实际应用中非常少见。

4. 多指令流多数据流

多指令流多数据流（multiple instruction stream and multiple data stream，MIMD）系统有多个功能自治和独立的处理器。在任意时间，不同的处理器可以执行不同的指令，对不同的数据进行处理。

SIMD 和 MIMD 系统都有多个处理单元。SIMD 中 PE 的工作方式是同步的，MIMD 中 PE 的工作方式是异步的。根据处理器访存方式，MIMD 系统分为共享内存和分布式内存两种。共享内存的 MIMD 叫作多处理机系统，分布式内存的 MIMD 叫作多计算机系统。

二、并行计算机系统

通常，并行计算机主要是指以 MIMD 模式执行程序的计算机，SIMD 和 MISD 模式更适用于专用计算。MIMD 模式的并行计算机主要有两类，即共享存储型多处理机和分布式存储型多计算机。两者的差别主要在于存储器组织方式和处理机间通信机制不同。多处理机系统中的处理机通过公用存储器实现互相通信；多计算机系统中的每个计算节点都有独立的本地存储器，节点间的通信通过网络传递消息实现。

1. 共享存储型多处理机

常见的共享存储型多处理机模型有三种，即均匀存储器访问（uniform memory access，UMA）、非均匀存储器访问（non-uniform memory access，NUMA）、只用高速缓冲的存储器结构（cache only memory architecture，COMA）。

1）UMA

如图 2.1 所示，UMA 多处理机模型中，物理存储器被所有处理器均匀共享，所有处理机（P）对所有共享存储器（SM）的存取速度相同。每台处理机可以有本地 Cache，I/O 设备也以某种形式共享。当所有处理机都能以同样方法访问 I/O 设备时，称作对称多处理机（symmetric multiple processors，SMP）。比如，美国硅图公司（Silicon Graphics Inc，SGI）的 Power Challenge、美国数字设备公司（Digital Equipment Corporation，DEC）

的 Alpha Server、曙光公司的曙光一号等。

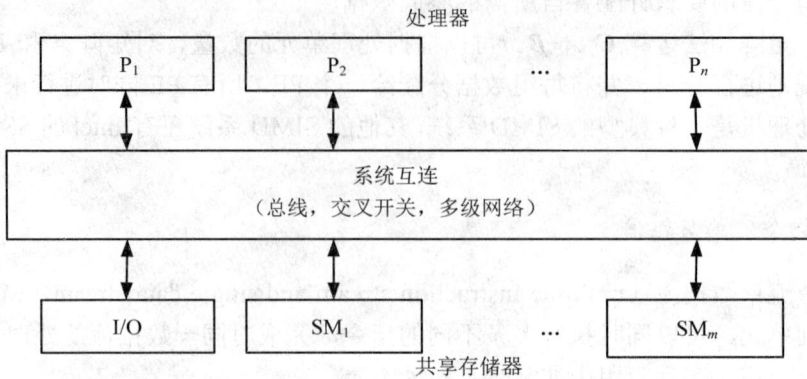

图 2.1　UMA

2）NUMA

NUMA 多处理机系统中，共享存储器分布在每个处理机处，所有处理机本地存储器的集合构成了多处理机的全局地址空间。图 2.2 给出了两种 NUMA 模型，图中 CIN 为机群互连网络。图 2.2（a）所示为共享本地存储模型，NUMA 中的处理机对位置不同存储字的访问时间不同，访问本地存储器（LM）或集群内共享存储器（CSM）的速度比较快，访问非本地存储器或全局共享存储器（GSM）的速度比较慢。与 UMA 类似，处理机可以有本地 Cache，I/O 设备也以某种形式共享。图 2.2（b）所示为层次式集群模型，处理机被分成多个群，每个群本身是 UMA 或 NUMA 多处理机系统。各群与全局共享存储器模块相连，整个系统可以认为是一台 NUMA 多处理机。各群有同等访问全局存储器的权利，但是访问群内存储器的速度要比访问全局存储器快。

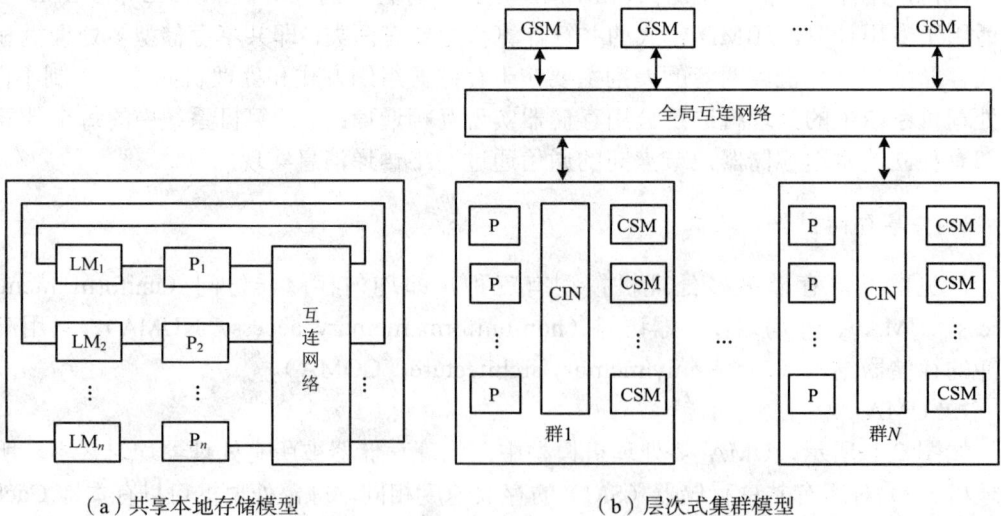

（a）共享本地存储模型　　　　　　（b）层次式集群模型

图 2.2　NUMA

3）COMA

只有 Cache 的多处理机系统称为 COMA，如图 2.3 所示。COMA 是 NUMA 的一个特例，只是将 NUMA 中的分布式主存储器换成了 Cache（C），处理机节点中没有存储器的层次式结构，全部 Cache 组成了多处理机的全局地址空间。远程 Cache 访问借助分布式高速缓冲目录（D）来进行。数据的起始位置并不重要，随着程序或任务的执行，数据最终会迁移到使用它的地方。

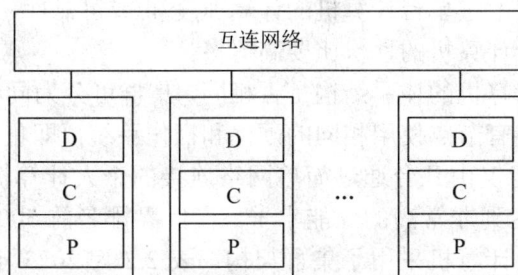

图 2.3　COMA

2. 分布式存储型多计算机

分布式存储型多计算机系统如图 2.4 所示。系统由被称为节点的计算机通过消息传递网络互相连接而成。每个节点是一台包含处理机和本地存储器（有时接有外部存储器或其他 I/O 设备）的自治计算机。所有本地存储器都是私有的，只有本地处理机能访问。

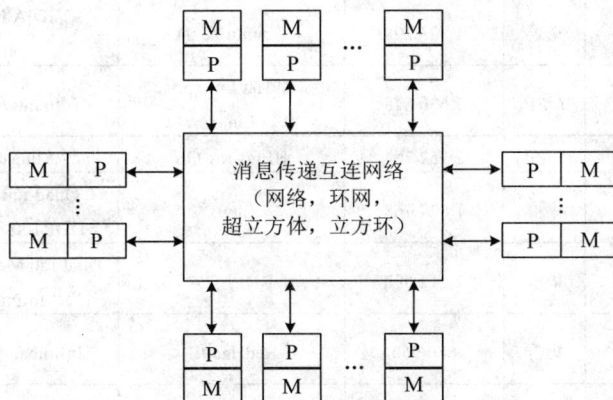

图 2.4　分布式存储型多计算机系统

分布式存储型多计算机主要有大规模并行处理机（massively parallel processing，MPP）和集群两种。

1）MPP

MPP 一般指由成百上千乃至上万个处理机组成的超大型计算机系统。MPP 系统中，处理机通常采用商业微处理器，存储器在物理上是分布的，采用专门设计或定制的互连网络连接各节点，节点没有本地磁盘，相互之间的耦合程度比较紧密。MPP 主要用于科学计算、工程模拟等领域，如 Cray T3E、曙光 1000 等。

2）集群

计算机集群是一组通过网络连接在一起协同工作的计算机系统。集群中的计算机称为节点，节点运行自己的操作系统实例，节点间一般使用高速局域网络互连。集群中的节点既可以作为单独的计算资源供用户使用，也可以协同工作，对外表现为一种单一的、集中的计算资源。在用户看来，集群就是一台单独的计算机，用户通常感觉不到节点的加入或退出。

计算机集群常用来改进单台计算机的计算速度和/或可靠性。一般情况下，集群比速度或可用性相当的单台计算机的性价比要高得多。

根据组成集群的计算机的体系结构是否相同，集群可分为同构与异构两种。大多数情况下，一个集群的所有节点使用相同的硬件和操作系统，即集群是同构的。

尽管一个集群可能仅由几台通过简单网络连接的个人计算机组成，但采用集群架构的计算机系统可以达到非常高的性能水平。在世界排名前 500 位（TOP500）的超级计算机中，88%的超级计算机采用了集群架构。表 2.2 为 2023 年 11 月发布的 TOP500 的前 10 位超级计算机的数据。

表 2.2　TOP500 超级计算机排名（2023 年 11 月）

排名	名称	结构	处理器核心数	操作系统	互连网类型	制造商
1	Frontier	MPP	8 699 904	HPE Cray OS	Slingshot-11	HPE
2	Aurora	MPP	4 742 808	SUSE Linux Enterprise Server 15 SP4	Slingshot-11	Intel
3	Eagle	集群	1 123 200	Ubuntu 22.04	NVIDIA InfiniBand NDR	Microsoft
4	Supercomputer Fugaku	MPP	7 630 848	Red Hat Enterprise Linux	Tofu interconnect D	Fujitsu
5	LUMI	MPP	2 752 704	HPE Cray OS	Slingshot-11	HPE
6	Leonardo	集群	1 824 768	Linux	Quad-rail NVIDIA HDR100 InfiniBand	EVIDEN
7	Summit	集群	2 414 592	RHEL 7.4	Dual-rail Mellanox EDR InfiniBand	IBM
8	MareNostrum 5 ACC	集群	680 960	RedHat 9.1	Infiniband NDR200	EVIDEN
9	Eos NVIDIA DGX SuperPOD	集群	485 888	Ubuntu 22.04.3 LTS	InfiniBand NDR400	NVIDIA
10	Sierra	集群	1 572 480	Red Hat Enterprise Linux	Dual-rail Mellanox EDR InfiniBand	IBM / NVIDIA / Mellanox

集群往往被看作 MPP 的低成本变形。与 MPP 不同，集群中每个节点均是完整意义上的计算机，节点之间通过低成本商用或标准网络（如以太网）互连，节点的耦合程度比较松散。集群相对于 MPP 有性价比高的优势，在云计算环境中的应用越来越多。比较典型的集群系统有 Berkeley NOW、Stanford DASH、Beowulf Cluster 等。

3. 共享存储型多处理机与分布式存储型多计算机的比较

两种体系结构的主要区别有两点。

① 通信开销。通信开销指处理器之间交换数据所需要的时间。共享存储型多处理机中，处理器之间的通信通过共享存储器实现，处理器之间的距离通常很近。因而，共享存储型多处理机的通信开销比分布式存储型多计算机系统要小。

② 处理器数量。分布式存储型多计算机系统中的计算机之间通过计算机网络互连，对系统中的节点数量基本没有限制。共享存储型多处理机系统的处理器及其存储器之间通过互连网络连接，处理器的数量通常会受到互连网络容量、节点空间、经济成本等多种因素的制约。

对并行程序设计人员来说，解决复杂问题时希望可以使用尽可能多的高速处理器。但需要意识到，处理器之间的通信又造成了额外的限制。原因在于处理器间的协作需要通信和（或）数据交换，随着处理器数量的增加，通信将成为影响并行应用程序性能的重要因素。

三、互连网络

在多处理机、多计算机或分布式系统中，组件（包括 CPU、存储器、I/O 设备）需要通过互连网络彼此连接。互连网络的拓扑可以采用静态或动态结构，在集群式的多计算机系统中通常使用局域网络甚至是互连网络连接系统各节点。静态网络由点到点直接相连而成，并且其连接方式在程序执行过程中不会改变。动态网络中含有开关单元，可以根据要求动态地改变网络拓扑结构。

1. 静态互连网络

典型的静态网络有一维线性阵列、网状、树状、超立方体等类型。

① 一维线性阵列网络结构是最简单、最基本的互连网络。每个节点只与左、右两个邻居节点相连，网络中的 N 个节点使用 $N-1$ 条边串接。内部节点的度为 2，端节点的度为 1，网络直径（相距最远两个节点间的距离，单位：边数量）为 $N-1$，对分带宽（把网络分成节点数相等的两部分时必须移除的最少边数）为 1。

将一维线性阵列的首尾节点相连后构成环，环可以是单向的，也可以是双向的。环的节点度为 1，单向环的直径为 $N-1$，双向环的直径为 $N/2$，对分带宽为 2。

② 网状网络结构如图 2.5 所示。包含 N 个节点的 2-D 网孔网络（$\sqrt{N}$ 行 $\sqrt{N}$ 列）中，每个节点（除边界节点外）与上、下、左、右 4 个邻居节点相连，节点度为 4，网络直径为 2（$\sqrt{N}-1$），对分带宽为 $\sqrt{N}$，如图 2.5（a）所示。图 2.5（b）、图 2.5（c）为 2-D 网孔网络的变形。将 2-D 网孔网络的垂直方向首尾节点连接，水平方向上相邻行的首尾节点相连，构成 Illiac 网孔网络。Illiac 网孔网络的节点度为 4，网络直径为 $\sqrt{N}-1$，对分带宽为 $2\sqrt{N}$。如果将 2-D 网孔网络垂直方向和水平方向的首尾节点相连，则构成 2-D 环绕网络，其节点度为 4，网络直径为 2（$\sqrt{N}/2$），对分带宽为 $2\sqrt{N}$。

（a）2-D 网孔网络结构　　　（b）Illiac 网孔网络结构　　　（c）2-D 环绕网络结构

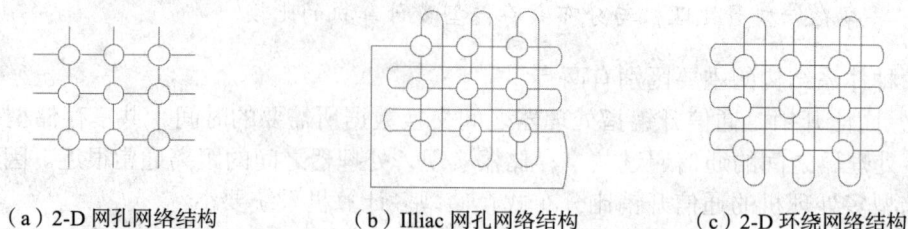

图 2.5　网状网络结构

③ 树状网络结构如图 2.6 所示。二叉树除了根节点和叶节点，其他节点的度为 3，对分带宽为 1，网络直径为 2（$\lceil \log_2 N \rceil - 1$），其中 $\lceil \ \rceil$ 表示向上取整，如图 2.6（a）所示。如果树状网络的根节点度增大为 $N-1$，则网络直径缩小为 2，此时就变成了图 2.6（b）所示的星形网络。树状网络的最大问题是根节点容易成为瓶颈，图 2.6（c）所示的二叉胖树网络可缓解这种问题。

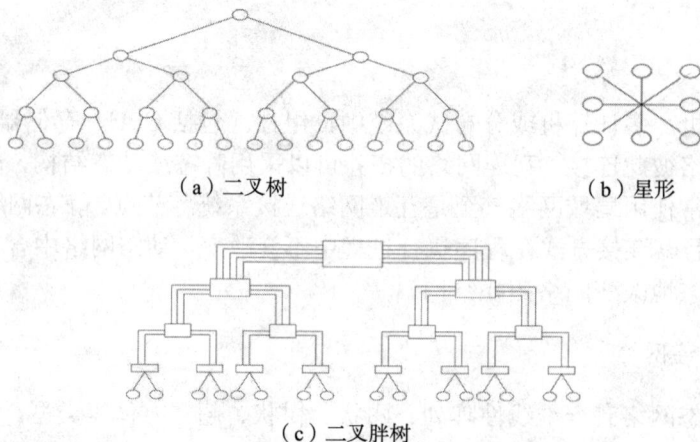

（a）二叉树　　　　　　　　　　　　　（b）星形

（c）二叉胖树

图 2.6　树状网络结构

④ 超立方体网络结构如图 2.7 所示。n-立方体有 2^n 个顶点。3-立方体和 4-立方体的互连网络分别如图 2.7（a）和图 2.7（b）所示。n-立方体的节点度为 n，网络直径也是 n，对分带宽为 2^{n-1}。如果将 3-立方体的顶点代之以一个环，则构成了 3-立方环，如图 2.7（c）、图 2.7（d）所示。一般地，从一个 k-立方体构成具有 2^k 个带环（每个环中有 k 个节点）顶点的 k-立方环，则共有 $k \cdot 2^k$ 个顶点，网络直径为 $2k-1+\lfloor k/2 \rfloor$，其中 $\lfloor \ \rfloor$ 表示向下取整，对分带宽为 2^{k-1}。

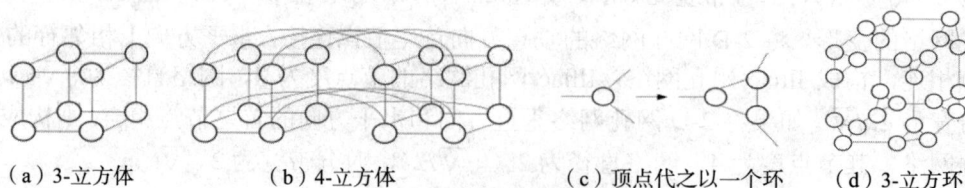

（a）3-立方体　　　（b）4-立方体　　　（c）顶点代之以一个环　　　（d）3-立方环

图 2.7　超立方体网络结构

2. 动态互连网络

动态互连网络中，边和边的连接处是具有开关、选路或仲裁功能的可控器件。典型的动态互连网络有总线、交叉开关、多级互连网络等。

① 总线。计算机内部总线是连接处理器、存储器、I/O 设备的信号通路。总线是广播类型介质，连接到总线上的部件采用分时机制共享总线，任意时刻最多只能有一个部件可以发送数据。当多个部件同时请求使用总线时，需要进行仲裁。

② 交叉开关。交叉开关的状态可以根据要求动态地设置为"连接"或"断开"。在并行系统中，交叉开关通常用于处理器之间的互连，以及处理器与存储器之间的互连。

③ 多级互连网络。将单级交叉开关级联起来构成多级互连网络，如图 2.8 所示。

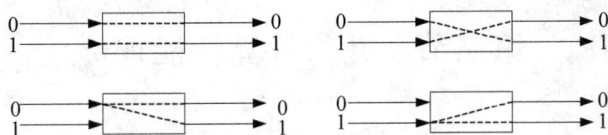

（a）4 种可能的开关连接

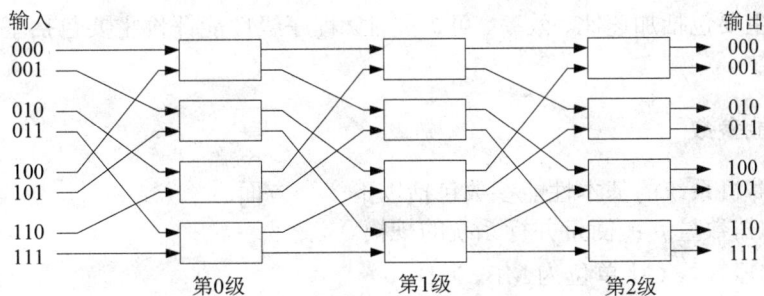

（b）8 输入 8 输出 Ω 网络

图 2.8　多级互连网络

目前，已经出现了多种多级互连网络，不同多级互连网络的区别在于开关单元及其级间连接方式。图 2.8（b）所示为 Ω 网络，其中 2×2 的开关单元有 4 种可能的连接方式，级间连接采用了均匀洗牌连接模式。n 输入和 n 输出的 Ω 网络共有 $\log_2 n$ 级，每级有 $n/2$ 个开关单元，整个网络共有 $n\log_2 n/2$ 个开关单元。伊利诺伊理工大学（Illinois Institute of Technology）的 Cedar 多处理机系统便是采用了 Ω 网络。其他的多级网络还有基准网络、二进制立方网络、Benes 网络，此处不再详述。

3. 标准网络

1）Myrinet

Myrinet 是由 Myricom 公司设计的高速局域网系统，用于多台机器之间的互连，以构成计算机集群。Myrinet 是一种轻量级协议，开销比以太网小，具有更高的吞吐率、更少的干扰、更低的延迟。其中，更低的延迟对于超级计算机和计算机集群来说尤为重要。Myrinet 具有容错功能，包括流量控制、差错控制、链路监控等。第四代 Myrinet

称作 Myri-10G，支持 10Gb/s 的数据传输速率，可以在物理层使用 10Gb/s 以太网。

2）InfiniBand

InfiniBand 是一种计算机网络通信标准，采用了全交换网络拓扑，用于高性能计算，具有非常高的吞吐量和非常低的延迟。InfiniBand 既可以用于计算机之间和计算机内部的部件互连，也可以用作服务器和存储系统之间的直接或交换互连，以及存储系统之间的互连。目前，InfiniBand 仍然是超级计算机中比较常用的互连网络类型，见表 2.2。

3）高速以太网络

2023 年发布的 TOP500 超级计算机的互连网络中，最常见的是高速以太网，包括 10GE、25GE、100GE。

第三节　并行计算性能评价

并行计算性能评价大致可以分为机器级、算法级和程序级的性能评价。机器级性能评价主要包括处理器和存储器的基本性能指标、并行开销、通信开销、性价比等。算法级性能评价主要包括加速比、效率、可扩展性。程序级性能评价主要包括基准测试程序、数学库测试等。

一、基本性能参数

并行计算机系统的基本性能参数包括以下多个方面。

① 处理器数量 p：衡量并行系统的规模。

② 存储器容量 C：单位为 MB、GB。

③ 存储器带宽 B：存储器单位时间读取/写入数据的量，单位为 Mb/s、Gb/s。

④ 工作负载 W：也叫作计算负载，即求解给定问题所需的总计算量。通常可用执行时间、指令数目或浮点运算次数来度量。

⑤ 串行分量 W_s：工作负载中必须串行执行的部分。

⑥ 并行分量 W_p：工作负载中可以并行执行的部分。

⑦ 串行分量占比 f：工作负载中串行分量占比，$f = \dfrac{W_s}{W}$。

⑧ 并行分量占比 $1-f$：工作负载中并行分量占比，$1-f = \dfrac{W_p}{W}$。

⑨ 串行执行时间 T_s：也可以表示为 T_1，即使用 1 个处理器串行执行程序所需时间。

⑩ 并行执行时间 T_p：p 个处理器的并行系统执行程序所需的时间。并行执行时间包括计算时间、并行开销时间、通信时间。

⑪ 额外开销 W_o：包括并行处理开销和通信开销。并行处理开销包括任务分配、任务调度、结果汇总等涉及的开销；通信开销包括同步操作、通信操作等涉及的开销。

⑫ 加速比 S：p 个处理器的并行系统执行程序时的速度提升倍数，$S = \dfrac{T_s}{T_p}$。

⑬ 并行系统效率 E_p：处理器的利用率，$E_p = \dfrac{S}{p}$。

二、加速比定律

在不同计算对象和资源约束条件下，有三种加速比模型，即适用于固定负载的阿姆达尔（Amdahl）加速比定律、适用于扩展问题的古斯塔夫森（Gustafson）加速比定律、受限于存储器容量的孙-倪（Sun & Ni）加速比定律。

1. 适用于固定负载的加速比定律

很多科学计算对实时性的要求很高，但其工作负载常常因问题规模固定而固定。因此，为满足实时性要求，通过增加系统中的处理器数量，将固定负载分配给更多的处理器去执行，从而提高计算速度，达到加速计算目的。1967 年，阿姆达尔提出了固定负载的加速比定律，即 Amdahl 加速比定律：

$$S = \frac{W_s + W_p}{W_s + W_p / p} \tag{2.1}$$

将公式（2.1）等号右边的分子和分母都除以 $W_s + W_p$（即 W），得到如下公式：

$$S = \frac{\dfrac{W_s + W_p}{W_s + W_p}}{\dfrac{W_s + W_p / p}{W_s + W_p}} = \frac{1}{\dfrac{W_s + W_p / p}{W}} = \frac{1}{f + \dfrac{1-f}{p}} = \frac{p}{1 + f(p-1)} \tag{2.2}$$

当 $p \to \infty$ 时，加速比的极限为

$$\lim_{p \to \infty} S = \frac{1}{f} \tag{2.3}$$

Amdahl 加速比定律指出，工作负载中的串行分量 W_s 的执行时间不会随处理器数量 p 的增加而改变，但是并行分量 W_p 由 p 个处理器并行执行，因而可以缩短总的处理时间。由于工作负载中的 W_s 只能串行执行，所以无法通过增加处理器数量来缩短这部分负载的处理时间。随着并行系统中处理器数量的不断增大，并行系统所能达到的加速比的上限为 $1/f$，即并行系统的性能最终还是由串行分量来决定，串行分量占比 f 被称为程序的顺序瓶颈。

提高并行系统的加速比，一方面可以增加处理器数量，另一方面需要降低 f（即通过并行程序设计和并行编译优化等）来降低串行分量占比。

实际上，并行系统的加速比不仅受限于工作负载中的串行分量占比，还受并行处理引入的额外开销的影响。额外开销主要包括并行处理开销和通信开销。

令 W_o 为额外开销，则公式（2.1）变为

$$S = \frac{W_s + W_p}{W_s + W_p / p + W_o} = \frac{1}{\dfrac{W_s}{W} + \dfrac{W_p}{pW} + \dfrac{W_o}{W}} = \frac{p}{1 + f(p-1) + W_o p / W} \tag{2.4}$$

当 $p \to \infty$ 时，公式（2.4）变为

$$\lim_{p \to \infty} S = \frac{1}{f + W_o / W} \tag{2.5}$$

从公式（2.5）可以看出，串行分量占比越大、额外开销越大，加速比越小。

2. 适用于扩展问题的加速比定律

Amdahl 加速比定律的主要缺点是在并行系统规模增大时，固定工作负载不能扩展以匹配系统可用的计算能力，即固定负载妨碍了并行系统性能可扩展性的开发。

对实时性要求严格的应用领域促使了固定负载加速比模型的提出。实际上，还有一些不以获得最短运行时间为目的，而是更看重计算精度的应用领域。当并行系统规模增大，可以提供较高的计算能力时，通过扩大问题规模，形成更大的工作负载，在得到更高计算精度的同时使处理时间保持不变。

许多科学计算和工程模拟应用需要求解格点离散化的偏微分方程组的超大规模矩阵问题。比如，用有限元法进行结构分析、用有限差分法求解天气预报中的计算流体动力学问题就是典型的例子。如果网格比较大，则计算量小，计算精度低；如果网格比较小，则计算量大，计算精度高。

天气预报常常需要求解四维偏微分方程。如果使三维空间中每个维度的格子距离缩小为原来的 1/10，时间尺度也缩小为原来的 1/10，则格点数量变成原来的 10^4 倍，工作负载也变成原来的 10^4 倍。工作负载（即问题规模）增大后，当然希望通过扩展并行系统的规模来提供更强的计算能力，使得问题可以在同样的时间内得到求解。

为此，古斯塔夫森于 1988 年提出了一种扩大问题规模但固定计算时间的加速比模型，即 Gustafson 加速比定律：

$$S' = \frac{W_s + pW_p}{W_s + pW_p / p} = \frac{W_s + pW_p}{W_s + W_p} \tag{2.6}$$

其中，并行系统规模增加为 p，串行工作负载 W_s 保持不变，并行工作负载从 W_p 增大为 pW_p，问题的处理时间保持不变。因此，Gustafson 加速比也叫作固定时间加速比。

将公式（2.6）归一化后，可得

$$S' = \frac{W_s + pW_p}{W_s + W_p} = \frac{p(W_s + W_p) - (p-1)W_s}{W_s + W_p} = p - f(p-1) = f + (1-f)p \tag{2.7}$$

当 p 充分大时，固定时间加速比 S' 与 p 几乎呈线性关系，即随着并行系统中处理器数量的增加，并行系统的加速比几乎与处理器数量成比例地增加。这意味着 Gustafson 加速比定律在并行系统规模增加时支持可扩展性能，串行分量占比不再是瓶颈。

同样地，如果考虑并行程序引入的额外开销 W_o，公式（2.7）将变为

$$S' = \frac{W_s + pW_p}{W_s + W_p + W_o} = \frac{p(W_s + W_p) - (p-1)W_s}{W_s + W_p + W_o} = \frac{p - f(p-1)}{1 + W_o / W} \qquad (2.8)$$

需要指出，额外开销 W_o 与并行系统的规模 p 有关。

3. 受限于存储器容量的加速比定律

Amdahl 加速比定律指出，扩大并行系统规模，可以在更短时间内完成工作负载的处理，满足应用的实时性要求。Gustafson 加速比定律指出，扩大并行系统规模，可以相应扩大问题规模，在保持问题求解时间不变的情况下得到更高的计算精度，但扩大问题规模需要更大的存储空间。实际上，并行系统存储器的容量并不是无限大的。因此，扩大问题规模会受到并行系统存储器容量的限制。

孙贤和（Xianhe Sun）和倪明选（Lionel M. Ni）对 Amdahl 加速比定律和 Gustafson 加速比定律做了概括，提出了一种受限于存储器容量的加速比模型，即 Sun & Ni 加速比定律，目的是最大限度地利用处理器的计算能力和存储器的容量。其基本思想是在存储器容量有限的条件下，通过尽量扩大问题规模，以获得更好或更精确的解。

设 M 为单个节点的存储器容量，W 为工作负载，$W = fW + (1-f)W$。当并行系统规模增大为 p 时，整个系统的存储器容量相应地增大为 pM。

令 $G(p)$ 表示存储容量增大到 pM 时工作负载的增加倍数，由公式（2.6）可以得到固定存储器容量的加速比：

$$S'' = \frac{fW + (1-f)G(p)W}{fW + (1-f)G(p)W / p} \qquad (2.9)$$

归一化后得

$$S'' = \frac{f + (1-f)G(p)}{f + (1-f)G(p) / p} \qquad (2.10)$$

如果 $G(p) = 1$，公式（2.10）变为 $\dfrac{1}{f + (1-f) / p}$，即为固定工作负载的 Amdahl 加速比定律；如果 $G(p) = p$，公式（2.10）变为 $f + p(1-f)$，即为固定执行时间的 Gustafson 加速比定律；如果 $G(p) > p$，相当于工作负载增加速度比存储器容量增加速度要快的情况，Sun & Ni 加速比高于 Amdahl 加速比和 Gustafson 加速比。

同样地，考虑额外开销 W_o 后，公式（2.10）变为

$$S'' = \frac{f + (1-f)G(p)}{f + (1-f)G(p) / p + W_o / W} \qquad (2.11)$$

应当指出，Sun & Ni 加速比定律在两个假设条件下才成立：

① 所有节点的存储器集合能形成全局地址存储空间，即共享分布式存储空间。

② 所有可用的存储区都用于求解问题。

4. 关于加速比的讨论

研究人员和工程技术人员对加速比的理解有所不同。研究人员喜欢用绝对加速比的定义，即对于给定问题，最佳串行算法所用时间除以并行算法所用时间；工程技术人员喜欢用相对加速比的定义，即对于给定问题，同一算法在单处理器上运行的时间除以在多处理器上运行的时间。显然，相对加速比的定义比较实际。

实际应用中，并行系统很难达到线性加速。所谓线性加速，是指加速比等于机器规模 p。主要原因包括：一是工作负载中总是存在必须串行处理的部分，这部分负载无法利用多处理器加快处理；二是并行处理引入了并行处理开销和通信开销等额外开销。一般情况下，随着处理器数量的增加，额外开销也会增大。

第四节　并行程序设计模型

并行程序设计的基本问题主要包括并行进程的规范说明、创建、挂起、再生、迁移、终止及同步等。程序设计模型是建立在计算机系统结构层次之上的概念，是一种程序抽象的集合，为程序员提供了一幅计算机硬件或软件的透明简图。并行程序设计模型专门为多处理机、多计算机或向量计算机而设计。

下面简单介绍开发并行性的三种常用模型，即数据并行模型、消息传递模型、共享存储模型。在本章第六节中将重点介绍消息传递模型的并行程序设计。

一、数据并行模型

数据并行模型可以在 SIMD 计算机上实现，也可以在单程序多数据流（single program multiple data stream，SPMD①）计算机上实现。数据并行程序设计强调的是局部计算和数据路由操作，比较适合用于细粒度问题的求解。

数据并行模型具有以下特点。

① 单线程：从程序员角度看，数据并行程序只有一个进程在执行，具有单一控制线；从控制流角度看，一个数据并行程序像一个串行程序。

② 并行操作于聚合数据结构上：数据并行程序的一个单步操作（或一条语句），可以同时作用在数组或其他聚合数据结构的不同元素上。

③ 松散同步：在数据并行程序的每条语句之后都隐含一个同步，这种语句级的同步相对于 SIMD 程序的每条指令之后的紧密同步而言是松散的。

④ 全局命名空间：数据并行程序中的所有变量都存储在单一地址空间内，只要满足变量的作用域规则，任何语句可以访问任何变量。

⑤ 隐式相互作用：由于每条语句之后隐式同步的存在，数据并行程序中不需要显式同步语句，通信可由变量指派而隐式完成。

---

① SPMD 是一种特殊类型的 SIMD。SIMD 处理的多数据是执行相同的操作，SPMD 中的多数据不一定是执行相同的操作。

⑥ 隐式数据分配：程序设计人员不必明确指定如何分配数据，数据分配工作通常由编译器完成。

二、消息传递模型

消息传递模型中，在不同处理器上运行的进程需要通过互连网络传递消息来实现相互之间的通信，消息包括数据、指令、同步或中断信号等。通常，消息传递引起的通信延迟比访问公用存储器中共享变量的延迟要大得多。

相比于数据并行模型，消息传递模型更加灵活。消息传递程序不仅可以在共享存储型多处理机上运行，也可以在分布式存储型多计算机上运行。

消息传递模型有以下特点。

① 多进程：消息传递程序包含多个进程，各有自己的控制线，可以执行不同的程序代码。程序的并行性包括控制并行和数据并行。

② 异步并行性：各个进程异步执行，需要用户显式地进行同步。

③ 隔离的地址空间：各个进程驻留在不同的地址空间内，每个进程的数据对于其他进程不可见，进程间的相互作用通过执行特殊的消息传递来实现。

④ 显式相互作用：进程只能在其所拥有的数据上进行计算，程序员必须解决数据映射、通信、同步和聚合等问题。

⑤ 显式分配：数据和负载由程序设计人员显式分配给各个进程。

三、共享存储模型

共享存储模型中，各进程通过访问公共存储器中的共享变量实现相互通信。共享存储模型的各个进程拥有单一的全局命名空间，与数据并行模型类似；共享存储模型的各个进程是多线程的和异步的，与消息传递模型类似。由于数据驻留在单一的共享地址空间中，不需要显式分配数据，工作负载既可以显式分配，也可以隐式分配。为保证进程执行的顺序正确，同步必须是显式的。

第五节　并行程序设计过程

伊恩·福斯特(Ian Foster)将并行程序的一般设计过程分为4步，即划分(partitioning)、通信（communication）、组合（agglomeration）、映射（mapping），简称 PCAM，如图 2.9 所示。

戴维·库勒（David Culler）等也提出了类似的步骤，具体包括分解（decomposition）、分配（allocation）、编排（orchestration）和映射（mapping），简称 DAOM。PCAM 的划分、映射与 DAOM 的分解、映射基本相同，其他两个步骤稍有不同。下面将介绍 PCAM 并行程序设计过程。

在实践中，并行程序设计是一个高度并行的过程，许多问题需要同时考虑。此外，设计过程的回溯反复通常也难以避免，因为评估部分或完整设计可能需要更改之前步骤中做出的决定。

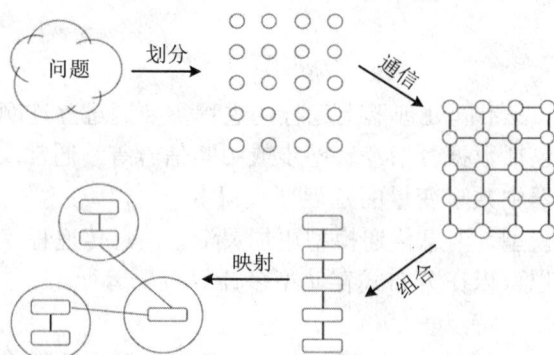

图 2.9　并行程序设计过程（PCAM）

一、划分

划分指将问题划分成多个小任务，目的是充分开发并行性，同时提高程序的可扩展性。划分的主要方法为域分解和功能分解，主要目标是将数据、计算划分成互不相交的子集。

1. 域分解

域分解的对象是数据，因此也叫数据划分。被分解的数据可能是程序的输入数据、输出数据，或程序运行中产生的中间值。域分解时，首先将数据尽量划分成大小大致相同的小块；接下来确定计算，并将计算与其操作的数据进行关联。因此，划分会产生多个包括一些数据及其之上计算的任务。在任务之间交换数据时将产生通信。

域分解的经验法则是，首先按照最大的数据结构划分，或按照访问频率最高的数据结构划分。图 2.10 给出了一个三维网格问题的域分解示例。其中，在每个网格点上的计算是相同的。开始域分解时，应首先在能够提供最大灵活性的三维分解上（即在每个网格点上）定义一个计算任务。每个任务维护与其负责网格点有关的数据，以及负责更改网格点状态所需要的计算。

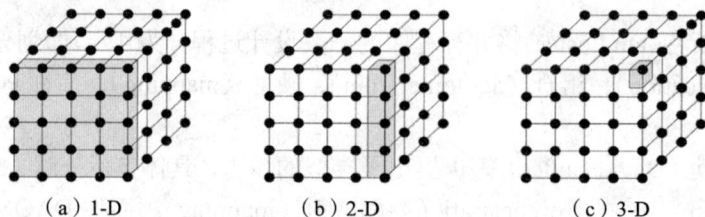

（a）1-D　　　　　（b）2-D　　　　　（c）3-D

图 2.10　三维网格问题的域分解

2. 功能分解

功能分解的出发点是被执行的计算，而不是计算所操作的数据。如果可以成功地将计算划分为不相交的任务，则应继续检查任务需要的数据。如果任务需要的数据不相交，则功能划分便完成了。如果任务所需要的数据存在相当程度的重叠，则复制数据到需要它的所有任务，或者通过通信将数据传递给需要它的任务。此时，通常需要结合域分解综合考虑。

功能分解的原则主要包括以下五点。

① 划分产生的任务数量应比处理器数量高 1 个数量级，目的是为后续阶段提供足够的灵活性。

② 划分引入的附加计算和存储需求要尽量少，否则并行程序处理更大问题时的扩展性会存在问题。

③ 划分产生的任务尺寸应大致相同，否则处理器的负载平衡难以保证。

④ 任务数量与问题规模应成比例。理想情况下，随着问题规模的扩大，任务数量而不是任务负载应相应增加，否则并行程序可能无法充分利用所有的处理器。

⑤ 应尽量考虑多种划分方法，以保证后续设计阶段的灵活性。

二、通信

划分阶段生成的多个任务旨在并行执行，但通常这些任务并不能独立执行，原因是一个任务的计算通常需要其他任务的数据。因此，数据必须在任务间传输，这便产生了通信。域分解将数据划分成不相交的子集，并没有考虑对数据进行处理时可能产生的数据交换，难以确定通信需求。相比而言，功能分解比较容易确定通信需求，因为任务之间的数据流与通信要求相对应。

1. 通信模式

① 局部通信与全局通信。局部通信指每个任务只与邻近较少的任务通信。全局通信指每个任务与许多其他任务通信。全局通信通常会对程序的并行度造成影响，可以使用分治法将全局通信转化为局部通信。

② 结构化通信与非结构化通信。结构化通信指任务之间的通信关系规整（如树状、网格等）。非结构化通信指任务之间的通信关系是任意的、不规整的。非结构化通信通常会使后续的任务组合和处理器映射变得更加复杂。

③ 静态通信与动态通信。静态通信指相互通信的任务的身份不随时间的改变而改变。动态通信指通信伙伴的身份可能由运行时计算的数据决定，并且是可变的。

④ 同步通信与异步通信。同步通信指通信双方协同操作。异步通信指通信双方无须协同。

2. 通信设计的基本原则

通信设计的基本原则主要如下：①每个任务应只与少量的邻近任务通信，即尽量避免全局通信和非结构化通信；②通信操作应能并行执行；③不同任务的计算应能并行执行；④不同任务的通信量应大致相同。

三、组合

在划分和通信阶段，将要执行的计算划分为一组任务，并引入通信，以提供任务所需的数据。此时的并行算法仍然是抽象的，没有考虑程序运行使用的特定并行计算机结构。我们知道，并行计算机系统结构与算法或程序的匹配程度影响并行应用程序的可扩展性。

在组合阶段，重新审视之前两个阶段所做的决策，目的是获得在某类并行计算机上可以高效执行的程序或算法。组合时，通过合并小任务为较大的任务来减少任务数量，理想的情况是任务数量恰好等于处理器的数量，即一个处理器负责一个任务。这样，便可以得到一个 SPMD 程序，最后的映射也就完成了。如果组合后的任务数量仍然比处理器数量多，则映射问题需要进一步处理。

通信开销和任务创建是影响并行性能的主要因素。如果每个任务需要通信的其他任务数量较少，通常可以通过加大划分粒度来降低通信操作的数量和通信总量。图 2.11 是一个通过增加任务粒度以降低通信开销的示例。其中，图 2.11（a）是一种细粒度的任务划分。问题被划分为 64 个任务，每个任务负责一个网格点的计算任务，与周围 4 个网格点进行通信，共需要 64×4=256 次通信，传输 256 个数据。图 2.11（b）是一种粗粒度的任务划分。同一问题被划分成 4 个任务，每个任务负责 16 个点的计算。此时，共需要 4×4=16 次通信，传输 16×4=64 个数据。有时，复制数据和引入重复计算可以降低通信开销，并减少执行时间。但需要考虑是否值得进行数据复制和计算重复。下面以 8 个数求和为例进行说明。假定：N 个处理器互连网络的拓扑结构为二叉树，每个处理器中保存 1 个数，并要求最终每个处理器都有所有 N 个数的和，如图 2.12 所示。首先，自叶节点向根节点逐级求和，然后由根节点向叶节点逐级传播最终结果，共需 $2\log_2 N$ 步。此时，没有多余的计算和通信，但处理器的利用率是逐级减半的。

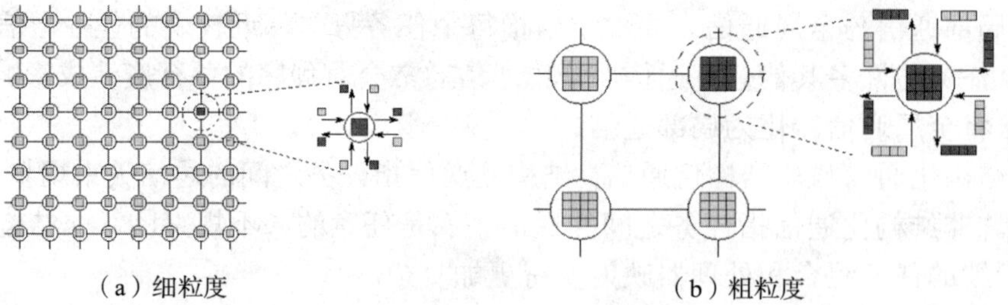

（a）细粒度　　　　　　　　　　　　　（b）粗粒度

图 2.11　增加任务粒度以降低通信开销的示例

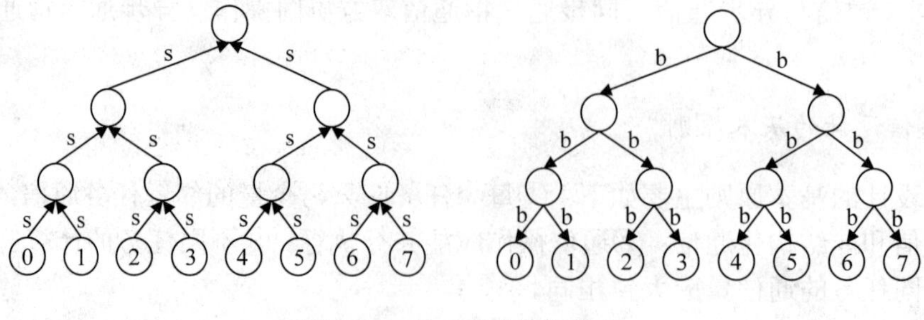

图 2.12　基于二叉树的求和

通过引入重复的计算和通信，同样的问题可以在更短的时间内完成。使用图 2.13 所示的蝶式通信结构求和，共需 $\log_2 N$ 步。

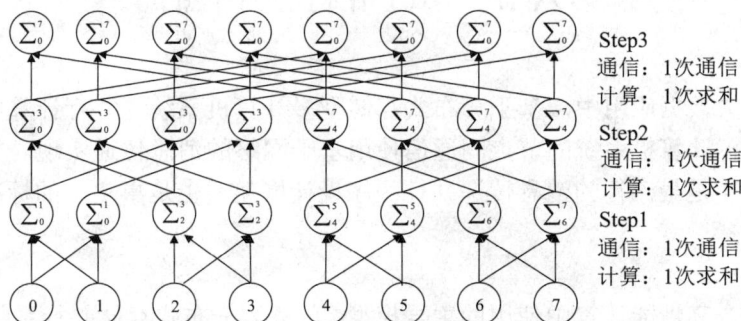

图 2.13 基于蝶式通信结构的求和（$N=8$）

每一步中，每个处理器接收来自一个其他处理器的数据，计算两个数的和，并将得到的部分和发送给另外一个处理器。经过 $\log_2 N$ 步后，所有处理器均得到了最终的全和。但代价是总计算和通信次数增加为 $O(N\log_2 N)$。计算机科学中，算法复杂度使用大 O 表示法。$O(N\log_2 N)$ 表示算法的复杂度为问题规模（N）与问题规模以 2 为底的对数（$\log_2 N$）的乘积。

除了提高利用效率和降低通信开销，组合也需要保持足够的灵活性和减少软件工程代价。为了映射阶段便于进行负载平衡，组合后的任务数量应比处理器数量多一个数量级。同时，在对现有串行程序并行化时，分区、通信、组合等的结果应该尽量避免那些需要大量修改源代码的策略。

组合的主要原则包括：①组合策略应有利于降低通信开销；②组合收益（效率提升）应大于重复计算和通信的代价；③组合后的任务数量与问题规模仍成比例，以保持可扩展性；④对现有串行程序进行并行化处理时，应尽量降低开发成本。

四、映射

映射是并行程序设计的最后一个阶段，目的是确定任务和处理器之间的对应关系。

映射的基本策略有两个：一是把可以并行执行的任务分配给不同处理器，增加并行性；二是把需要频繁通信的任务分配给同一个处理器，降低通信开销。

两个处理器映射问题有最优解，多于两个处理器的映射问题是 **NP-**完全问题。基于域分解的并行程序，如果划分的任务尺寸相等且通信是结构化的，则映射相对简单；对于任务尺寸不同并且通信是非结构化的，有效的组合和映射不太容易实现，一般使用负载平衡算法确定具体策略。基于功能分解的并行程序常常会产生一些短时（小尺寸）任务，可以使用任务调度算法将短时任务分配给可能有空闲的处理器。

映射的原则主要包括两点：①各处理器的工作负载应均衡；②负载平衡和任务调度不能成为瓶颈。

第六节　MPI 并行程序设计

　　云计算和大数据应用中，基于分布式存储型多计算机系统的并行计算应用更常见。分布式存储型多计算机系统的节点间通信使用基于网络的消息传递实现。

　　目前，MPI 是最流行的消息传递并行程序设计框架，也是事实上的标准。

一、MPI 简介

　　MPI 是当今高性能计算中使用的主导模型，已成为分布式存储并行系统进程间通信的事实标准，几乎所有的并行计算机厂商都支持 MPI。简而言之，MPI 是用于并行程序设计的通信协议规范，而不是一种具体的编程语言。

1. MPI 的特性

　　在最初的 MPI-1.0 中没有共享内存的概念，MPI-2.0 也仅具有有限的分布式共享内存概念，而 MPI-3.0 引入了显式的共享内存编程接口。

2. MPI 语言绑定

　　MPI 的使用必须和特定的语言结合起来。MPI 库函数提供了 C 语言和 Fortran 语言描述，即 MPI 语言绑定。MPI 语言绑定指通过包装现有的 MPI 实现（如 MPICH、Open MPI 等），将 MPI 支持扩展到其他语言。下面在介绍 MPI 相关内容时使用 C 语言描述。其中，在 mpi.h 中定义了 MPI 库函数原型及 MPI 常数，所以用户程序要将 mpi.h 包含进来。

3. MPI 的主要实现

　　MPI 的实现主要有 MPICH、Open MPI 等，以及一些计算机厂商（如 Fujitsu、HP、IBM、SGI）的 MPI 实现。其中，MPICH 是最重要的一种 MPI 实现。同时，MPICH 是一个与 MPI 规范同步发展的实现，每当 MPI 推出新版本就会有相应的 MPICH 实现版本。

二、MPI 基本操作

　　一个 MPI 程序由自治进程组成，这些进程可以执行相同或不同的程序。多数 MPI 实现中，程序初始化阶段生成一组进程，一个处理器生成一个进程。

　　通常，每个进程都在自己的地址空间中以 MIMD 模式执行代码，进程通过调用 MPI 库函数实现相互之间的通信。

　　MPI 把进程组（group）及其进程活动环境（context）定义为通信域（communicator）。MPI_COMM_WORLD 为 MPI 预定义的通信域，其中包括 MPI 初始化以后可以访问到的全部进程。进程组是包含有限个有序进程的集合，每个进程都有唯一的整数标识，称作 Rank。Rank 是从 0 开始的连续整数，进程的 Rank 在 MPI 初始化时创建。活动进程环境也叫上下文，能将彼此相互冲突的通信进行区分。每个通信域都有一个由系统指定的、与其他通信域不同的上下文。在一个上下文中发送的消息不能在另一个上下文中接收。MPI 中，MPI_COMM_WORLD 是默认通信域。

1. 说明和约定

1）标识符命名

MPI 的标识符均以"MPI_"开始，最多 30 个字符。下划线后的第一个字符采用大写，表示函数名或 MPI 的数据类型。为避免与 MPI 已经定义的标识符产生冲突，建议在用户程序中不要定义以"MPI_"开始的变量和函数。

2）MPI 调用的参数说明

MPI 对函数参数说明的方式有三种，分别为 IN、OUT 和 INOUT。其含义分别如下。

① IN：MPI 函数可能会使用但在函数执行期间不会对 IN 参数的值做任何改变。

② OUT：MPI 函数的返回结果。OUT 参数的初始值对于 MPI 函数没有意义。

③ INOUT：调用者首先将 INOUT 参数传递给 MPI 函数，MPI 函数引用、修改后作为结果返回。INOUT 参数的初始值和返回值都有意义。

如果某个参数在调用前后没有发生改变，比如，某个隐含对象的句柄所指向的对象发生了变化，则该参数仍然被说明为 OUT 或 INOUT 类型。

还有另外一种特殊情况，如果某个参数对于一个函数是 IN，对于另一个函数是 OUT，尽管在语义上该参数对于某个函数来说不是 INOUT，但在语法上 MPI 也将其说明为 INOUT。

2. 基本函数

MPI 接口众多，但只使用其中 6 个最基本的函数就能编写一个完整的 MPI 程序。这 6 个基本函数分别为 MPI_Init、MPI_Finalize、MPI_Comm_size、MPI_Comm_rank、MPI_Send 和 MPI_Recv。它们的主要作用分别为初始化 MPI 运行环境、结束 MPI 运行环境、确定进程数量、确定自己的进程标识、发送消息、接收消息。

1）MPI_Init

MPI_Init 用于初始化 MPI 运行环境，是每个 MPI 程序调用的第一个 MPI 函数，并且一个程序只能调用一次 MPI_Init。MPI_Init 函数原型如下：

int MPI_Init(int *argc, char ***argv)

argc 和 argv 是 C 程序的命令行参数，来自 main 函数的参数。

2）MPI_Finalize

MPI_Finalize 用于清除 MPI 状态并结束 MPI 运行环境。一旦调用该函数，在后面的用户程序中就不能再调用 MPI 的其他函数。因此，用户必须保证在进程调用 MPI_Finalize 之前完成进程有关的所有通信。用户程序如果不调用此函数，则程序运行结果是不可预知的。MPI_Finalize 函数原型如下：

int MPI_Finalize(void)

3）MPI_Comm_size

MPI_Comm_size 返回通信域中进程组的进程数，进程通过调用该函数获知给定通信域中一共有多少个进程在并行执行。MPI_Comm_size 函数原型及参数说明如下。

函数原型：int MPI_Comm_size(MPI_Comm comm, int *size)

参数说明：

参数类型	名称	含义	数据类型
IN	comm	communicator（句柄）	MPI_Comm
OUT	size	comm 中的进程数量	整数

4）MPI_Comm_rank

MPI_Comm_rank 返回用户进程在给定通信域进程组中的进程标识 Rank（0～进程数-1）。一个进程在不同通信域中的标识可能不同。MPI_Comm_rank 函数原型及参数说明如下。

函数原型：int MPI_Comm_rank(MPI_Comm comm, int *rank)

参数说明：

参数类型	名称	含义	数据类型
IN	comm	communicator（句柄）	MPI_Comm
OUT	rank	进程标识	整数

5）MPI_Send

MPI_Send 将发送缓冲区 buf 中 count 个 datatype 类型的数据发送给目的进程。目的进程在通信域 comm 中的标识符为 dest。消息标志是 tag。使用 tag 可以把本消息和本进程向同一目的进程发送的其他消息区别开来。

MPI_Send 操作指定的发送缓冲区可以容纳 count 个类型为 datatype 元素的连续存储空间，起始地址为 buf。注意，消息长度不是以字节为单位，而是以数据类型实例所占存储空间的尺寸为单位。其中，datatype 可以是 MPI 的预定义类型，也可以是用户自定义类型（choice）。MPI_Send 函数原型及参数说明如下。

函数原型：int MPI_Send(const void * buf, int count, MPI_Datatype datatype, int dest, int tag, MPI_Comm comm)

参数说明：

参数类型	名称	含义	数据类型
IN	buf	发送缓冲的起始地址	指针
IN	count	发送缓冲中的元素数	非负整数
IN	datatype	发送元素的数据类型	句柄
IN	dest	目的进程标识	整数
IN	tag	消息标志	整数
IN	comm	通信域	MPI_Comm

6）MPI_Recv

MPI_Recv 从指定的源进程 source 接收消息，并且该消息中包含数据的数据类型、消息标识与 MPI_Recv 调用时所指定的 datatype 和 tag 一致。接收消息中包含的数据元素个数最多不能超过 count。接收缓冲区由 count 个类型为 datatype 元素的连续存储空间组成，由 datatype 指定类型，起始地址为 buf。接收消息的长度必须小于或等于接收缓冲区长度。如果接收到的数据过大而 MPI 没有截断，会发生缓冲区溢出错误。datatype 数据类型可以是 MPI 预定义类型，也可以是用户自定义类型。通过指定不同的数据类型调用 MPI_Recv，可以接收不同类型的数据。

返回状态 status 是 MPI_Status 类型，使用前需要用户为其分配空间。状态变量 status 是由至少三个域组成的结构类型，分别为 MPI_SOURCE、MPI_TAG 和 MPI_ERROR。除了以上三个域，status 还可以包括其他的附加域。用户通过引用 status.MPI_SOURCE、status.MPI_TAG 和 status.MPI_ERROR，可以得到所接收消息的发送端进程的标识、消息标志和错误代码。MPI_Recv 函数原型及参数说明如下。

函数原型：int MPI_Recv(void* buf, int count, MPI_Datatype datatype, int source, int tag, MPI_Comm comm, MPI_Status *status)

参数说明：

参数类型	名称	含义	数据类型
OUT	buf	接收缓冲的起始地址	指针
IN	count	接收缓冲中的元素数	非负整数
IN	datatype	接收元素的数据类型	句柄
IN	source	源进程标识	整数
IN	tag	消息标志	整数
IN	comm	通信域	MPI_Comm
OUT	status	状态	MPI_Status

3. 基本的 MPI 程序流程

粗略地，一个 MPI 程序主要包括初始化 MPI 运行环境、获得进程标识和进程数量、任务处理及通信、结束 MPI 运行环境等部分，如图 2.14 所示。

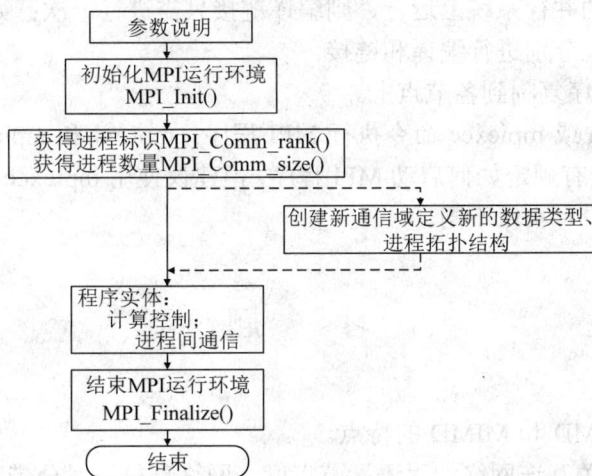

图 2.14 MPI 程序流程

三、MPI 并行程序的基本模式

MPI 并行程序的两种基本模式是对等模式和主从模式。绝大多数 MPI 程序都是两种模式之一或者两种模式的组合。

对等模式的 MPI 程序中，各进程地位相同，功能和角色基本一样，只是不同进程处理的数据或对象不同，容易使用同样的程序来实现。

主从模式的 MPI 程序中，进程分为主进程和从进程。主进程一般用来为从进程分配任务和数据，收集从进程的处理结果并汇总；从进程负责具体的处理。主进程和从进程的程序代码不同。实现时，主从模式的 MPI 程序通常为一套代码，通过分支选择来区分主进程和从进程。

四、MPI 程序的运行过程

MPI 程序一般为 SPMD 程序。MPI 程序的运行过程如图 2.15 所示。

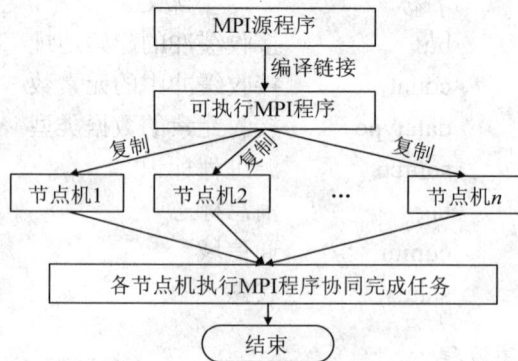

图 2.15　MPI 程序的运行过程

① 将 MPI 源程序编译链接为可执行程序。mpicc 是编译链接 C 语言 MPI 程序的命令。如果是在同构的并行系统上运行，则编译链接只需进行一次；如果系统是异构的，则需要在每种系统上分别进行编译和链接。

② 将可执行程序复制到各节点上。

③ 使用 mpirun 或 mpiexec 命令执行 MPI 程序。mpirun 和 mpiexec 都是 MPI 的运行命令。MPI 标准没有规定如何启动 MPI 程序，但建议使用 mpiexec。多数 MPI 实现中，mpirun 和 mpiexec 没有实质不同。

习　　题

1. 简单描述 SIMD 和 MIMD 的特点。

2. 简单解释有关互连网络的术语：节点度、网络直径、对分带宽、静态互连网络、动态互连网络、交叉开关网络、多级网络。

3. 解释 Amdahl 加速比定律、Gustafson 加速比定律、Sun & Ni 加速比定律，分析其含义和局限性。

4. 假设：某应用问题求解时需要执行的运算量为 $1×10^7$ 次浮点运算。其中，$6×10^3$ 次浮点运算必须串行执行。现在使用有 10 个节点的多计算机求解该问题，其中必须串行执行的浮点运算可以在任意一个节点中执行。试计算加速比。

5. （接第 4 题）。假设并行求解问题时引入的并行处理开销相当于 $2×10^2$ 次浮点运算，通信开销相当于 $4×10^2$ 次浮点运算。试计算加速比。

6. 并行程序设计步骤主要有哪些？各步骤主要解决的问题是什么？

7. 试解释并行程序设计中将任务及其所需数据进行局部化处理的意义。

8. 假设：某个 Rank 为 1 的 MPI 进程执行函数 MPI_Send(buf, 20, MPI_Int, 11,5, MPI_Comm_world)。

① 需要调用函数 MPI_Recv 完成通信进程的 Rank 是什么？

② 该通信域中至少有多少个进程？

③ 写出接收进程调用函数 MPI_Recv 的完整信息。

④ 接收进程将收到什么？

9. MPI 程序设计：利用 MPI 的点到点通信函数实现广播和规约（reduce），并将使用点到点通信实现的广播和规约与使用 MPI_Bcast 和 MPI_Reduce 实现的功能进行性能比较（处理时间随数据量、进程数的变化）。假设数据量最多为 10^6 个双精度实数，进程数最多为 10 000 个。

10. MPI 程序设计：利用 MPI 的点到点通信机制求 6 个向量的和。其中，每个向量包含 N 个双精度实数；使用 6 个进程，每个进程生成自己的随机向量；最终每个进程都得到最后的和向量。另外，将程序的执行时间与使用 MPI_Allreduce 完成同样任务所需的执行时间进行比较。试解释两者所需时间存在差异的原因。

11. MPI 程序设计：矩阵乘法 $C=A×B$。其中，$A \in \mathbb{R}^{m×n}$，$B \in \mathbb{R}^{n×p}$。

① 按行并行。

② Cannon 算法。

12. MPI 程序设计：求 N 个数的和。其中，每个进程都有最终结果。

13. MPI 程序设计：积分法计算圆周率，$\pi = \int_0^1 \frac{4}{1+x^2} dx$。要求计算精度达到 10^{-10}。

14. MPI 程序设计：并行搜索。假设共有 N 个元素，最多可以启动 M 个进程。

第三章 虚 拟 化

虚拟化是构建云计算环境的关键技术。本章首先概述虚拟化的基本概念，随后介绍 CPU、内存、I/O、网络虚拟化的基本原理。

第一节 虚拟化概述

为了降低系统设计复杂性，提高软件可移植性，将计算机系统自下而上分成硬件、操作系统、库函数、应用程序等层次，如图 3.1 所示。每一层向上一层呈现一种抽象，并且每层只需知道下层抽象的接口，不需要了解其内部运作机制。硬件抽象层是软件所能控制的硬件抽象接口，通常包括 CPU 的各种寄存器、内存管理模块、I/O 端口和内存映射 I/O 地址等。API 抽象层抽象的是一个进程所能控制的系统功能集合，包括创建新进程、内存申请和释放、进程间同步与共享、文件系统和网络操作等。

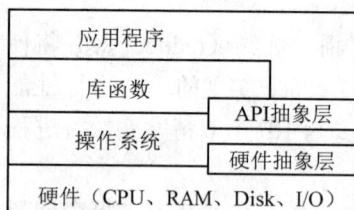

图 3.1 现代计算机的层次结构

虚拟化的含义非常广泛。将任何一种形式的资源抽象成另一种形式都可以称作虚拟化。本质上，虚拟化是由位于下层的模块通过向上层模块提供与它原先所期待的运行环境一致的接口的方法。抽象出一个虚拟的软件或硬件接口，使得上层软件可以直接运行在虚拟环境上。因此，虚拟化可以发生在现代计算机系统的各个层次上，不同层次的虚拟化有不同的虚拟化概念。

虚拟化技术起源于 20 世纪 60 年代，IBM 在 S/360 系统上开发了称作虚拟机监视器的软件。虚拟机监视器作为计算机硬件层之上的一层软件抽象层，将计算机硬件虚拟化后分配给一个或多个虚拟机实例，以提供多个用户对大型主机的同时交互访问。20 世纪 90 年代末，随着 VMware Workstation/Fusion、ESXi、KVM、Xen 等虚拟化软件的出现，虚拟化真正被人们所熟知。近年来，随着多核系统、集群、云计算的广泛部署，虚拟化概念逐渐深入人们的日常工作与生活中，虚拟化技术在商业应用中的优势日益显现。

一、基本概念

虚拟机（virtual machine，VM）指在物理硬件系统之上，通过软件模拟的、具有完整硬件系统功能的、运行在一个完全隔离环境中的完整计算机系统。通过虚拟化软件，可以在一台物理计算机上模拟出多台虚拟机。虚拟机像真实计算机那样拥有逻辑上独立的 CPU、内存、硬盘、I/O，可以运行操作系统和应用程序，用户可以像操作真实计算机那样操作虚拟机。对于系统程序员和应用程序员来说，虚拟机与物理机本质上相同。比如，有相同的指令集体系结构（instruction set architecture，ISA）。另外，在虚拟机中执行的大多数指令可以直接在硬件上执行，只有少数的敏感指令必须由虚拟机监视器进行检查并确认无害，然后交由硬件处理。因此，虚拟机和物理机的性能也比较接近。

　　虚拟机监视器（VMM）是用来在物理计算机中创建、运行虚拟机环境的软件、固件或硬件。运行 VMM 并创建和运行一个或多个虚拟机的计算机称为宿主机，宿主机上运行的操作系统称为宿主操作系统（Host OS）。虚拟机则称为客户机，虚拟机中运行的操作系统称为客户操作系统（Guest OS）。同一宿主机中多个虚拟机的 Guest OS 共享宿主机被虚拟化后的资源。

　　图 3.2 为使用 VMM 在一个宿主机中创建多个 VM 的示意图。VMM 有不同的类型，有的运行在 Host OS 之上，有的直接运行在硬件之上。直接运行在硬件之上的 VMM 被称作 Hypervisor。

　　在非虚拟化环境中，操作系统直接管理硬件并负责进程调度。在虚拟化环境中，Guest OS 运行在 VMM 为之提供的虚拟硬件上，没有管理物理硬件资源的权限。虚拟处理器的功能由物理处理器和 VMM 共同完成。对于 Guest OS 发出的非敏感指令，物理处理器直接执行并将相关结果保存到物理寄存器中；对于敏感指令，VMM 负责陷入并模拟，为 Guest OS 模拟物理寄存器的状态。

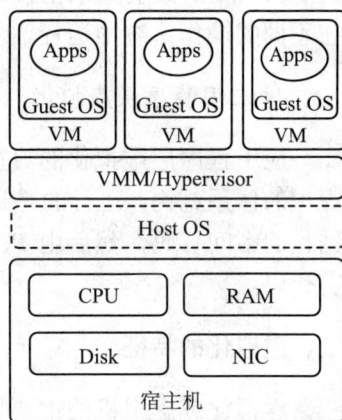

图 3.2　使用 VMM
在一个宿主机中创建多个 VM

二、虚拟化的层次

　　虚拟化的层次主要包括硬件抽象层、操作系统层、库函数层以及应用程序层。

1. 硬件抽象层虚拟化

　　硬件抽象层虚拟化又称为指令集虚拟化、系统级虚拟化，是指通过虚拟硬件抽象层实现虚拟机，为运行在虚拟机中的操作系统呈现和物理硬件相同或相近的硬件抽象层。

　　通过对整个计算机系统进行虚拟化，将一台物理计算机虚拟化成一台或多台虚拟计算机，每个虚拟计算机系统都有自己的（虚拟的）CPU、内存和 I/O 设备，及其所提供的独立的、虚拟的计算机执行环境。因此，硬件抽象层虚拟化也叫系统级虚拟化。不同虚拟计算机中的操作系统可以不同，但其执行环境相对独立。虚拟计算机的操作系统看到的是硬件抽象层，因此，它的行为和运行在物理计算机上时没有什么不同。

　　云计算的一个核心思想就是在服务器端集中提供计算资源，并独立地服务于不同用户，在共享资源的同时为每个用户提供隔离、安全、可信的工作环境。因此，硬件抽象层虚拟化是云计算的基础架构，也是服务器虚拟化的核心。

2. 操作系统层虚拟化

操作系统层虚拟化指操作系统内核提供多个互相隔离的用户态实例，这些用户态实例对于其用户来说像是一台物理计算机，有自己独立的文件系统、网络、系统设置和库函数等。

3. 库函数层虚拟化

操作系统通过 API 为应用程序隐藏系统功能的内部实现细节，不同操作系统有不同的 API。库函数层虚拟化就是通过虚拟化操作系统的 API，使应用程序无须修改就可以在不同的操作系统中运行。

4. 应用程序层虚拟化

应用程序层虚拟化的典型代表是 Java 虚拟机（JVM）。JVM 向应用程序提供了一种虚拟的体系结构，运行的是进程级的任务。应用程序源代码首先被转换为针对虚拟体系结构的中间代码，然后由 JVM 将程序中间代码翻译为可以在特定 ISA 上运行的机器语言代码。

三、虚拟化的特征

虚拟化或虚拟机的主要特征包括分区、隔离、封装、硬件无关性。

① 分区。分区指虚拟化层为多个虚拟机划分服务器资源的能力。同一物理机中可以运行多个虚拟机，虚拟机之间相互隔离，每个虚拟机运行自己的操作系统。每个虚拟机上的操作系统只能看到虚拟化层为其提供的"虚拟硬件"。

② 隔离。虚拟机之间是相互隔离的。一个虚拟机的崩溃或故障不会影响同一宿主机中的其他虚拟机，并且通过虚拟化进行资源控制可以提供虚拟机间的性能隔离。比如，为每个虚拟机指定最小和最大资源使用量，可以确保不会发生由于某个虚拟机占用所有物理资源而使其他虚拟机无资源可用的情况。

③ 封装。封装意味着整个虚拟机（硬件配置、BIOS、内存、磁盘、CPU 等状态）被存储在独立于物理硬件的一个或多个文件中，通过复制文件可以根据需要复制、保存和移动虚拟机。

④ 硬件无关性。虚拟化是资源的逻辑表示，不受物理条件限制的约束。虚拟机运行于虚拟化层之上，只能看到虚拟化层提供的虚拟硬件抽象层，而虚拟硬件独立于实际的物理硬件。不管实际的物理硬件是否相同，只要虚拟硬件抽象层相同，虚拟机不用修改就可以运行。这样便打破了操作系统和硬件，以及应用程序和操作系统及硬件之间的耦合约束。

四、虚拟化的类型

1. 全虚拟化

操作系统与物理硬件的交互通过由硬件抽象层预先定义的硬件接口进行。全虚拟化完整模拟硬件，为虚拟机提供全部硬件接口，包括处理器、内存、I/O 设备等，使 Guest OS 无须任何修改就可以直接运行在虚拟机上。Guest OS 无法区分自己是运行在虚拟化环境中，还是运行在真实的物理计算机中。

全虚拟化必须模拟特权指令的执行过程。比如，在 x86 架构中，对于操作系统切换进程页表的操作，物理 CPU 提供了 CR3 寄存器来实现该接口。操作系统只需要执行汇编指令 mov pgtable, %cr3[①]即可。全虚拟化的 VMM 必须完整模拟该接口执行的全过程。

目前，全虚拟化的实现方式有软件和硬件辅助两种。x86 是复杂指令集计算机（complex instruction set computer，CISC）架构，指令繁杂，并且其中一些指令是难以虚拟化的。软件全虚拟化 VMM 完全依赖于二进制翻译机制执行 Guest OS 发出的敏感且不能被虚拟化的指令。

全虚拟化利用软件仿真硬件通常存在性能问题。软件全虚拟化的代表有 VMware Workstation、Virtual PC、VirtualBox、VMware Server 等。在 Intel VT-x 和 AMD-V 的支持下，Guest OS 发出的敏感指令可以自动被 VMM 截获。比如，Intel VT-x 在处理器中引入了一个新的执行模式用于运行虚拟机，当虚拟机运行在这个特殊模式中时，它面对的仍然是一套完整的处理器寄存器集合和执行环境，只是任何敏感操作都会被截获并报告给 VMM。因此，相对于软件实现的全虚拟化，硬件辅助的全虚拟化性能有了很大提升。

2. 半虚拟化

半虚拟化是一种修改 Guest OS 中访问特权资源的代码以便直接与 VMM 进行交互的技术。在半虚拟化中，VMM 将部分硬件接口以软件形式（即超级调用 hypercall）提供给 Guest OS。Guest OS 通过调用 VMM 提供的 hypercall 实现与物理硬件的交互。比如，Guest OS 的进程页表切换操作可通过调用 hypercall 修改影子 CR3 寄存器的内容和完成地址翻译工作。但是，Guest OS 必须能够意识到自己是否运行在虚拟机之上，需要在 Guest OS 中植入 VMM 提供的 hypercall。为了实现简单，半虚拟化 VMM 通常仅对 CPU 和内存进行虚拟化，一般不对设备驱动程序进行仿真。

由于需要对 Guest OS 操作系统内核进行修改，半虚拟化只适用于开源操作系统（如 Linux）。对于 Windows 等闭源操作系统，只有 OS 厂商才能制作 Guest OS。半虚拟化的典型代表是 Xen。

有一种 VMM 既可以实现全虚拟化，也可以同时实现半虚拟化，如 Xen，如图 3.3 所示。全虚拟化时，Guest OS 发出的敏感指令由 VMM 负责处理；半虚拟化时，修改 Guest OS 代码，通过调用 hypercall 陷入微内核（Microkernel）。

3. 操作系统级虚拟化

操作系统级虚拟化指操作系统的内核可以提供多个互相隔离的用户态实例（被称作容器、区域，或虚拟专用服务器）。对于运行于其中的程序来说，容器就像一台真实的

---

① mov pgtable, %cr3 为 x86 的进程页表切换指令，作用是将进程页表的地址加载到控制寄存器 CR3 中。

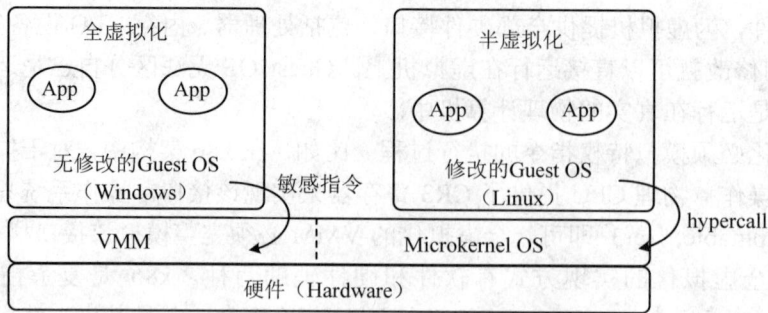

图 3.3　Xen 支持全虚拟化和半虚拟化

计算机。容器有自己的文件系统、网络、系统配置、库函数等。普通的进程可以看到计算机的所有资源，而容器中的进程只能看到分配给该容器的资源。

操作系统级虚拟化是操作系统内核主动提供的虚拟化，操作系统就是 VMM。因此，虚拟化的资源和性能开销较小，也不需要特殊硬件的支持。另外，操作系统级虚拟化虽然为容器提供了比较强的隔离性，但粒度相对比较粗。操作系统级虚拟化的代表有 Oracle Solaris Zone、Linux LXC、Docker、AIX WPAR 等。

五、VMM 的类型

当前，主流的 VMM 实现结构有三种：裸金属、寄居式和混合式，如图 3.4 所示。

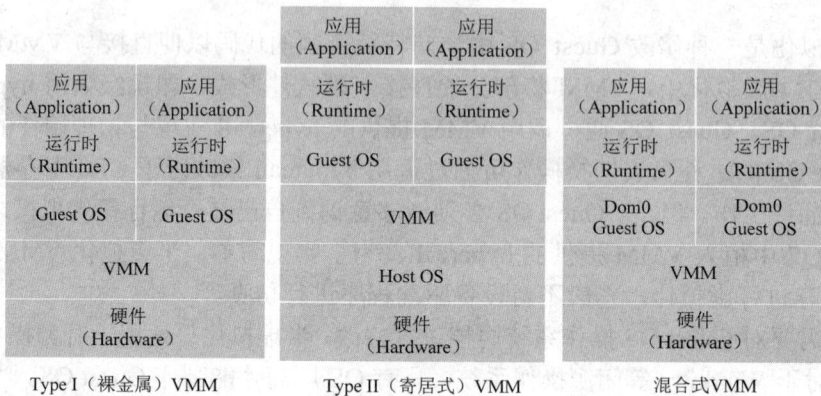

图 3.4　VMM 的类型

1. Type I（裸金属）VMM

运行在裸金属之上的 VMM 也称作 Hypervisor，可以看作一个功能完备的操作系统。与传统操作系统不同，Hypervisor 具备虚拟化功能。Hypervisor 拥有处理器、内存、I/O 设备等硬件资源，负责进程的调度和资源管理、虚拟环境的创建和管理，提供虚拟机运行 Guest OS。

Hypervisor 同时具有传统操作系统和虚拟化功能，因此，虚拟化效率较高。也正是由于完全拥有物理资源，Hypervisor 需要具备资源管理功能，包括设备驱动。考虑到 I/O

设备种类繁多，设备驱动程序开发工作量非常大。事实上，Hypervisor 通常会有选择地挑选一些 I/O 设备来支持，而不是支持所有的 I/O 设备。Xen、VMware 的 ESXi 是代表性的 Type I（裸金属）VMM。

2. Type II（寄居式）VMM

Type II（寄居式）VMM 中，物理资源由 Host OS 管理。Host OS 就是传统的操作系统，但由于并不是为虚拟化而设计的，Host OS 通常没有虚拟化功能。因此，虚拟化功能需要另外由 VMM 提供。通常，VMM 作为 Host OS 独立的内核模块，有些 VMM 实现中还包括用户态进程，如负责 I/O 虚拟化的用户态设备模型。VMM 通过调用 Host OS 提供的系统调用获得资源，实现对处理器、内存、I/O 设备的虚拟化。VMM 创建的虚拟机作为 Host OS 的进程参与调度。

Type II（寄居式）VMM 的优点是可以充分利用现有操作系统的设备驱动程序，可以专注于虚拟化。但是，由于物理资源由 Host OS 控制管理，VMM 须通过 Host OS 提供的服务获取资源进行虚拟化，虚拟化的效率和功能受到一定影响。VMware 的 Workstation/Fusion 是比较典型的 Type II（寄居式）VMM。

3. 混合式 VMM

混合式 VMM 是上述两种模式的结合。与 Type I（裸金属）VMM 类似，混合式 VMM 拥有宿主机中所有的物理资源。与 Type I（裸金属）VMM 不同的是，混合式 VMM 会主动让出大部分 I/O 设备的控制权，将其交由运行在特权虚拟机中的特权操作系统（也叫服务操作系统）控制。相应地，虚拟化的职责也被分担。处理器和内存的虚拟化依然由 VMM 来完成，而 I/O 设备的虚拟化由 VMM 和特权操作系统共同完成。在 Xen 中，特权操作系统就是 Domain 0 的 Guest OS。

混合式 VMM 直接控制处理器、内存等物理资源，虚拟化效率比较高。但由于特权操作系统运行在虚拟机上，当需要特权操作系统提供服务时，VMM 需要切换到特权操作系统，产生上下文切换开销，当切换比较频繁时会造成虚拟机性能的明显下降。

上下文指程序运行时所需寄存器的最小集合。对于虚拟机来讲，x86 架构的上下文包括通用寄存器组、段寄存器组、标志寄存器、程序指针寄存器、控制寄存器组、GDT/LDT/IDT、浮点寄存器组等。上下文切换指从一种状态切换到另一种状态（比如，从用户态切换到内核态），或从一个程序切换到另一个程序（如进程切换），导致上下文相关寄存器值发生变化的行为。切换时，保存切换前程序的上下文相关寄存器的值，加载切换后程序上下文相关寄存器值到寄存器中。

第二节　CPU 虚拟化

物理机是由 CPU、内存和 I/O 设备等硬件资源构成的实体，虚拟机可以被看作一种对物理机高效的、隔离的复制。虚拟机中，有虚拟 CPU、虚拟内存和虚拟 I/O 设备等。VMM 按照与传统操作系统并发执行用户进程的相似方式，仲裁虚拟机对宿主机共享资源的访问。

虚拟化环境下，虚拟机所使用的多个虚拟 CPU（简称 vCPU）可能共享同一个物理 CPU（简称 pCPU）。VMM 负责 vCPU 的调度，当一个 vCPU 获得 pCPU 的使用权后，基于该 vCPU 运行的 Guest OS 负责调度执行其中的进程。这样，Guest OS 中的进程分时复用了 vCPU，而各个 vCPU 又分时复用了 pCPU，如图 3.5 所示。

处理器虚拟化是 VMM 中最核心的部分。通常，访问内存或 I/O 的指令均为敏感指令。因此，内存虚拟化、I/O 虚拟化都依赖于处理器虚拟化的正确实现。

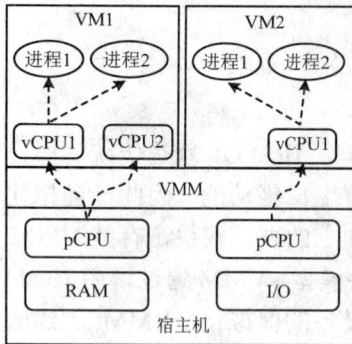

图 3.5　虚拟化环境中的应用进程、VM 和 VMM

一、CPU 的运行级别

大部分 CPU 有两个或两个以上的运行级别（也称为特权级别），用来隔离操作系统内核和应用软件。x86 在保护模式下定义了 4 个特权级别（Ring 0～Ring 3），以及包括内存、I/O 端口和执行敏感指令的能力等三种受保护的资源，如图 3.6 所示。其中，Ring 0 为最高特权级别，Ring 3 为最低特权级别。由于操作系统负责资源管理和进程调度，所以必须运行在最高特权级别 Ring 0 上。Ring 1 和 Ring 2 一般用来支持设备驱动，应用程序运行在最低特权级别 Ring 3 上。任何时刻，CPU 以特定的特权级别运行，运行级别决定了程序此时可以做什么和不能做什么。

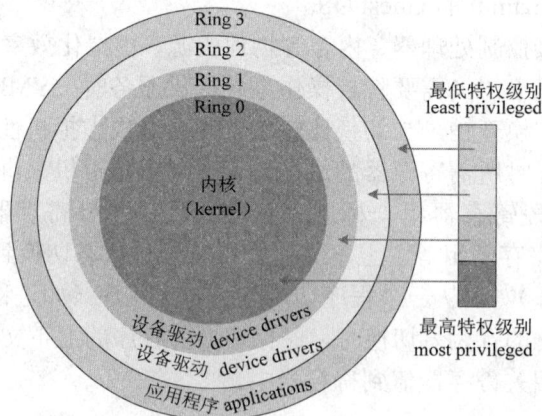

图 3.6　CPU 的运行级别

处理器呈现给软件的接口是指令集和寄存器。寄存器包括通用运算寄存器，用于控制处理器行为的状态寄存器和控制寄存器，I/O 设备呈现给软件的接口也是状态寄存器和控制寄存器。

寄存器是系统的资源，其中影响处理器、设备状态和行为的寄存器称为关键资源，或特权资源。读写系统关键资源的指令只能在最高特权级别中执行，这些指令叫作特权指令。在非最高特权级别执行特权指令时会引发一般保护异常（亦称作通用保护异常），从而交给操作系统处理。此时，处理器的运行级别从非最高特权级别切换到最高特权级别。与特权指令不同，非特权指令可以在 CPU 的任何一个特权级别上执行。

操作系统运行在最高特权级别 Ring 0 上，可以使用特权指令、控制中断、修改页表、访问设备等。应用程序运行在最低特权级别，不能做受控操作。应用程序访问磁盘读写文件时，需要使用系统调用（system call）完成。执行系统调用时，CPU 运行级别会发生从 Ring 3 到 Ring 0 的切换，并跳转到系统调用对应的操作系统内核代码位置处执行。在内核完成了设备访问之后，再从 Ring 0 返回 Ring 3，这个过程也称作用户态和内核态的切换。

二、虚拟化准则及条件

1. 虚拟化准则

1974 年，杰拉尔德·J. 波佩克（Gerald J. Popek）和罗伯特·P. 戈德堡（Robert P. Goldberg）提出了一组称为虚拟化准则的充分条件，满足以下条件的控制程序可以称为 VMM。

① 可控性：控制程序必须能够管理主机系统的所有资源。

② 等价性：在控制程序管理下运行的程序（包括操作系统），除时序和资源可用性之外的行为应该与没有控制程序管理时的行为完全一致，且预先编写的特权指令可以自由地执行。

③ 高效性：绝大多数的虚拟处理器指令应该由物理处理器直接执行而无须控制程序的参与。软件在 VM 中运行时，大多数指令要直接在物理处理器上执行，只能有少量指令交由 VMM 模拟处理，即虚拟机的性能须与物理机接近。

上述准则为评判计算机体系结构是否能够有效支持虚拟化提供了一个便利方法，也为设计可虚拟化计算机架构给出了指导原则。

2. 虚拟化条件

为保证 VMM 对资源的绝对控制，敏感指令的执行必须在 VMM 监控审查下进行，或经由 VMM 完成。因此，判断一种结构是否可被虚拟化，核心在于该结构对敏感指令的支持。如果所有敏感指令都是特权指令，则是可虚拟化的结构；否则，就无法支持在所有敏感指令上触发异常，不是可虚拟化的结构。

敏感指令包括控制类敏感指令和行为类敏感指令两类。控制类敏感指令的执行可能改变处理器和设备的状态，必须要陷入并将控制权转移到 VMM。行为类敏感指令的执行结果依赖于 CPU 的最高特权级别。Guest OS 运行于非最高特权级别上时，为了保证指令执行结果正确，这类指令也需要陷入 VMM。

经典的 CPU 虚拟化主要使用特权解除和陷入并模拟方法。特权解除是指为了实现 VMM 对物理资源的完全控制，降低 Guest OS 的特权级别的技术。特权解除技术可以使

VMM 和 Guest OS 进行类似传统操作系统中用户态和核心态的切换操作。特权解除后，Guest OS 运行在非最高特权级别，一般会降至 Ring 1 或 Ring 3。VMM 运行在最高特权级别 Ring 0 上，实现对系统资源的完全控制。Guest OS 的大部分指令仍可以在硬件上直接运行，但访问 GDT、IDT、LDT、TSS 等寄存器的特权指令无法在 Ring 1 或 Ring 3 上直接运行，只能通过陷入 VMM 并模拟处理的方式执行。

模拟的基本过程如下：当 Guest OS 试图访问关键资源时，请求不会真正发生在物理寄存器上。相反，VMM 会通过准确模拟物理处理器的行为，将 Guest OS 的资源访问定位到 VMM 为虚拟机设计的、与物理寄存器相对应的"虚拟"寄存器上。例如，物理处理器读取 Guest OS 的指令 MOV CR0, EAX，由于 CR0 为关键资源，需要在最高特权级别 Ring 0 上执行，而 Guest OS 运行在非最高特权级别上（假设 Guest OS 运行在 Ring 3 上），所以 CPU 将抛出异常。运行在 Ring 0 上的 VMM 截获异常并模拟处理器的行为，读取 EAX 的内容并存放到虚拟的 CR0 寄存器中。由于虚拟 CR0 存放在 VMM 为该虚拟机分配的内存区域里，该指令执行的结果不会使物理寄存器 CR0 的内容发生改变。等下一次虚拟机试图读取寄存器 CR0 时，物理处理器同样会抛出异常。然后，VMM 从虚拟的 CR0 而不是从物理的 CR0 中返回内容给虚拟机。

为了有效支持虚拟化，指令集体系结构（ISA）必须满足以下四个条件。

① CPU 支持多个特权级别，并且 Guest OS 的指令能在低特权级别下正确运行，即 Guest OS 运行在非最高特权级别上。

② 非特权指令（允许用户态直接执行的指令）的执行效果不依赖于 CPU 的特权级别。陷入并模拟的本质是保证可能影响 VMM 正确运行的指令由 VMM 模拟执行，而大部分的非敏感指令照常由硬件直接执行。

③ 敏感指令全部为特权指令。这是为了保证运行在非最高特权级别上的 Guest OS 执行敏感指令时能自动陷入 VMM。

④ 必须支持内存保护机制，以保证宿主机与虚拟机之间，以及虚拟机之间的内存隔离。

PowerPC、MIPS、SPARC 等 RISC 架构处理器的所有敏感指令均为特权指令，敏感指令的执行都可以自动被 VMM 捕获，虚拟化的实现不存在困难。

传统 x86 架构中有些敏感指令不属于特权指令。比如，读取处理器状态的指令 SMSW 可以在非最高特权级别执行。根据虚拟化准则，非特权指令在低特权级别下可以直接在物理处理器上执行。因此，SMSW 指令无法自动被 VMM 捕获。但是，SMSW 的执行结果可能是不正确的[①]。不受 VMM 控制的指令却工作在 VMM 之上，造成了 VMM 无法控制所有资源，也无法实现虚拟机之间的隔离。因此，传统 x86 架构缺乏对虚拟化的必要硬件支持，无法支持在所有敏感指令上都触发异常，这种情况被称作存在虚拟化漏洞。因此，传统 x86 架构不是可虚拟化的体系结构。

运行在传统 x86 架构上的任何 VMM 都无法直接满足条件③。传统 x86 架构下，CPU

① SMSW 是读写处理器状态的指令。CR0 第 0 位为保护模式使能位（protected enable，PE）。PE=1，CPU 工作在保护模式；PE=0，CPU 工作在实模式。通常，VMM 工作在保护模式。当 Guest OS 在实模式下执行 SMSW 时，则返回值 1，而不是真正 Guest OS 运行的实模式，显然是不正确的结果。

虚拟化可以使用纯软件实现方式，缺点是效率低下；或者通过修改 Guest OS 代码方式实现，使用 VMM 提供的 hypercall 而不是不可虚拟化的敏感指令，缺点是兼容性差。

2006 年以后，Intel VT-x 和 AMD-V 对传统 x86 架构的虚拟化扩展填补了虚拟化漏洞，使 x86 变成了可虚拟化架构。在硬件辅助下，虚拟化的高效性条件也得到了更好的满足。

三、CPU 的全虚拟化

虚拟化环境下，Host OS 或 VMM 运行在 Ring 0 上，Guest OS 运行在 Ring 1 或 Ring 3 上。应用程序发出的普通指令直接在物理硬件上执行。但是，当应用程序使用系统调用而发生异常或发生硬件中断时，硬件将把控制权交给运行在 Ring 0 上的 Host OS 或 VMM。同时，运行在 Ring 3 上的 Guest OS 发出的特权指令在执行时将触发通用保护异常。为了解决这些虚拟化问题，VMM 要能够控制 Guest OS 对硬件的访问，也必须能截获 Guest OS 发出的敏感指令并进行模拟处理。半虚拟化中，通过更改 Guest OS 的内核，植入 VMM 提供的 hypercall，替换掉不能虚拟化的指令。半虚拟化的优点是无须全虚拟化的陷入并模拟，性能损耗非常低；缺点是不适用于闭源操作系统。

本小节的 CPU 虚拟化指的是全虚拟化。

1. Type I（裸金属）VMM

VMM 直接在硬件之上运行，运行在最高特权级别 Ring 0 上。使用特权解除技术，Guest OS 运行在 Ring 1 上，应用程序运行在 Ring 3 上。

系统调用、硬件中断和特权指令的处理过程如图 3.7 所示。应用程序调用系统调用时，CPU 陷入 VMM 的中断处理程序，VMM 将系统调用交由 Guest OS 的中断处理程序进行处理，如图 3.7（a）所示。发生硬件中断时，硬件陷入 VMM 的中断处理程序，VMM 跳转到 Guest OS 的中断处理程序处理中断，如图 3.7（b）所示。Guest OS 执行特权指令时发生通用保护异常，陷入 VMM 并模拟处理，如图 3.7（c）所示。Type II（寄居式）VMM 也可以使用陷入并模拟方法来实现全虚拟化。

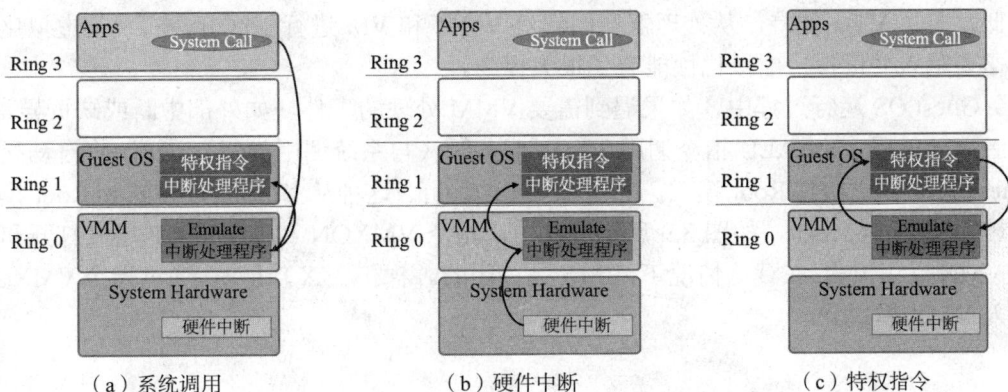

（a）系统调用　　　　　　　　（b）硬件中断　　　　　　　　（c）特权指令

图 3.7　CPU 虚拟化（Hypervisor）

2. Type II（寄居式）VMM

系统硬件资源由宿主机操作系统管理和控制，VMM 通过调用 Host OS 提供的服务使用资源，实现处理器的虚拟化。

对于 x86 架构处理器，寄居式全虚拟化 VMM 实现的主要困难在于某些敏感指令不是特权指令。由于 Guest OS 运行在非最高特权级别 Ring 1 或 Ring 3 上，Guest OS 发出的非特权指令的敏感指令在执行时不会触发通用保护异常，无法被 VMM 截获。

寄居式全虚拟化 VMM 实现可以采用特权解除加陷入并模拟的方法，也可以采用硬件辅助的实现方式。下面，首先介绍硬件辅助的处理器虚拟化，随后将单独介绍 Type I 和 Type II 两种 VMM 都可以使用的二进制翻译技术。

1）硬件辅助虚拟化技术简介

2005 年，Intel 推出了硬件辅助虚拟化技术 Intel VT，使用针对虚拟化要求而专门优化的指令集自动控制虚拟化过程。Intel VT 极大简化了 VMM 的设计，VMM 性能也得到很大提高。其中，x86 架构的虚拟化技术称为 VT-x，IA-64 架构的虚拟化技术称为 VT-i。2006 年，AMD 公司也推出了称为 AMD-V 的虚拟化解决方案。尽管 Intel VT 和 AMD-V 并不直接兼容，但是两者的基本思想和数据结构却是相似的。本节只讨论 Intel VT-x。

2）Intel VT-x

Intel VT-x 引入了叫作 VMX 的处理器操作模式，以及用于支持 VMX 操作模式的一系列指令。

（1）VMX 操作模式。

VMX 有 Root 和 Non-Root 两种操作模式，都支持 Ring 0～Ring 3 特权级别。Root 操作模式下，处理器的当前特权级别（current privilege level，CPL）必须为 0，拥有最高权限，可以访问所有资源，包括新引入的 VMX 指令。此时，软件行为与在没有 VT-x 技术的处理器上的行为基本一致。Non-Root 操作模式下，处理器的 CPL 可以不必为 0，但所有的敏感指令被重新定义。执行部分敏感指令或发生某些事件时，将陷入 Root 操作模式。

VMM 运行在 Root 操作模式，Guest OS 运行在 Non-Root 操作模式，如图 3.8 所示。因此，有了 VT-x 支持，从处理器层面就对 VMM 和 VM 进行了区分，实现全虚拟化不再需要陷入并模拟，虚拟化性能有了很大提高。

Guest OS 运行过程中，如果遇到需要 VMM 处理的事件，如外部中断或缺页异常，或者主动使用 VMCALL 指令调用 VMM 服务时（与系统调用类似），CPU 将自动挂起 Guest OS，并切换到 Root 模式，恢复 VMM 的运行。这种从 Non-Root 模式到 Root 模式的转换称为 VM exit，如图 3.9 所示。其中，指令 VMXON 和 VMXOFF 用来打开和关闭 VMX 操作模式。在默认情况下，VMX 是关闭的。需要 VMX 功能时，通过指令 VMXON 进入 VMX 模式。

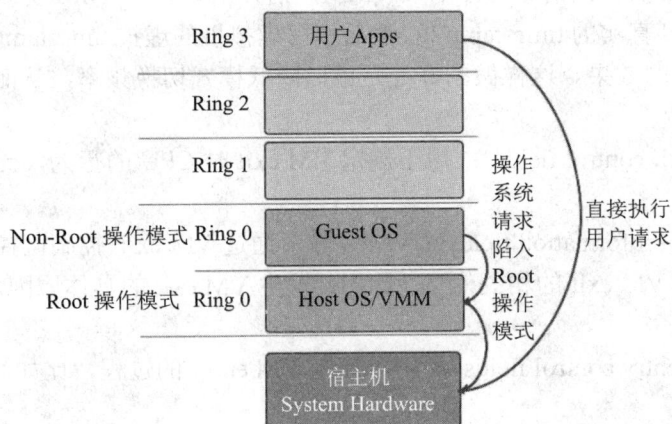

图 3.8　VMX 操作模式

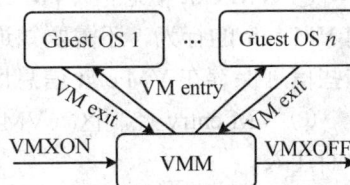

图 3.9　VMX 操作模式的切换

导致 VM exit 的情况通常有如下三种。

① 虚拟机执行指令 VMCALL，CPU 将陷入 Guest OS 的中断处理程序，进入 Root 操作模式，调用 VMM 的系统调用。

② 发生硬件中断或软件异常，CPU 将转入 Root 操作模式。Host OS 或 VMM 的中断处理程序将直接跳转到 Guest OS 的中断处理程序。

③ Guest OS 执行了某些敏感指令而陷入 Root 操作模式。有一些敏感指令并不会产生 VM exit，如 SYSENTER。有一些敏感指令则可以根据 VM executation control fields 配置来选择是否产生 VM exit。

由此可见，VMM 在 VT-x 支持下，并不需要对所有敏感指令进行模拟，从而大大降低了 VMM 实现的复杂性。

（2）VMCS。

VMX 操作模式切换意味着上下文的保存和恢复。在 VT-x 中，使用数据结构虚拟机控制数据结构（virtual machine control data structures，VMCS）保存 vCPU 需要的相关状态和其他上下文信息。

VMCS 在内存中存储。读写 VMCS 内存空间需要使用专门的 VMREAD 和 VMWRITE 指令。VMCS 包括六部分内容，具体如下。

① 客户状态区（guest state area）：保存 CPU 在 Non-Root 操作模式下的运行时状态。VM exit 时 CPU 将当前状态保存到客户状态区中；VM entry 时，客户状态区中保存的状态将被自动加载到 CPU 中。

② 宿主机状态区（host state area）：保存 CPU 在 Root 操作模式下的运行时状态，涉及的寄存器状态与客户状态区差不多，但是保存/恢复的过程与客户状态区的过程刚好相反。

③ VM 运行控制区（VM execution control fields）：用于控制 Non-Root 操作模式下的 CPU 行为。通过 VM 运行控制区，VMM 可以使某些敏感指令不产生 VM exit，从而减少模式切换开销。比如读取 timestamp 的 RDTSC 指令，在一些延时函数的实现中会

被频繁使用。如果每次 Guest OS 执行该指令时都陷入 VMM，则开销太大。VMM 可以选择每隔一段时间读取物理 CPU 真实的 timestamp 值，然后填写虚拟机的虚拟 timestamp 寄存器，达到模拟 RDTSC 指令的效果。这样做的好处是可以降低模式切换频率，从而减少切换开销。

④ VM exit 控制区（VM exit control fields）：用于规定 VM exit 时 CPU 的行为，比如，是否应答外部中断。

⑤ VM exit 信息区（VM exit information fields）：VMM 除了通过 VM exit 控制区控制 VM exit 的行为，还需要知道 VM exit 的相关信息。比如，发生 VM exit 的具体原因。这些信息保存在 VM exit 信息区中。

⑥ VM entry 控制区（VM entry control fields）：用于控制 VM entry 的过程，比如，中断注入。

VMCS 在使用时需要和 pCPU 绑定。一个 pCPU 可以对应多个 vCPU，而一个 vCPU 对应一个 VMCS。通过分时共享，一个 pCPU 可以虚拟化出多个 vCPU，但任意时刻，一个 pCPU 上只能有一个 vCPU 正在运行。因此，任意时刻，一个 pCPU 只能绑定一个 VMCS，一个 VMCS 也只能与一个 pCPU 绑定。

指令 VMPTRLD/VMCLEAR 用于建立/解除 VMCS 和 vCPU 的绑定关系。图 3.10 所示为 vCPU 的 VMCS 状态。其中，有两个 vCPU 的 VMCS，分别为 VMCS A 和 VMCS B。

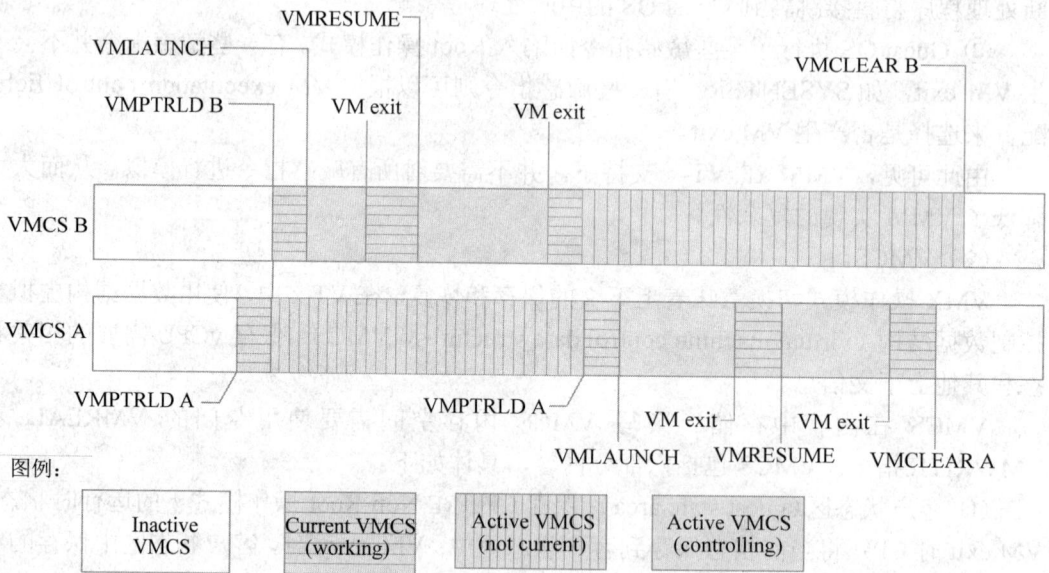

图 3.10　vCPU 的 VMCS 状态

VMM 的 vCPU 主要包含两部分内容：VMCS 和 Non-VMCS。VMCS 中保存着系统状态，由硬件负责管理；Non-VMCS 中保存着其他信息，由软件（即 VMM）负责维护。

3. 陷入并模拟

虚拟化中的模拟指 VMM 将 Guest OS 指令翻译成可虚拟化的 Host OS 指令的过程。

从 Guest OS 看来，指令的执行效果就像在硬件上直接执行一样或与其非常接近。

根据不同的实现方式，模拟的实现技术有解释执行、静态二进制翻译和动态二进制翻译等，统称为二进制翻译（binary translation，BT）。

1）解释执行

最简单的模拟实现技术是解释执行（interpretation）。VMM 中的模拟器对 Guest OS 发出的每条指令实时翻译并执行。解释执行的具体步骤如下。

① 每次从虚拟机内存中读取一条指令。

② 对指令进行解释。

③ 执行指令。

④ 将 Guest OS 的程序计数器加 1，转入步骤①。

解释执行方式下，VMM 既不保存也不缓存之前解释过的指令。指令解释过程不需要用户干涉，也不对指令进行任何优化。实际上，包括敏感指令和非敏感指令的所有指令都会陷入 VMM，从而解决了 x86 架构的虚拟化漏洞问题。

解释执行方式的优点是实现简单；缺点是由于不加区别地对待敏感指令和非敏感指令，导致性能低下。

2）静态二进制翻译

静态二进制翻译使用了编译器优化技术中的指令块概念。所谓指令块，指只有一个入口和一个出口的一组指令。通常，指令块起始于一个分支指令，终结于下一个分支指令之前。与解释执行方法不同，静态二进制翻译的指令翻译是基于指令块的，而不是单条指令。基于指令块的翻译便于通过指令优化技术提高运行时效率。

（1）静态二进制翻译的具体处理步骤如下。

① 每次从虚拟机内存中读取一个指令块。

② 对指令块进行翻译，包括指令语义与硬件资源的映射。

③ 将翻译后的指令保存在缓存中。

④ 执行翻译后的指令。

⑤ 增加 Guest OS 的 PC，转入步骤①。

（2）静态二进制翻译中的指令翻译在运行之前进行。因此，翻译过程不会给指令执行带来额外开销。但是，静态二进制翻译有三个问题，具体如下。

① 自修改代码。如果 Guest OS 在运行时修改了自己的二进制代码，则需要清除翻译缓存中相应的代码，并重新翻译。

② 自引用代码。如果 Guest OS 在运行时引用了其他位置处的二进制代码，则需要在翻译后的代码中引用原来的二进制代码位置。

③ 效率。尽管翻译是在指令执行前进行，但指令翻译总是需要时间的，对于实时性要求高的 Guest OS 来说代价仍然较大。

3）动态二进制翻译

动态二进制翻译是解释执行和静态二进制翻译两种方法的结合。具体步骤如下。

① VMM 从虚拟机内存中读取一条指令。

② 对指令进行翻译，缓存翻译指令。

③ 执行指令。如果指令为条件分支或条件跳转指令，则根据执行结果生成动态指令块，完成指令块的翻译并保存在缓存中。

④ 读取下一条指令。如果下一条指令已经被翻译，则转入步骤③执行指令；如果下一条指令还未被翻译，则转入步骤②。

动态二进制翻译对程序运行时执行的指令块进行翻译。与静态二进制翻译相同，动态二进制翻译中的指令块也是开始于一个条件分支指令，结束于下一个条件分支指令之前。与静态二进制翻译不同，动态二进制翻译中指令块的生成取决于实际发生的控制流，不存在自修改代码导致的问题。动态二进制翻译的缺点是实现比较复杂。VMware 便是利用动态二进制翻译实现了 x86 架构 CPU 的完全虚拟化。

四、CPU 虚拟化方法的比较

CPU 全虚拟化和半虚拟化均可以使用 Type I 和 Type II 的 VMM 实现。半虚拟化中，需要在 Guest OS 的内核中植入 VMM 提供的 hypercall，替换掉 x86 指令集中不能虚拟化的指令。优点是无须陷入并模拟，性能损耗非常低；缺点是不适用于闭源操作系统，兼容性差。全虚拟化中，Guest OS 无须任何修改，开源和闭源操作系统均可作为 Guest OS 运行在虚拟机上。

自 2005 年以来，随着 Intel 和 AMD 加大了对虚拟化的支持力度，硬件辅助全虚拟化的性能有了很大提高，是目前应用最广泛的 CPU 虚拟化方案。

表 3.1 对各种 CPU 虚拟化方法进行了简单的比较。

表 3.1　CPU 虚拟化方法的比较

特性	全虚拟化-软件	全虚拟化-硬件辅助	半虚拟化
实现技术	特权解除，二进制翻译	Intel VT-x，AMD-V	hypercall
兼容性	Guest OS 无须修改，兼容性好	Guest OS 无须修改，兼容性好	Guest OS 需要修改，不支持 Windows，兼容性差
性能	差	较好，正在逐渐逼近半虚拟化	好，虚拟机性能与物理机接近
典型系统	VMware Workstation，QEMU/ Virtual PC	VMware ESXi, Hyper-V, Xen, KVM	Xen

第三节　内存虚拟化

内存虚拟化的产生主要源于 VMM 和 Guest OS 在对物理内存的认识上存在冲突，导致物理内存的真正拥有者（VMM）必须对 Guest OS 所访问的内存进行一定程度上的虚拟化。

实质上，内存虚拟化的主要目的是解决虚拟机中进程如何访问宿主机物理内存的问题。同时，内存虚拟化也要做好虚拟机之间和虚拟机与 VMM 之间的隔离，防止虚拟机之间相互影响，以及虚拟机对 VMM 和 Host OS 的运行造成负面影响。

操作系统的内存管理本身已经比较复杂，内存虚拟化在操作系统内存管理的基础上又增加了新的机制。因此，如果使用虚拟内存技术的操作系统运行在虚拟机中，则需要对虚拟内存再进行虚拟化。

一、x86 的内存管理

1. 主存与 Cache

对于处理器来说，内存、I/O 等硬件设备是可以使用的资源，这些资源分布在处理器的物理地址空间内。其中，内存被组织成一个由连续存储单元（字节）组成的数组，每个存储单元都有唯一的物理地址（physical address，PA）。计算机系统的全部物理地址构成物理地址空间，但内存的物理地址是系统物理地址空间中的一部分，而不是全部。除了内存地址，物理地址空间还包括 I/O 设备、ROM 等资源的物理地址。

现代操作系统提供了一种对主存储器的抽象概念，叫作虚拟内存，并通过虚拟内存为每个进程提供了一个大的、一致的和私有的虚拟地址（virtual address，VA）空间。与物理内存类似，虚拟内存也被组织成一个由连续字节组成的数组，每个字节都有一个虚拟地址作为索引。

操作系统将虚拟内存和物理内存分割成大小固定的页面并编号，虚拟地址对应的页号叫作虚拟页号（virtual page number，VPN），物理地址对应的页号叫作物理页号（physical page number，PPN）。使用页表（page table）维护 VPN 和 PPN 之间的映射。

现代处理器普遍使用的寻址方式叫作虚拟寻址。CPU 使用虚拟地址访问内存，CPU 芯片中的内存管理单元（memory management unit，MMU）和操作系统相互配合完成从虚拟地址到物理地址的转换，最后使用物理地址访问物理内存。

如图 3.11 所示，MMU 将虚拟地址 0x4000 转换为物理地址 0x04，从而将 4、5、6、7 这 4 个存储单元中的数据送到 CPU。其中，假设系统中的内存共有 M 个字节。

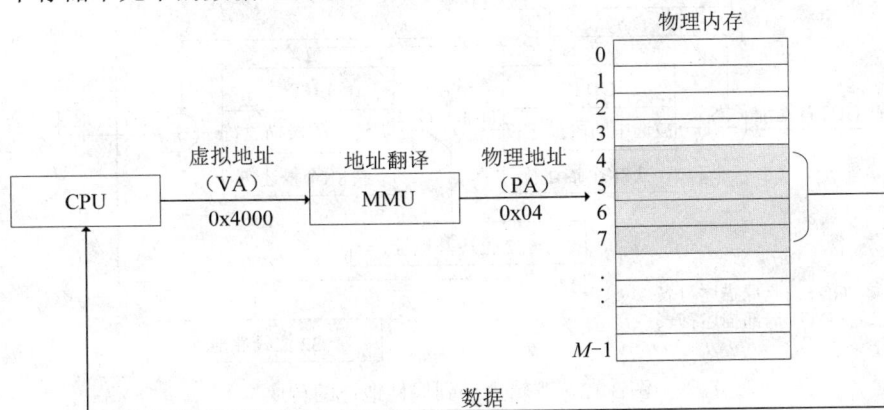

图 3.11 虚拟寻址

高速缓冲存储器（Cache，简称高缓）在现代处理器中被普遍采用。Cache 是位于 CPU 与内存间的一种容量较小但速度很快的存储器。使用 Cache 的目的是通过弥补 CPU 与内存之间的速度差异来提高系统性能。

为了便于 Cache 和内存的数据交换，Cache 和内存空间被分割成相同大小的区域。内存中的区域叫作块（block），Cache 中的区域叫作 Cache 行（Cache line）。CPU 读取数据时要首先判断数据是否在 Cache 中，如果在，则叫作 Cache 命中（hit），CPU 直接从 Cache 中读取数据；否则，叫作 Cache 缺失（miss），CPU 需要从内存中读取数据，并将其保存在 Cache 中以备再次使用。这些工作要求在一条指令执行过程中完成，因此只能使用硬件来实现。Cache 对程序人员来说是透明的，程序设计时，应用程序开发人员不需要考虑数据是在内存中还是在 Cache 中。

2. 虚拟存储器管理机制

实现虚拟存储器必须考虑块大小、映射、替换、写一致性等问题。根据这些问题解决方法的不同，将虚拟存储器的管理方式分为三种，即分页式、分段式和段页式。IA-32 架构处理器在保护模式下采用了段页式虚拟存储管理方式。存储空间分别用逻辑地址（虚拟地址）、线性地址和物理地址来描述。逻辑地址长 48 位，其中包括 16 位的段选择符和 32 位的段内偏移量。为便于多用户、多任务环境下的存储管理，IA-32 采用了分段基础上的分页机制。分段过程将逻辑（虚拟）地址转换为线性地址，分页过程再将线性地址转换为物理地址。

1）逻辑地址到线性地址的转换

MMU 负责逻辑地址到线性地址的转换，具体过程如图 3.12 所示。

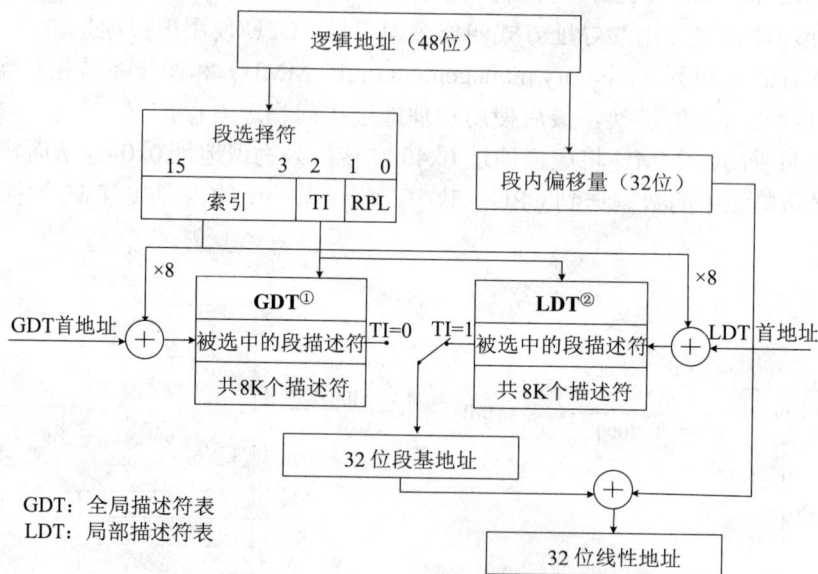

图 3.12 逻辑地址到线性地址的转换

① 确定描述符表。如果段选择符中 TI=0，选择 GDT；否则，选择 LDT。

---

① GDT（global descriptor table）为全局描述符表，寄存器 GDTR 中存放 GDT 的基地址。
② LDT（local descriptor table）为局部描述符表，寄存器 LDTR 中存放 LDT 的基地址。

② 确定段描述符地址。根据逻辑地址的段选择符中索引字段（13 位长）的值，从描述符表中找到对应的段描述符地址。每个段描述符长度为 8 字节。

③ 确定基地址。从段描述符中提取基地址。

④ 线性地址计算。将提取的基地址与逻辑地址中的段内偏移量相加，最后得到 32 位的线性地址。

RISC 架构对虚拟内存分段的支持比较有限。为了增加可移植性，Linux 对 IA-32 架构的段页式虚拟内存管理机制进行了简化。在操作系统初始化时，将所有段描述符的基地址设为 0，将 IA-32 架构的段页式管理机制简化为分页式。此时，逻辑地址中的 32 位段内偏移就是线性地址。

2）线性地址到物理地址的转换

分页机制的核心思想是通过页表将线性地址转换为物理地址，并且配合转换旁路缓冲器（translation lookaside buffer，TLB）加速地址转换，具体过程如图 3.13 所示。

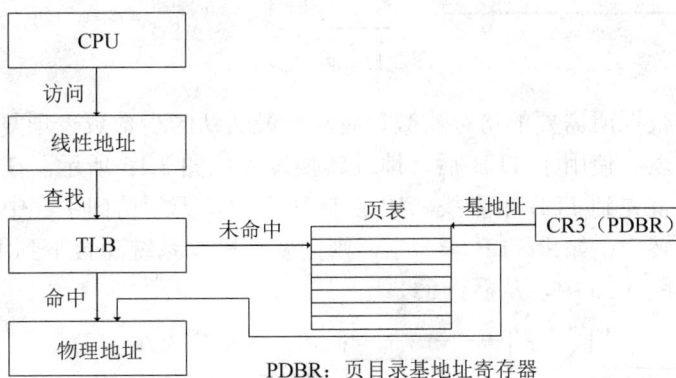

图 3.13　线性地址到物理地址的转换过程

页表是用于将线性地址转换成物理地址的主要数据结构。每个进程对应一个页表，页表基地址保存在寄存器 CR3 中。每个虚拟页在页表中有一个对应的页表项，页表项的主要内容包括物理页号（PPN）、有效位（V）、保护位（PB）等，如图 3.14 所示。有效位值为 1，表示物理页面已经被加载进内存，完成地址转换后可以直接访问该页面；有效位值为 0，表示页面还未被加载进内存中，CPU 访问该页面时将产生缺页异常（page fault），交由操作系统负责将存放在磁盘上的页面装入内存。保护位用于控制页面访问权限、缓存机制等属性。

页表属于进程控制信息，在进程虚拟地址空间的内核区存储。页表首地址保存在寄存器 CR3 中，页表的表项数由虚拟地址空间大小决定。在 IA-32 中，线性地址为 32 位，页面大小默认为 4KB。每个页表的表项数为 2^{20} 个。若每个表项长 32 位，存储一个页表需要 4MB 内存。考虑到系统中同时运行着多个进程，存储所有进程的页表需要耗费大量内存空间。为解决页表过大问题，可以

V	PB	PPN
V	PB	PPN
V	PB	PPN
V	PB	PPN
...		
V	PB	PPN
V	PB	PPN

图 3.14　页表

采用多级页表、倒置页表等多种方法。实现页表是操作系统的职责。图 3.15 为一个两级页表的例子。

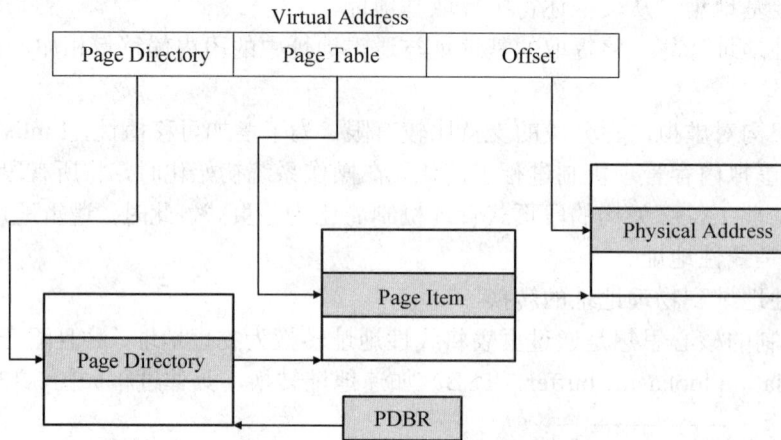

图 3.15 两级页表

为减少读取数据所需要的访存次数，通常把最活跃的少数页表项复制到 TLB，TLB 通常也被称为快表。使用了 TLB 后，地址转换过程如图 3.16 所示。在将线性地址转换为物理地址时，首先到 TLB 中查找。如果 TLB 命中，无须访问主存中的页表，完全使用硬件完成地址转换；如果 TLB 未命中，则需要在操作系统配合下到主存页表中查找，完成地址转换（图 3.16 中，从❶到❺）。

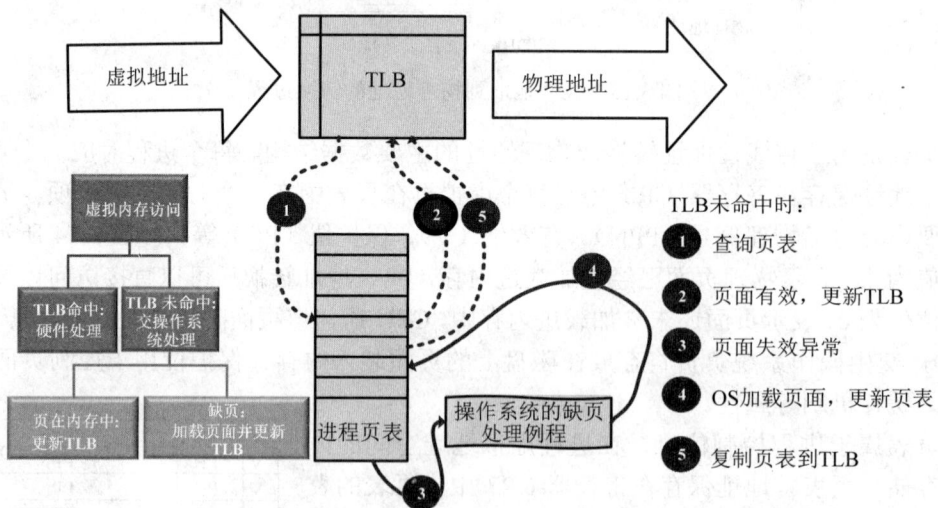

图 3.16 基于 TLB 和页表的地址转换

3. 内存管理单元

内存管理单元（MMU）负责虚拟地址到物理地址的转换，是处理器或处理器核中的一个硬件单元。通常，每个处理器核对应一个 MMU。MMU 的功能包括虚拟地址到物理地址的转换，以及硬件机制的内存访问控制。

现代处理器中的 MMU 有两种类型，即 Architected page tables 和 Architected TLB，分别称为硬件管理的 TLB 和软件管理的 TLB。Architected page tables 的 MMU 定义了页表结构，在 TLB 未命中时使用叫作表遍历单元（table walk unit，TWU）的硬件查询主存中的页表及更新 TLB，代表架构包括 x86、ARM、PowerPC 等。Architected TLB 的 MMU 定义了 TLB 接口，但页表结构由操作系统定义。当 TLB 未命中时由软件（指操作系统）查询页表和更新 TLB，代表架构有 MIPS、SPARC、Alpha 等。

图 3.17 为 Architected page tables 的 MMU 和处理器、内存之间的逻辑连接方式。CPU 送到地址总线上的是虚拟地址（VA），MMU 完成从虚拟地址到物理地址（PA）的转换，然后根据物理地址访问内存。

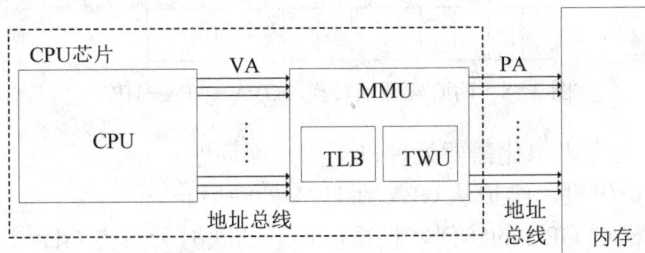

图 3.17 CPU、MMU 和内存之间的逻辑连接方式

二、内存虚拟化概述

在非虚拟化环境中，操作系统认为或假定：内存都是从物理地址 0 开始；内存连续，或者说至少在较大粒度上是连续的。虚拟环境下，VMM 在 Guest OS 和宿主机物理内存之间添加了一个内存虚拟化层，内存虚拟化层对 Guest OS 提供的内存仍然要符合操作系统对内存的假定和认识。

由于宿主机物理内存被多个 Guest OS 共享使用，物理起始地址 0 也只有一个。因此，内存虚拟化面临的问题包括：无法满足所有 Guest OS 的内存从物理地址 0 开始的要求；使用内存分区方式把物理内存分给多个 Guest OS 使用，尽管内存连续性的要求得到了满足，但内存使用效率比较低。

在非虚拟化环境里，操作系统使用驻留在内存中的页表维护虚拟内存页和物理内存页之间的映射，CR3 指向页表基地址。CPU 使用虚拟地址访问内存，MMU 和操作系统相互配合完成从虚拟地址到物理地址的转换，最后使用物理地址访问内存。

在虚拟化环境里，VMM 负责管理和分配每个虚拟机使用的宿主机物理内存，提供给客户机一个物理地址空间，并维护客户机物理地址空间和宿主机物理地址空间的映射关系。客户机物理地址空间是 Guest OS 所能看见和管理的物理地址空间，与 Host OS/VMM 所能看见和管理的宿主机物理地址空间不同。Guest OS 使用客户机虚拟地址（guest virtual address，GVA）访问内存时，将 GVA 转换成客户机物理地址（guest physical address，GPA）。但 GPA 不能直接发送到物理处理器的系统总线上，否则无法正确访问宿主机的物理内存。还需要 VMM 将 GPA 转换成宿主机物理地址（host physical address，

HPA）。最后，Guest OS 以 HPA 访问宿主机物理内存。

因此，虚拟环境中的地址转换分为两个阶段：Guest OS 负责将 GVA 转换为 GPA，VMM 负责将 GPA 转换为 HPA，如图 3.18 所示。

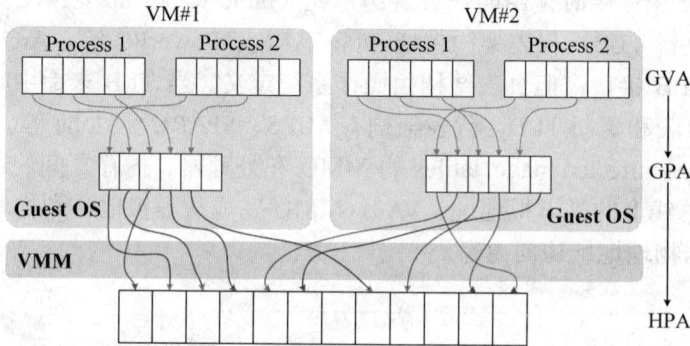

图 3.18　两阶段地址转换（GVA→GPA→HPA）

为此，VMM 内存虚拟化需要处理以下两方面问题：

① 对于任意虚拟机，维护从 GPA 到 HPA 的映射。

② 截获虚拟机对 GPA 的访问，根据所记录的映射关系将 GPA 转换为 HPA，并以 HPA 访问宿主机物理内存。

Guest OS 使用客户机页表（guest page table，gPT）维护 GVA 与 GPA 之间的映射关系，VMM 负责维护 GPA 与 HPA 之间的映射关系。VMM 截获 Guest OS 发出的试图修改客户机页表或者刷新 TLB 的操作，将修改 GVA 到 GPA 地址映射的操作，变为修改 GVA 到 HPA 地址映射的操作。

有了 GPA 与 HPA 的映射关系，VMM 可以确保不同 Guest OS 访问的是不同的宿主机物理内存，并且一个虚拟机只能访问 VMM 分配给它的宿主机物理内存，从而实现虚拟机之间、虚拟机与 VMM 之间的内存隔离。

VMM 内存虚拟化的实现方法主要有两种：基于软件的虚拟化和硬件辅助的虚拟化。

（一）基于软件的虚拟化

引入客户机物理地址（GPA）后，如果 MMU 加载 Guest OS 维护的 gPT 进行地址转换，只能得到 GPA，无法得到 HPA。为了解决这个问题，通常使用叫作影子页表（shadow page table，sPT）的纯软件方法。所谓影子，指 sPT 是 Guest OS 所维护的客户机页表（gPT）的影子。gPT 的页表项保存的是 GPA，sPT 的页表项保存的是 HPA。利用影子页表实现 GVA 到 HPA 地址转换的基本过程如图 3.19 所示。

使用影子页表实现内存虚拟化时，必须要对 MMU 虚拟化，使 Guest OS 所能看到和操作的是虚拟 MMU（virtual MMU，vMMU）。Guest OS 维护的客户机页表（gPT）被加载到 vMMU 中，但不能被物理 MMU 直接用来实现地址转换，因为真正被 VMM 加载到物理 MMU 中的页表是影子页表（sPT）。因此，影子页表才是被物理 MMU 加载和使用的页表。

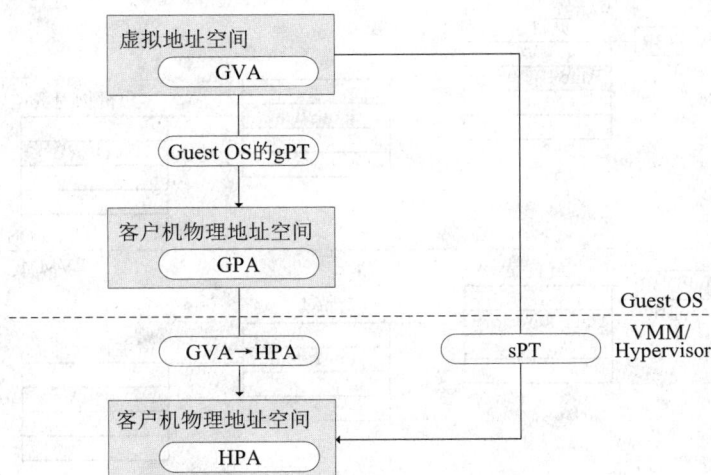

图 3.19 影子页表实现 GVA→HPA 地址转换

VMM 为每个 Guest OS 进程的 gPT 维护一套相应的 sPT。这样，普通的内存访问使用 sPT 可以直接实现从 GVA 到 HPA 的地址转换，不再需要从 GVA 到 GPA，再从 GPA 到 HPA 的两阶段地址转换。并且，在 TLB 上缓存的是来自影子页表的从 GVA 到 HPA 的映射，因而可以大大降低额外的性能开销。

1. 影子页表的基本原理

在物理 MMU 中加载 VMM 维护的影子页表，与 Guest OS 在 vMMU 中加载 gPT 等效。

IA-32 架构的线性地址和物理地址的长度均为 32 位，其中页目录（page directory）索引、页表项（page item）索引均为 10 位长，页内偏移为 12 位。当虚拟处理器启动分页机制后，如果 GVA 到 GPA 的映射不在虚拟 TLB 中，则 vMMU 需要从虚拟 CR3（vPDBR）所指向的页目录基地址（客户机物理地址）处找到二级页表基地址（仍是客户机物理地址），然后从二级页表基地址开始遍历客户机页表。

下面给出一个例子。假设，GVA 为 0xc4567010，页目录索引为 0x311，页表项索引为 0x167，页内偏移为 0x010。那么，在宿主机物理 MMU 遍历影子页表时，从硬件 CR3 所指向的页目录的第 0x311 项获得指向的影子页表基地址，然后从其第 0x167 项指向的宿主机物理地址页，在其偏移 0x010 处的宿主机物理地址，就是 GVA 地址 0xc4567010 对应的 HPA。

图 3.20 为基于影子页表的内存全虚拟化原理示意。使用影子页表时必须要保证的是，相对于同一个 GVA，在影子页表中最后一级页表的页表项所指向的是宿主机物理页，并且只能是客户机物理页与宿主机物理页映射表（由 VMM 管理维护）中相对应的宿主机物理页，以实现虚拟机之间的内存隔离。只有这样，Guest OS 才能由影子页表访问到它想访问的客户机物理地址。实际上，VMM 维护的客户机物理页与宿主机物理页的映射，使 Guest OS 认为存储在客户机物理页中的数据实际上被存储在了与客户机物理页相对应的宿主机物理页中。

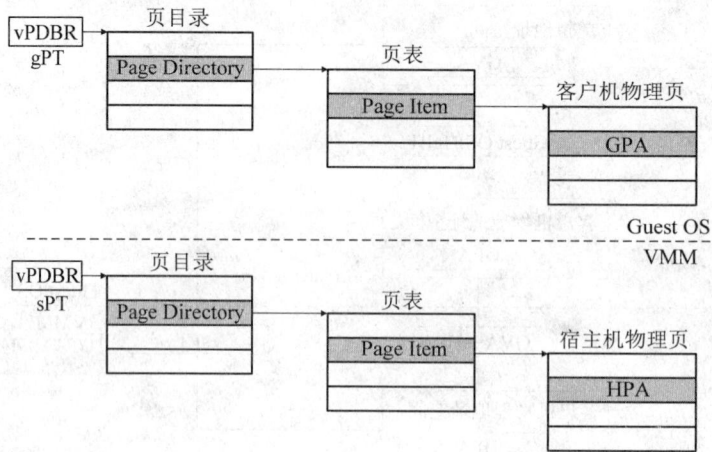

图 3.20 基于影子页表的内存全虚拟化原理

2. 影子页表的维护

在 Guest OS 运行过程中,客户机页表(gPT)的内容总是随着进程的执行动态变化。相应地,虚拟 TLB(vTLB)的内容也会相应地动态变化。

在传统物理机中,硬件 TLB 刷新的场合通常有如下两种情况。

① 写 CR3 寄存器。如果写入的内容与寄存器原来的内容相同,表示操作系统想使当前 TLB 的内容全部失效。TLB 内容失效后,对于虚拟地址的访问,硬件需要重新遍历页表。如果写入 CR3 寄存器的内容与原来的内容不同,意味着操作系统进行了进程切换,需要 MMU 重新加载新进程的页表。自然地,当前 TLB 的内容也将全部失效。

② 操作系统部分修改页表内容。此时,如果原来的页表项所涉及的虚拟地址到物理地址的转换已经在 TLB 中,操作系统必须使 TLB 中对应的页表项失效,这可以通过指令 INVLPG 来完成。通常,修改页表和执行指令 INVLPG 是伴随发生的。

虚拟环境下,VMM 也必须对影子页表做相应的操作。当 Guest OS 修改其客户机页表(gPT)时,为保证一致性,VMM 必须对影子页表做相应的维护。因此,VMM 必须能够截获 Guest OS 修改 gPT 的内存访问操作,以便修改影子页表中相应 GVA 与 HPA 的映射关系。这可以保证虚拟机的正常运行,显然也会带来额外的性能开销。实际上,内存虚拟化的性能开销是影响虚拟机性能的关键因素,而内存虚拟化的性能开销主要是影子页表的性能开销。

CR3 的写入指令和 INVLPG 指令均为特权指令。VMM 可以截获并做相应处理,需要特别处理的是 Guest OS 不通过 INVLPG 指令修改 gPT 内容的操作情况。由于页表驻留在内存中,其本身必然也作为普通的内存页在页表中有相应的映射。但 gPT 由 Guest OS 维护,Guest OS 对 gPT 具有读写权限。如果 Guest OS 对与 gPT 相对应的 sPT 也具有写权限,则 VMM 将无法自动截获 gPT 修改的操作,也就无法跟踪 gPT 的更新。因此,影子页表中,对页表页的访问权限须是只读的。写页表页的操作将触发异常而被 VMM 截获。VMM 一方面要替 Guest OS 更新其 gPT,一方面需将更新的 GPA 转换成 HPA 并相应更新 sPT。影子页表的建立和修改都由 VMM 负责,所以 VMM 可以控制影子页表的页访问权限。

3. 影子页表的结构

影子页表的结构与传统页表相同，但页表项为宿主机物理页号（host physical page number，HPPN）。Guest OS 中的进程以 GVA 访问虚拟内存，GVA 高 20 位为虚拟页号，低 12 位为页内偏移。在客户机页表（gPT）保存有相应的客户机物理页号（guest physical page number，GPPN）。当 VMM 为该进程创建影子页表时，会根据 GPPN 找到与之相对应的宿主机物理页号。GPPN 和 HPPN 之间的对应关系在 VMM 为虚拟机分配宿主机物理内存时建立。

4. 影子页表的建立

开始时，VMM 中与 Guest OS 页表（gPT）相对应的影子页表内容为空。随后，随着 Guest OS 对 gPT 的修改，VMM 相应地修改与之对应的 sPT。

sPT 开始时为空，并且 sPT 是载入物理 CR3 中并被物理 MMU 真正用来进行地址转换的页表。由于 sPT 为空，因此开始时任何的内存访问操作都会导致缺页异常（page fault）。如果 Guest OS 为所访问的 GVA 分配了客户机物理页，即 Guest OS 中的当前 gPT 中包含了 GVA 到 GPA 的映射，则是 sPT 中 GVA 到 HPA 的映射尚未初始化导致缺页异常的发生。此时，VMM 截获缺页异常，在相应的 sPT 中建立 GVA 到 HPA 的映射。并且，VMM 对这种情况的缺页异常的处理不会通知 Guest OS。如果 Guest OS 还没有为所访问的 GVA 分配客户机物理页，即 Guest OS 中的当前 gPT 中没有该 GVA 到 GPA 的映射，则 VMM 首先将缺页异常导入 Guest OS，由 Guest OS 为该 GVA 分配 GPA，并修改 gPT。修改 gPT 的操作会被 VMM 截获，并更新影子页表中相应的页目录和页表项，增加从该 GVA 到与新分配客户机物理页相对应的宿主机物理页的映射。

5. 影子页表的优缺点

从处理时间上看，VMM 提供了影子页表以供物理 MMU 直接进行地址转换。Guest OS 的大多数内存访问可以在不受 VMM 干预的情况下正常执行，这些指令没有额外的地址转换开销。从空间角度看，VMM 需要为每个 Guest OS 的每套页表都维护相应的影子页表，空间上的额外开销较大。因此，在影子页表设计中需要对其占用的物理内存空间进行优化。

（二）硬件辅助的虚拟化

传统 x86 架构通过 CR3 指定的页表实现虚拟地址（VA）到物理地址（PA）的转换。虚拟化环境引入 GPA 后，需要经过从 GVA 到 GPA，再从 GPA 到 HPA 的两次地址转换才能访问宿主机物理内存。上面通过软件方式将两次地址转换合并为一次，由 VMM 建立并使用影子页表机制维护 GVA 到 HPA 的映射关系。影子页表方法对于大部分虚拟内存访问都使用硬件 MMU 进行地址转换，时间上的额外开销相对不大。但是，VMM 需要为每个 Guest OS 中的每个进程维护相应的影子页表，空间开销很大。

为解决内存虚拟化问题，Intel VT-x 提出了扩展页表（extended page table，EPT）技术，AMD 提出了嵌套页表（nested page table，NPT）技术，直接在硬件上进行 GVA→GPA→HPA 的两次地址转换。在降低了内存虚拟化难度的同时，进一步提高了内存虚拟化的性能。此外，VT-x 还引入了虚拟处理器标识（virtual processor ID，VPID）功能，以进一步提高 TLB 的效率。EPT 和 NPT 的基本原理基本相同，下面以 EPT 为例介绍硬件辅助的内存虚拟化。

1. EPT 的基本原理

EPT 也被称作二级地址转换（secondary level address translation，SLAT）。EPT 在实现 GVA→GPA 转换的基础上，引入了 EPT 页表（ePT）实现 GPA→HPA 的转换。在 EPT 支持下，GVA→GPA→HPA 的两次地址转换均由 CPU 硬件完成。本质上，EPT 就是一种对 MMU 的扩展，可以交叉地查询客户机页表 gPT 和 EPT 页表 ePT。图 3.21 为 EPT 的基本原理示意图。

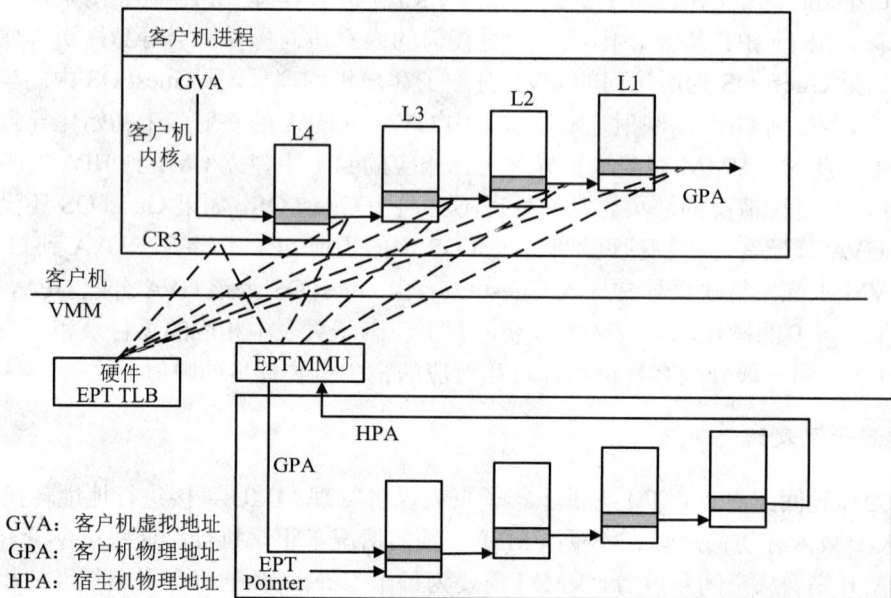

图 3.21 EPT 基本原理

假设客户机页表和 EPT 页表均为 4 级页表。GVA→GPA→HPA 地址转换过程如下。

① CPU 首先查找客户机虚拟 CR3（gCR3）指向的 L4 页表。由于 Guest CR3 中的 L4 页表的基地址是 GPA，CPU 需要通过 EPT 页表来实现 Guest CR3 GPA→HPA 的地址转换。如果 EPT TLB 中没有 Guest CR3 GPA→HPA 的映射，则进一步查找 EPT 页表。如果还是没有，抛出 EPT Violation 异常（可理解为 VMM 层的 page fault）交给 VMM 处理。

② 获得 L4 页表基地址的 HPA 后，CPU 根据 GVA 和 L4 页表项的内容获取 L3 页表的基地址（GPA）。如果 L4 页表中 GVA 对应的页表项显示为"缺页"，则 CPU 产生了 page fault，直接交由 Guest OS 处理。此时，这里不会产生 VM exit。

③ 获得 L3 页表的基地址(GPA)后,CPU 同样通过查询 EPT 页表实现 L3 GPA→HPA 的地址转换,过程和上面相同。

④ 同样地,CPU 依次查找 L2、L1 页表,最后获得 GVA 对应的 GPA。然后,通过查询 EPT 页表获得对应的 HPA。

最坏情况下(即 TLB 全部未命中),完成 GVA→GPA→HPA 的地址转换需要查询 5 次 EPT 页表,每次查询需要访存 5 次,共需要 25 次内存访问[①],如图 3.22 所示。所以,EPT 的时间开销很大。

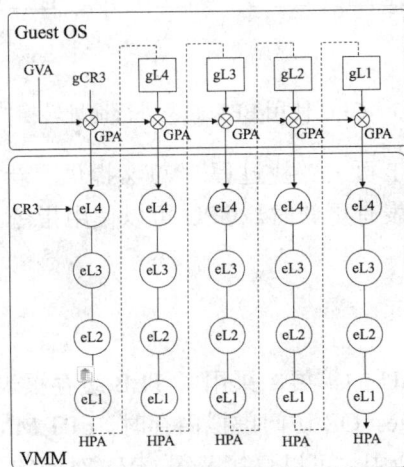

图 3.22 EPT 地址转换过程

基于影子页表的软件实现中,VMM 需要为每个虚拟机中的每个进程维护一个 sPT。而 EPT MMU 解耦了 GVA→GPA 地址转换和 GPA→HPA 地址转换之间的依赖关系。VMM 只需要为每一个 VM 维护一个 EPT 页表,减少了内存开销。如果 Guest OS 产生了 page fault,可以由 Guest OS 处理,不会产生 VM exit,也减少了 CPU 的模式转换开销。因此,EPT MMU 硬件辅助的内存虚拟化技术较好地解决了纯软件实现(即影子页表)存在的问题。

2. EPT 的硬件支持

Intel VT-x 规范在 VMCS 的"VM Execution 控制域"中提供了 Enable EPT 标志位。如果 VMM 在 VM entry 时 Enable EPT 标志位被置 1,则 CPU 启用 EPT 并使用 EPT 完成两次地址转换。

ePT 的基地址由 VMCS "VM Execution 控制域"中的 extended page table pointer 字段指定,值为 ePT 的基地址(HPA)。

EPT 使用的是 IA-32e 的分页模式,物理地址为 48 位,页表分为 4 级,每级页表使用 9 位物理地址定位,最后 12 位为页内偏移量。CPU 使用 EPT 页表进行地址转换的过

[①] 假设 gPT 和 ePT 均为 N 级。在 EPT TLB 均未命中的最坏情况下完成一次地址翻译需要查询 $N+1$ 次(1 个 gCR3,N 级目录)ePT,每次查询需要 $N+1$ 次内存访问(1 次 gPT,N 级 ePT)。因此,共需访存 $(N+1)^2$ 次。

程如图 3.23 所示。

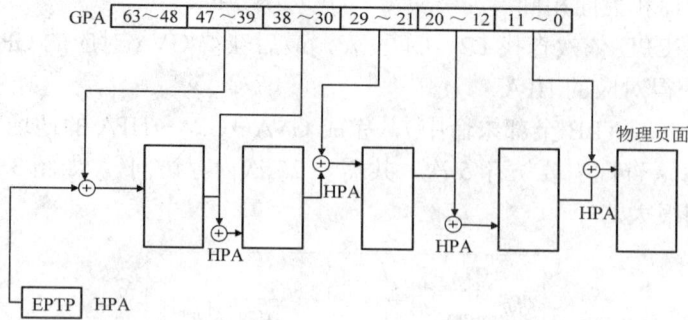

图 3.23　CPU 使用 EPT 页表进行地址转换的过程

EPT 使用 TLB 加速 EPT 页表查找过程。VT-x 提供了新指令 INVEPT，可以使 EPT 的 TLB 项失效。当 EPT 页表有更新时，CPU 可以使用指令 INVEPT 使旧的 TLB 失效，从而使用新的 EPT 页表项。

3. VPID

EPT MMU 是传统 MMU 的扩展，采用了 TLB 缓存页表项，EPT TLB 中存储的是 GVA→HPA 的映射关系。Guest OS 访问虚拟内存时，EPT MMU 在查找 gPT 和 ePT 之前查找 EPT TLB。如果 TLB 命中，可以直接获得 GVA 对应的 HPA，无须再查找页表，从而可以大大提高地址转换的效率。

不同虚拟机中的进程，以及同一个虚拟机中的不同进程都可能会使用相同的虚拟地址。因此，在每次 VM entry 和 VM exit 时，CPU 会强制 TLB 内容全部失效，以避免 VMM 及不同虚拟机进程之间 TLB 的混用。

VPID 是一种硬件级 TLB 资源管理的优化技术。通过在硬件上为每个 TLB 项增加一个标志来标识不同进程的虚拟地址空间，使得硬件能够区分哪个 TLB 项属于哪个进程的虚拟地址空间。在每次 VM entry 和 VM exit 时不用使全部的 TLB 失效，而是使其部分失效，从而提高 VM 切换的效率。VT-x 在 VMCS 中增加两个域来支持 VPID。一个是 VMCS 中的 Enable VPID 域，如果该域被置 1，VT-x 硬件便会启用 VPID 功能；另一个是 VMCS 中的 VPID 域，用于标识该 VMCS 对应的 TLB。VT-x 规定 VPID 0 用于标识 VMM，其他虚拟处理器不得使用。

VPID 的使用比较简单。VMM 为 VMCS 分配一个 VPID，保证 VPID 不为 0 且具有唯一性，并在 VMCS 中将 Enable VPID 置 1，其余工作由硬件自动处理。

第四节　I/O 虚拟化

为了满足在一台物理机中运行多个虚拟机及虚拟机操作系统的需求，VMM 须通过 I/O 虚拟化来复用宿主机中有限的外部设备资源。外部设备相关的虚拟化又被称作 I/O

虚拟化。本节的主要内容包括 x86 的 I/O 架构、I/O 虚拟化、I/O 设备的共享等。其中，x86 的 I/O 架构部分包括 I/O 控制方式、x86 架构的 I/O、直接内存访问（direct memory access，DMA）、PCI Express 和设备驱动程序；I/O 虚拟化部分包括概述、基于软件的虚拟化和硬件辅助的虚拟化；I/O 设备的共享部分包括设备共享和基于软件的设备共享。

一、x86 的 I/O 架构

计算机的输入/输出（I/O）系统包括将处理器和 I/O 设备互连的多条总线。处理器通过总线对设备进行编址、发送访问设备的命令，处理器或内存与 I/O 设备通过总线完成相互间的数据传输。

I/O 是处理器访问外部设备的方法。处理器看到的外部设备由寄存器和 RAM 组成，CPU 通过读写外部设备的寄存器和 RAM 完成对设备的访问和操作。

1. I/O 控制方式

通常，计算机系统的 I/O 操作有四种不同的控制方式。

1）程序直接控制

程序直接控制 I/O 方式也称为轮询方式。CPU 通过 I/O 指令查询外部设备的状态。如果外部设备准备就绪，则进行数据的读取或写入；否则，CPU 循环查询，等待外部设备就绪。CPU 通过读取外部设备中的状态寄存器（端口）获知设备状态，操作命令发送到外部设备中的控制寄存器，外部设备在完成指定操作后设置相关寄存器的状态。

例如，应用程序使用打印机打印一行字符串。通常，操作系统首先将字符串复制到内核空间，然后检查打印机状态是否"就绪"。如果打印机"就绪"，则将内核空间中的一个字符输出到打印机控制器的数据端口，并发送"启动打印"命令；如果打印机"未就绪"，则等待，直到其状态为"就绪"。操作完成后打印机设置状态寄存器中的状态值，通知 CPU 打印机已"就绪"。上述过程循环执行，直到所有字符通过打印机打印出来。

程序直接控制 I/O 的优点是结构简单；缺点是由于 CPU 的速度远远高于外部设备，在外部设备未就绪时 CPU 会一直处于等待状态，浪费大量 CPU 处理时间。

2）中断控制

中断控制 I/O 方式下，当需要进行 I/O 操作时，CPU 在启动外部设备进行操作后不用等待外部设备完成指定操作，而是切换到其他进程继续执行。外部设备完成操作后向 CPU 发送中断信号，CPU 暂停正在执行的其他进程，转而执行相应的中断服务程序，继续启动随后的 I/O 操作。

仍然以"应用程序使用打印机打印一行字符串"为例进行说明。CPU 在将第一个字符送到打印机的数据端口并发送"启动"命令后，阻塞当前执行打印操作的应用进程，并切换到其他进程继续执行。在中断控制方式下，打印机在完成了一个字符的打印后，通过中断信号通知 CPU。CPU 暂停正在执行的其他进程，转而执行相应的中断服务程序。通常，打印机中断服务程序首先检查打印机的状态，判断打印操作是否已经全部完成。如果未全部完成，则取下一个字符送到打印机的数据端口并发送"启动"命令；如果所有字符打印完成，则解除打印操作进程的阻塞状态。

中断控制方式下，在外部设备进行操作时 CPU 可以继续执行其他操作，外部设备和 CPU 并行工作。与程序直接控制方式相比，中断控制方式可以有效地缩短 CPU 处理时间。但是，CPU 响应中断需要保存现场、开关中断、进程切换等操作。如果每次中断服务程序只处理少量的 I/O 操作，则 CPU 响应和处理中断的额外开销相对过大。因此，对于高速外部设备来说，中断控制方式的效率仍然较低。

3）DMA 控制

在 DMA 控制 I/O 方式下，外部设备和内存之间的数据传输不通过 CPU，而是在 DMA 控制器控制下直接在外部设备和内存之间进行数据传输。

DMA 控制 I/O 方式中，CPU 对 DMA 控制器进行初始化、发送命令启动外部设备进行 I/O 操作后，切换到其他进程继续执行。在 DMA 控制器的控制下，外部设备和内存间直接进行数据传输，完成所有的 I/O 操作后 DMA 控制器产生中断信号。CPU 响应中断，执行中断服务程序，解除 I/O 操作进程的阻塞状态，回到被中断的进程继续执行。

DMA 控制 I/O 方式中，CPU 只需要初始化 DMA 控制器和响应 DMA 中断，无须参与数据传输过程。CPU 执行 I/O 操作的开销非常小，且效率较高。

4）IOP 控制

IOP 是一种专门处理 I/O 事务的特殊处理器，可以像普通 CPU 一样处理 I/O 事务，比 DMA 控制器的功能更加强大。

IOP 可以实现对外部设备的统一管理，控制外部设备与内存之间的数据传输。IOP 有专门用于 I/O 数据传输的指令，也可以执行算术、逻辑运算、分支选择、代码翻译等其他处理任务。为了更有效地利用外部设备资源，IOP 还可以缓存、聚合 I/O 事务。这样，CPU 通过将"数据传输"功能下放给 IOP，可以集中精力于"数据处理"。CPU 和 IOP 分时使用内存，进一步提高了 CPU 和 I/O 设备的并行性。

IOP 与处理器之间使用 DMA 方式进行通信。IOP 执行 I/O 命令，组织外部设备和内存进行数据传输，按照 I/O 命令的要求启动外部设备，以及向 CPU 报告中断等。

2. x86 架构的 I/O

外部设备中的寄存器被称为 I/O 端口，外部设备中的 RAM 被称为 I/O RAM，两者合起来称为 I/O 空间。实质上，端口就是能被处理器直接访问的寄存器地址。外部设备的寄存器通常包括控制寄存器、状态寄存器和数据寄存器三类，一个外部设备的寄存器通常被连续地进行编址。

根据处理器访问外部设备方式的不同，x86 架构的 I/O 分为端口映射 I/O 和内存映射 I/O 两种。

1）端口映射 I/O

端口映射 I/O（port-mapped I/O，PMIO）指处理器使用 I/O 端口访问外部设备的寄存器。x86 架构一共有 65 536 个 8 位 I/O 端口，编号为 0x0～0xFFFF。连续 2 个 8 位的端口可以组成一个 16 位的端口，连续 4 个 8 位的端口可以组成一个 32 位的端口。

如果把端口号看作访问设备的地址，则所有外部设备的端口号构成处理器的 64KB I/O 端口地址空间。需要注意，I/O 端口地址空间不是内存的线性地址空间或物理地址空间的一部分。处理器使用 IN/OUT 指令访问端口时，通过使用一个特殊的管脚来标识 I/O 端口访问。

2）内存映射 I/O

内存映射 I/O（memory-mapped I/O，MMIO）就是指 CPU 以访问内存的方式访问外部设备的寄存器和 RAM。MMIO 与 PMIO 的最大不同在于 MMIO 要占用 CPU 的物理地址空间。将外部设备的寄存器和 RAM 映射到物理地址空间中的某段地址，处理器使用访存指令访问此段地址即可访问到映射到这段地址上的外部设备。处理器的整个物理地址空间会被映射到线性地址空间中，因此，程序在访问外部设备时也需要做线性地址到物理地址的转换。与内存线性地址到物理地址的映射不同，MMIO 地址通常是不可缓存的。

PMIO 和 MMIO 的主要区别在于以下三个方面。

① PMIO 不占用 CPU 的物理地址空间，而 MMIO 占用。需要注意，x86 架构是这样的，而 IA-64 的 PMIO 也占用物理地址空间。

② PMIO 是顺序访问。在一条 I/O 指令完成前，下一条指令不会执行。例如，通过 PMIO 对设备发起了操作，并造成了设备寄存器状态变化，则这个变化在下一条指令执行前生效。不可缓存的 MMIO 一般通过不可缓存存储器的特性保证访问的顺序性。

③ 使用方式不同。PMIO 中，处理器使用专门的 IN/OUT 指令访问外部设备；MMIO 中，处理器使用普通的访存指令访问外部设备。

3. DMA

从设备向内存复制数据和从内存向设备复制数据都需要经过处理器处理，会消耗大量的处理器时间，对系统性能造成影响。

DMA 传输方式无须处理器直接控制传输，也没有中断处理方式那样保留现场和恢复现场的复杂处理，而是通过硬件为内存和外部设备开辟一条直接传输数据的通道，使 CPU 的效率大大提高。

根据发起者的不同，DMA 可以分为同步 DMA 和异步 DMA 两种。

① 同步 DMA。同步 DMA 操作由设备驱动程序（软件）发起。设备驱动程序在设定好需要被 DMA 访问的内存地址后，通过写设备的某个寄存器来通知设备发起 DMA。此时，设备会直接从该内存地址读取内容并操作。典型的例子是声卡，当播放一段音频时，声卡驱动程序将音频数据的存放地址通知声卡，声卡便从内存直接读取数据并播放，播放完成后以中断方式通知驱动程序。

② 异步 DMA。异步 DMA 操作由设备发起。设备将数据直接复制到提前设定好的内存区域，然后通过中断通知驱动程序。典型的例子是网卡接收分组，当网卡接收到分组后直接将其复制到由网卡驱动程序设定的内存中，并以中断形式通知操作系统分组的到达。

4. PCI Express

PCI Express（简称 PCIe）是新一代 I/O 互连标准，同时保持了对 PCI 的兼容性。PCIe 采用了点到点的串行通信机制。一条链路上只有两个设备，带宽独享，不存在冲突，因而无须仲裁。并且,多条链路可以并发通信。与并行通信相比,串行通信链路中的信号频率可以更高。根据香农定理,串行通信的数据传输速率更高。

PCIe 组件组成了一种树形结构。根节点叫 Root Complex,用来连接处理器、内存和 I/O 系统,交换机用来连接多个 PCIe 设备,PCIe Bridge/Switch 用来实现与其他传统外部设备总线的互连。

PCIe 设备间的通信机制更像网络,设备通过交换分组实现相互之间的通信。PCIe 定义了完全用硬件实现的物理层、数据链路层和事务层等层次化协议栈。与传统网络相比,PCIe 的性能更好。

5. 设备驱动程序

设备驱动程序是操作系统内核中具有最高特权级的、驻留内存的、可共享的底层硬件处理例程,是程序处理和操作设备相关硬件控制器的软件。驱动程序屏蔽了底层硬件的细节,负责完成设备初始化和释放、设备管理、数据传输等功能。在驱动程序基础上,应用程序无须了解设备底层硬件的细节和不同,可以像操作普通文件一样操作硬件设备。本质上,操作系统通过设备驱动程序向应用程序提供底层设备硬件的一种抽象。通过设备驱动程序,处理器可以向控制端口发送命令启动设备,可以从设备状态端口(寄存器)读取数据,了解外部设备或设备控制器的状态,也可以从设备的数据端口读取数据或向数据端口发送数据,完成数据交换。

驱动程序的实现方式与 CPU 所采用的 I/O 控制方式密切相关。在程序直接控制 I/O 方式下,驱动程序的执行与外部设备的 I/O 操作完全串行,驱动程序会等待全部完成用户程序的 I/O 请求后结束调用。在中断控制 I/O 方式下,驱动程序在启动了第一次 I/O 操作后,通过执行处理器调度程序进行进程切换。在 DMA 控制 I/O 方式下,驱动程序负责对 DMA 控制器进行初始化,并发送"启动 DMA 传送"命令,通过执行处理器调度程序进行进程切换。在 IOP 控制 I/O 方式下,驱动程序的功能与 DMA 控制 I/O 方式类似,但更简单。

二、I/O 虚拟化概述及基于软件和硬件辅助的虚拟化

1. 概述

在非虚拟化情况下,应用进程发出 I/O 请求(通常使用操作系统提供的系统调用),操作系统中的设备驱动程序接收应用进程的 I/O 请求,并驱动外部设备进行指定操作。驱动程序访问外部设备的接口时,处理器将 I/O 请求通过系统总线发送到外部设备。外部设备执行对应的 I/O 操作后将结果通报给设备驱动程序并返回应用进程。

在虚拟化环境里,从虚拟机应用进程发出 I/O 请求到完成指定的操作,中间要经过 Guest OS 设备驱动程序、VMM、Host OS/VMM 设备驱动程序、物理设备等环节,但实际 I/O 操作由物理设备完成。此时,虚拟机应用进程向 Guest OS 发送 I/O 请求,在 Guest OS 设备驱动程序接收到请求后不能直接驱动物理设备进行指定的 I/O 操作,而是驱动 VMM 提供的虚拟设备,并由 VMM 截获后模拟执行相关 I/O 操作。

I/O 虚拟化应满足多个 Guest OS 共享外部设备的需求，这要求 VMM 通过虚拟化来复用宿主机中的物理 I/O 设备资源。同时，VMM 要在 Guest OS 之间提供隔离机制，使 Guest OS 像独自拥有 I/O 资源一样。因此，实现 I/O 虚拟化，VMM 需要提供虚拟 I/O 设备、截获对虚拟设备的 I/O 请求以及模拟物理设备。只要 Guest OS 设备驱动程序遵守外部设备的接口定义规范，便可以像使用物理设备那样使用虚拟设备。

1）I/O 虚拟化的实现层次

实现 I/O 虚拟化有不同的层次，包括系统调用（system call）级、驱动程序调用（driver call）级、I/O 操作级。

系统调用是应用进程和 Guest OS 间的接口。当应用进程调用系统调用发起 I/O 请求后，CPU 将陷入 VMM。VMM 为每个 Guest OS 维护一套影子系统调用例程。在模拟 I/O 操作后，VMM 直接返回应用进程。系统调用级的 I/O 虚拟化完全由 VMM 实现，是一种基于软件的全虚拟化。

驱动程序调用是 Guest OS 和 I/O 设备驱动程序之间的接口。使用半虚拟化技术，VMM 提供 hypercall，在 Guest OS 中植入 hypercall。应用进程发起 I/O 请求后，Guest OS 发出 hypercall，VMM 通过 I/O 组件与物理 I/O 设备进行交互。物理 I/O 设备执行完 I/O 操作后，返回到 Guest OS 的设备驱动程序。

I/O 操作级虚拟化指在 Guest OS 的设备驱动程序和 VMM 提供的虚拟设备之间实现虚拟化，是一种全虚拟化。VMM 截获 Guest OS 驱动程序发出的 I/O 操作，将其交由 VMM/Host OS 的设备模型（device model）模拟执行。对于 MMIO，I/O 操作读取或写入宿主机物理地址空间的特定区域，这个特定区域是被保护的；对于 PMIO，CPU 使用特殊的 IN/OUT 指令访问特殊的物理地址空间，IN/OUT 指令均为特权指令。因此，无论是对于 MMIO 还是 PMIO 来说，虚拟机应用程序的 I/O 操作都会自动被 VMM 截获。

2）I/O 虚拟化的主要任务

VMM 实现 I/O 虚拟化时，首先需要提供一种让 Guest OS 发现虚拟设备的方式，使 Guest OS 可以加载相关的设备驱动程序。虚拟设备应有与物理设备完全一样的接口定义，使 Guest OS 中的设备驱动程序无须修改就可以驱动虚拟设备。然后，VMM 截获 Guest OS 对虚拟设备的访问并模拟。最后，在 Guest OS 之间提供 I/O 资源隔离机制，使 Guest OS 像独自拥有 I/O 资源一样。

（1）设备发现。

设备发现指 VMM 提供的一种让 Guest OS 发现虚拟设备的方式，目的是使 Guest OS 加载设备驱动程序。

对于所处总线类型是不可枚举的，并且设备所属资源是硬编码的物理设备（如 ISA 设备、PS/2 键盘鼠标、传统 IDE 控制器等），通常操作系统以设备特定的方式检测设备是否存在。比如，读取特定端口的状态信息等。此时，VMM 需要虚拟化这样的设备端口并设置适当的状态值，Guest OS 便可以检测到虚拟设备的存在。

对于所处总线类型是可枚举的，并且设备资源可以通过软件进行配置的物理设备（如 PCI 总线、PCIe 设备，允许 BIOS 或操作系统对设备的工作方式、物理地址等进行配置和枚举），VMM 需要模拟设备的自身逻辑，同时需要模拟 PCI 总线和 PCIe 系统的行为。

对于完全虚拟化的设备（如 FE/BE 模型），VMM 必须定义和模拟设备的全部功能。由于这些设备实际上并不存在，因此 VMM 可以选择灵活定义虚拟设备所处的总线类型。比如，将虚拟设备挂载到 PCIe 系统中，或挂载到 PCI 总线上。Guest OS 可以使用已经加载过的 PCI 或 PCIe 驱动程序来发现虚拟设备。

（2）截获 I/O 访问。

对于直接分配给 Guest OS 使用的设备，VMM 无须截获 I/O 访问请求；对于非直接分配给 Guest OS 使用的设备，VMM 必须截获 I/O 访问，然后才能进行模拟。针对不同的 I/O 控制方式，VMM 截获 I/O 访问的方式也有所不同。

① PMIO。处理器对于端口 I/O 资源的控制在于指令流的特权级别和 I/O 位图。使用特权解除技术，Guest OS 运行在非最高特权级别，是否能够访问特定 I/O 端口则完全由 I/O 位图决定。对于直接分配给 Guest OS 使用的设备，VMM 打开 I/O 位图中设备对应的端口，此时，Guest OS 的 I/O 访问会被 CPU 发送到系统总线，最终到达物理设备，VMM 不会干预。对于非直接分配给 Guest OS 使用的设备，VMM 应关闭 I/O 位图中设备对应的端口，此时，Guest OS 执行 I/O 访问时物理处理器会抛出异常并陷入 VMM，VMM 分析异常原因并将 I/O 访问请求发送到设备模型进行模拟。

② MMIO。外部设备被映射到了内存物理地址空间。此时，可以通过页表进行 MMIO 的访问控制。对于直接分配给 Guest OS 使用的设备，VMM 只需要按照客户机页表（gPT）中 MMIO 地址相关页表项的设置来设置影子页表（sPT）中的对应页表项即可。此时，Guest OS 对设备的 I/O 访问不会被 VMM 截获并模拟。对于非直接分配给 Guest OS 使用的设备，VMM 将影子页表中 MMIO 地址空间对应的页表项设置为无效（invalid），则 Guest OS 对 MMIO 地址的访问会产生缺页异常（page fault），CPU 陷入 VMM。VMM 通过遍历 Guest OS 当前正在执行进程的页表（gPT）获得 I/O 请求的 MMIO 资源信息，然后将 I/O 请求发送给对应的设备模型进行模拟。

③ DMA。VMM 中的设备模型并不需要了解具体设备中 DMA 的实现方法，只需将数据从 Guest OS 内存中读出或写入即可。这需要使用 MMU 将用于 DMA 传输的缓冲区映射到设备模型的地址空间。

（3）设备模拟/设备模型。

设备模型指 VMM 中进行设备模拟、处理设备请求并响应的逻辑模块，处于 Guest OS 设备驱动程序与物理设备驱动程序之间。VMM 在截获虚拟机的 I/O 操作请求后，将这些操作请求传递给设备模型进行处理。设备模型运行在一个特定的环境下，可以是 Host OS，也可以是 VMM，甚至可以是另一个虚拟机。

设备模型的实现方式有基于软件的全虚拟化、半虚拟化和硬件辅助的全虚拟化等三种。如果设备模型实现了和物理设备一样的接口，则 Guest OS 的设备驱动程序无须任何修改就可以直接驱动虚拟设备。VMM 以软件方式模拟物理设备的 I/O 操作处理逻辑，但软件实现的设备模型通常是性能瓶颈。半虚拟化实现中，通过修改 Guest OS 的设备驱动程序，减少 I/O 操作涉及的上下文切换频率，性能比基于软件的全虚拟化方式高。但是，对 I/O 操作的模拟仍然使用软件完成，设备模型瓶颈问题并没有得到有效缓解。

直接将物理设备分配给某个 Guest OS 使用，使 Guest OS 可以直接访问物理设备，无须 VMM 进行模拟，这种方式的性能最优，但通常会受到宿主机中可用 I/O 资源的限制。

需要指出，直接为 Guest OS 分配物理设备需要硬件的支持，相关技术包括 AMD SMMU（AMD System MMU）、Intel VT-d（Intel virtualization technology for directed I/O，硬件辅助的虚拟化技术）、PCI-SIG 的 SR-IOV（single root I/O virtualization，单根 I/O 虚拟化）等。

2. 基于软件的虚拟化

基于软件的虚拟化中，VMM 需要对真实外部设备进行模拟，为 Guest OS 提供一种虚拟的设备，使其可以通过驱动程序，像驱动物理设备一样来驱动虚拟设备。Guest OS 中的设备驱动程序发出的 I/O 请求被 VMM 截获并模拟，操作响应则会返回 Guest OS。

设备模型必须正确模拟设备的软件接口，以保证 Guest OS 看到的虚拟设备与物理设备一致。同时，为了正确响应 Guest OS 的 I/O 请求，设备模型需要实现物理设备的功能。实现虚拟设备功能时，VMM 一般需要访问物理设备，可以通过运行环境的系统调用来完成。比如，Type I虚拟化中，VMM 自身需要提供访问物理硬件的系统调用；Type II 虚拟化中，VMM 使用 Host OS 的系统调用实现对物理设备的访问。

设备模型有两种类型。一种是 Type I虚拟化模式，设备模型作为 VMM 的一部分，Guest OS 运行在处理器的非最高特权级别上，I/O 请求会陷入 VMM，VMM 将 I/O 请求交由设备模型进行处理。另一种是宿主模式，设备模型作为一种 Host OS 用户空间中的独立服务。当 Guest OS 执行 I/O 操作时，VMM 截获 I/O 请求，并传递给用户态中的设备模型进行模拟。

3. 硬件辅助的虚拟化（以 Intel VT-d 为例）

虚拟化实现在通用性和性能方面存在矛盾。虚拟化实现越接近非虚拟化环境，性能越好。通用性指对 Guest OS 的透明性，如果 Guest OS 意识不到自己运行在虚拟化环境中，则表明通用性好。

全虚拟化方法无须修改 Guest OS 代码，通用性好；但是 VMM 在处理 I/O 操作时会多次切换上下文，额外开销大且性能差。半虚拟化方法通过修改 Guest OS 代码可以降低 I/O 操作处理过程中的上下文切换频率，性能好；但由于需要修改 Guest OS 代码，所以通用性差。因此，通用性和性能需要进行平衡，实现时要进行取舍。

对于 I/O 虚拟化来说，提高性能的方法就是让 Guest OS 直接使用宿主机中的物理设备，此时 Guest OS 的 I/O 操作路径几乎和非虚拟化环境下的 I/O 操作路径完全相同。

Guest OS 直接操作物理设备的实现技术称为设备透传（device passthrough）。同时，使用全虚拟化方法可以保证通用性。Guest OS 可以使用自带的设备驱动程序发现和操作虚拟设备。

Guest OS 直接操作真实硬件设备可以保证虚拟化的性能，但需要解决两个问题：一是 Guest OS 如何直接访问设备真实的 I/O 地址空间？二是设备的 DMA 操作如何直接访问 Guest OS 内存空间？

为了保证虚拟化的通用性，需要将设备 I/O 地址空间直接告知 Guest OS，并使其设备驱动程序可以访问设备真实的 I/O 地址空间。这与上面第一个问题类似。在虚拟化环境里，Guest OS 中的页表 gPT 维护的是 GVA→GPA 映射，即 Guest OS 可以得到 GVA 对应的客户机物理地址（GPA），如果直接用 Guest OS 设备驱动程序去驱动真实 I/O 设备，则设备使用的地址也是 GPA。有了 Intel VT-x 后，Guest OS 可以在 EPT 支持下获得 GVA 对应的 HPA，即可以访问宿主机物理地址空间，不再需要借助软件虚拟化的影子页表。因此，Intel VT-x 已经可以解决上面第一个问题，即 Guest OS 可以直接访问宿主机物理 I/O 空间。

需要进一步解决的其实是第二个问题。由于 DMA 直接在设备和宿主机物理内存之间传输数据，所以必须使用宿主机的物理地址（HPA）。但是，DMA 数据传输过程并不经过 CPU。当支持 DMA 的设备使用 GPA 发起 DMA 操作时，由于没有真实的物理内存地址而必定导致传输失败。因此，如果使 Guest OS 能直接访问和操作物理硬件设备，必须解决 DMA 需要的 GPA→HPA 地址转换问题。

目前，解决第二个问题的硬件技术主要有两类。一类是硬件 DMA 重映射，如 AMD SMMU、Intel VT-d；另一类主要是针对网卡的虚拟化，如 PCI-SIG 的多根 I/O 虚拟化（MR-IOV: multi root I/O virtualization，SR/MR-IOV），Intel 的 VMDq（virtual machine device queues）等。两类技术有所不同：硬件 DMA 重映射的相关工作由物理处理器负责，无须物理 I/O 设备的支持；网卡虚拟化（SR/MR-IOV）的相关工作由物理 I/O 设备负责，需要设备支持。

硬件 DMA 重映射技术使用硬件完成 GPA→HPA 的 I/O 地址转换，Guest OS 直接操作物理设备，DMA 操作无须 VMM 干预。与基于软件的虚拟化相比，性能上有了显著提升。但是，将物理设备直接分配给某一个虚拟机使用后，其他虚拟机则无法同时使用该设备。如果宿主机中的外部设备资源有限，或者对于宿主机中比较紧缺的物理资源（如网卡），这种方法的应用受到了限制。支持 SR-IOV 的 I/O 设备将一个物理设备虚拟成多个逻辑设备并提供给 VMM，然后 VMM 将逻辑设备分配给虚拟机直接使用。可以看出，两类方法的不同主要在于解决 Guest OS 直接访问真实 I/O 空间问题的责任者不同。

AMD SMMU 和 Intel VT-d 的基本思想相同，都是在处理器中增加一个实现 I/O GVA→HPA 转换的硬件单元 IOMMU。IOMMU 和 EPT/NPT MMU 的思想基本一致，都是用硬件实现地址转换。只不过，IOMMU 特别用于 I/O 地址空间地址转换。

IOMMU 的主要功能有两个：DMA 重映射和中断重映射。利用 DMA 重映射，支持 DMA 的设备进行 DMA 操作时可以直接使用 Guest OS 的 GPA 地址。

Intel VT-d 在北桥引入 DMA 和中断重映射硬件，以支持 Guest OS 直接访问物理设备。启用 Intel VT-d 前，外部设备的 DMA 可以访问宿主机的整个物理地址空间。启用 Intel VT-d 后，物理设备所有的 DMA 操作会被 DMA 重映射硬件截获，DMA 重映射硬件根据 I/O 页表对 DMA 操作使用的地址进行转换，即将 GPA 转换为 HPA。同时，外部设备的 DMA 只能访问指定的宿主机物理内存，从而在虚拟机之间实现 I/O 资源的隔离。

DMA 重映射硬件（实质上就是 IOMMU）使用 I/O 页表将 GPA 转换为可被 DMA 设备直接使用的 HPA，这与 Intel VT-x 中 EMT MMU 使用 EPT 页表完成 GPA 到 HPA 的地址转换的原理类似。同时，IOMMU 中也有类似 MMU TLB 的 IOTLB 硬件单元，用于缓存 GPA→HPA 映射。DMA 重映射硬件使用的页表通常是专门的 I/O 页表。

1）DMA 重映射

Intel VT-d 规定，每个域（domain）对应一个 I/O 页表。所谓域，是指一个隔离的环境，VMM 为每个域分配一个或多个宿主机物理地址空间区域，一个域看到的物理地址空间可以与宿主机物理地址空间不同。如果外部设备 d 可以直接访问 VMM 分配给某个域 D 的宿主机物理内存空间，则设备 d 属于域 D。

通常，虚拟化软件将一个虚拟机看作一个域。分配给虚拟机使用的所有 I/O 设备共享一个 I/O 页表。通过禁止不属于域的设备访问该域的物理地址空间，可以实现 I/O 资源的域间隔离，即虚拟机之间的隔离。此外，DMA 重定向硬件允许将一个 I/O 设备映射到多个域。

为了将 I/O 设备映射到域，Intel VT-d 定义了源标识符（source identifier）、根表（root table）、上下文表（context table）等数据结构。标识 DMA 操作发起者的数据结构称为源标识符。对于 PCI 总线，PCI 设备标识符（bus-device-function，BDF）便是源标识符。BDF 的结构如图 3.24 所示。Bus#为设备所在的总线号，Device#为设备号，Function#为设备上的逻辑设备号。比如，一块 PCI 卡有两个独立设备，这两个设备共享了该 PCI 卡的某些电子线路，则这两个设备就是该 PCI 卡的两个逻辑设备，分别具有不同的 Function#。

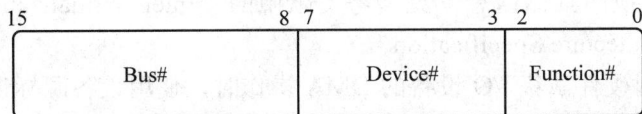

15	8 7	3 2	0
Bus#	Device#	Function#	

图 3.24　BDF 的结构

Intel VT-d 使用根条目（root entry）和上下文条目（context entry）两种数据结构标识 PCI 架构。根条目用于描述 PCI 总线，系统中的每条总线对应一个 root entry，所有根条目一起构成根表。上下文条目用于描述具体的 PCI 设备（指逻辑设备），每条总线上所有设备的上下文条目组成了总线的上下文表。从 BDF 的结构可以看出，Bus#部分长度为 8 位，Device#和 Function#两部分的长度共 8 位，因此，系统中最多有 256 条总线，每条总线上最多容纳 256 个逻辑设备。根表中最多有 256 个 root entry，每个 root entry 对应的上下文表中最多有 256 个 context entry。

根表和上下文表构成了将 I/O 设备映射到所属域的两级结构，图 3.25 为 Intel VT-d 在传统地址转换模式下将 I/O 设备映射到所属域的过程。其中，根表大小为 4KB，寄存器 RTADDR_REG（root table address register，根表地址寄存器）指向根表的内存基地址，共有 256 个 root entry，每个 root entry 中包含该总线上下文表的内存基地址。上下文条目中包含对应域 I/O 页表的内存基地址，将给定总线上的某个 I/O 设备映射到所属域，进而映射到该域的 I/O 页表。

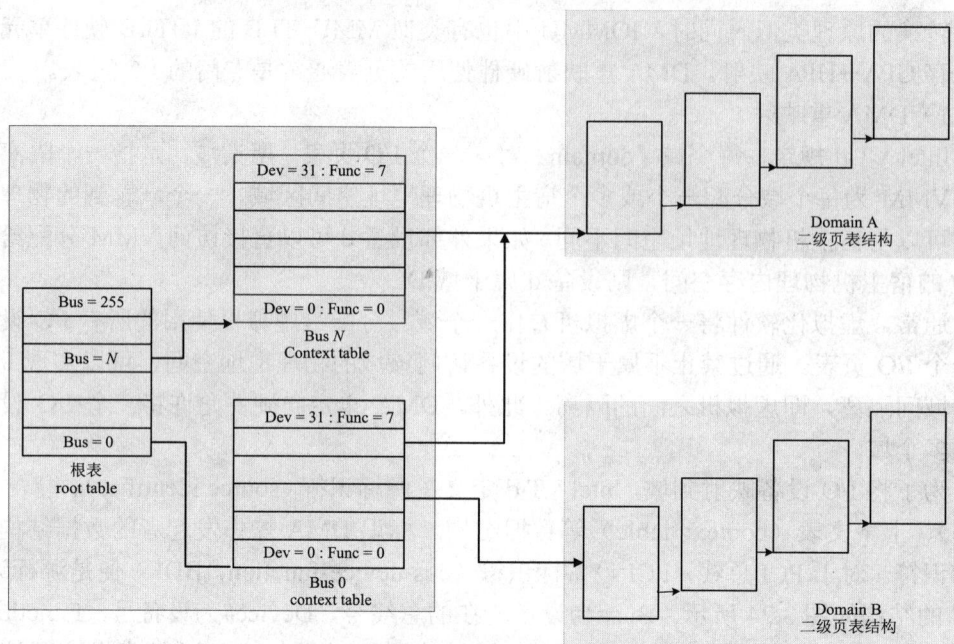

图 3.25 将 I/O 设备映射到所属域的过程

Intel VT-d 除了支持传统模式的 I/O 地址转换，还支持扩展模式。关于 Intel VT-d 的扩展模式地址转换的具体信息，见参考文献中的"Intel Virtualization Technology for Directed I/O: Architecture Specification"。

DMA 重映射硬件截获 I/O 设备的 DMA 操作时，使用设备源标识符 BDF 中的 Bus 号索引根表，找到总线对应的 root entry，从 root entry 中获得 DMA 设备所属总线的上下文表的内存地址。然后，根据 BDF 中 Device#和 Function#索引上下文表，找到 DMA 设备对应的 context entry，从 context entry 中获得设备所属域 I/O 页表的地址。至此，完成了 I/O 设备到所属域的映射，即找到了地址转换所需要的 I/O 页表。之后，DMA 重映射硬件通过查找 I/O 页表来完成从 GPA 到 HPA 的地址转换。

2）I/O 页表

DMA 重映射硬件进行地址转换的依据是 I/O 页表，其功能与处理器 MMU 进行地址转换时使用的页表功能类似，地址转换方法也类似。Intel VT-d 支持多级 I/O 页表。例如，IA-32e 的物理地址为 48 位，I/O 页表分为 4 级，每级页表使用 9 位物理地址定位，最后 12 位为页内偏移量。

DMA 重映射硬件使用 I/O 页表进行地址转换的过程如图 3.26 所示。其中，Paging Structure Pointer 即为 DMA 重映射硬件将 I/O 设备映射到域后得到的 context entry 中包含的 I/O 页表基地址。

3）IOTLB

为了提高地址转换的效率，Intel VT-d 使用 IOTLB 缓存地址映射关系。IOTLB 的功能和 VT-x 中 EPT TLB 类似。另外，Intel VT-d 硬件也提供了上下文表（context table）。当软件 I/O 页表和上下文表进行修改后，要对 IOTLB、context table 进行刷新。

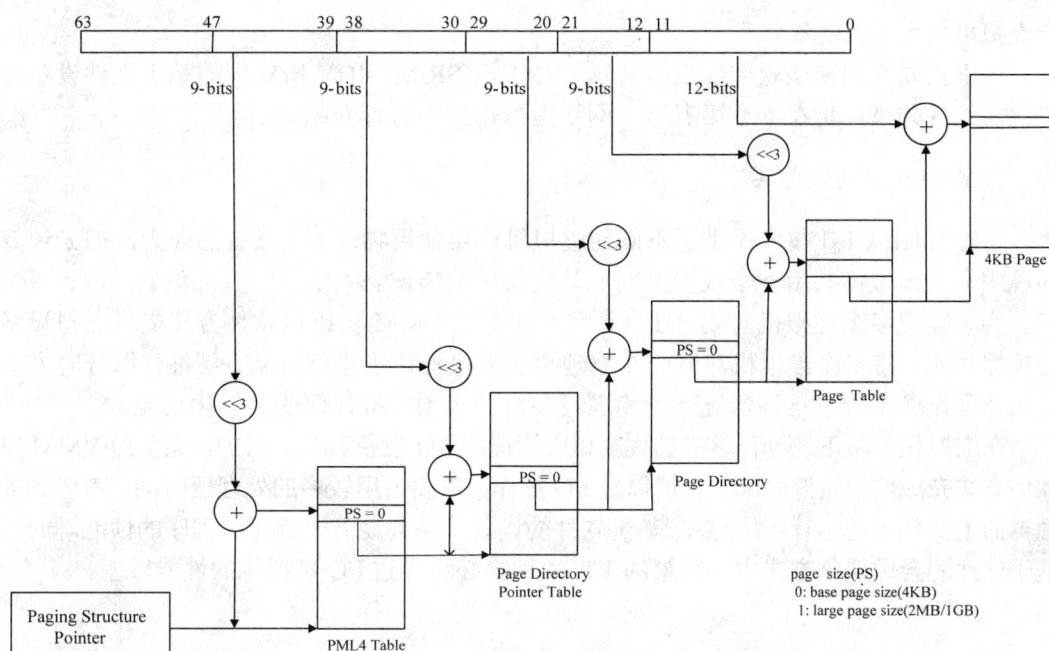

图 3.26　DMA 重映射硬件的地址转换过程

Intel VT-d 支持的刷新粒度包括全局刷新、域刷新和局部刷新。全局刷新指将整个 IOTLB 或上下文表中的所有条目设为无效，域刷新指将 IOTLB 和上下文表中与特定域相关的条目设为无效，局部刷新指将指定域某一地址范围内的条目设为无效。

三、I/O 设备的共享

1. 设备共享

前面提到，虚拟化实现在性能和通用性方面存在矛盾。在硬件支持下实现的全虚拟化可以将物理设备直接分配给 Guest OS，不用经过 VMM 模拟，也不需要修改 Guest OS 代码。此时，虚拟机的 I/O 性能已经与物理环境非常接近，通用性也得到了保证。但是，需要解决直接分配方式引出的多个虚拟机共享 I/O 设备的新问题。

Intel VT-x 和 Intel VT-d 一起有效解决了支持直接分配方式必须解决的两个问题。Guest OS 可以直接访问设备真实的 I/O 地址空间，设备 DMA 也可以直接访问 Guest OS 的内存空间。但多个虚拟机共享 I/O 设备的新问题并没有涉及。

通常情况下，对服务器来说，最重要的 I/O 资源是网络和存储，相对比较紧缺的资源也是这两种。因此，网络和存储设备的共享问题受到了较多关注。

解决多个虚拟机共享物理设备的方法目前主要有两类：一类是基于软件的设备共享；另一类是基于硬件设备虚拟化的设备共享，这类技术需要 I/O 设备的支持，也称为原生共享（natively sharing），典型代表包括 PCI-SIG 的 SR/MR-IOV 和 Intel VMDq。Intel VMDq 主要用于多个虚拟机共享一块网卡。SR/MR-IOV 既可以用于物理网卡的共享，也可以用于 GPU、存储等其他 I/O 设备的共享；并且 MR-IOV 还可以用于跨宿主机的多个虚拟机共享 I/O 设备。

这里主要介绍基于软件的设备共享。VMDq、SR/MR-IOV 所实现的基于硬件设备虚拟化的设备共享，将在本章第五节"网络虚拟化"中进行介绍。

2. 基于软件的设备共享

尽管 Intel VT-d 技术提供了不同的虚拟机直接使用物理 I/O 设备的能力，但云计算环境中多个虚拟机共用一个或多个网卡是更常见的情况。

为了实现多个虚拟机对物理 I/O 设备的共享，VMM 可以以软件方式提供虚拟设备管理器功能，将多个虚拟机对同一个物理设备的操作请求进行排队、缓冲，以分时方式复用物理设备资源。这种情况下，物理设备自身无须支持任何的虚拟化功能。

在虚拟化环境下，随着虚拟机数量和所管理的 I/O 设备数量的增加，完全由 VMM 以软件方式完成虚拟资源分配、管理以及 I/O 操作，需要占用较多的处理器时间。考虑到处理器的主要任务是运行应用程序，基于软件的设备共享会显著影响应用程序的性能。同时，基于软件的全虚拟化方式中，频繁的 VMM 切换必将导致 I/O 虚拟化的性能较差。

第五节　网络虚拟化

传统网络环境中，一台物理主机通常有一块或多块网卡（NIC）。如果要实现物理主机间的通信，就需要主机通过网卡将自己与由网络设备利用通信链路相互连接构成的网络基础设施相连。基于网络基础设施，网络为应用程序提供数据传输服务。借助于网络基础设施提供的服务，主机通过交换数据实现相互之间的通信。

计算虚拟化促进了网络虚拟化的发展。在传统数据中心中，一台服务器运行操作系统通过物理网线与交换机相连，由交换机实现不同主机间的数据交换、流量控制、安全控制等功能。在计算虚拟化后，一台服务器虚拟化成多台虚拟机，虚拟机有自己的 CPU、内存和网卡。同一服务器中的虚拟机之间，除了需要通过网络实现相互通信，共享物理设备也带来了新的安全隔离、流控等要求。

传统网络中就有网络虚拟化的概念。比如，虚拟局域网（virtual LAN，VLAN）、虚拟专用网（virtual private network，VPN）、链路聚合、覆盖网络（overlay network）、集群交换系统（cluster switch system，CSS）等。

在本节中，首先介绍网络虚拟化的基本概念，然后介绍基于软件的网络虚拟化和硬件辅助的网络虚拟化等相关知识。

一、网络虚拟化概述

1. 网络虚拟化的概念

从不同角度看，网络虚拟化的含义有所不同。从网络资源的管理角度看，网络虚拟化一般是指使用软件创建物理网络基础设施的逻辑视图，即虚拟网络。主要目的是通过将一个物理网络划分为多个逻辑网络/设备，或者将多个物理网络组合成一个逻辑网络，在满足用户需求的前提下提高网络的利用率。从网络功能实现和提供角度看，网络虚拟化即网络功能虚拟化（network functions virtualization，NFV），通常被定义为运行在虚拟机中且利用软件实现网络功能的技术。

NFV 与传统方法不同，它是将网络功能从设备中分离出来，以软件形式在虚拟机中运行和实现。网络功能主要包括交换、路由、域名解析、负载均衡器、防火墙、入侵检测等。传统网络中，网络硬件设备通常无法共享，当负载较低时硬件设备得不到充分利用。在 NFV 支持下，网络功能单元变成了独立的应用程序，这些应用程序可以灵活地部署在由服务器、交换机、路由器、防火墙等构成的统一平台上。功能和硬件的分离，一方面便于网络功能的灵活配置和部署；另一方面，有利于硬件资源的共享，提高网络硬件资源利用率。

网络虚拟化分为外部虚拟化和内部虚拟化两大类。外部虚拟化指将多个物理网络以软件作为一个单一实体管理。外部虚拟化的基础是网络设备硬件和虚拟网络软件技术，典型的例子包括虚拟企业网络和数据中心网络。内部虚拟化将一个或多个物理机中的虚拟机相互连接组成虚拟网络。物理机至少有一个物理网卡（NIC），虚拟机中的网卡为虚拟网卡（vNIC）。虚拟机像在物理网络上一样相互通信。

本节中，网络虚拟化指网络资源的虚拟化和内部虚拟化。关于外部虚拟化、NFV 等内容，将在第五章"数据中心"进行介绍。

2. 虚拟网络

虚拟化环境需要提供虚拟机互连的方法。通常，VMM 使用叫作虚拟交换机（virtual switch，vSwitch）的软件组件创建虚拟网络，并通过管理 vSwitch 实现对虚拟网络的管理和维护。vSwitch 连接宿主机的物理网卡（NIC）和虚拟机的虚拟网卡（vNIC），实现虚拟机之间以及虚拟机与外部网络之间的通信。图 3.27 为一个简单的虚拟网络，用于将一台宿主机中的多台虚拟机连接起来。

图 3.27 中，一台宿主机内部的虚拟网络包括三台虚拟机（包含数量不等的虚拟网卡）及三台虚拟交换机。虚拟网卡与虚拟交换机、虚拟交换机与物理网卡之间使用虚拟链路进行连接。其中，vSwitch1 和 vSwitch3 通过物理网卡连接到外部网络，称为外部虚拟交换机。vSwitch2 没有连接物理网卡，外部网络无法看到 vSwitch2，来自外部网络的数据也无法到达 vSwitch2。因此，vSwitch2 称作内部虚拟交换机。VM1 和 VM3 使用 vNIC 分别与 vSwtich1 和 vSwitch3 连接，三台虚拟机都使用 vNIC 与 vSwtich2 连接，三台虚拟机之间可以通过 vSwitch2 相互通信。VM1、VM3 发向外部网络的数据通过 vNIC 到达 vSwitch1、vSwitch3，被虚拟交换机转发到所连接的物理网卡，物理网卡将数据发送到外部网络。来自外部网络的数据通过物理网卡到达 vSwtich1 或 vSwitch3 后，按照相反路径到达 VM1、VM3。由于 vSwitch2 没有到达外部网络的连接，只与 vSwitch2 有连接的 VM2 无法访问外部网络。同时，VM2 对于外部网络来说是不可见的。

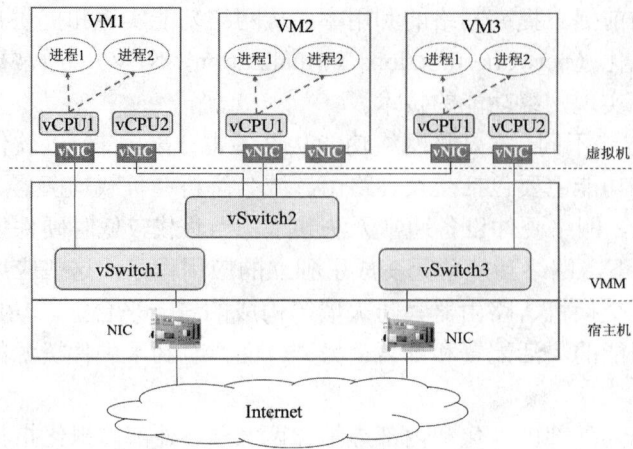

图 3.27 简单的虚拟网络示例

图 3.27 中的虚拟网络是在虚拟化环境中保障应用和虚拟机安全所采用的一种通用策略。使用内部虚拟交换机互连虚拟机，虚拟机之间交换的数据不会出现在物理主机之外的外部网络中，通信实际上完全在宿主机内存中进行。好处是速度快、安全，外部网络无法探测虚拟机之间的数据通信。

物理网络中的交换机不仅可以用来创建网络，也可以实现物理网络分段，将一个物理网络分割成多个小的物理网络。网络分段的目的主要包括提高网络性能和简化网络管理。虚拟网络环境中，VMM 可以通过配置 vSwitch 实现类似的功能。

虚拟网络可以在一个宿主机内组建，也可以跨越多个宿主机。目前，支持跨宿主机构建更大规模虚拟网络的技术主要有 Open vSwitch（OVS）、VMWare vDS、Cisco Nexus 1000V 等。图 3.28 给出了利用 OVS 构建的跨宿主机虚拟网络的示意图。

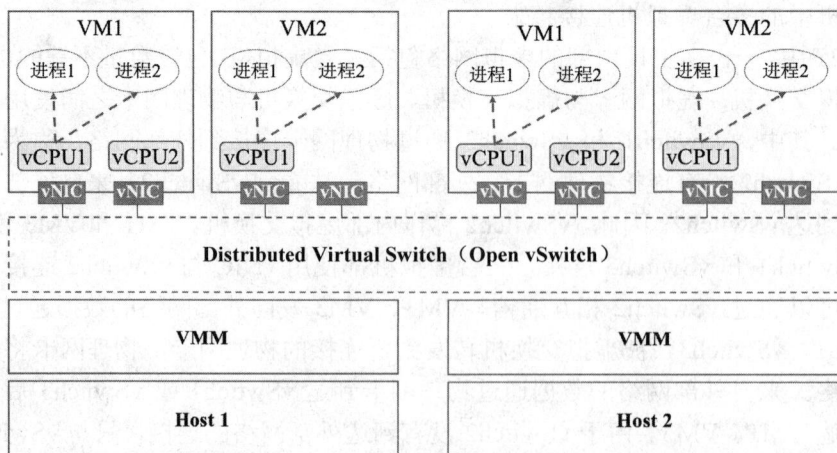

图 3.28 跨宿主机构建虚拟网络示例

网络虚拟化需要解决虚拟网络的通信问题，完成各种网络设备的虚拟化，如网卡、交换设备、路由设备。网络虚拟化的实现方式有基于软件的全虚拟化、半虚拟化、硬件辅助的全虚拟化。其中，半虚拟化由于需要修改 Guest OS 的代码，通用性较差，此处不再详述。下面主要介绍基于软件的网络虚拟化和硬件辅助的网络虚拟化的实现方式。

二、基于软件的网络虚拟化

基于软件的网络虚拟化实现，需要 VMM 模拟网络设备（主要是网卡、交换机、路由器等），为 Guest OS 提供一种虚拟的网络设备。Guest OS 的网络设备驱动程序像驱动物理网络设备一样来驱动虚拟网络设备，Guest OS 中设备驱动程序发出的 I/O 请求被 VMM 截获并模拟，操作响应返回 Guest OS。

常见的 VMM 软件都内置了纯软件的虚拟交换机模块，并在此基础上提供路由功能，以支持多个虚拟机共享一个物理网卡提供的网络连接能力。利用虚拟交换机可以将多台虚拟机组成一个或者多个虚拟网络。

VMM 将多个虚拟机中的虚拟网卡缓存以多队列（multi-queuing）方式进行组织，并建立虚拟机队列和网卡缓存的映射关系。物理网卡接收到分组后以中断方式通知 VMM，VMM 执行中断服务程序，VMM 的分类器/排序器根据分组中包含的目的地址等信息将分组存入目的虚拟机对应的队列，并以中断方式通知 Guest OS 的设备驱动程序接收分组。当虚拟机发送分组时，VMM 截获虚拟机的 I/O 操作请求，将分组存入对应的虚拟机队列中。在物理链路空闲时，VMM 按照一定的策略从多个虚拟机队列中取出分组，交由物理设备驱动程序将分组发送到物理链路上。VMM 从多个队列中选择分组发送到链路上的策略可以是 FIFO、优先级、WFQ 等。

网卡是计算机中的常用 I/O 设备之一。虚拟化时，VMM 要向虚拟机提供虚拟化的网卡设备。

同基于软件的 CPU、内存、I/O 虚拟化类似，基于软件的网络虚拟化的最大问题也是性能问题。

常用的基于软件的网络虚拟化软件有 QEMU、TAP/TUN、Linux Bridge 等。下面以 TAP/TUN、VETH、Linux Bridge 为例介绍基于软件的网络虚拟化。

1. TAP/TUN

TAP/TUN 是 Linux 内核完全使用软件实现的虚拟网络设备驱动。Linux 内核通过 TAP/TUN 设备向绑定该设备的用户态应用程序发送数据。反之，应用程序也可以像操作物理网络设备那样向 TAP/TUN 设备发送数据。

Linux 基于 TAP/TUN 实现了虚拟网卡（vNIC）。一台虚拟机中可以有多块 vNIC，每块 vNIC 都与一个 TAP/TUN 设备相关联。vNIC 之于 TAP/TUN，就像 NIC 之于 eth。

TAP/TUN 设备被创建时，Linux 生成对应的字符设备文件，用户程序可以像读写普通文件一样读写 TAP/TUN 设备文件。

TAP 和 TUN 的不同在于工作的网络层次不同。TAP 工作在数据链路层，TUN 工作在网络层。因此，TAP 和 TUN 处理的协议数据单元不同，使用的地址也不同。TAP 处理的分组叫作帧（frame），使用链路层地址（如 MAC 地址）标识接收方和发送方。TUN 处理的分组叫作数据报（datagram），使用 IP 地址标识接收方和发送方。

NIC 通过物理链路收发数据。TAP/TUN 比较特殊，通过与其关联的用户态应用程序收发数据，如图 3.29 所示。

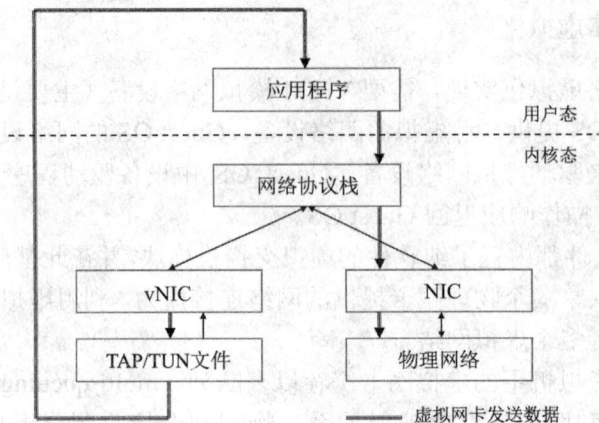

图 3.29　虚拟网卡发送数据

NIC 两端分别连着网络协议栈和物理网络。发送数据时，NIC 将来自网络协议栈的数据通过物理网络发送出去；接收数据时，NIC 将来自物理网络的数据转发到网络协议栈进行处理。vNIC 两端分别连着网络协议栈和 TAP/TUN 文件。接收数据时，vNIC 从 TAP/TUN 文件读取数据并发送到网络协议栈；发送数据时，vNIC 将数据写入 TAP/TUN 文件，与 TAP/TUN 绑定的用户态应用程序从 TAP/TUN 文件读取数据并交给网络协议栈，网络协议栈将数据发送到 NIC 或其他 TAP/TUN 文件，最后经 NIC 发送到物理网络，或将数据发送到虚拟网络。

2. VETH

VETH 是 Linux 中的另一种虚拟设备，专门用于容器环境。VETH 的作用是将从一个命名空间发出的数据转发到另一个命名空间中。

与 TAP/TUN 类似，一个 VETH 设备一端连着 Linux 内核网络协议栈，但 VETH 的另一端连着另一个 VETH 设备。因此，VETH 设备总是成对出现，两个 VETH 通常位于不同的容器中。

逻辑上，使用 VETH 设备对后，发送到一端的 VETH 设备的数据总是从另一端出现。实际上，向一端的 VETH 设备写入数据，VETH 会改变数据的方向并将其送入 Linux 内核网络协议栈，完成数据的注入，而在另一端的 VETH 设备就能读到此数据。VETH 设备在转发数据包的过程中并不对数据包的内容做任何修改。

3. Linux Bridge

网桥（Bridge）是分组交换网络中的一种二层设备。网桥是即插即用设备，使用自学习机制建立交换表。网桥收到链路层帧后，根据目的地址查询交换表。如找到，则将帧发送到指定的输出端口；否则，将帧泛洪（flooding）到除帧到达端口外的所有其他端口。

　　Linux Bridge 是 Linux 内核实现的一种工作在数据链路层的虚拟交换设备。Linux Bridge 实际上就是虚拟交换机，功能和真实的交换机类似。同 TAP/TUN 类似，Linux Bridge 具有虚拟网络设备的特性。比如，可以配置 IP、MAC 地址等。图 3.30 所示的网络使用了 Bridge 连接两个 vNIC 以及宿主机 NIC。两台虚拟机之间可以经由 Bridge 实现相互通信，也能通过 Bridge 和物理网络实现与外部网络的通信。

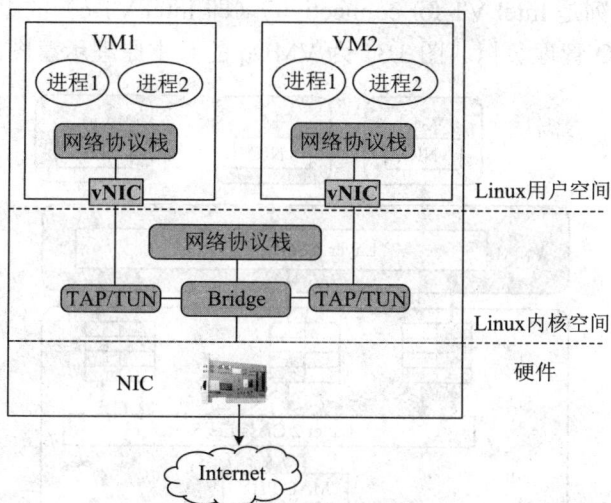

图 3.30　使用 Bridge 实现虚拟机间的互连

　　不同于单端口的 TAP/TUN，Bridge 有多个端口。Bridge 可以绑定其他虚拟网络设备（如 TAP/TUN）作为从设备，并把从设备虚拟化为 Bridge 的端口。当一个从设备被绑定到 Bridge 上时，相当于在真实交换机的端口上插入一根连有终端的网线。

　　Linux Bridge 通常由四个部分组成，具体如下。

　　① 网络接口。用于将 Bridge 中的流量转发给虚拟网络中的其他主机。

　　② 控制平面。指 Bridge 的配置和管理功能。比如，运行生成树协议计算最小生成树，消除环路。

　　③ 数据平面。Bridge 收到帧后，根据目的地址查询 Bridge 交换表并做出转发决策，将输入的帧转发到指定的端口。

　　④ 交换表。Bridge 利用自学习功能记录连接到 Bridge 的 vNIC 和 Bridge 端口之间的关系，生成交换表，这便是交换机的自学习机制。

　　与真实交换机不同，Linux Bridge 有一个隐藏端口，Linux Bridge 使用这个隐藏端口连接 Host OS/VMM。

三、硬件辅助的网络虚拟化

　　在 I/O 虚拟化部分提到了直接分配物理设备给 Guest OS 使用，虚拟化实现在性能和通用性之间可以取得较好平衡。但是，将 NIC 直接分配给某虚拟机使用后，在这台虚拟机运行期间其他虚拟机无法同时使用该 NIC。因此，需要解决直接分配方式引出的多台虚拟机共享物理 I/O 设备的新问题。基于软件的设备共享前面已介绍，下面的内容为硬件辅助的网卡共享。

目前，基于硬件的设备共享技术主要有 Intel 的 VMDq 和 PCI-SIG 的 SR/MR-IOV。这两种技术都是在物理设备中实现虚拟化，都需要网卡的支持。

1. VMDq

虚拟机设备队列是 Intel VT for connectivity（即 Intel VT-c）的组成部分，目的是减轻 VMM 的网络 I/O 管理负担。图 3.31 为 VMDq 的基本原理示意图。

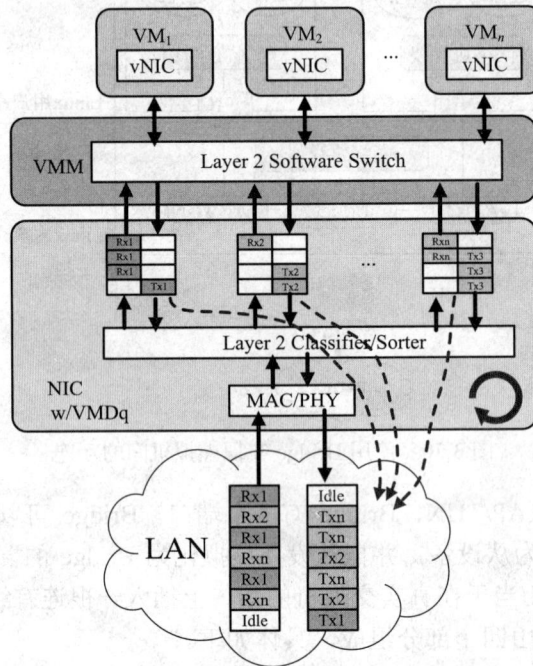

图 3.31 VMDq 的基本原理示意图

当帧到达支持 VMDq 的网卡后，网络控制器中的 2 层分类/排序器将帧按照目的 MAC 地址和虚拟局域网标签（VLAN tag）进行分类，将帧放入相应队列。然后，VMM 中的虚拟交换机将帧在 VMDq 队列和虚拟机之间进行复制。分组分类/排序、路由等功能由 NIC 完成，从而将 VMM 从这些工作中解脱出来。

当虚拟机向物理链路发送分组时，VMM 将分组复制到对应的队列，网络控制器调度队列中的分组并发送到链路上，避免出现头部阻塞问题。

实际上，VMDq 实现了一个半软半硬的虚拟交换机。与原有的纯软件方案相比，VMDq 提供了更高的性能和更低的资源占用率。但 VMM 虚拟交换机需要将网络流量在 VMDq 队列和虚拟机之间进行复制，性能仍然需要进一步提高。

关于 VMDq 的详细信息，见参考文献中的"Intel VMDq Technology:Notes On Software Design Support for Intel VMDq Technology"。

2. SR/MR-IOV

SR-IOV（单根 I/O 虚拟化）是对 PCI Express 规范的一种扩展，定义了 PCIe 设备原生共享（设备自身支持共享）所需的软硬件支持。所谓单根，指的是在一个宿主机中只有一个 PCIe 设备。通过 SR-IOV，可以将一个 PCIe 设备虚拟化成多个设备。其中，每个虚拟设备可以与一个虚拟机绑定。SR-IOV 的 PCIe 设备需要 BIOS、硬件、Guest OS 驱动的支持才能正常工作。硬件支持包括芯片组对 SR-IOV 设备的识别，以及 BIOS 为 SR-IOV 分配足够的资源。此外，为保证对设备的安全、隔离访问，还需要北桥芯片组支持 VT-d。

SR-IOV 定义了 I/O 设备物理功能（PF）和虚拟功能（VF）。其中，PF 具有完全的 PCIe 功能，包括 SR-IOV 支持、从设备读取数据、向设备写入数据等。PF 拥有设备完全的配置资源，可以像普通的 PCIe 设备一样被发现和管理，以及进行 I/O 操作。VF 是轻量化的 PCIe 功能，与 PF 相关联，可以与 PF 以及与同一 PF 关联的其他 VF 共享物理设备的资源。VF 只包含移动数据所必需的最小可配置资源集。VMM 可以把物理设备的一个或多个 VF 与一台虚拟机关联。每个支持 SR-IOV 的 PCIe 设备都有一个 PF，并且每个 PF 可以有多个与其关联的 VF，每个 VF 有自己完整的 PCIe 配置空间。PF 实际关联的 VF 数量取决于物理设备。

MR-IOV（多根 I/O 虚拟化）在 SR-IOV 基础上进行了扩展，以支持多台物理机中的多台虚拟机共享同一物理外部设备。比如，多台刀片服务器共享另一个机柜中的存储系统、网络连接等设备。在 MR-IOV 支持下，网卡、HBA 卡等外部设备可以从服务器主机中分离出来，与服务器主机一起通过 MR-IOV 交换机连接组成 PCIe Fabric。通过配置 PCIe Fabric，虚拟出多个网卡和 HBA 卡，为每台服务器中运行的每台虚拟机分配一个虚拟的网卡和一个虚拟的 HBA 卡。

习 题

1. 虚拟化的层次主要有哪些？
2. 简要说明三种主要的虚拟化类型及其主要特点。
3. 敏感指令和特权指令的主要区别是什么？
4. Gerald J. Popek 和 Robert P. Goldberg 提出的虚拟化准则的主要内容是什么？
5. 为了有效支持虚拟化，指令集体系结构（ISA）必须满足哪些条件？
6. 虚拟化漏洞的含义是什么？
7. 为什么说传统 x86 架构不是可虚拟化的架构？
8. 陷入并模拟的基本思想是什么？
9. 简单描述解释执行、静态翻译、动态翻译等三种二进制翻译技术的基本过程，以及各自的优缺点。
10. Intel VT-x 引入的 VMX 新模式的特性主要有哪些？

11. Intel VT-x 的 VMX 模式如何控制在执行某些敏感指令时不发生 VM exit？这样做的好处是什么？

12. 影子页表的基本原理是什么？应用中，影子页表存在的主要问题是什么？

13. 简单描述使用 Intel VT-x EPT 进行地址转换的基本过程。

14. Intel VT-x EPT 地址转换存在的主要问题是什么？采用什么方法可以缓解这个问题？

15. Type I、Type II 和混合模型的 VMM 在 I/O 资源管理上主要有哪些不同？

第四章　分布式系统

分布式技术是云计算和大数据的基础支撑技术。本章在介绍分布式计算与分布式系统的基本概念、CAP 理论、一致性协议、分布式协调服务、分布式存储系统原理等基础上，重点介绍分布式存储系统和分布式键值存储系统。其中，一致性协议部分包括 Paxos、租约、Quorum 等机制，分布式协调服务部分包括 Google Chubby 和 Apache ZooKeeper，分布式存储系统原理部分包括数据分布、数据复制、数据备份，分布式文件系统部分包括 GFS、HDFS、Ceph，分布式键值存储系统部分包括 Dynamo、Bigtable、HBase 等。

第一节　分布式计算与分布式系统

一、简介

分布式计算是一种计算方法，和集中式计算相对，主要研究基于分布式系统如何进行计算的问题，即研究用于构建和管理分布式系统的模型、架构和算法。分布式计算将计算任务进行划分，将划分后的计算任务交由不同的计算单元执行。计算单元可以是分布式系统中不同节点中的处理器，可以是同一计算机中不同的处理器，也可以是同一处理器中不同的核心。分布式计算的主要目标是以一种透明、开放和可扩展的方式连接用户和资源。

分布式计算的任务相互之间有较大的独立性。一个任务的结果未返回或者结果错误，对其他任务的处理影响不大。另外，分布式计算的实时性要求不高，也允许存在计算错误或设备故障。也就是说，分布式计算各任务之间相互独立，计算单元、节点间可以没有通信，即无网络信息传输。并且，对每个节点的任务执行时间没有限制。

分布式系统是一组独立的计算机通过通信网络互连后构成的系统，目的是实现资源共享和协同工作。分布式系统呈现给用户的是单个完整的计算机系统，系统中节点、组件之间通过交换消息进行通信。

分布式系统中，每台计算机都有自己的本地存储器，相互之间的通信基于消息传递方式。分布式系统通常有一个共同的目标，如解决一个大型计算问题。对于用户来说，分布式系统是一个整体，用户不知道且不关心资源或服务提供者的位置。

1. 特点

在没有任何特定业务逻辑约束情况下，分布式系统一般有以下几个特征。

① 无全局时钟。节点间协作通常取决于对程序动作发生时间的共识。在分布式系统中，各进程的时钟同步所达到的精确性有限，即没有一个精确时间的全局概念，节点的操作具有内在的异步特征。

② 无共享内存。分布式系统的节点之间没有共享内存，节点间通信是通过网络交换消息完成的。事实上，节点之间没有共享内存也暗示着系统没有全局统一时钟。

③ 分布性。分布式系统中节点的地理位置可以任意安排，可能处于不同的机柜中，也可能处于不同城市的机房中，或者在世界的任何一个角落。实际上，互连节点的网络可以是广域网，也可以是局域网。比如，从具体应用看，Internet 就是一个分布式系统。再如，使用局域网络将多台服务器互连构成集群，也是一种分布式系统。随着节点加入和退出，分布式系统节点的分布情况可能会随时发生变动。

④ 并发性。分布式系统中，程序运行过程中的并发性操作是常见行为。例如，多个节点并发地操作一些共享资源，诸如数据库或分布式存储等。

⑤ 自治和异构。分布式系统的节点具有自治属性，可以独立进行计算；同时，节点还具有明显的异构特征。不同节点的硬件、软件、网络等可以不同。分布式系统需要在操作系统之上通过中间件等软件来屏蔽差异，以对用户呈现单一系统。同时，节点之间的联系比较松散，节点不是某个专有系统的一部分，而是通过提供服务或共同解决问题进行相互协作。

⑥ 故障独立性。分布式系统的节点可能发生任何形式的故障。单个模块的故障相对容易预知并设计应对逻辑，但分布式系统可能以新的方式出现故障。比如，网络故障可以导致计算机间的隔离，但这些计算机并不一定是停止运行。因此，程序很难判断是网络故障还是延迟。同样，当被网络隔离的程序异常终止时，也许不能通知与它通信的其他组件。在分布式系统中，故障常见、故障独立是基本假设。

2. 性能评价

分布式系统的主要性能指标包括以下五个方面。

① 吞吐率。吞吐率是指系统单位时间内完成的任务数或处理的数据量。

② 延迟。延迟是指系统完成某一任务需要消耗的时间。

③ 可用性。可用性是指系统在面对各种异常时正确提供服务的能力，通常以停止服务时间与正常服务时间之比，或失败次数与成功次数之比来衡量。可用性是分布式系统的重要指标，是系统鲁棒性或容错能力的体现。

④ 可扩展性。扩展分布式系统规模可以提高系统的性能，包括计算能力、存储能力、网络能力等。好的分布式系统通常追求"线性扩展性"，即系统性能可以随节点数量的增长而呈线性提升。

⑤ 一致性。通常，分布式系统采用多副本提高数据的可靠性和可用性。多副本会带来一致性问题。强的一致性模型，用户使用起来更简单。

二、分布式系统面临的问题和挑战

分布式系统能够实现高可用、高吞吐、大容量存储、海量计算、并行计算。天然的分布性和可伸缩打破了物理上单机的瓶颈，使其能不断支撑业务的发展，也推进了云计算、大数据、人工智能等技术的发展。但随着应用范围和规模的扩展，分布式系统在以下几个方面面临挑战。

① 网络。网络提供分布式系统的数据传输通道，通常提供可靠数据传输和不可靠数据传输两种服务，如 Internet 的传输层。因此，分布式系统不能假设所有节点的网络都是可靠的。节点间的数据传输可能出现差错，可能经历长时间的延迟，也可能出现乱序。另外，网络故障可能导致分布式系统出现分区，即被分割成互不连接的多个部分；极端情况下，分区后形成的多个部分可能会独立完成所有功能，给分布式系统的一致性带来很大问题。

② 存储。为保证可靠性和可用性，分布式系统的服务和数据通常冗余设置，即分布式系统中存在数据和服务的多个副本。数据副本是解决数据丢失的唯一手段，服务副本用来提高可用性和可靠性。多副本会带来一致性问题。因此，一致性、负载均衡是分布式系统的核心问题。

③ 可靠性。单节点/组件系统中，软硬件异常的概率较小，即使出现了问题，通过人工干预、重启、迁移等手段也可以快速恢复。在分布式环境下，宕机、死机、网络中断等情况比较常见；并且，采用廉价、商业计算机构建分布式系统的情况越来越普遍，软硬件故障更不可避免。故障会导致分布式系统无法正常提供服务，或者丢失数据。因此，分布式系统设计需要考虑故障检测及恢复、容错、冗余等机制，保证系统的高可用性。如何高效进行故障检测与恢复、系统容错、冗余资源及负载平衡，是分布式系统必须要解决的问题。

④ 异构性。分布式系统在网络、硬件、操作系统、编程语言、软件开发等方面都呈现明显的多样性和异构性。为了给用户提供统一的系统视图，分布式系统需要屏蔽软硬件差异。中间件是位于操作系统之上的一个软件层，用于屏蔽底层网络、硬件、操作系统和编程语言等方面的异构性，为程序员提供一致的编程抽象和计算模型。但是，中间件的标准化是一个大问题。

⑤ 安全性。分布式系统的资源具有内在价值，安全性非常重要。分布式系统必须解决的问题包括数据机密性、完整性和可用性，以及用户身份识别、隐私保护等。

⑥ 并发性。分布式系统中，服务和数据通常会被多个客户同时访问，这些并发操作可能存在冲突，产生不可预知的结果。因此，要确保服务和数据在并发环境下的操作正确。如何准确并高效地协调并发成了分布式系统架构与设计面临的挑战之一。

第二节　CAP 理论与一致性协议

一、基本概念

CAP 代表分布式系统三个相互矛盾的属性，即一致性（consistency）、可用性（availability）和分区容忍（partition tolerance）。

1. 一致性

分布式系统的容错能力和高可用性主要使用多副本来实现，但多副本也是导致分布式系统存在一致性问题的唯一原因。

分布式系统通过一致性协议，使从系统外部读取内部各副本数据在一定约束条件下相同，称之为一致性。一致性包含了数据一致性和事务一致性两种情况。数据一致性是针对分布式系统而言的，而不是针对某一个副本数据。

数据一致性基本包括以下五种类型。

① 强一致性：任何时刻、任何用户都可以读取到最近一次成功更新后的数据。强一致性是程度最高的一致性要求，也是实践中最难以实现的一致性。

② 单调一致性：任何时刻、任何用户一旦读到某个数据在某次更新后的值，这个用户不会再读到比这个值旧的值。单调一致性弱于强一致性，却是非常实用的一致性级别。因为用户通常只关心自己观察到的一致性，而不关注其他用户的一致性情况。

③ 会话一致性：任何用户在会话中一旦读到某个数据在某次更新后的值，这个用户在这次会话中不会再读到比这个值旧的值。会话一致性通过引入会话的概念，在单调一致性的基础上进一步放松约束。会话一致性只保证单个用户单次会话内数据的单调修改，无法保障不同用户间的一致性和同一用户不同会话间的一致性。

④ 最终一致性：最终一致性要求一旦数据更新成功，各副本数据最终将达到完全一致的状态，但达到完全一致状态所需要的时间无法保障。对于最终一致性系统而言，一个用户只要始终读取某一个副本的数据，就可以实现类似单调一致性的效果，但一旦用户更换读取的副本，则无法保障一致性。

⑤ 弱一致性：一旦某个数据更新成功，用户无法在一个确定时间内读到这次更新后的值，并且即使从某个副本上读到了新值，也不能保证从其他副本上可以读到新值。弱一致性系统一般很难实际应用，使用弱一致性系统需要应用做更多的一致性维护工作。

2. 可用性

可用性指数据或服务在正常响应时间内一直可用的程度。可用性好意味着系统不会出现操作失败或者访问超时等情况，通常利用数据冗余、负载均衡等机制实现。简单来说，可用性表示用户总是能够访问数据，即使某个（些）节点出现故障。

3. 分区容忍

在网络异常或系统出现故障情况下系统可能出现分区，即整个系统被分成多个部分，相互之间无法进行通信。分区容忍指即使存在分区可能，分布式系统仍然能够继续运行。通常，如果不能在规定时间内达到数据一致性，意味着发生了分区。

二、CAP 理论

CAP 理论指出，分布式系统无法同时具备一致性、可用性和分区容忍三个属性，最多只能同时满足其中的两个。

CAP 理论比较悲观，但意义在于明确提出了不要试图设计一种完全具备 CAP 三大属性的完美系统，因为这种系统在理论上已经被证明不存在。

因此，分布式系统架构设计必须做出取舍，如下所述。

① 一致性和可用性：只要所有节点都在线（没有发生分区），那么节点中的数据是一致的，可以向任意节点读写数据，并确信数据都是相同的。但如果出现分区，数据将不再一致，即不能容忍出现分区。

② 一致性和分区容忍：要求所有节点的数据是一致的，并容忍出现分区。但当出现部分节点故障后（分区出现时会认为是部分节点故障），为了避免数据不一致，系统将变成不可用状态，即阻塞数据读写。

③ 可用性和分区容忍：所有节点保持在线，即使系统存在分区不能相互通信，也可以在分区问题解决后再重新同步数据。所以，在分区持续期间或之后，无法保证数据是一致的。

三、一致性协议

一致性协议指按特定的协议流程控制数据的读写行为，使得数据满足一定可用性和一致性要求的分布式协议。一致性协议要具有一定的容错能力，使系统具有一定的可用性，同时要能提供一定的一致性级别。

根据 CAP 理论，要设计一种满足强一致性、高可用性，且在出现任何网络异常时都可用的协议是不可能的。实际的一致性协议总是在可用性、一致性与分区容忍之间按照具体需求进行平衡或折中。

1. 一致性协议的分类

一致性协议可以大致分为两大类：中心化一致性协议和分布式一致性协议。

1）中心化一致性协议

中心化一致性协议的基本思想是采用中心节点协调数据更新操作，以维护副本之间的一致性。中心化一致性协议的优点是相对简单，所有控制交由中心节点完成，包括数据更新、一致性控制、并发控制等。并发控制指多个节点同时修改数据时，需要解决"写写""读写"等并发冲突。加锁是一种常用的并发控制方法，可以由中心节点统一对锁进行管理，或者采用完全分布式的锁系统。缺点是系统的可用性依赖于中心节点，存在单点失效和性能瓶颈问题。当中心节点异常或通信中断时，将失去某些服务（通常至少失去更新服务）。

primary-secondary 协议是一类常用的中心化一致性协议。将数据副本分成两类，其中有且仅有一个副本为主副本，即 primary 副本，其他副本为 secondary 副本。primary 副本所在的节点称为 primary 节点，secondary 副本所在的节点称为 secondary 节点。primary 节点负责数据更新、一致性控制和并发控制。这类协议需要解决以下问题。

① 数据更新。数据更新请求发送给 primary 节点，primary 节点确定更新操作的顺序并进行并发控制，然后将更新操作发送给 secondary 节点，并根据 secondary 节点的完成情况确定更新是否成功，最后将结果返回给客户（client）。数据更新操作的过程

如图 4.1 所示。

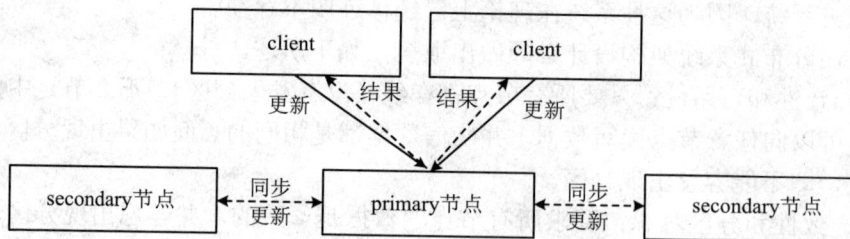

图 4.1　数据更新的操作过程

② 数据读取。从任意副本读取数据都可以保证最终一致性。为副本设置版本号，数据更新时对版本号进行递增，客户端读取数据时验证数据版本号，可以保证会话一致性。但是，primary-secondary 协议实现强一致性比较困难。

③ primary 副本的选择和切换。确定 primary 副本和在 primary 节点异常时切换 primary 副本是 primary-secondary 协议的核心问题。通常，使用元数据维护数据的 primary 副本信息，由专门的管理节点负责。客户请求更新时，通过查询管理节点获得 primary 节点信息。但由于节点的异常检查需要时间，只有检测到 primary 节点异常才会进行 primary 副本切换。在 primary 节点发生异常到异常被检测到的这段时间内，数据更新操作无法进行。因此，primary-secondary 协议会存在一定的停止服务时间。

④ 数据同步。primary 副本和 secondary 副本出现不一致主要有三种情况：第一种情况，出现网络分区，secondary 副本比 primary 副本陈旧；第二种情况，如果 secondary 副本未能执行某次更新操作，随后执行的更新操作导致出现"脏数据"（指已经过期、错误或者没有意义的数据）；第三种情况，如果 secondary 节点为新增节点，开始时需要从其他节点复制数据。针对第一种情况，在网络分区恢复后通过回放 primary 节点的操作日志可以解决。针对第二种情况，可以采取直接丢弃"脏数据"的方法，将问题转化为第三种情况。针对第三种情况，secondary 节点可以直接复制 primary 副本。通常，可以使用检查点（checkpoint）和快照（snapshot）方法快速完成同步。

2）分布式一致性协议

分布式一致性协议中没有中心节点或主节点，优点是所有节点是完全对等的，节点之间通过平等协商达到一致。因此，分布式一致性协议基本不存在由中心节点异常引起的停止服务、单点失效等问题。

分布式一致性协议的最大缺点是比较复杂，尤其当需要实现强一致性时，流程变得更加复杂且不易理解。由于流程的复杂，其效率或者性能一般也比中心化一致性协议低。

2. 一致性协议的比较

primary-secondary 协议比较简单，得到了广泛应用。比如，GFS 的数据一致性协议就是一种典型的 primary-secondary 协议。GFS 中，primary 节点由 GFS 的 master 节点指定，primary 节点决定并发更新操作的先后顺序，数据更新过程完全由 primary 节点控制。关于 GFS 的数据一致性问题，将在本章第四节进行详细介绍。在分布式事务一致性方面，两阶段提交协议是一种经典的强一致性中心化一致性协议。

分布式一致性协议的可靠性和可扩展性强，但协议流程相对复杂。其中，Paxos 是得到了广泛应用的、能够实现强一致性的一种分布式一致性协议。

实际上，多数分布式系统的数据一致性协议采用了结合中心化和分布式的混合结构。比如，Chubby 和 ZooKeeper 使用了基于 Paxos 的分布式一致性协议选举 primary 节点，但在 primary 节点确定后，Chubby 和 ZooKeeper 的数据一致性都转变为中心化方式，由 primary 节点负责数据更新与同步。

四、Paxos

Paxos 的基本思想与投票过程类似。完全对等的参与节点各自就某个事件做出决议，如果某个决议获得了超过半数节点的批准，则决议生效。

1. 节点角色

Paxos 中的节点有三类，实践中，一个节点可以同时充当三类角色。

① 提案者（proposer）。proposer 为提出议案（value）的节点，可以有多个 proposer。value 可以是任何操作，Paxos 将这些操作统一抽象为 value。比如，"修改变量 X 的值将其设置为 1""选择节点 node1 为 primary 节点"等。同一轮次中，不同 proposer 提出的议案可以不同，甚至相互矛盾，但最多只能有一个议案被批准。

② 批准者（acceptor）。acceptor 有多个，proposer 提出的议案必须获得超半数的 acceptor 批准后才能被批准。

③ 学习者（learner）。learner 学习被批准的 value。learner 通过读取各 acceptor 对 value 的选择结果来完成。如果某个 value 被超过半数的 acceptor 批准，则 learner 就可以学习到这个 value。

2. 协议流程

Paxos 达成一致性的过程分为多轮。每一轮中，Paxos 可能会批准一个 value，或者无法批准一个 value。但每轮最多只能批准一个 value 是 Paxos 实现一致性的重要体现。

每一轮分为两个阶段：准备阶段和批准阶段。

1）准备阶段

① proposer：选择一个提案编号 N，向所有 acceptor 发送广播消息 Prepare(N)。

如果之后收到任何一个 acceptor 返回的拒绝消息 Reject(B)，则该 proposer 的 Prepare 请求失败。proposer 设置 N=B+1 后，可以再次发送 Prepare(N) 消息。

② acceptor 收到 Prepare(N) 消息：

● 如果 N>B，则 acceptor 发送消息 Promise(N,VAL)，将自己上次批准的 value 值 VAL（可以为 Null，表示之前没有批准过任何提案）回复给 proposer，设置 B=N，并承诺不再回复编号小于 N 的提案。其中，B 为该 acceptor 收到的最大提案编号。

● 否则，发送消息 Reject(B)。

2）批准阶段

① proposer：

- 如果收到的 Promise(N,VAL)消息数量超过所有 acceptor 的一半：
  - ➤ 所有 Promise(N, VAL)中，如果 VAL 都为 Null，则 proposer 选择一个 value 值 v，向所有 acceptor 广播消息 Accept(N,v)。
  - ➤ 如果 VAL 不全为空，则选择提案编号最大的 VAL 值 VAL_{maxN}，向所有 acceptor 广播消息 Accept(N, VAL_{maxN})。
- 如果收到 Nack(N)，则将提案编号设置为 N+1 后，重新进入准备阶段。
- 如果收到的 Promise(N, VAL)消息数量没有过半，则失败。

② acceptor：接收 Accept(N,v)。

- 如果 N<B，回复 Nack(B)。acceptor 暗示自己已经批准了一个具有更大编号的提案 B。
- 否则，设置 VAL 为 v，并发送 Accepted 消息，表示该 acceptor 批准的 value 值为 v。

3. Paxos 的应用

目前，Paxos 是唯一得到了广泛应用的、能够实现强一致性的分布式一致性协议。最早使用 Paxos 的分布式系统是 Chubby。Chubby 是谷歌的分布式锁服务，是谷歌内部非常重要的基础设施。GFS、Bigtable 都使用了 Chubby。

Chubby 利用 Paxos 实现了一个高可用的分布式系统，在此基础之上对外提供高可用的存储和分布式锁等服务，间接提供了 Paxos 实现。Chubby 中，节点利用 Paxos 选举出唯一一个 master 节点。当 master 节点异常时，重新利用 Paxos 确定新 master 节点。Chubby 中，所有的读写操作由 primary 节点控制，primary 节点由 master 节点使用租约机制确定。因此，Chubby 的一致性协议是中心化和分布式的混合。

ZooKeeper 是 Hadoop 对 Chubby 的一种开源实现。ZooKeeper 使用的一致性协议基本上也是 Paxos，只是对 Paxos 协议做了一些修改。ZooKeeper 使用传输控制协议（transmission control protocol，TCP）进行消息传输，可以在可靠数据传输的基础上简化协议操作。与 Chubby 类似，ZooKeeper 利用 Paxos 完成 leader 节点的选举和 leader 节点异常后的重新选举，数据更新、并发控制等也由 leader 节点负责。

五、租约

在分布式系统中往往会有一个中心节点，负责存储、维护系统中的重要元数据。如果系统的各种操作都依赖于中心节点中的元数据，那么中心节点容易成为性能瓶颈，并且存在单点故障问题。

租约（lease）是由颁发者（通常为中心节点）授予的、在某一有效期内的承诺。颁发者一旦发出租约，无论接收方是否收到，也无论接收方以后处于何种状态，只要租约不过期，颁发者一定严守承诺。另外，接收方在租约有效期内可以使用颁发者的承诺，但一旦租约过期，接收方一定不能继续使用颁发者的承诺。租约的承诺内容可以是数据，也可以是某种权限。例如，进行并发控制时，同一时刻只给某一个节点颁发租约，只有持有租约的节点才可以修改数据。

使用租约机制，中心节点将"权力"下放给某个其他节点，从而减轻中心节点的压力。租约机制的主要用途有分布式缓存、节点状态判定等。

1. 基于租约机制的分布式缓存

假设分布式系统有一个中心节点，中心节点存储和维护系统元数据，如一致性哈希数据分布中哈希环上的节点位置，GFS 和 HDFS 数据块副本等。其他节点通过中心节点读取和修改元数据。由于系统各种操作都依赖于元数据，如果每次读取元数据的操作都需要访问中心节点，中心节点很可能成为系统瓶颈。比较自然的解决方法是设计一种元数据的分布式缓存系统。在每个节点中缓存元数据，减少对中心节点的访问频率，从而提高系统性能。由于系统正确运行依赖于缓存中的元数据，因此要求其他节点缓存中的数据始终与中心节点的数据保持一致。同时，缓存系统要能有效应对各种异常，提高系统可用性。

基于租约机制的分布式缓存系统，中心节点在向各节点发送数据时会同时给节点颁发一个租约。每个租约有一个有效期（通常是某个时间点，如 12:00:10），一旦真实时间超过这个时间点，则租约过期失效。由于中心节点承诺在租约有效期内承诺的内容保持不变，因此，节点收到数据和租约后将数据加入本地缓存。一旦对应的租约过期失效，节点便将本地缓存中对应的数据删除。中心节点在修改数据时，阻塞所有新的读请求，并等待之前为该数据发出的所有租约超时过期后，才可以修改数据。

基于租约机制的分布式缓存系统可以保证各节点缓存的数据与中心节点中的数据始终一致。这是因为中心节点在发送数据的同时授予了节点对应的租约，在租约有效期内不会修改数据，其他节点可以放心使用数据。

租约机制可以容错的关键是：中心节点一旦发出数据及租约，无论其他节点是否收到、节点是否宕机、网络是否正常，中心节点只要等待租约过期就可以保证其他节点不会再继续缓存数据。因此，中心节点更新数据不会破坏数据一致性。

租约机制依赖于有效期，要求颁发者和接收者的时钟同步。分布式环境中，时钟同步其实不是一个简单问题。为应对时钟不同步问题，实践做法是颁发者将有效期设置得相对长一些，只要长过两者的时钟误差，基本就可以避免对租约有效性的影响。

2. 基于租约机制的节点状态判定

由于网络可能出现异常，准确判定节点的状态比较困难，保持对节点状态认识的全局一致性更加困难。仅仅使用基于"心跳"的检测方法不能有效解决节点状态判定问题，因为不能及时收到心跳信息的原因除了节点故障，还有可能是网络中断、阻塞等。如果不能保证对节点状态认识的一致性，将对分布式系统造成严重影响。比如，主节点认为自己正常，但其他节点认为主节点异常，则会重新发起主节点的选举过程。因此，在一段时间内，系统中可能存在两个主节点，即出现"双主"问题。

基于租约的节点状态判定的基本思想为：节点周期性地向中心节点发送"心跳"，

报告自身状态。中心节点收到节点的报告后，向其颁发一个租约，认为在租约的有效期内它的状态正常。中心节点可以给某个节点颁发特殊租约，表明该节点为主节点。一旦中心节点希望切换新的主节点，则只需要等待特殊租约过期失效，就可以安全地颁发新的特殊租约给主节点，从而避免出现"双主"问题。

3. 租约机制的实际应用

GFS 使用租约机制来确定数据块服务器的 primary 副本。master 节点负责颁发租约给某个副本，持有租约的副本为 primary 副本。GFS 的租约信息由 master 在响应其他节点的"心跳"消息时捎带。当 master 节点失去某个节点的"心跳"时，只需等待该节点上的 primary 副本的租约失效，然后为这些副本重新选择 primary 副本即可。

Chubby 使用 Paxos 选举 primary 节点。secondary 节点向 primary 节点颁发租约，承诺在有效期内不选举其他节点成为 primary 节点。只要 primary 节点持有过半数节点的租约，在租约有效期内其他节点无法选举新 primary 节点。另外，Chubby 的 primary 节点向每个 client 节点颁发租约，用于判断 client 节点的状态。

ZooKeeper 中，follower 如果发现没有 leader 节点，会使用 Paxos 协议发起新 leader 的选举。只要 leader 和 follower 工作正常，Paxos 新发起的 leader 选举由于缺乏多数 follower 的参与而不会成功。

另外，ZooKeeper 中节点状态的判定也采用了租约机制。

六、Quorum

在分布式系统中，数据冗余是保证可靠性的手段，其一致性维护非常重要。Quorum 原指为了处理事务或做出决定的合法性而必须出席的委员数量（一般为半数以上）。分布式系统中，Quorum 是一种常用的保证数据冗余和最终一致性的副本数据管理方法。

为讨论问题方便，做如下约定：更新操作（写操作）是一系列的顺序操作，通过其他机制确定更新操作顺序。比如，在 primary-secondary 协议中，操作顺序由 primary 节点负责确定。更新操作记为 w_i，其中 i 为单调递增的更新操作序号。每个更新操作执行后副本数据会发生变化，叫作数据的版本，记作 v_i。每个副本均保存所有版本的数据。

1. WARO 规则

写全读一（write all read one，WARO）是一种简单的副本管理规则，基本思想是更新操作时写所有副本，并且只有全部副本更新成功时更新操作才成功；读操作可以从任何一个节点读取。

WARO 的优点是所有副本一致，读操作只需要从任意副本读取即可；缺点是更新操作代价高，一旦一个副本异常，更新操作便无法完成。因此，WARO 的读操作可用性高，但更新操作的可用性相当于没有副本。

2. Quorum 机制

Quorum 机制的基本思想：如果更新操作 w_i 在全部 N 个副本中的 W 个上成功，则认为更新操作成功；读操作时，最多只需要从 R 个（保证 $R>N-W$）副本读取数据，就一定可以读到最新成功更新后的数据。

假设有五个副本，$W=3$，$R=3$。最初，五个副本数据均为 v_1。更新操作 w_2 在其中三个副本上成功，w_2 是成功的更新操作。不失一般性，假设各副本中的值分别为 $(v_2, v_2, v_2, v_1, v_1)$，则任意三个副本的组合中必定包含 v_2 的副本。

Quorum 机制的参数 N、W 和 R 决定了可用性，需要保证三个参数之间满足关系：$W+R \geqslant N+1$。当异常副本数量多于 $N-W+1$ 个时，更新操作不会成功，此时也无法保证一定可以读取到新数据。

需要指出的是，仅仅使用 Quorum 机制无法确定最新更新成功数据的版本号。一般地，可以将最新数据的版本号作为元数据存储在某个中心节点中。

对于写操作较频繁的系统，Quorum 机制可以有效提高更新操作服务的可用性。相应地，读操作的可用性有所降低。应用中需要根据实际情况平衡 W 和 R 两个参数。

第三节　分布式协调服务

为防止分布式系统中多个进程之间相互干扰，保障进程同步控制，使进程有序访问共享资源，保证数据一致性，需要一种分布式协调技术对进程进行调度，其核心就是实现一种分布式锁。

使用锁的目的是控制进程的执行顺序，防止共享资源被多个进程同时访问。为了实现共享资源在一个时刻只能被一个进程访问，通常为共享资源设置标志，并且为共享资源设置的标记必须能被每个进程看到。当共享资源中不存在标记时，进程可以为其设置标记并访问资源；如果存在标记，进程需要等待使用共享资源的进程取消标记后才能重新为其设置标记并使用资源。分布式环境下，共享资源通常部署在多个节点上，如果想要实现任意时刻最多只有一个进程可以使用，需要使用分布式锁。

常用的分布式协调服务有 Google Chubby 和 Apache ZooKeeper。其中，ZooKeeper 是 Chubby 的开源实现，Hadoop 采用了 ZooKeeper 作为分布式协调服务。

一、Google Chubby

Chubby 提供一种粗粒度的分布式锁服务，基于松耦合分布式系统设计可靠的存储，使用 Paxos 保证一致性。Chubby 使用服务形式而不是库（library）形式提供了 Paxos 一致性协议的解决方案，并且附带提供小容量文件存储服务来存储决策结果和其他辅助信息，满足系统分发告知或通知的需求。

Chubby 本质上是一个分布式文件系统，用于存储大量小文件。实质上，每个文件代表了一个锁，并且文件可以存储一些应用层面的少量数据（如元数据）。用户通过打开、关闭和读取 Chubby 文件来获取共享锁或排他锁。例如，选举 master 时，多个节点同时申请打开并锁定 Chubby 中的某个文件，成功获得锁的节点当选 master，并在这个文件中写入自己的标识，其他节点通过读取该文件中的数据可以获得 master 节点的信息。

Chubby 在谷歌内部得到了广泛应用。GFS 和 Bigtable 使用 Chubby 进行 master 节点选举，Bigtable 使用 Chubby 发现和控制各子表服务器。同时，GFS 和 Bigtable 都使用了 Chubby 作为元数据存储系统，Chubby 是 GFS 和 Bigtable 分布式数据结构的根。此外，谷歌的名称服务器也使用了 Chubby。

1. Chubby 的设计目标

Chubby 的设计目标包括以下六个方面。

① 高可用性和高可靠性。这是 Chubby 的首要目标，在此基础上提供基本的可用性、吞吐率和存储能力。

② 高扩展性。在内存中存储数据，支持大规模用户并发访问。

③ 粗粒度的建议性锁服务。粗粒度指持有锁的时间比较长。采用粗粒度锁，客户端访问服务器的频率低，服务器压力小，并且服务器的单机故障对客户端的影响相对也小。采用建议性锁而不是强制性锁的目的是方便服务组件之间的信息交互。用户在访问某个被锁定的资源时，建议性锁不会阻止其他客户的访问，除非客户想持有同样的锁。

④ 直接存储服务信息。提供档案文件，直接存储包括元数据和系统参数在内的服务信息，无须维护另一种服务。

⑤ 缓存机制。通过一致性缓存将常用信息保存在客户端，避免客户端频繁访问主服务器，缓解主服务器的性能瓶颈问题。

⑥ 信息通报机制。主服务器定期向客户端发送更新消息，使客户端及时了解发生的事件。

2. Chubby 的系统架构

Chubby 的系统架构如图 4.2 所示。Chubby 的组件包括客户端和服务器，两者之间通过远程过程调用（remote procedure call，RPC）进行通信。

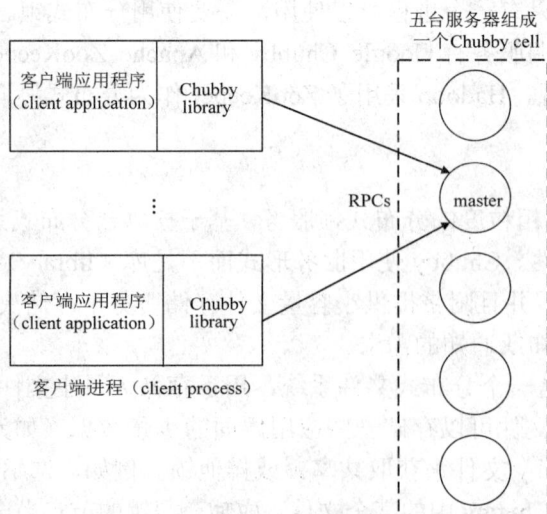

图 4.2　Chubby 的系统架构

客户端中包含 Chubby 库（Chubby library），应用程序使用 Chubby 库完成锁服务并获取相关信息，同时通过租约保持同服务器的连接。

Chubby 通常采用由五台服务器组成的集群，称作 Chubby 集群（Chubby cell），其中有且仅有一台服务器作为主服务器（master）。客户端查找 master 时，向 Chubby 的各副本服务器发送定位 master 的请求，非 master 服务器向客户端返回 master 标识和位置信息。客户端一旦定位了 master，所有读写操作请求均直接发送给 master。master 将写操作请求发送给所有副本，当写操作请求被半数以上的副本确认后，master 便向客户返回成功信号。对于读操作请求，只通过 master 进行响应。因此，Chubby 使用了 Quorum 机制。

3. Chubby 的分布式锁服务

Chubby 实现的分布式锁服务主要由三个部分组成，分别是一致性协议、分布式锁的实现和分布式锁的使用。

1）Chubby 的一致性协议

一致性协议并不是锁服务的直接需求。设想有一个永不故障的节点和永不中断的网络，一个节点足以支撑锁的实现和使用。由于在分布式环境下节点异常和网络中断等异常是多发、常见的，需要使用多个节点支撑锁服务的实现和使用。这便需要使用一致性协议保证节点之间数据一致性，同时有效应对可能的节点或网络异常。

客户端使用 Chubby 提供的分布式锁服务来解决一致性问题，而 Chubby 内部的一致性实现使用了 Paxos。Chubby 使用 Paxos 协议选择一台服务器担任 master，并且 master 具有一定的期限，即租约。master 必须获得服务器组中半数以上的批准，同时这些服务器保证在 master 的租约有效期内不会再选举另一台服务器作为 master。正常情况下，master 周期性地向所有其他服务器发送刷新消息，延长自己的租约时间。其他服务器通过 Paxos 维护一份数据的复制，但只有 master 可以接受客户端提交的读写操作请求。其他服务器只是和 master 通信，更新各自的数据副本，防止 master 出现故障导致数据丢失。

如果 master 持有的租约到期，或者 master 异常，其他服务器可以使用 Paxos 重新选举 master。通常，Chubby 在很短时间内（秒级）便可以选举出 master。同时，master 会周期性检查集群中其他服务器的状态，在其他服务器异常时从服务器池中按照一定策略选择一个空闲节点进行替换。

2）分布式锁的实现

Chubby 分布式锁的实现分为文件系统、客户端与主服务器间的通信、服务器间的一致性操作等模块。

（1）文件系统。

Chubby 的文件系统像一种比较简单的 UNIX 文件系统，一系列文件和目录组成树状结构，不同名字之间通过反斜杠（/）进行分割。Chubby 的命名空间和 UNIX 的文件系统基本一样，好处是 Chubby 内的文件既可以被 Chubby 的 API 访问，也可以被 GFS 等其他文件系统的 API 访问。Chubby 不支持文件移动操作，不记录文件的最后访问时间，也不支持符号链接和硬链接。

具体实现时，Chubby 文件系统由多个节点（node）组成，每个节点代表一个文件或目录，节点中保存着包括访问控制列表在内的多种系统元数据。Chubby 的节点分为永久和临时两种类型，所有节点都可以被显式地删除，但临时节点在没有客户端打开它们时会被自动删除。因此，临时节点可以用来检测客户端是否存活。例如，/ls/foo/wombat/pouch。其中，ls 是所有节点的共有前缀，表示 lock service；foo 是 Chubby 集群的名字；wombat/pouch 代表一个业务节点。

Chubby 文件系统使用 Berkeley DB 数据库保存数据。具体来说，利用数据库维护一种类似于映射（map）的关系。其中，关键字（key）是节点的路径，值（value）是数据。

Chubby 集群和客户端之间采用了基于事件和订阅的通知机制。创建、打开某个 node 的同时会获取一个类似于 UNIX 中文件描述符的句柄，可以将句柄看作指向文件或目录的指针。客户端可以订阅事件，如文件内容修改事件。一旦事件相关的文件内容被修改，master 会通知订阅了事件的客户端。

（2）客户端与主服务器间的通信。

为减轻服务器的压力，Chubby 客户端缓存和自己相关的文件、node 元数据、打开的句柄等信息。例如，如果客户端创建了一个文件，在客户端缓存中也会有一个相同的文件，缓存中文件的内容和服务器中的文件内容相同。

客户端的缓存状态包括有效和无效两种。当客户端要更新某个文件时，master 先阻塞更新操作请求。然后，master 向所有缓存了这个文件的客户端发送失效（invalidate）命令，并保留每个客户端缓存数据的列表。客户端收到 master 的 invalidate 命令后将其缓存中对应数据设置为无效，并向 master 返回确认。最后，当 master 收到所有客户端的确认后执行更新操作。

Chubby 采用会话维护服务器组和客户端之间的关系，会话通过周期性地交换 Keepalive 消息来维持。每个会话都关联一个租约，在租约有效期内 master 保证不会单方面终止会话。需要注意的是，由于网络延迟、时钟差异等原因，master 和客户端认为的会话租约时间可能略有不同。一个客户端在第一次联系 master 时请求一个新的会话，除非客户端明确通知 master 结束会话，会话在 master 中将一直保持有效，即该客户的锁、句柄、缓存数据有效。

为保证客户端和 master 之间随时保持联系，Chubby 使用了 Keepalive 机制。客户端每隔一段时间向 master 发送一次 Keepalive 消息。master 收到客户端的 Keepalive 消息后会阻塞，直到相应的会话租约临近过期，然后延长该租约的有效期。通常，延长时间为 12s。但如果 master 负载过重，master 可能会选择一个更长的时间，并向客户端返回阻塞的 Keepalive 消息。在服务器返回的 Keepalive 消息中，包含延长的客户端会话租约有效期，以及用以通知客户端更新的事件信息。主要的事件包括文件内容修改，子节点的增加、删除和修改等。正常情况下，会话租约的有效期会由于客户端和 master 之间 Keepalive 消息的交互不断得到延长。当客户端收到 master 延长租约有效期的 Keepalive 消息后，立即向 master 发送一个新的 Keepalive 消息，以保证总是有一个自己的 Keepalive 消息调用被阻塞在 master 上。除此以外，master 还可能在缓存失效或客户端订阅的事件发生时向客户端返回 Keepalive 消息。

会话和 Keepalive 机制为 Chubby 服务器提供了掌握客户端工作状态的能力,这种能力对于分布式锁的实现非常重要。因为 master 需要判断是否释放失效的锁,以应对客户端申请到锁但随后发生异常无法释放锁的情况。

会话租约的过期有两种情况:一是客户端认为租约过期;二是服务器认为租约过期。客户端的会话租约有效期一般比 master 的有效期稍短一些。如果在规定时间内没有收到 master 返回的 Keepalive 消息,客户端的会话租约将会过期。过期后,客户端进入危险期(jeopardy),在此期间客户端无法确定自己的会话在 master 上是否已被终止。此时,客户端将自己的缓存设置为无效状态,阻塞本地的所有操作请求,同时进入寻找新 master 的阶段 [称作宽限期(grace period),默认是 45s]。其间,客户端不断查询 Chubby 中的非 master 服务器以获得新 Chubby cell 的视图。如果收到一个回复,客户端向新 master 发送 Keepalive 消息,告知 master 自己处于危险期,将自己缓存中的信息发送给 master 进行刷新。如果一段时间后仍然不能建立和 master 的联系,客户端会认为会话失效,将终止会话。在这段时间内,由于客户端无法更改缓存中的信息,数据可能存在不一致问题。

如果 master 中的会话租约过期,表明一段时间内没有收到客户端的 Keepalive 消息。master 也会等待一段时间,如果仍然没有收到客户端的 Keepalive 消息,则认为该客户端失效。master 将清理该客户端的锁及其打开的临时文件,并通知所有其他服务器,以保持一致性。

当 master 发生故障时,通常 master 的选举会很快完成,客户端可以在本地租约过期前就联系上新 master。否则,在客户端会话租约过期后,会话可以利用宽限期在 master 故障期间得以维持,即宽限期其实延长了客户端会话租约的有效期。如果在宽限期内能够完成新 master 的选举,用户不会感觉到任何故障的发生,即新旧 master 的替换对于用户是透明的。

图 4.3 给出了在 master 故障时利用宽限期保留会话的一个例子,客户端和 Chubby 服务器的交互过程如下。

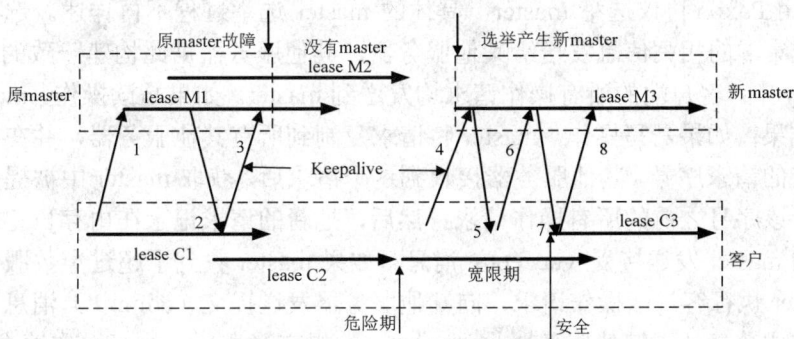

图 4.3 master 故障时的交互过程

① 客户端发送 Keepalive 消息,如果原 master 没有需要立即通知客户端的事件,将阻塞该请求,如图 4.3 中的 1 所示。

② 原 master 在会话租约快到期时回复客户端被阻塞的 Keepalive 消息，如图 4.3 中的 2 所示，延长原 master 的会话租约有效期，如图 4.3 中的 M2 所示。

③ 客户端将租约有效期更新为 C2，并立即发送一个新的 Keepalive 消息，以保证总是有一个 Keepalive 消息在原 master 上处于被阻塞状态，如图 4.3 中的 3 所示。

④ 假设此时原 master 故障，Chubby 重新选举 master。客户端在租约（C2）过期后将清除缓存，进入宽期。其间，客户端阻塞所有的本地操作请求，并不断向 Chubby 集群发送定位 master 的请求。master 选举完成后，客户端便可以定位到新的 master。客户端向新 master 发送 Keepalive 消息，如图 4.3 中的 4 所示。由于客户端的 Keepalive 消息中携带的信息是原 master 的，新 master 立即返回 Keepalive 消息，通知客户端更新相关信息，包括新 master 的相关信息，如图 4.3 中的 5 所示。

⑤ 客户端重新发送 Keepalive 消息，携带自己的缓存数据，如图 4.3 中的 6 所示。

⑥ 由于客户端的会话是在原 master 中创建的，因此新 master 收到客户端的 Keepalive 消息后立即回复而不会将其阻塞，将租约有效期设为 M3，如图 4.3 中的 7 所示。

⑦ 客户端提取租约，将会话有效期更新为 C3，立刻发送一个新的 Keepalive 消息并被阻塞在新 master 上，如图 4.3 中的 8 所示。

自此，双方进入了正常的交互状态。

（3）服务器间的一致性操作。

Chubby 使用了包含 5 台服务器的集群以保证服务的可靠性。当 master 接收到客户端的更新操作请求时，更新文件系统的内容，并将客户端更新操作同步到集群的其他服务器上，保证数据一致性。服务器间的一致性主要涉及三个方面问题，即服务器扩展、master 选举、请求复制。

如果服务器数量不足，则需要逐步增加服务器数量，直到 5 台。并且，Paxos 可以保证数据有 3 个以上的副本。

Chubby 集群中最多只能有一个 master，master 的选举本质上是一个一致性问题。Chubby 使用 Paxos 协议选举 master，具体的 master 选举过程不再详述。选举完成后，master 将把集群的相关信息发送给其他服务器，其他服务器据此构建一致的数据副本。

Chubby 中，客户端的所有操作请求均发送到 master。如果是读操作，master 直接响应并返回结果；如果是写操作，master 将请求复制到所有其他服务器，并在请求中添加最近被提交的请求序号。其他服务器接收到这个请求后，获取 master 中被提交的请求序号，并执行该序号之前的所有操作请求；然后，把新的请求记录在内存日记中，但暂不执行，并向 master 发送接受（accept）消息。如果 master 收到了超过半数服务器的接受消息，master 执行客户端操作请求，向其他服务器发送提交（commit）消息，并向客户端返回操作成功确认。其他服务器收到 master 的提交消息后，执行操作请求。

3）Chubby 分布式锁的使用

分布式锁的使用与其实现紧密相关。由于客户端和网络的不可靠，即使 Chubby 提供了如 Acquire、Release 等直观的锁操作，使用者仍然需要做出更多努力来配合完成锁的语义。下面以 master 选举场景为例对如何使用 Chubby 分布式锁进行说明。

① 所有竞选 master 的服务器打开（open）同一个 node。之后，使用得到的句柄调

用 Acquire 来获取锁。

② 只有一个服务器能成功获得锁，这个服务器便成为 master，其他竞争者称为副本。

③ master 调用 SetContent 将自己的标识写入 node。

④ 副本调用 GetContentsAndStat 获得当前的 master 标识，并注册该 node 的内容修改事件，以便及时发现 master 锁的释放或 master 的改变。

⑤ master 调用 GetSequencer 从当前的句柄中获得序列号，并将其传递给所有需要锁保护的客户端。

⑥ 服务器通过 CheckSequencer 检查其序列号的合法性，拒绝旧的 master 的请求。

4. Chubby 的可扩展性

Chubby 中，只有一台 master 可以接受客户端的操作请求。同时，Chubby 的客户端是独立的进程，一个客户机器中可能同时存在多个 Chubby 客户端。因此，master 可能存在性能瓶颈问题。为支持大规模用户的并发访问，需要采用更有效的扩展机制，以尽量减少客户端和 master 之间的通信。为此，Chubby 采用了如下方法。

① 创建多个 Chubby 集群，提供多个集群间的数据隔离，使客户端可以直接和附近集群通信。例如，使用 DNS 发现附近的 Chubby 集群。Google 在使用 Chubby 时，每个数据中心通常部署至少一个 Chubby 集群，服务几千台计算机。

② 当 master 负载变重时，可以通过延长会话租约的有效期（比如，从默认的 12s 延长为 60s），减少 Keepalive 消息交互所需的远程过程调用（RPC）的数量。

③ 客户端缓存文件数据、元数据、打开的句柄等信息，尽量降低客户端联系 master 的频率。

④ 使用协议转换服务将 Chubby 协议转换为比较简单的协议，如 DNS 代理。

⑤ 使用代理和分区机制。Chubby 的协议可以交给可信的进程代理，代理对 Keepalive 和客户端的读操作请求进行处理，从而减轻 master 的负担。如果一个代理处理 N 个客户端，master 处的 Keepalive 流量将减少为原来的 $1/N$。Chubby 支持划分名字空间，这是分区机制实现的基础。如果将一个 Chubby 集群划分为 N 个分区，每个分区有一个 master 和一组副本，则每个分区都可以独立地处理大部分客户端的调用，从而将负载分到多个 master 处理。

二、Apache ZooKeeper

ZooKeeper 是 Apache 项目，主要为分布式系统提供协调服务以及数据管理，如命名服务、集群管理、master 选举、分布式锁、分布式应用配置等。通常，ZooKeeper 被看作 Chubby 的一种开源实现，但两者的设计理念存在明显不同。

与 Chubby 集群中只有一台 master 对外提供服务不同，ZooKeeper 集群中的所有服务器都可以对外提供服务。ZooKeeper 采用了异步读-同步写机制，即客户端的写操作请求只由主节点（称作 leader）处理，但所有其他服务器（称为 learner）都可以处理读操作。与 Chubby 类似，ZooKeeper 的一致性控制也采用了 Paxos 思想，对 Paxos 基本算法进行了修改和完善，设计了专门的一致性控制协议 Zab。Chubby 通过客户端 library 对外提供已经封装好的功能，比如，Chubby 直接为用户提供了封装好的加锁、解锁功能，内部完成了锁的实现，只是将 API 直接暴露给用户；而 ZooKeeper 提供了更抽象的接口，需要用户自行实现所需要完成的功能。使用 ZooKeeper，客户端需要做更多的事情，好处是享有更多的灵活性。

目前，许多云计算平台都使用了 ZooKeeper 提供可靠容错、订阅分发服务。

1. ZooKeeper 的系统架构

ZooKeeper 的系统架构如图 4.4 所示。ZooKeeper 本身也是一种分布式应用系统，为了保证高可用性和高可靠性，采用了集群（cluster）部署形式。集群中的服务器共享信息包括保存在内存中的系统状态映像（主要是数据），以及持久存储中的事务日志和快照。只要多数服务器可用，ZooKeeper 服务便可用。

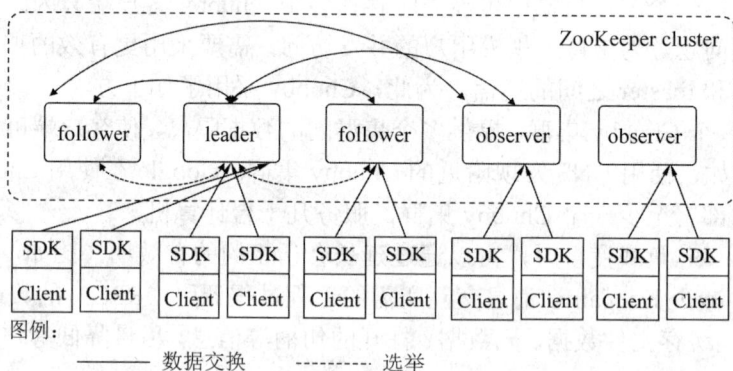

图 4.4 ZooKeeper 的系统架构

ZooKeeper 中的角色有客户端和服务器两种。客户端中包含 ZooKeeper 的软件开发工具包（software development kit，SDK），应用程序基于 SDK 实现所需要的功能。客户端使用 ZooKeeper 时，可以连接到集群中的任意一台服务器，但写操作会被路由到 leader，由 leader 进行处理。集群中的服务器分为如下两种类型。

① leader。leader 是主节点，一个集群中只有一个 leader，负责发起投票和提出提案、更新系统状态。

② follower 和 observer。二者统称为学习者（learner），是 ZooKeeper 集群的从节点。follower 和 observer 都可以接收并处理客户的读请求，但需要将接收到的客户端写请求转发给 leader 处理。follower 拥有选举 leader 时的投票权，但 observer 没有。ZooKeeper 中拥有投票权的服务器数量应为单数，以便使用简单多数规则达成一致。设置 observer 的目的是增强系统的可扩展性，提高数据读操作的效率。

ZooKeeper 系统的数据保存在内存中，也会在磁盘上备份。对于每个节点来说，命名空间是一样的，也就是有同样的数据。如果 leader 异常，ZooKeeper 集群会重新选举，在毫秒级别就能重新选举出一个新 leader。只有在一半以上的 ZooKeeper 服务器出现故障时，ZooKeeper 服务才变得不可用。

2. ZooKeeper 的特性

ZooKeeper 的主要目标是为分布式系统提供协调服务，提供如下保证。

① 顺序一致性：客户端提交的一系列操作将按照操作的发送顺序执行。

② 原子性：更新操作要么成功，要么失败，不会出现中间结果。

③ 单一系统影像：无论客户端连接到集群中的哪一台服务器，都会看到相同的服务视图。即使客户端在同一个会话中从与一台服务器连接变为与另一台服务器连接，也不会看到系统的旧视图。

④ 可靠性：一旦更新操作被执行，结果将一直存在，直到新的更新操作覆盖原来的结果。

⑤ 及时性：客户端看到的系统视图在确定的时间后将是最新的。

3. ZooKeeper 的数据模型

ZooKeeper 允许分布式进程通过一个共享的、被组织成类似标准文件系统的命名空间相互协作，这些命名空间可以保存数据，被称作 znode。ZooKeeper 中没有文件系统中的文件和目录的概念，只有 znode（即 Zookeeper node）。znode 是 ZooKeeper 中数据管理的最小单位，在内存中存储，目的是实现高吞吐率和低延迟。

znode 既可以像文件一样存储数据，如用户数据、元数据、访问控制、时间戳等信息，也可以像目录一样作为路径标识的一部分，并挂载子节点。

1）znode 的组成

znode 包括状态信息、数据和子节点三部分内容。状态信息描述该 znode 的版本、权限等。如果所关联的数据发生变化，znode 的版本信息将会自动增加。数据为该 znode 关联的数据，长度不超过 1MB。如果 znode 是目录，则 znode 中保存其下的子节点。

2）znode 的类型

① Persistent（持久性）：一旦创建，其中存储的数据不会主动消失，除非客户端显式删除。

② Persistent_Sequential（持久性顺序编号）：znode 的所有子节点的编号具有唯一性。

③ Ephemeral（临时性）：客户端使用 TCP 和 ZooKeeper 服务器进行通信，当客户端连接 ZooKeeper 时会建立一个会话，之后用这个连接实例创建临时性 znode。一旦客户端和服务器之间的连接中断，服务器会清除会话状态，该会话建立的所有临时性 znode 将被自动删除。临时性 znode 不允许有子节点。

④ Ephemeral_Sequential（临时性顺序编号）：同样地，znode 编号对于其父节点来说具有唯一性。

znode 通过路径进行引用，如同 UNIX 文件系统中的绝对路径。每个路径均从"/"开始，并且路径的标识必须具有唯一性。

4. ZooKeeper 的编程接口

ZooKeeper 的设计目标是提供简单的编程接口。因此，ZooKeeper 只支持如下少量操作。

① create：在层次命名空间中创建 znode，要求其父节点必须存在。

② delete：删除 znode，要求 znode 下面没有其他子节点。即如果 znode 是目录，要求其是空目录。

③ exists：测试在指定位置是否存在一个 znode。

④ getData/SetData：读取/写入 znode 关联的数据。

⑤ getChildren：获取 znode 的所有子节点。

⑥ sync：客户端和服务器同步 znode 视图。

5. 监视器

分布式系统需要解决两个问题：一是当某个通用的配置发生变化后，如何才能自动使所有节点的配置统一生效？二是当某个节点发生异常时，如何才能让其他节点了解？

为此，ZooKeeper 引入了监视器（watcher）机制，并实现了发布/订阅功能，允许客户端向服务器的某个 znode 注册监视器。当 znode 发生数据更新、节点删除、子节点状态变化等事件时，服务器向订阅了事件的客户端发送通知。然后，客户端根据服务器的通知和事件类型做出处理。ZooKeeper 为监视器提供了顺序一致性保证。理论上，客户端接收 watch 事件的时间要早于其看到所监视对象状态变化的时间。

监视器的实现包括客户端、WatcherManager 和服务器三部分。客户端向服务器注册 watcher，同时将 watcher 对象存储在客户端中的 WatcherMananger。ZooKeeper 服务器触发 watch 事件后向客户端发送通知，客户端从 WatcherMananger 中取出对应的 watch 事件进行处理。

6. ZooKeeper 的会话管理

ZooKeeper 中客户端与服务器之间的任何操作都与会话（session）有关，如临时节点生命周期、客户端请求的执行、监视器通知机制等。

每当客户端与服务器建立连接时，就会创建一个新的会话。每个客户端都对应一个会话，每个会话包含四种基本属性。

① SessionID：用来标识唯一会话。客户端与服务器每次建立连接时，服务器会为其分配一个全局唯一的 SessionID。

② TimeOut：会话超时时间。客户端在构造 ZooKeeper 实例时会配置会话超时时间参数。服务器会按照客户端指定的 TimeOut 参数计算并确定会话的超时时间。

③ TickTime：下次会话超时的时间点。

④ isClosing：用来标记当前会话是否已经处于关闭状态。如果会话超时时间已到，服务器标记该会话为已经关闭。以后即使再收到这个会话的请求，服务器也不会处理。

ZooKeeper 的会话状态共有四个，即 CONNECTING、CONNECTED、NOT_CONNECTED 和 CLOSE。会话的初始状态为 NOT_CONNECTED，一旦客户端开始创建 ZooKeeper 对象，客户端状态就会变成 CONNECTING，同时开始尝试连接服务器。连接成功后，客户端状态变为 CONNECTED。由于网络中断或其他异常，客户端与服务器之间会出现连接断开的情况。一旦碰到这种情况，客户端会自动重新连接，此时客户端状态再次变成 CONNECTING，直到重新与服务器连接后状态变为 CONNECTED。

一般情况下，客户端的状态总是介于 CONNECTING 和 CONNECTED 之间。但是，如果出现诸如会话超时、权限检查或客户端主动退出程序等情况，客户端状态变为 CLOSE。

为了保持客户端会话的有效性，客户端会在会话超时前向服务端发送 ping 请求。同时，服务器需要不断地接收来自客户端的心跳检测信息，并重新激活对应的客户端会话。会话激活不仅能够使服务器检测到对应客户端的存活性，也能让客户端保持连接状态。一旦服务器检测到某一个会话长时间没有发送来心跳信息，会中断会话并释放该会话在服务器中的资源。

7. 一致性协议

Zab 是为 ZooKeeper 专门设计的一种支持崩溃恢复的一致性协议，其核心思想是：所有写操作请求必须由唯一的 leader 来协调处理，其他服务器为 follower。leader 将客户端写请求转化为 proposal（提案），leader 完成数据写入后，将 proposal 分发给其他 follower（通过发送数据广播请求或数据复制）。之后，leader 需要等待所有 follower 的反馈，一旦超过半数的 follower 进行了肯定性反馈，leader 会向所有 follower 发送提交（commit）消息，要求 follower 将前一个 proposal 进行提交，即与 leader 的数据进行同步。

Zab 协议有两种基本模式：崩溃恢复和消息广播。在 ZooKeeper 启动过程中，或是 leader 出现网络中断、崩溃、重启等异常情况时，Zab 协议进入崩溃恢复模式并选举产生新 leader。一旦产生了新 leader，并且集群中超过半数的服务器完成了与新 leader 的状态同步，Zab 协议便退出崩溃恢复模式，进入消息广播模式。状态同步指的是数据同步，用来保证集群中超过半数的服务器和 leader 的数据状态保持一致。

可以看出，ZooKeeper 的数据同步策略与两阶段提交协议类似，但又有所不同。两阶段提交协议的数据副本同步要求协调者必须等待所有参与者全部返回确认后才能发送提交消息，因而存在阻塞问题；而 Zab 协议的 leader 只需要收到半数以上的 follower 的确认后即可发送提交消息。

当一台遵守 Zab 协议的服务器启动并加入集群中时，如果此时集群的 Zab 协议处于消息广播模式，则新加入的服务器就会自觉进入数据恢复模式，即找到 leader，与其进行数据同步，然后一起参与到消息广播模式中。

1）消息广播

ZooKeeper 数据副本的传递策略采用消息广播方式。消息广播的具体步骤如下。

① 客户端发起写操作请求。

② leader 将客户端写操作请求转化为 proposal，并为 proposal 分配一个全局唯一的 ID，即 ZXID。

③ leader 与每个 follower 之间都有一个队列。leader 将 proposal 消息发送到该队列中。

④ follower 从队列中取出消息处理（写入本地事务日志中）后，向 leader 发送确认

消息 ACK。

⑤ leader 收到半数以上 follower 的 ACK 后，即认为可以发送提交（commit）消息。随后，leader 向所有的 follower 发送 commit 消息。

⑥ follower 执行数据写入。

ZooKeeper 中，leader 与每个 follower 之间都有一个单独的队列进行消息交互。这样做的好处是可以做到异步解耦，避免同步通信的阻塞问题，从而提高性能。

2）崩溃恢复

如果 leader 崩溃，Zab 要求 ZooKeeper 集群进行崩溃恢复并重新选举 leader。崩溃恢复需要遵循两个原则。

① 已被提交的 proposal 信息不能丢失，即确保已被提交的 proposal 被所有的 follower 提交。

② 确保丢弃已经被 leader 发出但还没有被提交的 proposal。因此，新 leader 必须是已经提交了 proposal 的 follower，同时，新 leader 节点的 ZXID 最大。

如果 leader 在提出但还未提交 proposal 之前崩溃，则经过崩溃恢复后新 leader 一定不能是原来的 leader，因为原来的 leader 存在未提交的 proposal。如果 leader 发出提交消息后崩溃，即提交消息已经被发送到队列中，则崩溃恢复后，参与选举的 follower 中，有的 follower 可能已经从队列中读取了提交消息并处理完成。新 leader 要来自已经执行了提交的 follower，这可以通过选择 ZXID 最大的 follower 作为 leader 来保证。

leader 选举完成后，新 leader 会将自己提交的最大 proposal 编号（ZXID）发送给所有 follower。follower 会根据 leader 的 ZXID 进行回退或者数据同步，保证所有节点中的数据副本一致。

ZXID 长 64 位，其中，高 32 位用作轮次（epoch）编号，低 32 位用作 proposal 编号。每次客户端发起一个写操作请求，leader 会将 ZXID 的低 32 位加 1。每次 leader 选举时，新 leader 会从本地事务日志中取出 ZXID，将其高 32 位加 1 作为 epoch 编号，将其低 32 位置 0。这样，每次 leader 选举后可以保证 ZXID 的全局唯一性并且是单调递增的。

Zab 协议要求每个 leader 都要经历三个阶段：发现、同步和广播。发现阶段中，ZooKeeper 集群必须选出一个 leader，同时 leader 维护一个可用 follower 列表。同步阶段中，leader 将自己的数据与所有 follower 完成同步，做到多副本存储。follower 将队列中未处理完的请求处理完成后，写入本地事务日志中。广播阶段中，leader 可以接受客户端新的写操作请求，将其转化为 proposal 后将新 proposal 广播给所有的 follower。

8. ZooKeeper 的典型应用场景

ZooKeeper 提供了命名服务、配置管理、集群管理、分布式锁等一系列功能，这些功能都是基于 znode 数据模型通过协调来完成的。

1）命名服务

分布式应用通常需要一套完整的命名规则，既能产生唯一的名称，又便于识别和记忆。通常情况下，层次结构是理想选择。树形的名称结构是一个有层次的目录结构，既对用户友好，又不会重复。

命名服务已经是 ZooKeeper 内置的功能，只要调用 ZooKeeper 的 API 就能实现，如调用 create() 可以创建一个目录节点。

2）配置管理

分布式系统中通常有多台服务器同时运行，这些服务器中运行的应用系统的配置可能基本相同。如果修改某些基本配置，需要同时修改每台服务器中的信息，非常麻烦并且容易出错。

可以使用 ZooKeeper 进行配置管理。基本方法是将配置信息保存在 ZooKeeper 中的某个目录节点中（如图 4.5 中的/Configuration）。然后，所有应用服务器（作为配置管理的客户端）监控配置信息的状态，一旦配置信息发生变化，每台服务器都可以收到 ZooKeeper 的通知。最后，应用服务器从 ZooKeeper 获取新配置信息并应用即可。

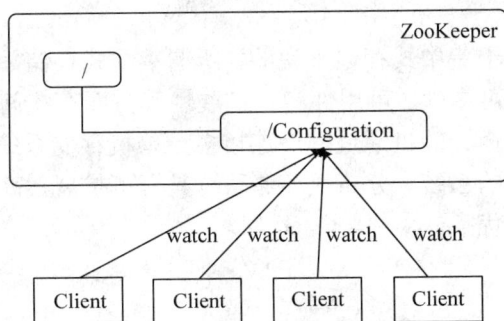

图 4.5　使用 ZooKeeper 进行配置管理

3）集群管理

通常，集群中要有一个主节点负责管理集群中所有节点的状态。使用 ZooKeeper 的 leader 选举功能，可以生成集群中的主节点来监控集群中其他服务器的状态。

使用 ZooKeeper 选举 leader 时，服务器在 ZooKeeper 中某个节点（如/master_node）下创建 Ephemeral_Sequential 类型的子节点，并在节点/master_node 上注册监视器，以监测每个服务器对应子节点的变化情况。每个服务器创建的子节点都带有对于父节点来说唯一的序号，假设选择序号最小节点对应的服务器为 leader。当 leader 发生故障时，对应的 znode 将被 ZooKeeper 删除，ZooKeeper 会通知所有的服务器。此时，可以重新发起新一轮的 leader 选举。leader 通过注册/master_node 上的监视器，可以及时了解 follower 的存活性。

4）分布式锁

使用 ZooKeeper 实现分布式锁的方式有两种。

一种实现方式是将一个临时性的 znode 看作一把锁。客户端创建成功表示获得锁，其他客户端创建同名的 znode 将失败。获得锁的客户端删除这个 znode 意味着释放锁，此后其他客户端才能获得锁。

另一种实现方式是在 ZooKeeper 中创建一个父节点，所有客户端在该节点下创建 Ephemeral_Sequential 类型的子节点。假设序号最小的 znode 对应的客户端获得锁，并且使用完成后删除 znode，这样，其他 znode 可以依次获得锁。

第四节 分布式存储系统原理

分布式存储系统主要的技术问题包括数据分布、数据复制、数据备份、数据一致性等。数据分布指将数据分布到多个存储节点。为了数据的可靠性和可用性，通常需要将数据复制成多个副本，并对数据进行备份，但多个数据副本带来了数据一致性问题。

本节首先概述分布式存储系统的类型、特点和架构，然后介绍数据分布、数据复制和数据备份等分布式存储系统的基本原理。

一、概述

分布式存储是相对于集中式存储来说的。所谓集中式存储，指整个存储集中在一个系统中。集中式存储在可靠性、可用性和可扩展性等方面存在问题。分布式存储系统可以理解为数量众多的普通计算机通过网络连接多台单机存储系统，各司其职、协同合作，统一对外提供存储服务的系统。分布式存储系统具有可扩展、高可用、高可靠性、高性能、易维护、低成本等优点。

1. 数据的类型

分布式存储系统中的数据通常被分为非结构化数据、结构化数据、半结构化数据三类。

① 非结构化数据：指数据结构不规整，没有预定义的数据模型，不方便用数据库二维逻辑表来表达和实现的数据。例如，文本、图片、音频、视频等。

② 结构化数据：与非结构化数据相对的一种数据类型，即数据模型被预定义并且结构规整，可以由二维逻辑表结构表达和实现的数据，它严格遵循数据格式与长度规范。结构化数据的结构和内容有明显的区分，如关系型数据库中的数据，所有的行具有相同的属性集，每个属性具有确定的数据格式和长度。

③ 半结构化数据：介于结构化数据和非结构化数据之间的数据。一方面，半结构化数据是结构化数据的一种，数据有结构；另一方面，其没有严格规范的数据模型，数据结构也不规整，有用来分隔语义元素以及对记录和字段进行分层的标记。属于同一类的实体可以有不同的属性，并且属性的顺序并不重要。半结构化数据的数据结构和内容混在一起，没有明显区分。

2. 分布式存储系统的类型

不同类型的分布式存储系统适合处理不同类型的数据。通常，分布式存储系统被分为如下四类。

① 分布式文件系统。随着互联网应用的普及，产生了越来越多的文本、图片、音

频、视频等非结构化数据。这类数据通常以对象的形式进行组织，对象之间没有关联，一般被称作二进制大对象数据。分布式文件系统通常用于存储二进制大对象、定长数据块、大文件等。

② 分布式键值（key-value）存储系统。用于存储关系简单的半结构化数据，提供基于主键的 CRUD（create/read/update/delete，创建、读取、更新、删除）功能。

③ 分布式表系统。用于存储较为复杂的半结构化数据，与分布式键值存储系统相比，不仅支持 CRUD 操作，还支持基于范围的查询。

④ 分布式数据库。分布式数据库一般从关系数据库扩展而来，用于存储结构化数据。分布式数据库采用二维表格组织数据，提供 SQL 结构化操作，支持数据库事务操作及并发控制。

3. 分布式存储系统的特点

分布式存储系统为了解决单机存储系统的容量、性能等瓶颈，以及可用性、扩展性等方面的问题，把数据分散存储在多台存储设备中，为大规模的存储应用提供大容量、高性能、高可用、扩展性好的存储服务。分布式存储系统具有如下特点。

① 大容量。分布式存储系统的存储容量近乎无限，增加分布式存储系统中的节点则意味着存储能力和服务能力的增强。

② 高可用性。分布式存储系统在异常时可以正常提供服务。系统的可用性一般用停止服务时间和正常服务时间的比例来衡量。例如，4 个 9 的可用性（99.99%）要求一年停机的时间不能超过 $365 \times 24 \times 60 \div 10000 \approx 53$（分钟）。

③ 高可靠性。高可靠性指在系统异常时数据不会丢失。可靠性主要通过多副本、数据备份等机制来实现。

④ 高扩展性。扩展性包括纵向扩展（scale up）和横向扩展（scale out）。纵向扩展指增加单个节点的资源和能力，横向扩展指增加系统的节点数量（即扩大系统规模）。分布式存储系统可以方便地进行纵向扩展和横向扩展来提高存储容量和服务能力。

4. 分布式存储系统的架构

根据分布式存储系统中元数据的存储与管理方式，可以将分布式存储系统分为中心化架构和去中心化架构两类。

① 中心化架构的分布式存储系统。在中心化架构的分布式存储系统中，有管理节点和普通数据节点两类节点。管理节点用于存储和维护系统的元数据，如数据存放的数据节点等。中心化架构的典型代表包括 Google 的 GFS、Hadoop 的 HDFS 等。

GFS 是 Google 为大规模分布式数据密集型应用设计的可扩展分布式文件系统，具有高性能、高可靠性、易扩展、超大存储容量等优点。GFS 采用单 master 多数据块服务器（ChunkServer）来实现系统间的交互，master 主要保存命名空间与文件映射、文件与文件块的映射、文件块与 ChunkServer 的映射，每个文件块一般存储在三个 ChunkServer 中，即有三个副本。

图 4.6 为 Google GFS 的基本架构。master 节点负责管理 GFS 元数据（包括文件目

录树组织、属性维护、文件操作日志记录、授权访问等）和整个文件系统的命名空间，对外提供单一的系统映像。客户读取数据时，首先从 master 节点获取数据块的存放位置，即数据存放的 ChunkServer，然后从 ChunkServer 读取数据。

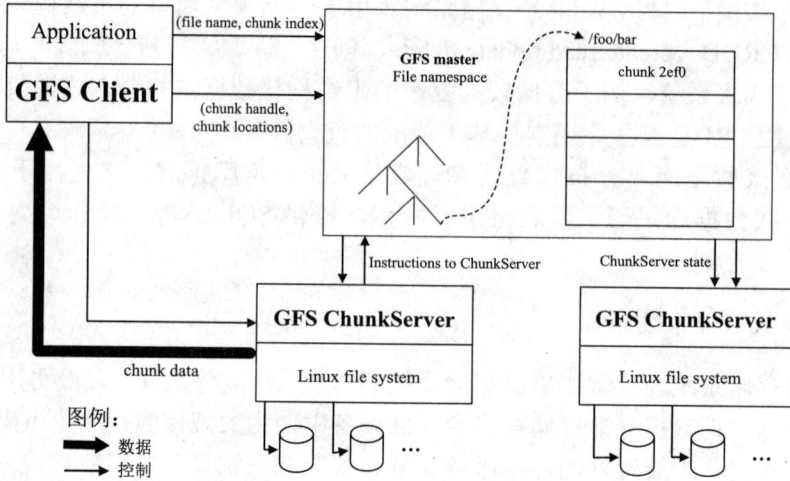

图 4.6　Google GFS 的基本架构

② 去中心化架构的分布式存储系统。在去中心化架构的分布式存储系统中，系统元数据的管理维护不再使用集中方式，以消除性能瓶颈和单点失效问题。去中心化架构分布式存储系统的典型代表有 Ceph、Swift 等。

图 4.7 为 Ceph 的逻辑结构。Ceph 提供了一个统一的存储平台，同时支持块、对象和文件的存储与管理。Ceph 的核心组件包括对象存储设备（object storage device，OSD）、Monitor 和元数据服务器（meta data server，MDS）。OSD 主要用来存储数据，通常为一块磁盘或一个磁盘分区。Monitor 负责监视和维护 Ceph 系统，以及系统的各种映射关系，这些映射关系统称为 Cluster Map。Monitor 是由多个节点组成的集群。MDS 用来保存文件系统元数据，Ceph 文件系统的存储管理需要使用 MDS，块存储和对象存储不需要使用 MDS。

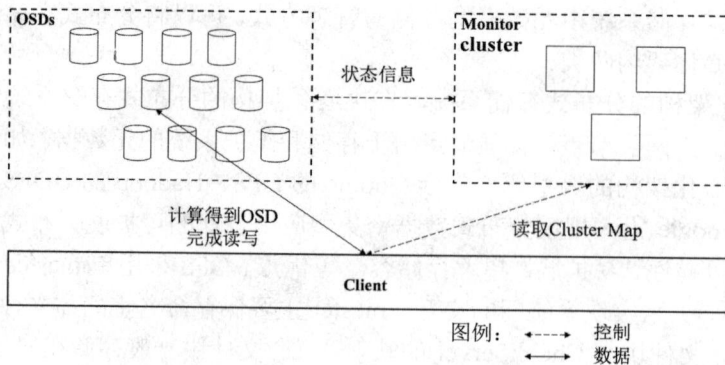

图 4.7　Ceph 的逻辑结构

客户访问存储系统时，首先从 Monitor cluster（集群）获取系统资源布局信息，根据资源布局和数据标识，使用 CRUSH 算法计算出数据存取的位置（指具体的 OSD），然后与该 OSD 直接通信，完成数据的读写操作。

二、数据分布

利用分布式系统解决复杂问题，首先需要解决如何将复杂问题分解为多个简单问题，以使每个节点负责原始问题的一个子集。对于计算和存储，其输入对象都是数据。因此，如何对输入数据进行划分是分布式系统中的一个基本问题。

1. 常用的数据分布方式

常用的数据分布方式有哈希（Hash）分布、一致性哈希、按数据范围分布、按数据量分布等。

1）哈希分布

传统哈希分布方法利用公式（4.1）计算数据特征（key）的哈希值 h，将 key 分配给序号为 h 的节点。其中，N 为系统节点数量，%为求余运算符。

$$h = \mathrm{Hash}(\mathrm{key}) \% N \tag{4.1}$$

哈希分布的最大优点是实现简单，节点只需要知道 Hash 函数以及系统节点数量。哈希分布的缺点主要为以下三个方面。

① 可扩展性差。当分布式系统的规模（节点数量）变化时，几乎所有数据都需要在各节点重新进行分布，导致大量的数据迁移。

② 数据倾斜。当 key 分布不均匀时，在各节点分布的数据量可能出现不平衡，即有的节点中数据很多，而有的节点中数据很少。

③ 不支持基于范围的数据检索。某范围的 key 值经过哈希运算后，Hash 值通常非常分散，即节点序号非常分散。因此，基于范围的数据检索需要单独进行。

2）一致性哈希

一致性哈希最初应用于 P2P 网络的分布式哈希表中。其基本思想为：首先，使用哈希函数计算数据或数据特征的哈希值；其次，使用哈希函数计算节点（比如，使用节点名、CPU 序列号、IP 地址或其组合作为 key）的哈希值，两个哈希函数可以不同，但输出值域应相同；最后，将哈希值组成一个环（环有方向，假设哈希值沿顺时针方向逐渐增大），将节点和数据按哈希值分布到这个环上，每个节点负责处理从自己开始沿逆时针方向至下一个节点之间的哈希值域上的数据。图 4.8 为一致性哈希示意图，其中哈希函数的值域为[0, $2^{32}-1$]。

当系统中的节点数量发生变化时，使用一致性哈希需要的数据迁移量要少得多。假设节点数从 4 个增加到 5 个，数据迁移只涉及环上从新增节点沿逆时针方向到下一个节点间的哈希值域的数据，即只需要将哈希值在节点 5 和节点 2 之间的数据从节点 4 迁移至节点 5，其他数据无须迁移，如图 4.8（b）所示。

使用一致性哈希，需要将节点在哈希环上的位置作为元数据加以管理，这是一致性哈希比传统哈希方法复杂之处。

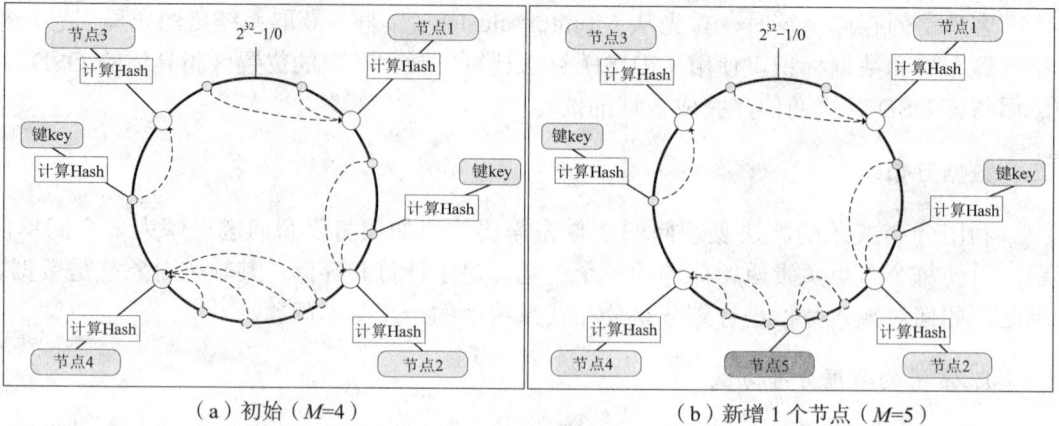

(a) 初始 (*M*=4)   (b) 新增 1 个节点 (*M*=5)

图 4.8　一致性哈希

需要维护的元数据越少，查找节点所需时间越长。由于节点位置信息只与分布式系统的节点数量相关，需要维护的元数据量通常较少。比如，Dynamo 系统中每个节点均维护着所有节点的位置信息，查找节点的时间复杂度为 $O(1)$。

一致性哈希与传统哈希类似，也存在数据倾斜问题，也不支持基于范围的数据检索。

3）按数据范围分布

按数据范围分布的基本思想是将数据按特征值的值域范围划分为多个区间，每个节点负责不同区间的数据。如图4.9所示，节点1负责值域[1, 33)，节点 2 负责值域[33, 90)，节点 3 负责值域[90, 100)。

出于负载均衡的考虑，可以采用动态划分区间的技术，使每个区间的数据量尽量一样多。当某个区间的数据量较多时，将区间拆分为两个或多个区间；当某些区间的数据量较少时，合并多个小数据量区间为一个区间。

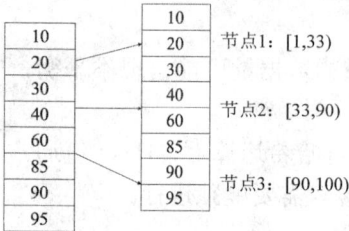

图 4.9　按数据范围分布

一般地，按数据范围分布需要使用专门节点来维护数据分布信息。对于大规模的分布式系统，由于元数据的规模非常庞大，可能需要使用多个节点作为元数据服务器。

4）按数据量分布

按数据量分布数据与具体的数据特征无关，而是将数据视为一个顺序增长的空间，并将这个空间按照固定大小划分为若干数据块。不同的数据块分布到不同节点上。与按数据范围分布数据的方式类似，按数据量分布也需要记录数据块的具体分布情况，并将分布信息作为元数据加以管理。

由于与具体的数据内容无关，按数据量分布一般不存在数据倾斜问题。数据总是可以被均匀切分并分布到各节点。当需要重新负载均衡时，只需迁移数据块即可完成。系统扩容也没有太多的限制，只需将部分数据迁移到新加入的节点上即可完成。

按数据量分布的缺点是需要管理较为复杂的元数据。与按数据范围分布的方式类似，当系统规模较大时，元数据的数据量也变得很大，高效管理元数据成为新课题。

2. 关于数据分布的讨论

1）副本与数据分布

分布式系统的容错能力和可用性主要通过副本来实现，而数据副本的分布方式影响系统的可扩展性。

① 基本的数据副本策略：以节点为单位，若干节点互为副本，各副本节点的数据相同。这种策略适用于上面介绍的四种数据分布方式。优点是实现简单，缺点是可扩展性差、数据恢复效率低。

② 以数据段为单位制作副本策略：不是以节点为单位，而是将数据拆分为数据段，以数据段为单位制作副本。每个节点可以负责一定量的数据段副本。这种策略的数据恢复效率高。假设某个节点出现故障，原来该节点所负责数据段的副本可能分布在许多节点中。因此，恢复数据可以在多个节点并行进行。另外，这种策略也有利于容错。只有保存数据副本的所有节点全部出现故障，数据才会丢失。

2）数据分布与本地化计算

应尽量将计算和所需数据安排在同一节点中，这叫作本地计算。本地计算的最大好处是可以降低通信开销，是分布式系统调度的重要优化目标，其思想就是"移动数据不如移动计算"。

3）数据分布方式的选择

实践中，可以根据需求及实施复杂度合理选择数据分布方式。通常，可以灵活组合多种数据分布方式。例如，对于数据倾斜问题，在哈希分布方式基础上，引入按数据量分布方式。统计节点中的数据量，当数据量超过某个阈值后将数据分段，然后将数据段分布到其他节点中。

三、数据复制

分布式系统中，任何节点都可能发生任何形式的故障。通常，采用数据复制和数据备份技术对数据进行保护。

数据复制指将数据同步到所有副本。通常，一个为主副本，其他为从副本。数据复制时，先将数据写入主副本，并由主副本确定写操作的顺序并同步到从副本。

根据数据在主、从副本之间的同步状态，可以将数据复制模式分为同步复制和异步复制两种。两种复制模式都是将主副本的数据以某种形式复制到从副本，这类数据复制协议称作基于主副本的数据复制协议。它要求在任何时刻只能有一个副本为主副本，主副本负责确定从副本数据写入操作的顺序。

同步复制中，主副本接到客户的数据写入请求后，将写操作请求发送给从副本，只有从副本的写操作成功执行后主副本才会通知客户数据写入完成，即只有数据在所有副本同步成功后才会返回写成功。异步复制中，主副本完成写操作处理后，不用等待从副本完成，直接通知客户数据写入完成。

同步复制可以保证数据的一致性。如果从副本出现问题，将阻塞写操作，导致可用性较差。与同步复制相反，异步复制的可用性较好，但一致性较差。

四、数据备份

分布式系统中故障发生的概率大，尤其是单机故障和磁盘故障。可以通过数据备份将数据保存下来，以快速、正确恢复数据，减少由于故障带来的数据损失。数据备份的实现技术主要有快照、镜像、连续数据保护等。

1. 快照

根据全球网络存储工业协会（Storage Networking Industry Association，SNIA）的定义，快照是关于指定数据集合的一个完整可用备份，该备份包括相应数据在某个时间点的映像。快照可以是数据的一个副本，也可以是数据的一个复制品。实质上，快照是数据集合在某个时间点被冻结的只读副本。

大多数情况下，创建快照可以在常数时间内完成，即创建快照所需的时间和I/O操作量不会随数据集的大小而变化。相比之下，直接备份所需的时间和I/O操作量与数据集的规模成正比。为进一步减少快照占用的磁盘空间量，有的快照系统在建立了数据集初始快照后，后续快照仅复制更改的数据，并使用指针引用初始快照。

快照大致分为两种，一种叫作即写即拷（copy on write）快照，通常也叫作指针型快照；另一种叫作分割镜像快照，也称作镜像型快照。指针型快照占用空间小，对系统性能影响较小，但如果没有备份而原数据损坏时，数据就无法恢复。镜像型快照实际就是当时数据集合的全镜像，要占用相等容量的存储空间，会对系统性能产生一定影响，优点是即使数据损坏也不会丢失数据。

2. 镜像

建立磁盘镜像，是指将磁盘中的内容在另一个或多个磁盘中复制一份或多份。只要一个磁盘正常即可维持运作，可靠性高。另外，存储系统的吞吐率理论上与磁盘数量成正比。

3. 连续数据保护

传统的数据备份方案中，数据的备份通常周期性进行。因此，存在备份窗口、数据一致性以及对系统性能造成影响等问题。连续数据保护是一种在不影响主要数据运行情况下，实现连续捕捉或跟踪目标数据发生的任何改变，并且能够恢复到此前任意时间点的方法，可以提供块级、文件级和应用级的备份，以及恢复目标数据到无限、任意可变的恢复点。

连续数据保护技术的基本原理是在操作系统内核植入文件过滤驱动程序，实时捕获所有的文件访问操作。文件过滤驱动程序拦截对被保护文件的所有写操作，并将文件数据的变化部分连同系统时间一起自动备份到存储设备中。因此，从理论上说，任何一次对被保护文件的写操作都会被自动记录。

第五节 分布式文件系统

分布式文件系统为分布在不同位置的资源提供一种逻辑上的树形文件系统结构，允许用户访问和处理存储在多个节点中的文件，就像访问本地计算机中的文件一样。分布式文件系统主要用于存储非结构化数据。除此以外，分布式文件系统也常作为分布式表和分布式数据库的持久化存储层。比如，Google 的 Bigtable 使用了 GFS，Hadoop 的 HBase 使用了 HDFS。

分布式文件系统中，用户并非直接访问底层的文件存储区块，而是通过网络以特定的通信协议和服务器通信，并借由通信协议的设计让用户和服务端能根据访问控制列表或授权来限制对文件系统的访问。

常见的分布式文件系统有 GFS、HDFS、Ceph、Lustre、GridFS、mogileFS、TFS、FastDFS 等，本节重点介绍 GFS、HDFS 和 Ceph 三种分布式文件系统。

一、GFS

GFS 是 Google 的一个可扩展、面向分布式数据密集型应用的分布式文件系统，与一般分布式文件系统具有诸多相同点，如性能、可扩展性、可靠性和可用性。GFS 是 Google 分布式存储系统的基础，Bigtable、Megastore、MapReduce 都直接或间接地构建在 GFS 之上。

GFS 在设计中基于如下假设。

① 系统由成百上千个廉价计算部件构成，部件发生故障是常态。因此，文件系统必须能够进行持续监控、错误检测、容错和自动恢复。

② 系统要支持大文件的高效处理。

③ 系统的负载主要是两种类型的读操作，即大量的顺序读取和少量的随机读取。

④ 系统的写操作主要是大规模的、顺序的追加写，而不是覆盖写。数据一旦被写入，很少会再被修改。

⑤ 系统对于大量用户端的追加写进行优化，以保证写操作的高效性和一致性。

⑥ 系统更看重的是持续稳定的吞吐率，而不是单次读写的延迟。

GFS 提供了类似传统文件系统的 API，但没有严格按照 POSIX 标准 API 的形式实现。GFS 的文件以分层目录的形式组织，用路径名标识，支持创建、删除、打开、关闭、读写等常用的文件操作。另外，GFS 提供了快照和记录追加操作。快照以很低的成本创建一个文件或者目录树的备份。记录追加操作允许多个客户端同时对一个文件追加数据，同时保证每个客户端的追加操作是原子性的。

1. GFS 的基本架构

GFS 的基本架构如图 4.6 所示。GFS 中有一个 master、多个 ChunkServer、多个客户端。单一 master 是逻辑上的概念，实际上一个 master 有两个物理节点。GFS 的所有节点都是运行用户级别服务进程的普通计算机，ChunkServer 和客户端可以运行在同一台计算机上。

GFS 文件被分割成固定大小的数据块（chunk）。在数据块创建时，master 为每个数据块分配一个全局唯一的 64 位标识。ChunkServer 把数据块以文件的形式保存在本地硬盘上，并根据指定的数据块标识和字节范围读写数据。为了应对常态化的组件故障，GFS 采用了多副本机制。每个数据块会被复制到多个 ChunkServer 上。默认情况下，副本数量为 3。用户可以为不同的文件命名空间设定不同的副本系数，即副本数量。

GFS 的所有元数据由 master 管理。元数据包括文件和数据块的命名空间、访问控制、文件与块的映射，以及数据块与 ChunkServer 的映射。同时，master 管理整个系统的全局控制，包括数据块的租约管理、回收、复制，以及数据块在 ChunkServer 之间的迁移。master 使用心跳信息周期性地与每个 ChunkServer 交换信息，也会发送指令到 ChunkServer 并接收 ChunkServer 的状态信息。

GFS 提供了访问文件系统的客户端，客户端通常以库文件形式链接到用户程序中。客户端代码实现了 GFS 的 API、用户程序与 master 和 ChunkServer 通信，以及数据读写操作。客户端与 master 的通信只是为了获得元数据，实际的数据操作全部由客户端和 ChunkServer 直接交互完成。

1）master

GFS 采用单一 master 的目的是简化设计。单一 master 便于通过全局信息精确定位数据块的位置以及进行复制决策。不过，单一 master 容易成为性能瓶颈和存在单点失效问题。为此，GFS 需要尽量减少对 master 的读写请求频率，文件数据交互由客户端和 ChunkServer 完成。客户端进行数据操作时，首先向 master 请求存放数据块的具体 ChunkServer 位置信息。之后，实际的数据操作是客户端直接和 ChunkServer 交互。

2）chunk 尺寸

chunk 尺寸是 GFS 的关键参数。GFS 选择了较大的 chunk 尺寸，即一个 chunk 默认为 64MB。

选择较大 chunk 尺寸的好处包括以下三个方面。①减轻客户端和 master 之间的通信负载。获悉一个 chunk 的位置信息后，对同一个 chunk 可以进行多次读写请求，无须每次都请求 master。②客户端对一个 chunk 进行操作时，可以和 ChunkServer 之间保持较长时间的 TCP 连接，减少多次建立 TCP 连接的复杂性和时间开销。③减少 master 中的元数据量，有利于将元数据全部放在内存中。

选择较大 chunk 尺寸的缺点是处理小文件的性能较差。一方面，存储多个小文件浪费存储空间；另一方面，多个客户端同时访问小文件时，存储小文件的 ChunkServer 容易成为热点。

3）元数据

元数据主要有三种类型：文件和 chunk 命名空间；文件和 chunk 对应关系；每个 chunk 副本存放位置（即数据所在的 ChunkServer）。元数据全部存储在 master 的内存中。其中，文件和 chunk 命名空间、文件和 chunk 对应关系还被保存在操作日志中。日志文件存储在 master 的本地磁盘上，也会被复制到其他远程 master 节点中。

由于 GFS 的元数据存储在内存中，GFS 的 chunk 数量、系统承载能力等都受限于master 的内存容量。这个问题实际上并不严重，因为每个 chunk 所需的元数据通常不到64B。另外，GFS 选择了较大的 chunk 尺寸，chunk 的总数量相对较少。

master 并不持久化保存 chunkserver 与所存储的 chunk 间的映射关系。master 启动时，通过轮询 chunkserver 来获取这些信息。并且，master 控制了所有 chunk 存储位置的分配，以及通过周期性的心跳信息监控 chunkserver 的状态，能够保证 master 的信息始终是最新的。

操作日志是元数据唯一的持久化存储记录，包含了关键的元数据变更历史，同时可作为判断同步操作顺序的逻辑时间基线。为了提高可靠性，操作日志会被复制到多台远程机器，并且只有 master 把相应的日志记录写入本地以及远程机器的磁盘后才会响应客户端的操作请求。

在灾难恢复时，master 通过重演操作日志把文件系统恢复到最近的状态。为了缩短启动时间，master 在日志文件增大到一定量时对系统状态做一次快照，将所有状态数据写入快照文件。然后，master 从磁盘中读取快照文件，并重演检查点（checkpoint）之后的日志来恢复系统。

4）一致性模型

GFS 支持"宽松的一致性"模型。文件命名空间的修改（如创建文件）是原子性的，仅由 master 控制。命名空间锁提供了原子性和正确性保证，master 的操作日志定义了这些操作的全局顺序。

数据修改后的文件区域（region，指修改操作的影响范围）的状态取决于操作类型、成功与否、是否同步修改。如果所有客户端无论从哪个副本读取到的数据都一样，则文件区域是"一致的"；如果修改后文件区域是一致的，并且客户端能够看到写操作的全部内容，则文件区域就是"已定义的"。如果一个写操作成功执行，并且没有受到同时执行的其他写操作的干扰，则影响的区域就是"已定义的"，即所有客户端都可以看到一致的写入内容。并行修改操作成功完成后，文件区域处于"一致的"和"未定义的"状态，所有客户端可以看到相同的数据，但是并不能保证能够读到任何一次写操作写入的数据。通常，文件区域内包含来自多个修改操作的、混杂的数据片段。失败的修改操作导致一个区域处于不一致状态，不同客户在不同时间可能看到不同的数据。

数据修改操作分为写入和记录追加两种。写操作将数据写在文件的指定偏移位置。即使有多个数据修改操作并行执行，记录追加操作也至少可以把数据原子性地追加到文件中一次，但是偏移位置是由 GFS 选择的，即所有的追加写入都会成功，但是可能被执行了多次，而且每次追加的文件偏移量由 GFS 计算，而不是用户指定的位置。

经过一系列成功的修改操作后，GFS 确保被修改的文件区域是"已定义的"，并且包含最后一次修改操作时写入的数据。为此，GFS 采取如下措施以确保上述行为：对chunk 所有副本的修改操作的顺序一致；使用 chunk 版本号检测副本是否因 chunkserver故障错过了修改操作而导致失效。失效的副本不会再进行任何修改操作，master 也不会向客户端返回失效副本的位置。

GFS 客户端缓存 chunk 的副本位置。在缓存信息刷新前，客户端可能已经从某个失效副本读取了数据。在缓存超时时间和下一次文件被打开时间之间存在一个时间窗口。文件再次被打开后，客户端清除缓存中与该文件有关的所有 chunk 位置信息。由于 GFS 的文件操作大多数是追加操作，一个失效的副本通常会返回一个提前结束的 chunk，而不是过期的数据。

组件失效可能损坏或删除数据。为此，master 通过和所有 ChunkServer 之间的定期握手来查找失效的 ChunkServer，并且使用校验和（checksum）机制检验数据是否损坏。一旦发现问题，会尽快利用有效的副本恢复数据。只有当一个 chunk 的所有副本在检测到错误并采取应对措施之前全部丢失，这个 chunk 才会不可逆转地丢失。一般情况下，master 检测到错误并采取应对措施的时间是几分钟。即使在这种情况下，chunk 也只是不可用而不是损坏，应用程序会收到明确的错误信息而不是错误的数据。

GFS 应用程序可以使用一些简单技术实现上述"宽松的一致性"模型。①对文件的写操作都尽量采用记录追加方式，而不是覆盖方式。②从头到尾写入数据生成文件，在写入所有数据后将文件名改为一个永久保存的文件名，或者周期性地对文件做快照。③checkpoint 文件可以包含程序级别的校验和。④应用程序并行追加数据到一个文件时，"至少一次追加"可以保证写操作的结果。写入数据时，为每条记录添加额外的校验信息。应用程序读取数据时可以根据校验信息识别、丢弃额外的填充数据和记录片段。

2. 读取数据流程

GFS 读取数据的基本流程如下。

① 客户端把文件名和指定的字节偏移，根据 chunk 尺寸转换成文件的 chunk 索引。

② 客户端把文件名和 chunk 索引发送给 master。

③ master 将相应的 chunk 标识和副本位置（存储副本的 ChunkServer）等信息告知客户端，客户端用文件名和 chunk 索引作为 key 进行缓存，value 为存储 chunk 的 ChunkServer 列表。

④ 客户端向其中一个 ChunkServer 发送请求，请求中包含 chunk 标识和字节范围。

⑤ 对 chunk 的后续读操作中，客户端不需要和 master 通信，除非缓存的元数据过期或文件被重新打开。

3. 写入数据流程

为减轻 master 的负担，GFS 使用租约保证多副本修改操作顺序的一致性。master 为 chunk 的一个副本创建租约，这个副本叫作主副本（primary replica），其他副本叫作二级副本（secondary replica）。主副本负责对 chunk 的所有修改操作进行序列化，二级副本按照主副本确定的顺序执行修改操作。修改操作的全局顺序首先由 master 选择的租约顺序决定，然后由主副本分配的序列号决定。GFS 数据写入的控制和数据流程如图 4.10 所示。

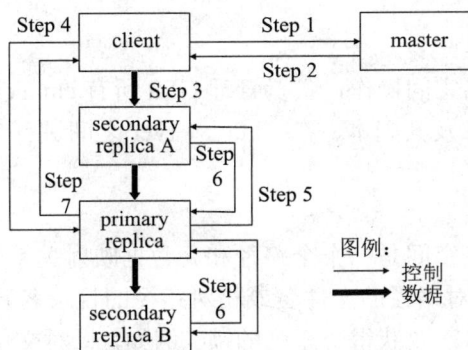

图 4.10 GFS 数据写入的控制和数据流程

① 客户端请求 master 告知持有 chunk 租约的 ChunkServer，以及其他副本的位置。如果没有持有租约的 ChunkServer，master 将从所有 chunk 副本中选择一个创建租约。

② master 将 chunk 主副本及二级副本信息返回客户端，客户端缓存这些信息以备后续操作继续使用。只有在主副本不可用或者主副本回复信息表明它不再持有租约时，客户端才需要重新联系 master。

③ 客户端将数据发送给所有副本。客户端向副本发送数据的顺序可以任意。ChunkServer 接收到数据后，将数据保存在缓存中，直到数据被使用或者被替换。

④ 当所有副本确认接收到数据，客户端向主副本发送写请求。写请求中包含之前发送到所有副本的数据标识。主副本为接收到的所有操作分配连续的序列号，这些操作可能来自不同的客户端。主副本按照顺序执行操作，并更新自己的状态。

⑤ 主副本将写请求发送给所有二级副本。二级副本按照主副本确定的序列号以相同的顺序执行操作。

⑥ 完成操作后，所有二级副本回复主副本写操作完成情况。

⑦ 主副本回复客户端操作完成信息，任何副本产生的任何错误都会返回客户端。在出现错误时，写操作可能在主副本和一些二级副本执行成功。此时，客户端的写入请求被确认为失败，被修改的文件区域处于不一致状态。客户端可以重复执行失败的操作以处理类似错误，在重新从头开始之前，客户端会先从步骤③到步骤⑦做几次尝试。

如果应用程序一次写入的数量很大，或者写操作涉及多个 chunk，客户端会分成多个写操作，这些写操作都遵循前面描述的控制流程。但是，多个写操作可能会被其他客户端上同时进行的操作打断或覆盖。因此，共享的文件区域的尾部可能包含来自不同客户端的数据片段。尽管如此，由于这些分解后的写操作在所有的副本都以相同的顺序执行，chunk 的所有副本是一致的，但是文件区域处于"一致的"和"未定义的"状态。

为了提高效率，GFS 采用了分离数据流和控制流的机制。控制流从客户端到主副本，然后从主副本到所有的二级副本。数据流以管道的方式顺序地沿着经过选择的 ChunkServer 链进行推送。图 4.10 中，数据沿着二级副本 A—主副本—二级副本 B 的顺序流动。最终，所有副本均收到数据。

4. master 的操作

master 执行所有命名空间操作，负责管理 GFS 所有 chunk 的副本，包括决定 chunk 存储位置、创建新 chunk 及其副本、在 ChunkServer 之间进行负载均衡、回收不再使用的存储空间等。

1）命名空间管理和锁

逻辑上，GFS 的命名空间是一个全路径和元数据映射关系的查找表。命名空间采用树形结构，每个节点（绝对路径的文件名或相对路径的目录名）均有一个关联的读写锁。master 节点在操作开始前需要获得一系列的锁。例如，针对文件/d1/d2/…/dn/leaf 的写操作，该操作首先要获得目录/d1，/d1/d2，…，/d1/d2/…/dn 的读取锁，以及文件/d1/d2/…/dn/leaf 的写入锁。

下面举例说明。创建/home/user 的快照并被快照到/save/user 中时，锁机制如何防止创建文件/home/user/foo？快照操作要获取目录/home 和/save 的读取锁，以及/home/user 和/save/user 的写入锁。文件创建操作要获取/home 和/home/user 的读取锁，以及/home/user/foo 的写入锁。快照操作和文件创建操作要顺序执行，因为它们试图获取的/home/user 的锁是相互冲突的。注意，文件创建操作不需要获取父目录的写入锁，因为 GFS 没有"目录"或者类似 UNIX/Linux 中的 inode 等来禁止修改的数据结构，文件名关联的读取锁足以防止父目录被删除。

采用这种锁方案的优点是支持对同一目录的并行操作。例如，可以在同一个目录下同时创建多个文件，每个操作都获取目录名上的读取锁和文件名上的写入锁。目录名的读取锁可以防止目录被删除、改名、快照。文件名的写入锁序列化文件创建操作，确保不会多次创建同名的文件。

2）副本位置、复制和负载均衡

GFS 集群是高度分布的多层结构。典型的拓扑结构是数百个 ChunkServer 被安装在许多机架中。位于不同机架的两个 ChunkServer 间通信可能跨越一个或多个网络交换机。另外，机架的出入带宽一般比机架内所有机器加在一起的带宽要小。多层分布架构对数据的可扩展性、可靠性、可用性提出了挑战。

chunk 副本位置选择策略的两个目标为：最大化数据可靠性和可用性；最大化网络带宽利用率。为此，需要在多个机架间分布存储 chunk 的副本。这可以保证 chunk 的一些副本在某个机架故障时仍然可用，以及针对 chunk 读操作时有效利用多个机架聚合带宽。

master 在创建一个 chunk 并确定其存放位置时，会考虑以下几个因素：尽量在低于平均硬盘使用率的 ChunkServer 上存储新副本；限制最近在每个 ChunkServer 上 chunk 创建操作的次数；把 chunk 副本分布在多个机架中。

在 chunk 有效副本数量少于用户指定的数量时，master 会重新复制 chunk。复制 chunk 的原因可能是某个 ChunkServer 不可用，或者是用户提高了 chunk 副本的复制系数（即副本数量）。master 指示某个 ChunkServer 直接从可用副本复制一个副本。选择新副本位置的过程与 master 创建新 chunk 时选择 ChunkServer 的过程类似。

master 周期性地对副本进行负载均衡，即检查当前副本分布情况，然后通过移动副本更好地利用硬盘空间、更有效地在 ChunkServer 之间平衡负载。

二、HDFS

Hadoop 分布式文件系统（Hadoop distributed file system，HDFS）被设计为适合运行在普通硬件上的分布式文件系统，是 Hadoop 分布式计算系统的数据存储管理基础。HDFS 借鉴了 GFS 的许多设计思想和实现方法，通常被认为是 GFS 的一种开源实现。

HDFS 是具有高度容错性的系统，适合部署在廉价机器上。HDFS 能提供高吞吐量的数据访问，非常适合大规模数据集上的应用。HDFS 放松了 POSIX 约束，可以实现流式读取文件系统数据。

HDFS 支持传统的层次型文件组织结构。用户或应用程序可以创建目录，将文件保存在这些目录中。文件系统名字空间的层次结构和大多数现有的文件系统类似。

HDFS 的一个文件只有一个写入者，而且写操作只能在文件末尾完成，即只能执行追加操作。目前，HDFS 还不支持多个用户对同一文件的写操作，以及在文件任意位置进行更新或修改。

1. HDFS 的基本架构

HDFS 集群采用了主从架构，由一个 NameNode 和若干个 DataNode 组成。为了消除 NameNode 单点失效问题，HDFS 通常采用一个 Secondary NameNode 作为备份。图 4.11 为 HDFS 的基本架构。

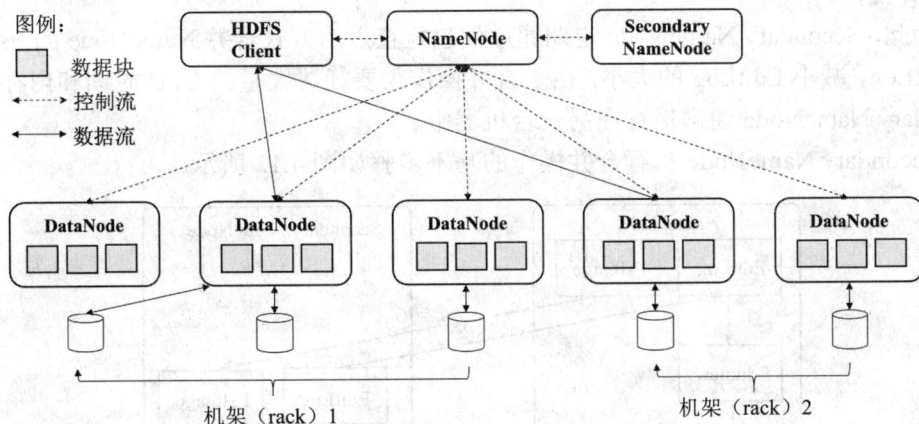

图 4.11　HDFS 基本架构

用户通过客户端与 HDFS 进行交互。从用户角度看，HDFS 就像传统的文件系统一样，可以通过目录路径对文件执行创建、读取、删除操作。客户端联系 NameNode 获取元数据信息，真正的文件操作由客户端直接和 DataNode 交互完成。

1）NameNode

NameNode 作为主节点负责管理和维护文件系统的名字空间，以及管理客户端对文件的访问。NameNode 执行文件系统的名字空间操作，如打开、关闭、重命名文件或目录，也负责确定数据块与 DataNode 的映射。HDFS 采用了逻辑上单一的 NameNode，目的是简化系统设计与实现。NameNode 是所有 HDFS 元数据的管理者和仲裁者，但用户数据永远不会流经 NameNode。

NameNode 维护的元数据主要包括文件与数据块的映射表，以及数据块与 DataNode 的映射表。为了存储和管理元数据，NameNode 维护两个文件，分别是 FsImage 和 EditLog。FsImage 保存最新的元数据检查点（checkpoint），即内存元数据在本地磁盘的映射。在 HDFS 启动时加载 FsImage，包含整个 HDFS 文件系统的所有目录和文件的信息。对于文件来说，信息包括数据块描述信息、修改时间、访问时间等；对于目录来说，信息包括修改时间、访问权限（所属用户、用户组等）。EditLog 主要用来记录 NameNode 启动后对 HDFS 执行的各种更新操作，包括文件或目录的创建、删除、重命名等。

2）DataNode

DataNode 负责存储数据块和处理文件系统读写请求。DataNode 在 NameNode 的调度下进行数据块的创建、删除和复制。读写请求可能来自 NameNode，也可能直接来自客户端。同时，DataNode 周期性地向 NameNode 报告存储的数据块的相关信息。

3）Secondary NameNode

单一 NameNode 存在单点失效问题。因此，HDFS 设置 Secondary NameNode 作为 NameNode 的备份。

EditLog 过大会影响 NameNode 重启时间。为了避免 EditLog 不断增大，Secondary NameNode 周期性地将 FsImage 和 EditLog 合并生成新 FsImage，新的操作记录会写入新 EditLog 文件。

为此，Secondary NameNode 定期通过创建检查点的方式合并 NameNode 的 FsImage 和 EditLog，减小 EditLog 的大小。由于合并操作需要耗费大量的 CPU 时间和内存空间，Secondary NameNode 通常运行在另一台机器中。

Secondary NameNode 执行合并操作的基本步骤如图 4.12 所示。

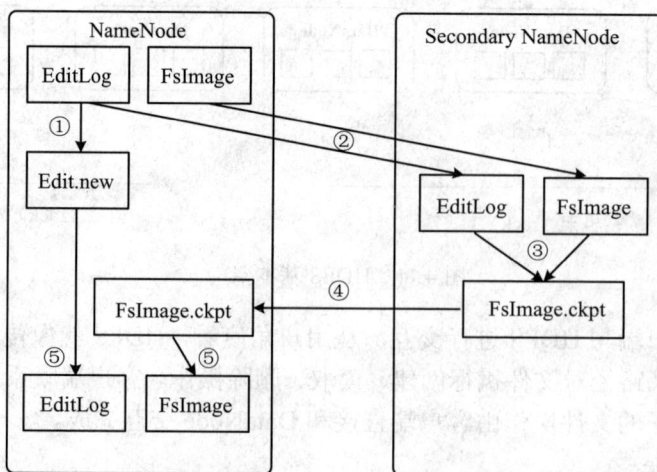

图 4.12　合并 FsImage 和 EditLog 的步骤

　　① Secondary NameNode 请求 NameNode 停止使用 EditLog，NameNode 接收请求后将随后的更新操作写入新的日志文件 Edit.new 中。

　　② Secondary NameNode 使用 HTTP GET 从 NameNode 下载 FsImage 和 EditLog，并保存在本地磁盘中。

　　③ Secondary NameNode 将下载的 FsImage 文件加载到内存中，然后重演 EditLog 中的更新操作，使内存中 FsImage 保持最新。这个过程就是 EditLog 和 FsImage 的合并，合并后的文件名为 FsImage.ckpt。

　　④ Secondary NameNode 执行完文件合并操作之后，通过 HTTP POST 将新 FsImage.ckpt 发送给 NameNode。

　　⑤ NameNode 使用 FsImage.ckpt 替换旧的 FsImage 文件，同时使用日志文件 Edit.new 替换原来的 EditLog 文件。这样，EditLog 文件变小。

　　需要注意，Secondary NameNode 的数据通常落后于 NameNode，当 NameNode 完全崩溃时仍然可能会出现数据丢失现象。

　　4）数据块

　　HDFS 集群向用户或应用程序暴露文件系统的名字空间，用户或应用程序能够以文件形式在 HDFS 系统中存储数据。从 HDFS 内部看，一个文件其实被分成了一个或多个数据块（block），这些块被存储在一组 DataNode 上。

　　HDFS 的文件被分割成块，每个块在多个 DataNode 上有独立的备份。HDFS 允许用户按文件设置块大小（默认为 64MB）和副本数量（默认为 3），一个文件的所有块大小相同，不同文件的块大小可以不同。一旦一个文件创建完成，该文件的块大小不能再改变，但副本数量仍然可以调整。文件与数据块的映射关系和数据块与 DataNode 的映射关系均由 NameNode 使用元数据进行维护。

　　2. 副本位置

　　副本的存放位置是影响 HDFS 可靠性和性能的关键。优化的副本存放策略被认为是 HDFS 区别于其他大多数分布式文件系统的重要特性。

　　大型 HDFS 系统一般运行在由跨越多个机架的计算机组成的集群上，不同机架中两台机器之间的通信需要经过交换机。大多数情况下，同一个机架内的两台计算机间的带宽会比不同机架中的两台计算机间的带宽大。

　　HDFS 采用机架感知（rack aware）策略改进数据的可靠性、可用性和网络带宽的利用率。Hadoop 允许集群管理员配置节点所处的机架 ID，节点也可以获取所在的机架 ID。因此，NameNode 可以确定每个 DataNode 所属的机架。

　　一种简单的存放策略是将副本存放在不同机架中的多个节点上。这样，可以有效防止机架失效时的数据丢失，并且允许读取数据时充分利用多个机架的带宽。但是，由于写操作需要传输数据块到多个机架，所以会增加写操作的代价。

　　HDFS 的副本系数默认为 3。通常，HDFS 将第 1 个副本存放在上传文件的 DataNode 中，如果是从集群外上传文件，则随机选择一个磁盘不太满、CPU 不太忙的 DataNode；第 2 个副本放在第 1 个副本所在机架的另一个 DataNode 中；第 3 个副本放在另外一个机架的一个 DataNode 中。这种策略减少了机架间的数据传输，可以提高写操作效率。由于机架故障远远比节点故障的概率小，因此在同一个机架的两个 DataNode 中存放数据不会对可靠性和可用性造成大的影响。同时，因为数据块只放在两个（而不是三个）不同的机架的 DataNode 中，可以减少读取数据时需要的网络传输总带宽。注意，副本并不是均匀分布在不同的机架上。一个副本在某个机架中，另外两个副本在另一个机架中。如果副本数量多于 3，HDFS 会将其他副本均匀分布在其余机架的 DataNode 中。这样，在不太损害数据可靠性和读取性能的情况下，提升了写操作的性能。

HDFS 不允许在一个 DataNode 中存储一个数据块的多个副本。因此，HDFS 中副本系数的最大值为全部 DataNode 节点的数量。

3. 数据复制

NameNode 全权管理数据块的复制，周期性地从每个 DataNode 接收心跳信号和块状态报告。从某个 DataNode 接收到心跳信号意味着该 DataNode 工作正常，块状态报告中包含该 DataNode 上所有数据块的列表。

当 NameNode 失去某个 DataNode 的心跳信号后，则标记该 DataNode 为故障状态，不会再将新读写请求发送给它，并且该 DataNode 上的数据不再有效。DataNode 故障可能会引起某些数据块的副本系数低于设定值。NameNode 持续检测需要复制的数据块，一旦发现这种情况便启动复制操作。NameNode 会选择某个或某几个 DataNode 从其他 DataNode 复制数据块。

客户端向 HDFS 写入数据时，开始时将数据写到本地临时文件中。假设该文件的副本系数为 3，临时文件累积到一个数据块的大小时，客户端首先从 NameNode 获取用于存放副本的 DataNode 列表。然后，客户端开始向第 1 个 DataNode 传输数据。第 1 个 DataNode 会一部分一部分地接收数据，将每一部分写入本地磁盘，并同时传输给第 2 个 DataNode。第 2 个 DataNode 也是这样处理，即一部分一部分地接收数据，将每一部分写入本地磁盘，并同时传输给第 3 个 DataNode。最后，第 3 个 DataNode 接收数据并存储在本地。因此，数据以流水线的方式从前一个 DataNode 复制到下一个 DataNode。

4. 读取数据流程

以 Client 读取文件（假设名字为 FileA）为例进行说明。假设 FileA 共有两个数据块：b1 和 b2。b1 的 3 个副本分别存储在 d2、d1 和 d3 等 3 个 DataNode 中，b2 的 3 个副本分别存储在 d7、d8 和 d4 等 3 个 DataNode 中。

① Client 向 NameNode 发送文件读请求。

② NameNode 从内存元数据中查找 FileA 元数据，并返回 Client 文件 FileA 的数据块存放信息：b1:(d2, d1, d3)，b2:(d7, d8, d4)。

③ Client 先从 d2 读取数据块 b1，然后从 d7 读取数据块 b2。

为了降低整体的带宽消耗和读取延时，HDFS 会尽量让客户端从离它最近的副本读取数据。如果在读取数据节点的同一个机架上有一个副本，那么就读取该副本。如果一个 HDFS 集群跨越多个数据中心，那么客户端将先读取本地数据中心的副本。

5. 写入数据流程

以 Client 写入文件 FileA 为例进行说明。假设，文件大小为 100MB；DataNode 分布在三个机架 r1、r2 和 r3；FileA 的副本系数为 3。写入数据流程如图 4.13 所示。

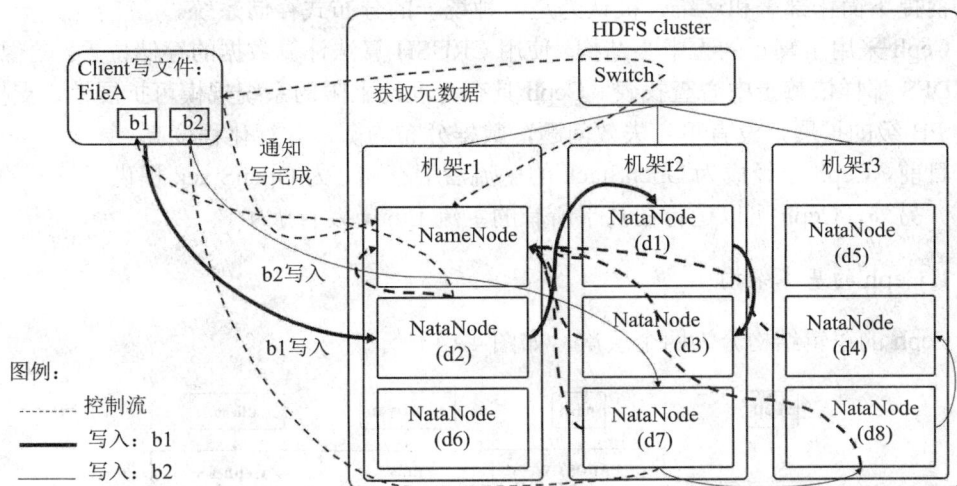

图 4.13　HDFS 写入数据流程

① Client 将 FileA 按默认块大小分为两块：b1 和 b2。

② Client 向 NameNode 发送写入数据请求。

③ NameNode 记录文件块信息，采用机架感知策略确定存储 FileA 数据块的 DataNode，并向 Client 返回。假设返回的信息为：b1:(d2, d1, d3)，b2:(d7, d8, d4)。

④ Client 向 d2、d1 和 d3 发送数据块 b1，数据发送采用流水线方式：

● 将 b1 切分为多个小的数据包；

● Client 将所有数据包依次发送给 d2；

● d2 每接收到一个数据包，首先进行缓存，然后将数据包发送给 d1；

● d1 每接收到一个数据包，首先进行缓存，然后将数据包发送给 d3；

● d3 每接收到一个数据包，进行缓存；

● Client 将数据块 b1 的所有数据包发送完成后向 d2 发送通知，d2 将通知转发给 d1，d1 将通知转发给 d3，d2、d1 和 d3 将数据块 b1 写入本地磁盘；

● d2、d1 和 d3 收到通知后向 NameNode 发送通知，d2 向 Client 发送通知"数据块 b1 写入完成"；

● Client 收到 d2 的通知后，通知 NameNode "数据块 b1 发送完成"。

⑤ 同样地，Client 按照步骤④向 d7、d8 和 d4 发送数据块 b2。

⑥ b1 和 b2 数据块写入完成后，FileA 写入操作完成。

三、Ceph

Ceph 是一种开源的分布式存储系统，具有高扩展性、高性能、高可靠性的优点。Ceph 同时提供对象存储、块存储和文件系统存储三种功能，有利于在满足不同应用需求的前提下简化部署和运维，被认为是一种统一的分布式存储系统。

Ceph 采用了真正的无中心结构，使用 CRUSH 算法计算数据的存储位置，不像 GFS 和 HDFS 那样依赖于中心查找表。Ceph 具有无理论上限的系统规模可扩展性，支持 TB 级到 PB 级的扩展，没有单点失效问题，数据分布均衡，并行化程度高。

目前，Ceph 已经成为 OpenStack 的主流后端存储，为 OpenStack 提供了统一的存储服务。另外，Ceph 可以运行在几乎所有的主流 Linux 发行版中。

1. Ceph 的基本架构

Ceph 的逻辑结构分为四个层次，如图 4.14 所示。

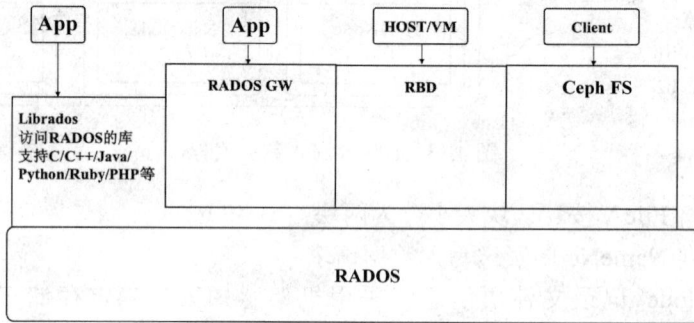

图 4.14 Ceph 的逻辑结构

① RADOS。最底层的可靠、自动的分布式对象存储（reliable, autonomic distributed object store，RADOS）是完整的对象存储系统，提供对象存储接口，是构成 Ceph 分布式存储系统的基础。Ceph 中的所有数据都以对象形式存储，块、文件等其他存储接口均基于 RADOS 对象存储接口通过二次封装来实现。RADOS 能够确保数据的一致性和可靠性。对于数据一致性，RADOS 执行数据复制、故障检测和恢复，以及数据在 Ceph 集群节点间的迁移和再平衡。Ceph 的高可靠、高可扩展、高性能等特性本质上是由 RADOS 提供的。

② 基础库 Librados。RADOS 层之上是 Librados。Librados 通过对 RADOS 层功能进行抽象和封装，对上层提供访问 RADOS 功能的 API。物理上，基于 Librados 开发的应用程序和 Librados API 位于同一台计算机中，因此 Librados 也被称为本地 API。应用程序调用并通过 Librados API 与 RADOS 集群中的节点进行通信，完成各种操作。

③ 高层应用接口。Ceph 的高层应用接口包括 RADOS GW（gateway）、可靠的块设备（reliable block device，RBD）和 Ceph FS。Ceph 提供高层接口的目的是在 Librados 基础上进一步抽象，便于应用和客户端使用。RADOS GW 是一个代理，提供了与 S3 和

Swift 兼容的对象访问接口，可以将 HTTP 请求转换为 RADOS 操作，也可以把 RADOS 操作转换为 HTTP 请求，从而提供 RESTful 接口。RBD 提供了标准的块设备接口，可以被映射、格式化，进而像磁盘一样挂载到操作系统中，常在虚拟化场景下为虚拟机创建卷。RBD 支持按需分配空间，也称为自动精简配制（thin provisioning）。比如，为虚拟机创建一个 20GB 的虚拟硬盘时，最开始并不实际分配物理存储空间，只有当写入数据时才按需分配存储空间，但虚拟硬盘容量不会超过 20GB。Ceph FS 是兼容 POSIX 的分布式文件系统。它使用 MDS（元数据服务器）管理 Ceph FS 的元数据，并将元数据与其他数据分开。Ceph FS 使用 FUSE 模块扩展其在用户空间文件系统方面的支持，即将 Ceph FS 挂载到客户端机器上。

④ 应用层。Ceph 系统的最上层是应用层。应用层是 Ceph 不同接口的应用，例如，基于 Librados 直接开发的对象存储应用；基于 RADOS GW 开发的对象存储应用；基于 RBD 实现的云盘等。

2. RADOS

RADOS 是 Ceph 分布式存储系统的基础，Ceph 的数据访问接口和方法（包括 RBD、Ceph FS、RADOS GW、Librados）均建立在 RADOS 层之上。当 Ceph 集群接收到客户端的读写请求时，使用 CRUSH 算法计算存储位置，然后将这些信息传递到 RADOS 层进一步处理。RADOS 以对象形式将数据分发到集群内的所有节点，最后将这些对象存储在对象存储设备（object storage device，OSD）中。

RADOS 由两类组件构成：OSD 和 Monitor。RADOS 的逻辑结构如图 4.15 所示。

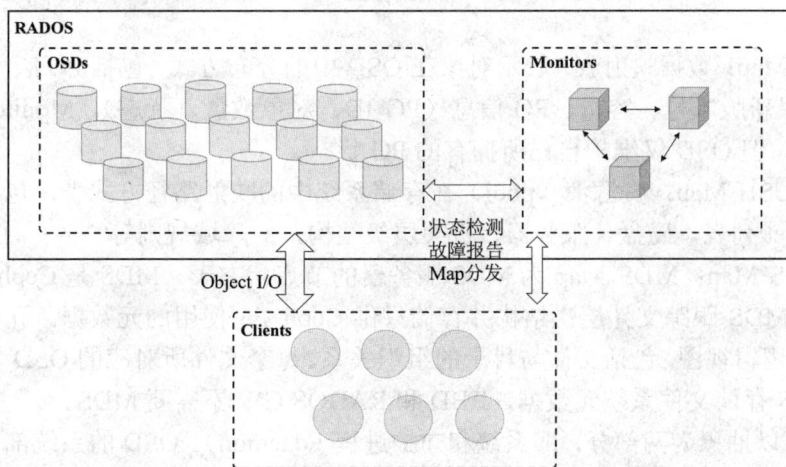

图 4.15 RADOS 的逻辑结构

OSD 是 Ceph 集群中的重要基础组件，负责将数据以对象形式存储在物理磁盘中。Ceph 集群中有为数众多的 OSD 节点，每个 OSD 节点有自己的硬件资源（CPU、内存、网络、存储等），以及运行操作系统和文件系统。对于任何读写操作，客户端首先向 Monitor 请求 Cluster Map，然后直接和 OSD 进行交互。

  Monitor 负责 Ceph 系统状态的维护和检测，协调整个 Ceph 集群系统的工作，并将集群状态同步给客户端。当集群状态发生变化时，Monitor 更新系统状态并下发给客户端。为了消除单点故障，Monitor 也是一个包含多个节点的集群，一般需要部署 $2n+1$ 个 Monitor 节点。Monitor 节点之间通过 Paxos 同步数据，维护集群的健康状态，管理集群客户端认证与授权。

  OSD 和 Monitor 之间相互传输节点状态信息，共同得到 Ceph 集群系统总体状态，并形成一个全局系统状态记录数据结构，即 Cluster Map。建立 Cluster Map 后，Monitor 将其扩散至全体 OSD 和客户端。OSD 使用 Cluster Map 进行数据的维护，客户端使用 Cluster Map 进行数据寻址。Monitor 并不主动轮询各个 OSD 的当前状态，而是需要 OSD 向 Monitor 上报自己的状态信息。常见的上报有两种情况：一是新的 OSD 加入集群；二是某个 OSD 发现自己或者其他 OSD 出现异常。Monitor 收到 OSD 的上报信息后，更新 Cluster Map 并加以扩散。客户端和集群内其他节点定期与 Monitor 通信，以确认自己持有的 Cluster Map 是否最新。

  Cluster Map 是以下 Map 的集合。

  ① Monitor Map：Monitor 集群中各节点状态表，包括版本号、节点名称、IP 地址和端口、集群 ID 等。

  ② OSD Map：数据存储节点的状态表，记录 OSD 状态变化，包括版本号、集群 ID、OSD 信息（数量、状态、权重、节点信息）、存储池信息（名称、副本级别、CRUSH Rules、PG 数量）等。OSD 的加入或退出，或者节点权重的变化，都会引起 OSD Map 的变化。Monitor、客户端以及 OSD 均保存有 OSD Map 信息，但 Monitor 中的 OSD Map 最新、最权威。

  ③ PG Map：数据映射表，表示对象在 OSD 中的分布方式，包括 PG 版本、时间戳、OSD Map 最新版本号、容量、PG 信息（PG ID、对象数量、状态）。Monitor 维护所有的 PG 状态，但 OSD 仅维护自己所拥有的 PG 状态。

  ④ CRUSH Map：资源池（pool）在存储系统中的映射路径方式表，包括集群设备列表，Bucket 列表，磁盘、服务器、机架层级结构，故障域规则等。

  ⑤ MDS Map：MDS Map 为 MDS 服务器的节点状态表。MDS 是 Ceph FS 的元数据服务器，MDS 跟踪文件层次结构并存储只供 Ceph FS 使用的元数据。元数据主要是文件系统的逻辑视图，包括文件与目录的组织关系、每个文件所对应的 OSD 等。Ceph FS 依赖于 MDS 存储文件系统元数据，RBD 和 RADOS GW 不需要 MDS。

  OSD 可以抽象为两部分，即系统和守护进程（daemon）。OSD 的系统部分实质上是一台安装了操作系统和文件系统的计算机，并在之上运行 OSD daemon。通常，一块硬盘运行一个 daemon。OSD daemon 负责完成 OSD 的所有逻辑功能，包括与 Monitor 和其他 OSD daemon 通信以维护 Ceph 集群系统的状态，与其他 OSD 共同完成数据的存储和维护，与 Ceph 客户端通信以完成数据操作等。

3. Ceph 寻址流程

1）相关概念

① 文件。文件（file）指用户需要存储或访问的文件。对于 Ceph 来说，文件就是用户直接操作的对象。

② 对象。对象（object）指 RADOS 所看到的对象。Ceph 中的对象包含绑定在一起的数据和元数据，对象具有全局唯一的标识符。对象并不使用类似文件系统的层次结构或树形结构来存储，相反，对象存储在一个线性地址空间中。与文件不同，每个对象的最大尺寸由 RADOS 限定，通常为 2MB 或 4MB。当高层应用向 RADOS 存入一个大文件时，需要将文件切分成多个对象进行存储。

③ PG。PG（placement group）是一组 object 的逻辑集合，其作用是对 object 的存储进行组织和位置映射。具体来说，一个 PG 负责组织若干个 object，但一个 object 只能被映射到一个 PG 中，即 PG 和 object 之间是"一对多"的关系。同时，一个 PG 会被映射到 n 个 OSD 上，而每个 OSD 会承载大量的 PG，即 PG 和 OSD 之间是"多对多"映射的关系。实践中，n 至少为 2，在生产环境中通常为 3。

④ Ceph Pool。Ceph Pool 是用来存储对象的逻辑分区，不同的 Pool 可以有不同的数据处理方式，如副本数量、PG 数量、CRUSH 算法规则等。每个 Pool 包含一定数量的 PG，进而把一定数量的 object 映射到集群内部不同 OSD 上。每个 Pool 交叉地分布在集群所有节点上，以提供足够的弹性。Ceph Pool 支持快照功能，也允许为对象设置所有者和访问权限。Ceph 中的任何操作必须首先指定 Pool，无论是块存储还是对象存储。Ceph 中 object、PG 和 Pool 的关系如图 4.16 所示。

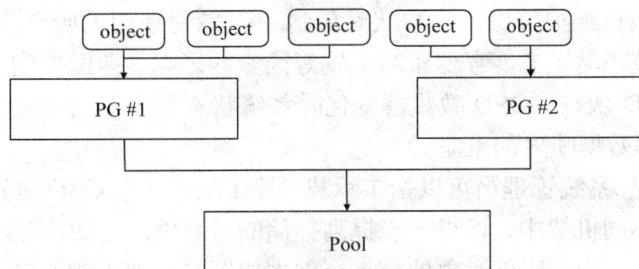

图 4.16　Ceph 中 object、PG 和 Pool 的关系

2）寻址流程

Ceph 的寻址流程如图 4.17 所示。从用户请求写入文件到对象存储在 OSD 中，需要完成从文件到对象映射、对象到 PG 映射、PG 到 OSD 映射三次映射。

① 文件到对象映射。将用户操作的文件映射为 RADOS 能够处理的对象，即按照 RADOS 设定的对象尺寸对文件进行切分。切分文件的好处包括：固定大小的对象便于 RADOS 高效处理，以及可以将对单一文件实施的串行处理变为对文件中多个对象的并行处理。比如，将一个 1GB 的文件按 4MB 大小切分成 256 个对象，每个对象的标识为 oid。oid 由文件索引节点号（ino）和对象编号（ono）组成。对象标识符在整个 Ceph 集群中具有唯一性，可唯一标识一个对象。

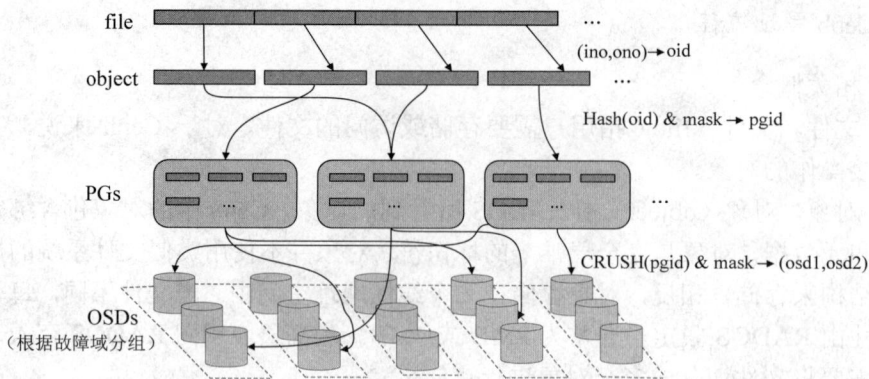

图 4.17　Ceph 的寻址流程

② 对象到 PG 映射。将文件映射为一个或多个对象后，按公式（4.2）将对象映射到一个 PG 中。按照 RADOS 的设计，给定 PG 的总数量为 m（为 2 的整数次幂），mask 的值为 $m-1$。因此，计算 Hash 后和 mask 按位与（&）操作的结果是从 m 个 PG 中近似均匀地随机选择一个 PG。基于这种机制，当有大量对象和大量 PG 时，RADOS 可以保证对象和 PG 之间的近似均匀映射。

$$\text{Hash(oid)} \& \text{mask} \rightarrow \text{pgid} \tag{4.2}$$

③ PG 到 OSD 映射。以对象到 PG 映射得到的 pgid 作为输入参数，使用 CRUSH 算法得到一组共 n 个实际存储对象的 OSD。其中，第一个 OSD 为主 OSD（primary OSD），其他 $n-1$ 个 OSD 为辅助 OSD 或从 OSD。n 个 OSD 共同负责存储和维护一个 PG 中的所有对象。具体到每个 OSD，由 OSD daemon 执行映射到本地的对象在本地文件系统中的存储、访问、元数据维护等操作。与从对象到 PG 映射使用的哈希算法不同，CRUSH 算法的结果受系统当前状态、存储策略配置等因素的影响。前面提到，系统当前状态指 Cluster Map，OSD 状态、OSD 数量等变化时系统状态就会发生变化。存储策略也称作 CRUSH Rules，即数据映射的策略。

利用策略配置，系统管理员可以指定承载一个 PG 的 n 个 OSD 分别处于数据中心的不同服务器乃至不同机架中，以进一步提高存储的可靠性。比如，可以指定 Pool 1 的所有对象放置在机架 1 中，所有对象的第 1 个副本放置在机架 1 的 OSD1 中，第 2 个副本放置在机架 1 的 OSD2 中；Pool 2 中的所有对象分布在机架 2、3、4 中，所有对象的第 1 个副本分布在机架 2 的 OSD 中，第 2 个副本分布在机架 3 的 OSD 中，第 3 个副本分布在机架 4 的 OSD 中，以此类推。

关于 CRUSH 算法的详细信息，见参考文献 "CRUSH: controlled, scalable, decentralized placement of replicated data"。

4. Ceph 的数据管理

Ceph 的数据管理始于客户端向 Ceph Pool 中写数据。首先，客户端请求 Monitor 获得最新的 Cluster Map。然后，按照寻址流程确定对象写入的 OSD，包括主 OSD 和辅助 OSD。一旦客户端准备写数据到 Ceph Pool 中，客户只向主 OSD 发起写请求，这可以保证数据的强一致性。由于每个 object 只有一个主 OSD，因此对对象的更新操作是顺序执行的，无须同步操作。

对象数据首先写入主 OSD 中，主 OSD 再复制数据到每个辅助 OSD 中，并等待它们确认写入完成。只要辅助 OSD 完成数据写入，就会发送一个应答信号给主 OSD。最后，主 OSD 向客户端返回应答信号，以确认整个写操作完成。

5. Ceph 的数据复制

RADOS 实现了三种数据复制策略，即 Primary-Copy、Chain、Splay。数据更新时，客户端只向一个 OSD 发送操作请求，以保证数据的一致性。一旦数据在所有副本上更新完成，就向客户端返回一个确认消息。三种策略的消息交换过程如图 4.18 所示。

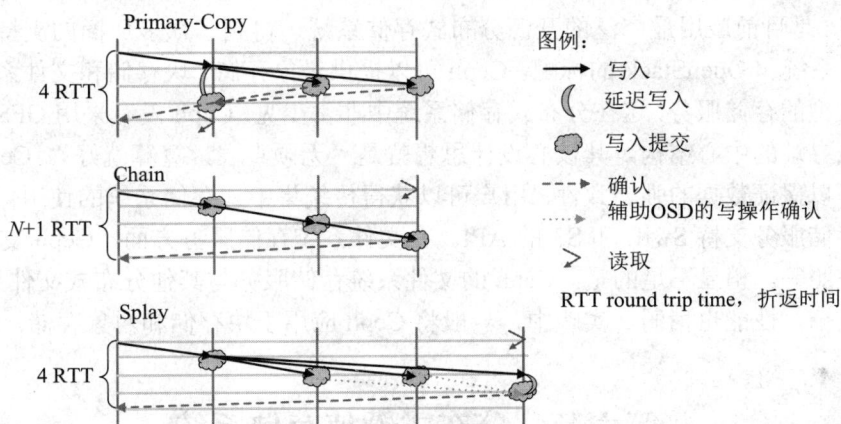

图 4.18　数据复制策略

① Primary-Copy。客户端的读写操作请求只发送给主 OSD，以保证数据的强一致性。如果是读操作，主 OSD 向客户端返回结果；如果是写操作，由主 OSD 并行地向辅助 OSD 发送操作请求，辅助 OSD 处理完成后向主 OSD 返回确认。主 OSD 在收到所有辅助 OSD 的确认后才将数据写入本地磁盘，并向客户端返回操作完成的确认。

② Chain。客户端的写操作请求发送给主 OSD，主 OSD 将数据写入本地磁盘。然后，由主 OSD 确定操作执行的 OSD 顺序，并沿着确定的 OSD 顺序链式地进行操作。当最后一个副本执行操作后向客户端返回确认。由最后一个副本向客户端确认，可以保证操作结果能够完整地反映所有副本的更新结果。客户端的读操作请求直接发送给最后一个辅助 OSD 执行。

③ Splay。Splay 策略结合了 Primary-Copy 的并行更新和 Chain 的读写分离。客户端的写操作请求发送给主 OSD，主 OSD 将数据写入本地磁盘。然后，主 OSD 并行地通知辅助 OSD 进行写操作。最后一个辅助 OSD 负责接收其他辅助 OSD 的完成写操作确认，并在收到所有其他辅助 OSD 的确认后向客户端返回确认。客户端的读操作请求直接发送给最后一个辅助 OSD 执行。

四、分布式文件系统的简单比较

GFS 是 Google 为存储海量搜索数据而设计的专用文件系统，也是最早推出的分布式文件系统之一，后来的多数分布式文件系统都或多或少参考了 GFS 的设计。GFS 适合大文件读写，不适合小文件存储和多用户并行写入。在写入流程上，GFS 相对简单，容易实现。

HDFS 是 Hadoop 的存储组件，主要用于大规模数据的存储。HDFS 大文件存储性能比较高，适合低写入、多次读取的业务。就大数据分析业务而言，处理模式就是一次写入、多次读取，然后进行数据分析工作。HDFS 的数据传输吞吐量比较高，但是数据读取延时比较长，不适合频繁的数据写入。HDFS 对 GFS 的数据写入进行了一些改进，同一时间只允许一个客户端写入或追加数据，GFS 支持并发写入。

Ceph 是目前应用最广泛的开源分布式存储系统，得到了众多厂商的支持，已经成为 Linux 系统和 OpenStack 的标配。Ceph 可以提供对象存储、块存储和文件系统存储三种不同类型的存储服务，这在分布式存储系统中非常少见。Ceph 没有采用 GFS 和 HDFS 的元数据寻址的中心结构，其核心设计思想就是"无须查表，算算就好"。Ceph 的块存储服务可以保证数据的强一致性，用户可以获得传统集中式存储系统的使用体验。Ceph 的对象存储服务支持 Swift 和 S3 的 API。在文件系统存储服务方面，Ceph 支持 POSIX 接口和快照等。稍显不足的是，Ceph 的文件系统存储服务与其他分布式文件系统相比，部署稍复杂，性能也稍弱。实践中，一般将 Ceph 应用于块存储和对象存储。

第六节　分布式键值存储系统

分布式键值（key-value）存储是一种数据存储范式，目的是存储、检索和管理分布在多个节点中的称为字典或散列表的数据。分布式键值存储系统也被称作分布式键值数据库。

分布式键值存储系统的工作方式与传统关系型数据库明显不同。关系型数据库由多个表组成，每个表的结构（包含的属性或列）以及属性的数据类型均被预先严格定义；而分布式键值存储系统将数据视为结构模糊的记录的集合，每个记录都是键值对的集合，用 key 进行标识，value 为任意长度的字节或字符序列。

分布式键值存储系统可以笼统地分为分布式键值系统和分布式表系统两类。严格来讲，分布式键值系统是分布式表系统的一个特例。分布式键值系统只支持针对单个 key-value 对的增、查、改、删（create, read, update, delete，CRUD）；而分布式表系统对外提供表格数据模型，每个表由多行或多条记录组成，每一条记录均通过主键唯一标识，每一条记录都是 key-value 对的集合，不同记录包含的 key-value 对可能不同，但整个表在系统中全局有序，即根据主键进行排序。

典型的分布式键值系统有 Dynamo、DHT、Tair、Bitcask 等。分布式表系统有 Bigtable、HBase、Redis、DynamoDB、Memcached、Riak 等。本节重点介绍 Dynamo、Bigtable 和 HBase。

一、Dynamo

Amazon 的业务场景多数不需要支持复杂查询，但要求必要的单点故障容错性、数据最终一致性（即牺牲数据强一致性以优先保证可用性）、较强的可扩展性等。为此，Amazon 开发了一种简单的分布式键值系统 Dynamo。Dynamo 需要解决的关键问题包括：优先保证可用性；异步数据复制完成数据备份和冗余；使用再平衡（rebalance）实现系统的自适应管理和扩展操作。

1. 数据分布

Dynamo 采用了改进的一致性哈希算法将数据分布到多个存储节点上。一致性哈希的主要问题是没有考虑节点处理能力可能不同的情况，并且在系统中节点数量较少时容易造成数据倾斜问题。

Dynamo 采用的改进的一致性哈希算法的基本思想：引入"虚节点"的概念，每个虚节点的处理能力相当，并且虚节点在哈希环上随机均匀分布。物理存储节点根据实际处理能力的不同，承担数量不同的虚节点的数据处理任务。存储数据时，按照哈希值落到某个虚节点负责的区域，将数据实际存储在该虚节点对应的物理存储节点上。

例如，把哈希环分成大小相同的 V 份（一般为 2 的整数次幂），每份由一个虚节点负责，虚节点的处理能力为 1。物理存储节点有 S 个（其中，$V \gg S$），物理存储节点 i 的处理能力为 n_i，则分配给物理存储节点 i 的虚节点数量为 $Vn_i \Big/ \sum_{j=1}^{S} n_j$。

引入虚节点后，典型的数据定位流程如下。
① 根据数据的 key 计算哈希值，得到负责数据处理的虚节点号。
② 通过查表得到虚节点所在的物理存储节点。
因此，Dynamo 的每个节点均需维护整个系统的信息，客户端也需要缓存相关信息以定位数据的存取位置。系统信息包括系统中的物理存储节点数量、状态、标识，以及每个节点所负责的虚节点集合、版本号等。

分布式系统中节点的加入/退出、异常等情况会频繁发生。为了保证节点缓存的系统信息是最新的，所有节点使用 Gossip 协议选择某个其他节点通信，相互交换各自保存的系统信息。

2. 数据复制

数据复制是提高数据可靠性和可用性的常用方法。Dynamo 中，数据被复制到 N 个物理存储节点上，其中 N 是副本系数。存储数据时，客户端根据数据键值 key 计算哈希值，直接得到存储数据的节点 K。实际上，数据会被存储在序号为 $K, K+1, \cdots, K+N-1$ 的 N 个物理存储节点中。

Dynamo 在数据副本中选择一个作为协调者，协调者负责向其他 $N-1$ 个副本转发数据读写请求和收集反馈结果，并向客户端返回结果。通常，协调者就是节点 K。因此，Dynamo 的每个节点既存储自己接收的数据，也存储为其他节点保留的副本数据。实现中，Dynamo 的每个节点都有一个叫作请求协调器的模块。

如果某个副本节点（比如节点 $K+i$）发生异常，协调者将沿着哈希环向后找到节点 $K+N$ 临时替代异常节点 $K+i$ 来存储副本数据，保证副本数量满足要求。节点 $K+i$ 恢复后，节点 $K+N$ 通过 Gossip 协议可以发现并将数据归还给节点 $K+i$。这个过程在 Dynamo 中叫作数据回传（hinted handoff）。如果节点 $K+i$ 永久失效，则节点 $K+N$ 需要进行数据同步操作。

3. 数据一致性

要保证数据的强一致性，需要在执行写操作时等待所有副本写入完成后再向客户端返回成功信号，即采用 WARO 策略。保证数据强一致性的缺点是更新操作代价高。一旦一个副本异常，更新操作便无法完成。

Dynamo 采用了 Quorum 机制。假设 N 表示副本数量，R 表示成功完成读操作的最少节点数，W 表示成功完成写操作的最少节点数。只要满足 $W+R>N$，便可以保证在 N 个副本中不超过一个故障时能够读到有效的数据。但是，需要使用版本号信息，客户端才能够判断读到的 R 个值中哪个是最新的。

Dynamo 提供的是最终一致性，允许数据更新操作在 N 个副本中异步执行，即协调者在收到 W 个副本成功执行的确认时便向客户端返回成功确认。但随后的读操作有可能无法读到最新的更新结果。为此，Dynamo 引入了向量时钟的概念。向量时钟实际上是一个列表，每个元素包含更新者和版本号两部分信息：[updater, version]。客户端更新数据时，接收客户端写入数据请求的节点为数据的本次更新增加一个逻辑时间戳，即向量时钟[updater, version]。假设节点 K 第一次收到了对键值 key 的更新请求，则 key 新增一个向量时钟$[K, 1]$，并加入 key 的向量时钟列表，随后每次更新 key 时，version 都加 1。如果节点工作正常，则对于某个键值 key 就一定能够读到最新的版本。但在分布式环境下，节点异常是常态。键值 key 的向量时钟可能出现冲突。

下面举例说明，如图 4.19 所示。

假设副本数量 $N=3$，数据的三个副本分别在节点

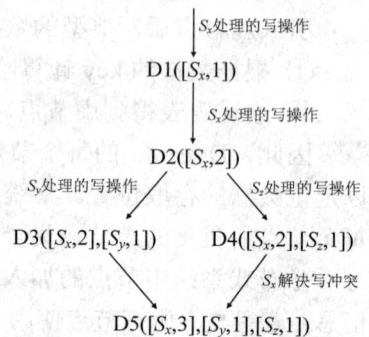

图 4.19　向量时钟演变过程

S_x、S_y 和 S_z 上，并且 $R=2$，$W=2$，客户端要写入新数据 D。按如下顺序进行数据更新。

① 客户端将数据写入请求发送给节点 S_x，数据的向量时钟为$[S_x,1]$，并同步至 S_y 和 S_z。

② 客户端将数据更新请求继续发送给节点 S_x，数据的向量时钟为$([S_x,1],[S_x,2])$。由于$[S_x,2]$比$[S_x,1]$新，进行合并操作得到向量时钟$[S_x, 2]$，并同步至 S_y 和 S_z；截至目前，S_x、S_y 和 S_z 三个副本的向量时钟均为$[S_x, 2]$，数据处于一致状态。

③ 假设由于某种原因，客户端 A 选择了 S_y 节点进行数据更新，此时 A 看到的数据版本为$[S_x, 2]$。A 向 S_y 发送数据更新请求，并且指明本次更新的数据版本为$[S_x, 2]$。S_y 收到更新请求后，对数据更新并产生向量时钟：$([S_x, 2],[S_y, 1])$。

④ 假设在客户端 A 进行数据更新的同时，客户端 B 选择了 S_z 进行数据更新，此时 B 看到的数据版本也为 $[S_x, 2]$。B 向 S_z 发送数据更新请求，同样指明本次更新的数据版本为 $[S_x, 2]$。S_z 收到更新请求后，对数据更新并产生向量时钟：$([S_x, 2], [S_z, 1])$。

⑤ 接下来的数据同步过程中，无论是 S_y 将数据同步至 S_z，还是 S_z 将数据同步至 S_y，均存在版本冲突。由于系统自身无法解决这种冲突，于是继续保留冲突数据。但是，S_y 将自己的数据同步至 S_x 或 S_z 将自己的数据同步至 S_x 时都没有问题，因为 S_x 的向量时钟为 $[S_x, 2]$，收到数据的向量时钟为 $([S_x, 2], [S_y, 1])$ 或 $([S_x, 2], [S_z, 1])$，都比自己的新。

⑥ 随后，客户端发起数据读取请求。因为存在版本冲突，冲突的版本都会被发送至客户端。客户端看到的数据版本是 $([S_x, 2], [S_y, 1])$ 和 $([S_x, 2], [S_z, 1])$。客户端需要根据自己的业务逻辑去尝试解决冲突，假设客户端选择了 $([S_x, 2], [S_y, 1])$ 作为最终数据。接下来，客户端会将自己的协调结果写入某个副本，不失一般性，假设选择 S_x 写入。客户端指明更新的数据版本为 $([S_x, 2], [S_y, 1], [S_z, 1])$，$S_x$ 收到更新请求后将自己的对象版本更新为 $([S_x, 3], [S_y, 1], [S_z, 1])$。

⑦ S_x 将数据同步至 S_y 和 S_z。此时，不会出现冲突，因为无论是 S_y 还是 S_z，自己的数据版本均落后于 $([S_x, 3], [S_y, 1], [S_z, 1])$。当同步操作完成后，$S_x$、$S_y$ 和 S_z 三个副本又达成了一致。

向量时钟不能彻底解决冲突问题。因此，Dynamo 不能保证每个读操作都能得到所有的更新版本。Dynamo 只保证最终一致性，多个副本间可能会存在不一致的时间窗口。

4. 容错机制

Dynamo 中，节点异常有临时性和永久性两种。Dynamo 对于临时性异常，采用数据回传机制进行处理；对于永久性异常，采用数据同步机制进行处理。

1) 数据回传

为不失一般性，假设副本数量 $N=3$，数据会被写入三个物理存储节点中，如图 4.20 所示。数据写入节点 A，数据会被复制到节点 B 和节点 C。如果此时节点 A 异常，Dynamo 的数据回传机制会选择节点 C 的下个节点 D 作为节点 A 的临时替代，即数据会写入节点 D 中。节点 D 在保存这样的数据时会添加特殊标记。一旦节点 D 检测到节点 A 已经恢复，节点 D 会将原本属于节点 A 的数据迁移至节点 A。

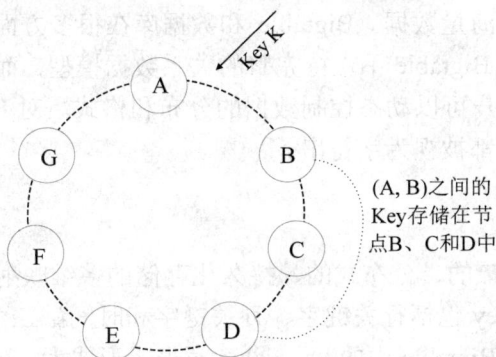

图 4.20 Dynamo 的数据分布和复制

2）数据同步

Dynamo 使用 Merkle 树同步。每个叶节点对应一个数据，为数据的哈希值。每个非叶节点对应多个数据，为其所有子节点值组合以后的哈希值。这样，任何一个数据不匹配都将导致从该数据对应的叶节点到根节点的所有节点的值不同。每个节点为所存储的数据维护一棵 Merkle 树，在节点间进行数据同步时首先传输 Merkle 树信息，并且只需要同步从根到叶的所有节点值均不相同的数据。

5. 数据读写流程

在 Dynamo 的副本中，有一个副本充当协调者。协调者负责处理客户端的读写请求。通常，协调者是计算 Hash 确定的物理存储节点。

1）写操作流程

协调者接收客户的写入请求，具体处理过程如下。

① 为该请求生成向量时钟或者更新对象已有的向量时钟，并将数据及其时钟更新至本地。

② 将更新请求发送至所有其他副本。

③ 只要收到其他 $W-1$ 个副本的回应，就认为本次写入成功，向客户端返回响应。

2）读操作流程

协调者接收客户的读取请求，具体处理过程如下。

① 协调者将读取请求发送至所有其他副本。

② 只要收到 $R-1$ 个副本的回应，协调者就认为本次读取成功。

③ 协调者对 R 个副本（包括自己的一个副本）的内容进行合并，得到最新的版本返回给客户端；如果发生冲突无法决定谁的版本最新，协调者会将产生冲突的版本全部发给客户端。

④ 客户端如果收到了多个冲突版本，自己解决冲突并将解决的结果写入协调者，通知其以该版本为最新，后续的读取不再产生冲突。

二、Bigtable

Bigtable 是基于 GFS 和 Chubby 的分布式表存储系统，用来处理通常分布在数千台普通服务器上的 PB 级海量数据。Bigtable 和数据库在很多方面类似，使用了很多传统数据库的实现策略。但 Bigtable 不支持完整的关系数据模型，而是提供了简单的数据模型。利用这个模型，客户可以动态控制数据的分布和格式。对 Bigtable 而言，数据是没有格式的，存储的数据都被视为字符串。

1. 数据模型

Bigtable 是一个稀疏的、分布式的、持久化存储的多维映射表。映射表中的每一行为一个 key-value 对，key 包括行关键字、列关键字和时间戳三个维度，每个 value 都是未经解析的字节数组。Bigtable 中的 key-value 对表示形式为

$$(row:string, column:string, time:int64) \rightarrow string$$

例如，一个存储了大量网页信息的 Webtable 表，如图 4.21 所示。行关键字为倒排的 URL，使用网页的某些属性作为列名，网页内容存放在"contents"列中，并以获取该网页的时间戳作为标识，即按照获取网页的时间不同，存储了多个时间版本的数据。"anchor"列存放的是 URL 被其他网站引用的相关信息。

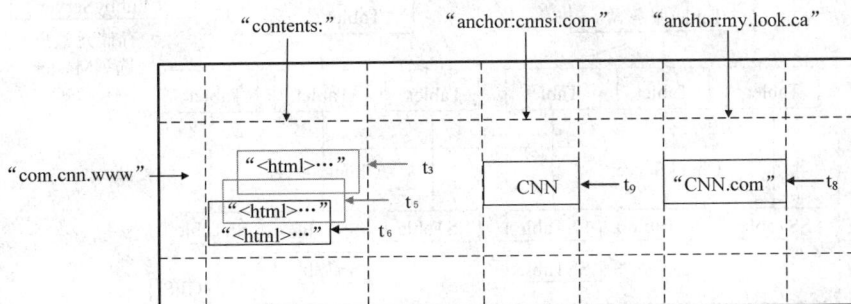

图 4.21　Bigtable 示例：Webtable

1）行

Bigtable 的行关键字可以是任意字符，最大长度为 64KB。表中数据根据行关键字按字典序排序。如果表中数据过多，会被分成包含多行的一个或多个分区，每个分区叫作 Tablet（子表）。Bigtable 中，Tablet 是数据分布和负载均衡的最小单位。用户可以通过选择合适的行关键字，在数据访问时有效利用数据的位置相关性。比如，在 Webtable 中，通过将倒排的 URL 作为行关键字，把同一域名下的网页聚集起来组织成连续的行。

2）列族及列

Bigtable 将多个列关键字组成的集合叫作列族（column family），存放在同一列族下的数据的类型通常相同。列族是 Bigtable 进行访问控制的基本单位，权限在列族级别上进行设置，磁盘和内存的使用情况也是在列族层面进行统计。列族需要在创建表时预先定义，但其中包含的列限定符（column qualifier）无须预先定义。

Bigtable 中，列名的命名语法为：column family : qualifier。其中，列族的名字必须是可打印字符，qualifier 的名字可以任意。比如，Webtable 中，列族 anchor 的每一个 qualifier 代表一个锚链接，表示引用该行对应网页的网站名；每列的数据项是超链接文本。

3）时间戳

Bigtable 中，每个 value 都可以包含多个不同的版本，不同版本数据使用时间戳进行索引，时间戳的数据类型为 64 位整数。不同版本数据按照时间戳倒序排列，即最近的数据放在最前面。

2. Bigtable 的体系结构

Bigtable 使用 GFS 存储数据和日志文件，同时依赖于 Chubby。通常，Bigtable 集群运行在共享的机器池中，这些机器可能还同时运行着 Google 的其他分布式应用。Bigtable 的体系结构如图 4.22 所示。

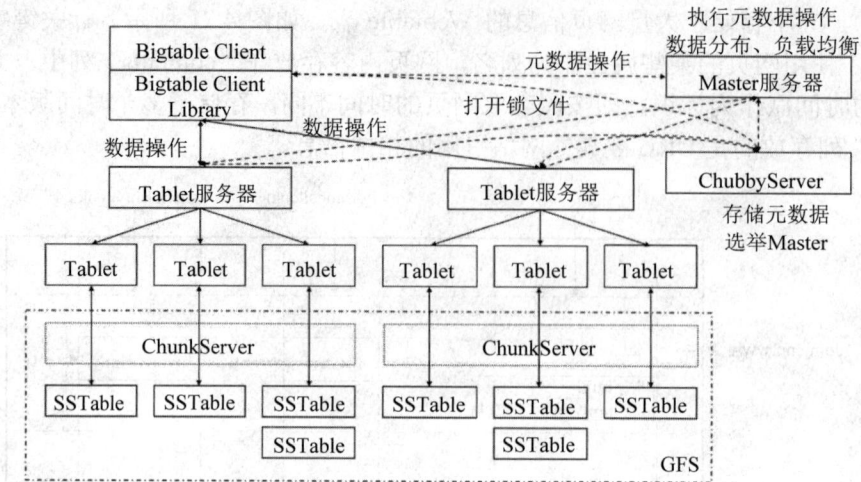

图 4.22 Bigtable 的体系结构

Bigtable 系统由客户端程序库（Client）、唯一的主控服务器（Master 服务器）和多个 Tablet 服务器组成。

① 客户端程序库为应用程序提供访问 Bigtable 的接口，包括对表数据单元进行 CRUD 操作的 API。客户端使用 Chubby 获得 Bigtable 的元数据，但直接和 Tablet 服务器交互完成数据操作。

② Master 服务器负责管理所有的 Tablet 服务器，包括为 Tablet 服务器分配 Tablet、检测 Tablet 服务器状态、对 Tablet 服务器进行负载均衡等。除此以外，Master 服务器还负责处理建立表、列族等模式操作。

③ Tablet 服务器负责 Tablet 的加载、卸载、数据读写及 Tablet 的合并与分裂等。每个 Tablet 服务器上保存的 Tablet 数量通常为 100 个左右。

Bigtable 表中的数据按照行关键字全局排序，用户表被切分为 100～200MB 大小的一个或多个 Tablet，每个 Tablet 是多行的集合。每个 Tablet 由一个或多个 SSTable 格式的文件组成。SSTable 是一个持久化的、排序的、不可更改的 Map 结构，而 Map 是一个 key-value 映射的数据结构，key 和 value 的值都是任意的字节串。SSTable 支持的操作包括：查询与一个 key 值相关的 value，或者遍历某个 key 值范围内的所有 key-value 对。

Chubby 底层的核心算法是 Paxos，只要一半以上的节点不发生异常就可以正常提供服务。一般情况下，Chubby 的典型部署模式为"两地三中心五副本"，即在同城的两个数据中心各部署两个副本，在异地的一个数据中心中部署一个副本。

Bigtable 使用 Chubby 完成的任务包括：确保任何时间系统中最多只有一个 Master 服务器；存储 Bigtable 系统引导信息；查找 Tablet 服务器，以及在 Tablet 服务器失效时进行处理；存储 Bigtable 的模式（每张表的列族信息）；访问存储控制列表；等等。如果 Chubby 长时间无法访问，Bigtable 就会失效。

3. Tablet 的定位

Bigtable 使用了三层结构来存储 Tablet 的位置信息，如图 4.23 所示。第一层是一个存储在 Chubby 中的文件，包含了 Root Tablet 的位置。第二层是 Root Tablet，Root Tablet 比较特殊，永远不会分裂。Root Tablet 中有一个特殊的 METADATA 表，存储了所有 Bigtable 的 Tablet 的位置信息。其中，Root Tablet 是 METADATA 表的第一个 Tablet。第三层为其他的 METADATA 表的 Tablet。每个 METADATA Tablet 包含了一组用户表的 Tablet 的位置信息。

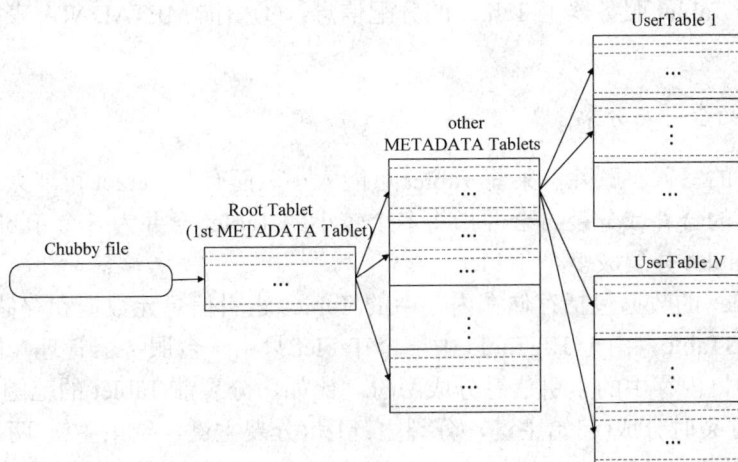

图 4.23　Tablet 位置信息的层次结构

METADATA 表本质上也是一个 Bigtable 表，因此，METADATA 表也由一个或多个 Tablet 组成。METADATA 表中，每个 Tablet 的位置信息都存放在一个行关键字下面，该行关键字由 Tablet 所在表的标识符和 Tablet 的最后一行的行关键字编码而成。每个 Tablet 在 METADATA 表中占据一行。

客户端查询数据时，首先从 Chubby 文件读取 Root Tablet 的位置，然后从 Root Tablet 中获得 METADATA 表 Tablet 的位置，最后从 METADATA 表 Tablet 中得到用户表 Tablet 的位置。

为了减少位置查询所需的时间，客户端会缓存 Tablet 的位置信息。在缓存中没有查到或者缓存信息过期时，客户端会向层次结构查询。

4. Tablet 分配

Bigtable 中，一个 Tablet 在任何时刻只会分配给一个 Tablet 服务器。Master 服务器在内存中维护系统中的活跃 Tablet 服务器、Tablet 和服务器的映射关系、未分配的 Tablet 等元数据。如果一个 Tablet 还没有被分配，并且刚好有一个 Tablet 服务器有足够的空间装载该 Tablet 时，Master 向这个 Tablet 服务器发送装载请求，把 Tablet 分配给该 Tablet 服务器，对该 Tablet 的具体数据操作由该 Tablet 服务器全权负责。

Bigtable 使用 Chubby 跟踪 Tablet 服务器的状态。一个 Tablet 服务器启动时在 Chubby 的指定目录下创建一个具有唯一性名字的文件，并且获得一个该文件的排他锁。Master 服务器实时监控 Chubby 的指定目录，以及 Tablet 服务器的加入、退出等。

Master 轮询 Tablet 服务器文件锁的状态，检查 Tablet 服务器是否还在提供服务。如果一个 Tablet 服务器不再提供服务，Master 将重新分配该 Tablet 服务器所负责的 Tablet。

Master 服务器启动时执行如下操作：①从 Chubby 获取唯一的 Master 锁，用来阻止创建其他的 Master 服务器实例，保证系统中只有一个 Master；②扫描 Chubby 指定目录下的文件锁，获取正在运行的 Tablet 服务器列表；③与所有正在运行的 Tablet 服务器通信，获取每个 Tablet 服务器上 Tablet 的分配信息；④扫描 METADATA 表，获取所有的 Tablet 的集合。

5. Tablet 的合并与分裂

随着数据的写入、删除，某些 Tablet 可能太小，而有些 Tablet 可能太大。因此，需要进行 Tablet 的合并或分裂。合并指将多个较小的 Tablet 合并为一个 Tablet，分裂指将一个过大的 Tablet 分裂成多个 Tablet。

每个 Tablet 的数据包括存储在内存中的 Tablet 索引信息元数据和存储在 GFS 中的一个或多个 SSTable。由于 BigTable 中一个 Tablet 只由一台服务器管理，因此分裂比较简单，只需要将内存中的索引信息分成两份。比如，分裂前 Tablet 的范围为(起始主键，结束主键]，分裂时分成(起始主键，分裂主键]和(分裂主键，结束主键]两部分。分裂操作相当于在 METADATA 表中增加一行。只要 METADATA 表修改成功，分裂操作就算成功。分裂操作完成后，Tablet 服务器向 Master 服务器报告。Bigtable 中，分裂操作由 Tablet 服务器发起，需要修改元数据。其中，METADATA 表的分裂需要修改 Root 表。

Tablet 的合并操作由 Master 服务器发起。由于待合并的多个 Tablet 可能被不同的 Tablet 服务器加载，所以合并的第一步需要将待合并的 Tablet 迁移到一个 Tablet 服务器中。Tablet 合并操作比较复杂，此处不再详述。

6. Tablet 的读写操作

如图 4.24 所示，Tablet 的持久化状态信息在 GFS 中存储，更新操作提交到日志中。最近提交的更新操作被放入叫作 memtable 的缓存中，当 memtable 增大到一定程度后，会被转存储到磁盘，生成 SSTable 文件。

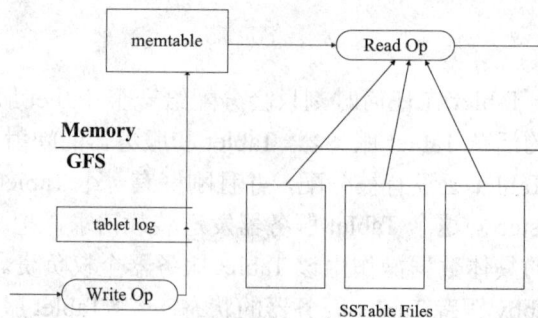

图 4.24 Tablet 的读写操作

为了恢复一个 Tablet，Tablet 服务器首先从 METADATA 表中读取其元数据，元数据包括组成这个 Tablet 的 SSTable 列表，以及一系列的 Redo Point。这些 Redo Point 指向可能包含该 Tablet 数据的已经提交的日志记录。Tablet 服务器把 SSTable 的索引读入内存，之后通过重放 Redo Point 之后提交的更新操作来重建 memtable。

执行数据写操作时，Tablet 服务器首先检查操作是否合法、发起者是否具有相应的权限。成功的操作记录在日志中，提交后的数据被插入 memtable 中。执行数据读操作时，Tablet 服务器首先进行完整性和权限检查。一个有效的读操作在一个由一系列 SSTable 和 memtable 合并的视图里执行。

7. 负载均衡

Tablet 是 Bigtable 负载均衡的基本单位。Tablet 服务器定期向 Master 服务器报告状态，Master 服务器负责 Tablet 服务器负载均衡。负载均衡涉及的操作就是将某个或某些 Tablet 从一个 Tablet 服务器迁移到另一个或一些 Tablet 服务器中。

Tablet 的迁移分为两步：第一步是请求原来的服务器卸载 Tablet；第二步是选择另一台负载较轻的服务器加载 Tablet。

8. Bigtable 的 API

Bigtable 提供了建立和删除表以及列族的 API 函数，还提供了修改集群、表和列族等元数据的 API。客户程序可以对 Bigtable 进行如下操作：写入或删除 Bigtable 中的值；从每个行中查找值；遍历表中的一个数据子集。下面的 C++程序使用抽象对象 RowMutation 对 Webtable 表进行了两个更新操作：为行"www.cnn.com"增加一个 anchor，删除另外一个 anchor。

```
//打开表 Webtable
Table *T = OpenOrDie("/bigtable/web/webtable");
//写入一个新 anchor，然后删除一个旧的 anchor
RowMutation r1(T, "com.cnn.www");
r1.Set("anchor:www.c-span.org", "CNN");
r1.Delete("anchor:www.abc.com");
Operation op;
Apply(&op, &r1);
```

下面的代码使用 Scanner 抽象对象遍历并显示一个行内（行关键字为"com.cnn. www"）所有 anchor 的行名、列名、时间戳及其值。

```
Scanner scanner(T);
ScanStream *stream;
stream = scanner.FetchColumnFamily("anchor");
stream->SetReturnAllVersions();
scanner.Lookup("com.cnn.www");
for(; !stream->Done(); stream->Next()) {
```

```
        printf("%s %s %lld %s\n", scanner.RowName(),
                stream->ColumnName(),
                stream->MicroTimestamp(),
                stream->Value());
    }
```

三、HBase

HBase 是一个高可靠、高性能、面向列、可扩展的分布式存储系统，其计算和存储能力取决于 Hadoop 集群的规模和性能。

HBase 是 Google Bigtable 的开源实现。Google Bigtable 利用 GFS 作为文件存储系统，HBase 利用 HDFS 作为文件存储系统；Google 运行 MapReduce 处理 Bigtable 中的海量数据，Hadoop 利用 MapReduce 处理 HBase 中的海量数据；Google Bigtable 使用 Chubby 作为协同服务，HBase 使用 ZooKeeper 作为协同服务。

HBase 介于 NoSQL 和 RDBMS 之间，仅支持通过主键（行关键字，row key）和主键范围（range）检索数据。与 Bigtable 一样，HBase 仅支持单行事务。

HBase 有如下特点。

① 大：一个表可以有数十亿行和上百万列。

② 面向列：面向列（族）的存储和权限控制，列（族）独立检索。

③ 稀疏：值为空（null）的列并不占用物理存储空间。

④ 无模式：每行都有一个可排序的行关键字和任意多的列，列可以根据需要动态增加，同一张表的不同行可以有截然不同的列。

⑤ 数据多版本：每个值可以有多个版本，默认情况下版本号自动分配，即单元格数据插入时的时间戳。

⑥ 数据类型单一：HBase 中的数据都是字符串，没有数据类型。

1. 数据模型

HBase 使用的数据模型与 Bigtable 非常相似，将数据按照表、行和列进行存储。访问 HBase 中的数据行有三种方式：通过单个 row key 访问；通过 row key 的范围（range）访问；全表扫描。

HBase 的数据模型的表示可以采用表格、多维映射、key-value 形式。以表格形式描述 HBase 的数据模型时，HBase 数据库包含一个或多个表，每个表中包含一行或多行数据，每行包含一个可排序的行关键字和多个列族（column family），每个列族包含多个列（column）。行关键字相当于 RDBMS 中的主键。HBase 的列族需要在创建表时预先定义，但其中包含的列限定符（column qualifier）无须预先定义。图 4.25 为 HBase 表的一个例子。

每个单元格（cell）包含多个
版本的值。通常，值的版本为
插入的时间戳

		Timestamp1	Timestamp2	
	Column Family - **Personal**		**Column Family -Office**	
Row Key	**Name** **Residence phone**		**Phone**	**Address**
00001	John	415-111-1234	415-212-5544	1021 Market St
00002	Paul	408-432-9922	415-212-5544	1021 Market St
00003	Ron	415-993-2124	415-212-5544	1021 Market St
00004	Rob	818-243-9988	408-998-4322	4455 Bird Ave
00005	Carly	206-221-9123	408- 998 -4325	4455 Bird Ave
00006	Scott	818-231-2566	650- 443-2211	543 Dale Ave

表中的行按
row key的
字典序排序

Cells

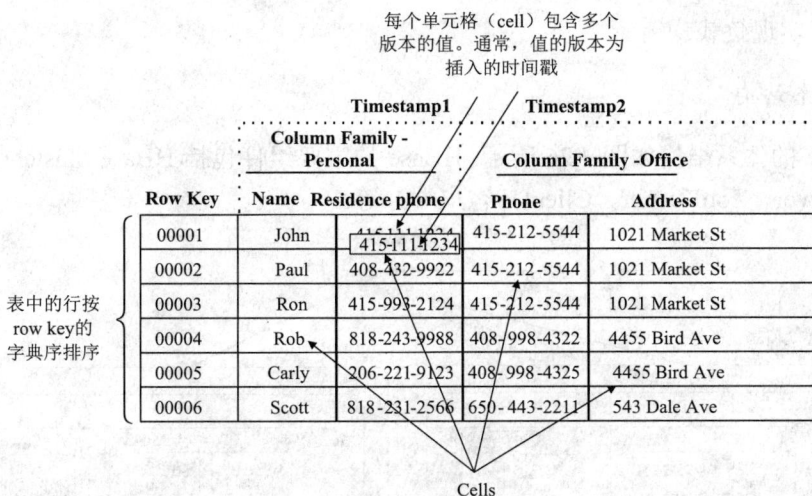

图 4.25 HBase 表示例

该表包含 6 个数据行，所有行按行关键字顺序存储；每行包含两个列族：Personal 和 Office；每个列族包含两列，列族 Personal 包含 Name 和 Residence phone 两列；列族 Office 包含 Phone 和 Address 两列。

HBase 中，包含数据的实体叫作单元（cell）。cell 的索引为

```
(row key, column family:qualifier)
```

在一个 cell 中可以存储多个不同时间版本的数据，不同版本的数据按照时间戳倒序排列，即最近的数据放在最前面。

HBase 中存储的数据，即值（value），为未经解释的字符数组，value 的索引为

```
(row key, column family:qualifier, timestamp)
```

2. Region

HBase 表在行的方向上分割为一个或多个子表，叫作 Region，Region 是 HBase 分布式存储和进行负载均衡的最小单位。Region 是数据行的集合，一个 Region 包含表中所有 row key 位于 Region 的[起始键值，结束键值)之间的数据行。Region 的含义和 Bigtable 的 Tablet 相同。每个表在开始时只有一个 Region，随着数据不断被插入表中，Region 会不断增大。当 Region 增大到一个预先设定的阈值后，一个 Region 会被分裂成两个 Region。HBase 表的不同 Region 分布在不同的 Region Server 中，但一个 Region 不会被拆分到多个 Region Server 上。

每个 Region 由一个或多个 Store 构成。每个 Store 由一个位于内存中的 MemStore 和 0 到多个位于磁盘上的 StoreFile 组成。每个 Store 保存一个列族，每个 StoreFile 以 HFile 格式存储在 HDFS 中。写操作时，首先写入 MemStore 中，当 MemStore 中的数据量达到某个阈值后，Region Server 将数据写入 StoreFile 中。当 StoreFile 的大小超出某个阈值后，Region Sever 负责将其分割成两个 Region，由 HMaster 分配给相应的 Region

Server，以实现负载均衡。

3. 体系结构

HBase 的体系结构如图 4.26 所示。HBase 的主要组件包括 HBase Master（HMaster）、Region Server、ZooKeeper、Client（客户端）等。

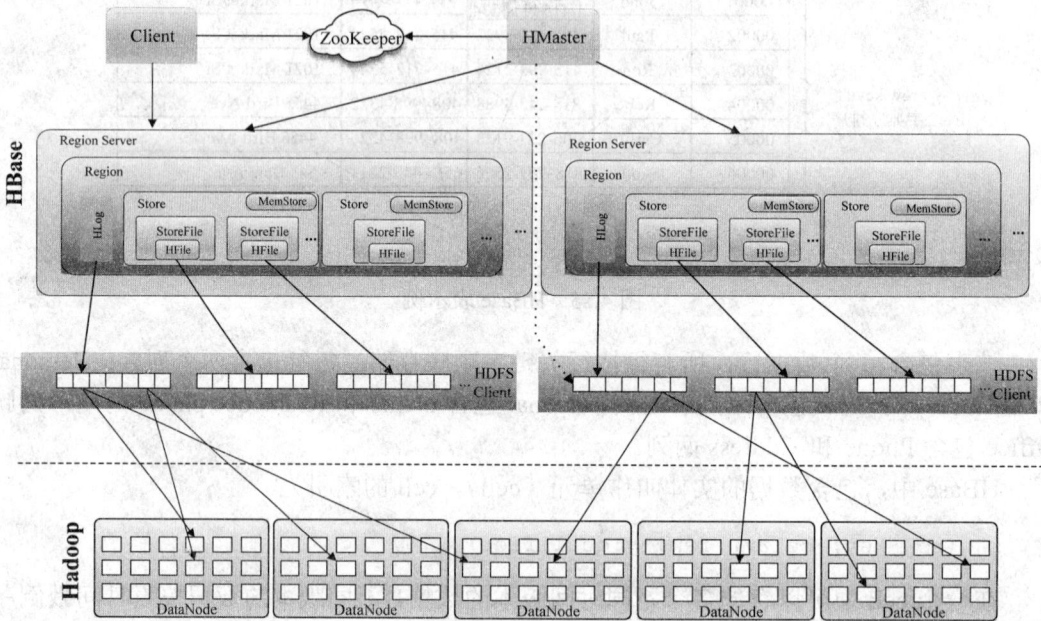

图 4.26　HBase 体系结构

1）HMaster

HMaster 的作用包括：为 Region Server 分配 Region；负责 Region Server 间的负载均衡；监测 Region Server 的状态，并在 Region Server 异常时重新分配其负责的 Region；管理用户对 HBase 表的增、删、改等操作。

HBase 允许集群中同时存在多个 Master，但是任意时刻只有一个 Master 提供服务，即处于活动（active）状态，其他 Master 处于待命状态。当活动 Master（即 HMaster）宕机时，其他 Master 通过 ZooKeeper 选举出一个新的活动 Master 接管 HBase 集群。

2）Region Server

Region Server 负责维护 Region，处理客户对其所负责 Region 的读写操作请求。如果 Region 过大，Region Server 负责对 Region 进行分割。通常，一个 Region Server 管理的 Region 数量不超过 1000 个。

HBase 中的数据实际存储在 Region Server 中，因此，Region 是 HBase 可用性和数据分布的基本单位。如果一个表很大并由多个列族组成，表中的数据将存放在多个 Region 中。

Region Server 由如下几个部分组成。

① WAL（write ahead log，预写日志系统）。WAL 是 Region Server 处理插入、删除

数据时记录操作日志的一种机制，即 Region Server 首先将插入、删除的数据写入到日志文件（即 HLog）中，并且只有日志写入成功后才会将数据写入 MemStore 中。

② Block Cache（读缓存）。Region Server 将经常被读取的数据存储在内存中，目的是提高数据读取效率。

③ MemStore（写缓存）。存储已经写入 HLog 中但尚未写入磁盘的数据。MemStore 中的数据在写入磁盘之前，会先进行排序。HBase 中，Region 的每个列族对应一个 MemStore。

④ HFile。HFile 存储在磁盘上，根据行关键字（row key）按序存储数据行。

3）ZooKeeper

HBase 利用 ZooKeeper 维护集群中节点状态并协调整个分布式系统的工作。ZooKeeper 的主要作用包括：保证任意时刻 HBase 集群中只有一个 HMaster；存储所有 Region 的寻址入口；实时检测 Region Server 的上线、下线信息，并通知 HMaster；存储 HBase 的 schema 和元数据。

每个 Region Server 在 ZooKeeper 中通过心跳信息维护其状态，HMaster 通过监控 ZooKeeper 中 Region Server 的状态信息来检测其工作状态并发现异常 Region Server。

Master 之间经过竞争在 ZooKeeper 中建立临时节点（znode）进行活动 Master（即 HMaster）选举，ZooKeeper 会选出第一个建立成功的 Master 作为活动 Master。任意时刻，HBase 集群中只有一个 Master 处于活动状态，活动 Master 也会定期向 ZooKeeper 发送心跳信息以表明自己的工作状态。

若 Region Server 或活动 Master 不能成功向 ZooKeeper 发送心跳信息，则在其与 ZooKeeper 的连接超时以后，与之相应的节点被从 ZooKeeper 中删除。

4）Client

HBase 的客户端包含访问 HBase 的接口，维护 Cache 来加快对 HBase 的访问。

4. Region 定位

HBase 的数据分布包括两个层次：第一层是 row key 映射到 Region；第二层是 Region 映射到 Region Server。数据按 row key 划分到 Region，称作数据的逻辑分布。将 Region 分配到 Region Server，称作数据的物理分布。

数据的逻辑分布，即 row key 和 Region 的映射关系；存储在 META 表中。META 表中存储了所有用户空间的 Region 列表，以及 Region 所在的 Region Server 的地址等信息。随着 Region 的增多，META 表中的数据也会增多，HBase 会将 META 表分裂成多个 Region。为了定位 META 表中各个 Region 的位置，HBase 将 META 表的所有 Region 的元数据保存在 Root 表中，最后由 ZooKeeper 保存 Root 表的位置信息（/hbase/rs）。

Client 在读写数据前应有 Root 表的位置信息，无论是在本地缓存中，还是向 ZooKeeper 请求。然后，通过 Root 表获得 META 表的位置，最后根据 META 表中的信息查找用户数据 Region 存放的 Region Server。

与 Bigtable 类似，HBase 的 Root 表其实是 META 表的第一个 Region，并且永远不会分裂。这样，可以保证最多只需要三次跳转就可以定位到任意一个 Region。为了加快访问速度，META 表的所有 Region 的元数据均保存在内存中。Client 会将查询到的位置信息缓存起来，且缓存不会主动失效。

HBase 中，META 表的结构是一个 key-value 对：<key, value>。其中，key 中包含表名、起始 row key、range 等信息，value 为 Region Server 的位置信息等。

ZooKeeper 以文件形式保存 Root 表的位置信息。当用户第一次在 HBase 中进行读写操作时，操作步骤如下。

① Client 从 ZooKeeper 获得 Root 表的位置，缓存 Root 表的位置信息。

② Client 联系负责 Root 表的 Region Server，获得保存 META 表的 Region Server 信息，缓存 META 表位置信息。

③ Client 向 Region Server 查询负责管理要访问的 row key 所在 Region 的 Region Server 地址，缓存 Region Server 的位置信息。

④ Client 与负责 row key 所在 Region 的 Region Server 进行通信，实现数据行读操作。

当 Client 以后继续访问 row key 对应的数据行时，首先会在缓存中寻找相应的 Region Server 信息，若查不到或相应的 Region Server 不可达，Client 会重新访问 META 表获得相应的 Region Server 信息，在负责 META 表的 Region Server 异常后会通过 ZooKeeper 重新定位 Root 表。

5. HBase 数据写入流程

① 当 Client 向 Region Server 发出写操作请求后，Region Server 首先将数据写入 HLog 中。HLog 的写操作为顺序写入，即新写入的数据被追加到 HLog 文件末尾。HLog 被保存在磁盘上，这样，当 Region Server 异常后可以使用 HLog 恢复尚未被写入 HBase 中的数据。

② 数据被成功写入 HLog 后，Region Server 将数据写入 MemStore 中。此时，Region Server 通知 Client 写操作成功。

MemStore 存在于内存中，其中存储着按 row key 排好序的待写入磁盘的数据。HBase 中，每个列族对应一个 MemStore。当 MemStore 积累了足够多的数据之后，整个 MemStore 的数据会被一次性写入一个新 HFile 中。因此，一个列族可能对应于多个 HFile 文件。每个 HFile 中最大的 row key 作为元数据存储在 HFile 文件中，这个 row key 表明了之前的数据向磁盘存储的行关键字终止点和接下来要继续存储的行关键字开始点。当一个 Region 被加载时，Region Server 会读取每个 HFile 中的元数据以获得当前 Region 的最新操作序号。

6. HBase 数据读取流程

HBase 中，对应某一行的 cell 可能位于多个不同的文件或磁盘中。比如，已经写入磁盘的数据在 HFile 中，新写入或更新的数据位于内存中的 MemStore 中，最近读取过的数据可能位于内存中的 Block Cache 中。因此，当客户读取数据行时，Region Server 需要根据缓存、MemStore 以及磁盘上 HFile 中的数据进行合并操作，具体流程为：Region Server 首先从 Block Cache 中寻找所需要的数据；若 Block Cache 中没有，则从 MemStore

中寻找数据，MemStore 作为写缓存，其中包含了最新版本的数据；如果从 Block Cache 和 MemStore 中都没有找到相应的 cell 数据，Region Server 根据 row key 从相应的 HFile 中读取目标行的 cell 数据。

7. 备份与恢复

1）数据备份

HBase 基于 HDFS 提供可靠的数据存储。当数据以 HFile 格式写入 HDFS 中时，多个副本分别写入多个 DataNode 中。

2）异常恢复

Region Server 中的 WAL 和 HFile 都存储在 HDFS 系统的磁盘上，均有多个副本。因此，WAL 和 HFile 的恢复比较容易。但 Region Server 异常后，内存中的 MemStore 恢复是一个问题。

Region Server 异常后，其所管理的 Region 在异常被发现并被修复之前是不可访问的。HBase 中，ZooKeeper 根据 Region Server 的心跳信息检测其工作状态。当某个 Region Server 出现异常或下线后，ZooKeeper 向 HMaster 发送通知。HMaster 收到通知后将进行恢复操作。

首先，HMaster 将异常 Region Server 负责的 Region 分配给其他工作正常的 Region Server；然后，将异常 Region Server 的 WAL 分割并分配给新的 Region Server 进行存储。新 Region Server 会读取并顺序执行 WAL 中的数据操作，从而重新创建相应的 MemStore。

8. HBase 的访问接口

HBase 提供了多种访问接口。其中，最常规和高效的访问方式是 Native Java API。除此以外，HBase 还提供了对 HBase 进行管理的 Shell 接口，通过 HTTP API 访问 HBase 的 REST Gateway 等接口。关于 HBase 的访问接口，请参考 HBase 官方文档，此处不再详述。

习　题

1. 分布式系统是自主计算机通过网络连接构成的系统。"自主计算机"的含义是什么？
2. 简述 CAP 理论，证明其正确性。
3. 中心化一致性协议和分布式一致性协议各有什么优缺点？
4. 分布式文件系统中，文件被分成数块。确定数据块尺寸时需要考虑哪些因素？大、小数据块尺寸有什么优缺点？
5. 简单描述 Paxos 的工作过程。
6. Paxos 是如何解决 2PC 协议的同步阻塞问题的？

7. Paxos 算法在 Google Chubby 中的主要作用是什么？

8. 分布式协调服务的主要作用是什么？

9. 简述 Google GFS 的基本架构。

10. 简述 Apache HDFS 的基本架构。

11. 简述 Ceph 的基本架构及主要组件的作用。

12. Ceph 的主要特点有哪些？

13. 简述 Ceph 数据复制策略的基本思想。

14. Google GFS 中，租约机制是如何应用的？

15. Quorum 机制的主要作用和优缺点有哪些？

16. 简述 ZooKeeper 的主要应用场景。

17. 一致性哈希的基本思想是什么？一致性哈希能彻底解决数据倾斜问题吗？解决数据倾斜问题的较好方法是哪一种？为什么？

18. 举例说明 Google GFS、Apache Hadoop 的数据写入流程。

19. Google GFS 在数据写入时采用了分离控制流和数据流的方法，这样做的好处是什么？

20. 简述 Apache HDFS 机架感知策略的作用及其基本的实现方法。

21. 简述 Google Bigtable 的数据模型、系统结构。

22. 描述 Google Bigtable 的 Tablet 位置元数据的数据结构，并说明定位 Tablet 的具体过程。

23. 简述 Hadoop HBase 的数据模型及其系统结构。

24. 简述 Bigtable 和 HBase 的相同点和不同点。

25. 分布式系统的副本系数是非常重要的系统参数。确定副本系数时需要考虑的因素有哪些？实际应用中应如何平衡这些因素？

第五章 数 据 中 心

数据中心指用于安置计算机系统及相关部件的设施，其中既有集中处理、存储、传输、交换、管理数据的计算机设备、网络设备、存储设备，也有支持设备安全、稳定和可靠运行的供电系统、环境监控系统、智能化系统等基础设施。数据中心可以是一栋或几栋建筑物，也可以是一栋建筑物中的一部分。随着云计算和大数据的兴起，数据中心的数量不断增加，规模不断扩大，数据中心已经成为承载云计算的重要基础设施。

在本章中，首先介绍数据中心的评价和分级；然后介绍数据中心的选址、建筑与结构、功能区域划分，以及供配电系统、空调制冷系统、智能化系统等基础设施；接着介绍数据中心网络架构设计、网络设计；最后介绍软件定义网络、网络功能虚拟化和大二层网络技术等数据中心网络新技术。

第一节 数据中心的评价与分级

一、数据中心的评价

对数据中心的评价包括成本、可用性与可靠性、服务能力、能效、绿色环保等多个维度。

1. 成本

通常使用总体拥有成本（total cost of ownership，TCO）来描述数据中心的整体成本。TCO 涵盖资本性支出（capital expenditure，CapEX）和运营性支出（operating expenditure，OpEX）两部分。资本性支出指在固定资产和无形资产等方面的投入，用于购买和维修服务器、网络、存储等 ICT 设备以及供电系统、制冷系统等基础设施。其中，ICT 设备中服务器的支出比重最大，占 60%～70%。运营性支出指数据中心的运行费用与开销，主要包括基础设施（建筑、土地等）成本摊销或租金、设备折旧费、水电费、网络通信费、人力费、税费及财务费、保险费等，其中，电力和散热能耗占比最大。

云计算技术和应用的发展同时推动了大型数据中心的发展，数据中心产业的集中化、规模化趋势越来越明显。一方面，数据中心规模增大，TCO 相应增加，进入数据中心市场的门槛越来越高，中小规模运营商的机会越来越小；另一方面，运营商需要通过扩大数据中心规模并有效控制运营成本来获得竞争优势，推动数据中心不断提高能源利用效率，运营性支出占比相对降低。根据 *Science* 期刊文章"Recalibrating global data center energy-use estimates"（2020 年 2 月）数据，2010—2018 年，全球数据中心需求增长了550%，但数据中心能源消耗仅增长了 6%，这得益于各种新技术带来的能源利用效率的提升。

2. 可用性与可靠性

简单来说，可用性是一个系统或设备处在可工作状态（或正常运行状态）时间的比例。可用性的计算公式为

$$可用性=正常运行时间/（正常运行时间+故障停机时间） \tag{5.1}$$

其中，正常运行时间就是平均故障间隔时间（mean time between failures，MTBF），指系统或设备的平均连续无故障时间；故障停机时间为平均故障恢复时间（mean time to recovery，MTTR）。MTTR 描述系统或设备由故障状态转为正常工作状态时恢复/修复时间的平均值，包括故障确认时间、获得配件时间、维修/替换时间、系统/设备重启时间等。

可靠性指系统或设备在规定条件下和规定时间内无差错地完成规定任务的概率。一般情况下，可靠性越高，平均正常运行时间越长。

可用性和可靠性两个概念既有关联，又有不同。可用性是用户感知系统或设备可靠性的主要因素，但可用性高并不一定意味着可靠性高。例如，一台设备一年中发生 315次故障，每次故障的平均恢复时间为 1s；另一台设备一年中发生 1 次故障，故障恢复时间为 5.3min。这两台设备的可用性都是 0.999 99，但第一台设备的平均正常运行时间为0.0032 年，第二台设备的平均正常运行时间为 1 年。显然，第二台设备的可靠性高于第一台设备。

3. 服务能力

《信息技术服务　数据中心服务能力成熟度模型》（GB/T 33136—2016）从实现收益、控制风险、优化资源等方面出发，确立了数据中心的目标及实现这些目标应具备的服务能力，并将数据中心的服务能力成熟度划分为起始级、发展级、稳健级、优秀级和卓越级五个级别，如图 5.1 所示。每个成熟度级别表明数据中心服务能力所达到的水平。

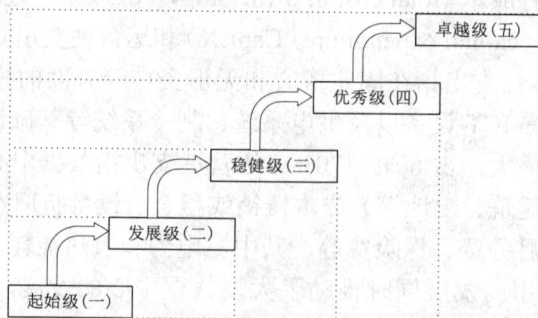

图 5.1　数据中心服务能力成熟度级别

数据中的服务能力包括战略发展、运营保障、组织治理三大能力域，每个能力域由若干能力子域构成，每个能力子域由若干能力项构成。通过能力要素分解为服务能力评

价指标，加权平均形成能力项的成熟度，进而得到数据中心的服务能力成熟度。能力要素包括人员、过程、技术、资源、政策、领导、文化等。数据中心服务能力成熟度模型如图 5.2 所示。

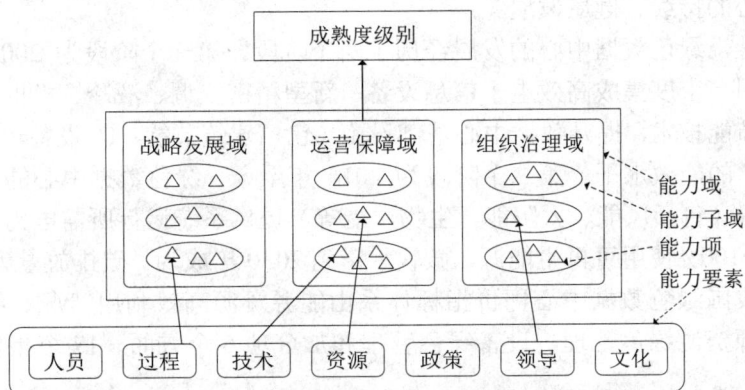

图 5.2　数据中心服务能力成熟度模型

4. 能效

数据中心运营几乎不需要人工干预，但耗电量却十分惊人。2021 年 3 月，Supermicro 发布的《数据中心与环境——2021 年度绿色数据中心现状分析报告》指出，全球数据中心能耗已经占到全球发电总量的近 3%，并且随着数字化转型步伐的加快，将很快突破 8%。据统计，2022 年我国数据中心总耗电量 2700 亿千瓦时，占社会总用电量的 3%。预计到 2025 年，这一占比将达到 4.05%。

目前，评价数据中心能源利用效率的主要指标是电能利用效率（power usage effectiveness，PUE）。PUE 为数据中心总体能耗与 IT 设备能耗的比值，即

$$PUE=数据中心总体能耗/IT\,设备能耗 \tag{5.2}$$

其中，数据中心总体能耗为数据中心消耗的所有电能，包括 IT 设备运行能耗、传输损耗、制冷/空调设备能耗、照明及其他能耗；IT 设备能耗指数据中心内提供 IT 服务的所有设备的能耗，包括计算、存储、网络等设备。PUE 越接近 1，电能利用效率越高。需要指出的是，PUE 仅用于衡量数据中心的能源利用效率，并不受 IT 设备自身的低功耗设计、节能等因素影响。因此，PUE 并不能代表数据中心的整体能效。

影响数据中心 PUE 的因素主要包括基础设施能耗和 IT 设备能耗。其中，空调制冷系统能耗约占 40%，IT 设备能耗占 40%~50%。目前，国外先进的数据中心的 PUE 值通常小于 2，谷歌的数据中心 PUE 值为 1.2 左右。我国大部分数据中心的 PUE 值为 2~3。《工业和信息化部等七部门关于印发信息通信行业绿色低碳发展行动计划（2022—2025 年）的通知》（工信部联通信〔2022〕103 号）指出，到 2025 年，全国新建大型、超大型数据中心 PUE 降到 1.3 以下。

5. 绿色环保

数据中心发展步伐加快，电力需求不断增长，温室气体排量、水资源消耗量也随之

增加，加上设备废弃造成的污染，导致数据中心的发展在资源和环境方面面临巨大挑战，绿色数据中心已经成为数据中心发展的必然。为此，我国推出了一系列推进绿色数据中心建设的措施，目的是引导数据中心沿"高效、低碳、集约、循环"的绿色发展道路，实现数据中心的持续、健康发展。

迄今为止，绿色数据中心的发展经历了两个阶段。第一个阶段为 2007—2014 年，主要通过采用高密度集成高效电子信息设备、新型精密空调、液冷、机柜模块化、余热回收利用等节能技术，提升数据中心基础设施（包括建筑节能、IT 设备、供电系统、空调制冷系统）的能效水平。第二个阶段为 2014 年至今，绿色数据中心的发展转向了采用可再生能源（包括风能、太阳能、生物质能等）提供系统运行所需电力。亚马逊承诺到 2025 年将 100%使用可再生能源，微软承诺到 2030 年成为"碳排放量为负"的公司。

目前，我国绿色数据中心评价指标体系由能源资源高效利用情况、绿色设计及绿色采购、能源资源绿色管理、设备绿色管理和加分项 5 个方面、17 个指标项组成，如表 5.1 所示。

表 5.1　绿色数据中心评价指标体系

评价方面	序号	指标	权重分值
一、能源资源高效利用情况	1	电能利用效率（PUE）	60
	2	设计指标达标情况	3
	3	IT 设备负荷使用率	3
	4	可再生能源使用比率	2
	5	水资源使用率	2
二、绿色设计及绿色采购	6	绿色先进适用技术产品应用	7
	7	清洁能源利用系统	5
	8	绿色采购	2
三、能源资源绿色管理	9	能源使用管控	4
	10	水资源使用管控	2
	11	节能诊断服务	2
	12	第三方评测	2
四、设备绿色管理	13	电器电子产品有害物质限制使用管理	2
	14	废旧电器电子产品处理	2
	15	废弃物处理	2
五、加分项	16	可再生能源电力消纳、绿色电力证书消费、余热回收、电池梯级利用等综合能源利用	3
	17	标准等绿色公共服务	2

国际上，知名的绿色数据中心评估机构有美国的 Uptime Institute、LEED 等。其中，LEED 在建筑节能评估认证方面的影响较大。

二、数据中心的分级

通常，按照可用性、可靠性及运维管理服务能力将数据中心划分为多种等级。国内外的数据中心等级划分和认证标准有所不同。

1. 我国数据中心等级划分标准

《数据中心设计规范》（GB 50174—2017）是我国现行的数据中心设计标准。按照数据中心的使用性质、数据丢失或网络中断在经济或社会上造成的损失或影响程度，将数据中心划分为 A、B、C 三个等级。

1) A 级

如果电子信息系统运行中断将造成重大的经济损失，或造成公共场所秩序严重混乱，数据中心应为 A 级。

A 级数据中心的基础设施宜按容错系统配置，在电子信息系统运行期间，基础设施应在一次意外事故后或单系统设备维护或检修时仍能保证电子信息系统正常运行。意外事故指操作失误、设备故障、电源中断等。容错系统指具有两套或两套以上的系统在同一时刻至少有一套系统在正常工作。按容错系统配置的基础设施，在经受住一次严重的突发设备故障或人为操作失误后，仍能满足电子信息设备正常运行的基本需求。

A 级数据中心中，电子信息设备供电可采用不间断电源系统（uninterruptible power system，UPS）和市电电源系统相结合的方式，并同时满足下列要求。

① 设备或线路维护时，应保证电子信息设备正常运行。

② 市电直接供电的电源质量应满足电子信息设备正常运行的要求。

③ 市电接入处的功率因数应符合当地供电部门的要求。

④ 柴油发电机系统应能够承受容性负载的影响。

⑤ 向公用电网注入的谐波电流分量（方均根值）不应超过现行国家标准《电能质量 公用电网谐波》（GB/T 14549—93）规定的谐波电流允许值。

2) B 级

如果电子信息系统运行中断将造成较大的经济损失，或造成公共场所秩序混乱，数据中心应为 B 级。

B 级数据中心的基础设施应按冗余要求配置，在电子信息系统运行期间，基础设施在冗余能力范围内，不应因设备故障而导致电子信息系统运行中断。冗余指重复配置系统的一些或全部部件，当系统发生故障时，冗余配置的部件介入并承担故障部件的工作，由此延长系统的平均故障间隔时间。

3) C 级

不属于 A 级或 B 级的数据中心应为 C 级。C 级数据中心的基础设施应按基本需求配置，在基础设施正常运行情况下，应保证电子信息系统运行不中断。基本需求指系统没有冗余，只满足基本需求。

2. 国际正常运行时间协会的 Tier 等级认证标准

国际正常运行时间协会（Uptime Institute）的 Tier 等级认证是数据中心基础设施可用性、可靠性以及运维管理服务能力的权威认证，在业内得到了广泛认可。

Uptime Tier 等级认证标准包括 *Data Center Site Infrastructure Tier Standard: Topology* 和 *Data Center Site Infrastructure Tier Standard: Operational Sustainability*。Uptime Tier 等级基于以上两个标准，主要是为了一致地描述维持数据中心运营所需的机房级基础设施，而不是单个系统或子系统的特征。数据中心依赖于电气、机械和建筑物系统成功且一体化的运营，针对不同 Tier 等级的要求，所有子系统和系统必须始终具有相同的数据中心正常运行时间目标。因此，整个数据中心的 Tier 等级受制于影响正常运营的最薄弱子系统。例如，如果数据中心的 UPS 配置为 Tier IV，冷水系统为 Tier II，则该数据中心的评级为 Tier II。

Uptime Tier 标准定义了四个等级，从低到高为 Tier I、Tier II、Tier III 和 Tier IV。其中，包含了确定是否符合等级定义的性能测试标准。关于用户最为关心的无故障时间，Tier I 平均每年有总和超过 1d 的故障时间，而最高等级的 Tier IV 只允许平均每年 48min 的故障时间。不同 Tier 等级标准的要求如表 5.2 所示。

表 5.2 Uptime Tier 等级

认证内容	Tier I	Tier II	Tier III	Tier IV
基础设施设备	N	$N+1$	$N+1$	$2N$
分配路径（供电）	1	1	1 个运行+1 个备用	2 个同时运行
可同时维护	否	否	是	是
容错性	否	否	否	是
区域分割	否	否	否	是
连续供冷	否	否	否	是

1）Tier I

Tier I 称为基本数据中心基础设施。Tier I 数据中心拥有非冗余容量组件，以及一个单一的非冗余分配路径为关键环境提供服务。Tier I 的基础设施包括 IT 系统的专用空间，平抑电源峰谷值和暂时中断的 UPS，专用冷却设备，避免 IT 功能长期受断电影响的发电机，以及用于现场发电（如引擎式发电机、燃料电池）的 12 小时现场燃料储备。

2）Tier II

Tier II 称为冗余机房基础设施容量组件。Tier II 数据中心拥有冗余容量组件，以及一个单一的非冗余分配路径为关键环境提供服务。冗余组件指额外的现场发电机系统、UPS 模块和能量存储、冷却机组、散热设备、泵、冷却装置和燃料箱，并且有支持"N"容量的 12 小时现场燃料储备。

3）Tier III

Tier III 称为可并行维护的机房基础设施。Tier III 数据中心拥有冗余容量组件，以及多个独立分配路径为关键环境提供服务。对于电力和机械分配系统，任何时候都只需一条分配路径为关键环境提供服务。其中，电力分配系统指从现场发电系统（如引擎式发电机、燃料电池）输出到 UPS 系统输入的电力分配路径，以及为关键机械设备服务的电力分配路径。机械分配系统指将热量从关键空间移到室外的分配路径。例如，冷却水管路、冷冻水管路、制冷剂管路等。

所有 IT 设备均为双电源供电，都合理安装以兼容机房架构的拓扑，并且有支持"N"容量的 12 小时现场燃料储备。

4）Tier Ⅳ

Tier Ⅳ 称为容错机房基础设施。Tier Ⅳ 数据中心拥有多个独立的物理隔离系统提供冗余容量组件，以及多个独立、多种不同、激活的分配路径同时为关键环境提供服务。

配置冗余容量组件和不同分配路径时，应符合如下原则。

① 任何基础设施出现故障后，应使"N"容量均能为关键环境提供电力和冷却。

② 所有 IT 设备均为双电源供电，且正确安装，与现场结构的拓扑相匹配。

③ 互为备份的系统和分配路径之间必须相互物理隔离（分割），以防任何单一事件同时对两套系统或两路分配路径造成影响。

④ 要求连续供冷。

⑤ 有支持"N"容量的 12 小时现场燃料储备。

3. 美国数据中心基础设施标准

Telecommunications Infrastructure Standard for Data Centers-Revision B（ANSI/TIA-942-B-2017）是美国的数据中心电信基础设施标准，2017 年 7 月经美国电信产业协会（TIA）和美国国家标准学会（ANSI）批准并颁布。

此标准中数据中心的分级与 Uptime Tier 认证等级基本一致，也是将数据中心分为 4 级。与 Uptime Tier 等级认证标准相比，此标准的分级规定更为细致和具体，分别从电信接入、选址、建筑结构、建筑类型、建筑布局、安全防范、电力、暖通空调、消防等基础设施的不同部分描述了不同等级对应的不同技术要求。与 Uptime Tier 等级认证不同，此标准允许分别对数据中心基础设施的不同部分进行评级和认证。如某数据中心评级为 $T_2E_3A_1M_2$，表示该数据中心的电信设施为 2 级（T_2），电气设施为 3 级（E_3），建筑设施为 1 级（A_1），机械设施为 2 级（M_2）。

此标准使用 1、2、3、4 代表数据中心基础设施的 4 个等级。

1）1 级（基本）

1 级数据中心的电源、制冷、通信等分配路径只有一条，组件或设备没有冗余，也不要求配置发电机，即使配置发电机，容量也只是要求能满足 UPS 和机械设施的需求即可，没有冗余容量要求。除此以外，基本型数据中心对物理安全控制的要求通常有限。

因此，1 级数据中心会由于计划内或计划外的分配路径或设备故障（如供电中断、设备或分配路径维护或故障等）而中断运行。

2）2级（冗余组件）

2级数据中心的电源、制冷、通信等分配路径只有一条，但要求组件或设备有一定的冗余配置；对关键设施的分区或隔离基本没有要求或要求很少；对物理安全控制只有基本要求；基础设施组件或设备可以按照制造商的要求定期进行预防性的维护，此时可以关闭组件或设备；要求按照 UPS 和机械系统容量配置发电机，但不要求容量冗余。

因此，2级数据中心仍然会由于计划内或计划外的分配路径故障（如供电中断、分配路径维护或故障等）而中断运行。但单个设备或组件的计划内维护或故障不会中断数据中心的正常运行。

3）3级（并行维护）

3级数据中心要求电源、制冷、通信等分配路径的配置至少为一条工作、一条备用，不要求每条分配路径中的组件或设备冗余配置；关键的电气、机械和通信设施应进行分区隔离；与2级数据中心相比，对物理安全控制有了进一步的要求。

3级数据中心的正常运行不会由于分配路径中的任意部分或任意单个设备故障和正常维护而中断。

4）4级（容错）

4级数据中心要求电源、制冷、通信等分配路径的配置至少为两条工作，不要求每条分配路径中的组件或设备冗余配置；要求关键的电气、机械和通信设施必须进行分区隔离；对物理安全控制的要求最高。

4级数据中心中，任意分配路径中的部分（设备或组件）在任意时间发生单点故障，不会对正常运行造成影响。

第二节　基　础　设　施

本节介绍数据中心的基础设施，包括数据中心的选址、建筑与结构、功能区域划分、供配电系统、空调制冷系统、智能化系统等。

一、数据中心的选址

数据中心的选址是一个重要问题，既要从侧重微观的技术层面考察周边环境与地理区位，从安全、便利等角度选定符合标准或规范的位置；还要考虑自然环境、运营成本、人才聘用、交通路网等问题，从宏观层面进行数据中心选址。

1. 技术要求

《数据中心设计规范》（GB 50174—2017）中对数据中心选址做出了基本规定，具体如下。

① 电力供给应充足可靠，通信应快速畅通，交通应便捷。

② 采用水蒸发冷却方式制冷的数据中心，水源应充足。

③ 自然环境应清洁，环境温度应有利于节约能源。

④ 应远离产生粉尘、油烟、有害气体以及生产或贮存具有腐蚀性、易燃、易爆物品的场所。

⑤ 应远离水灾、地震等自然灾害隐患区域。

⑥ 应远离强震源和强噪声源。

⑦ 应避开强电磁场干扰。

⑧ A级数据中心不宜建在公共停车库的正上方。

⑨ 大中型数据中心不宜建在住宅小区和商业区内。

不同等级数据中心的选址要求详见表5.3。

表5.3 数据中心选址要求

选址因素	A级	B级	C级	备注
距离停车场	不应小于20m	不宜小于10m	—	包括自用和外部停车场
距离铁路/高速公路	不应小于800m	不宜小于100m	—	不含铁路/高速公路公司自用数据中心
距离地铁	不宜小于100m	不宜小于80m	—	不含地铁公司自用数据中心
距离飞机场	不宜小于8000m	不应小于1600m	—	不包括机场自用数据中心
距离甲、乙类厂房和仓库、垃圾填埋场	不应小于2000m		—	不包括甲、乙类厂房和仓库自用数据中心
距离火药、炸药库	不应小于3000m		—	不包括火药、炸药库自用数据中心
距离核电站的危险区域	不应小于40 000m			不包括核电站自用数据中心
距离住宅	不宜小于100m			—
有可能发生洪水的区域	不应设置		不宜设置	—
地震断层附近或有滑坡危险区域	不应设置		不宜设置	—
从火车站、飞机场到达数据中心的交通道路	不应少于2条道路	—	—	—

注：表中"—"表示无具体值。

2. 区域选址

数据中心建设方通常根据业务需求综合评估数据中心所在区域的经济、交通、网络、资源、气候等条件。早期，数据中心基本集中在一线、沿海城市及周边。一方面，这些区域有优越的交通条件、优质的网络资源以及优秀的专业人才；另一方面，这些区域便于推广数据中心业务。

随着数据中心需求和规模的不断扩大，建设和运行成本成为建设方的主要考量指标。自然资源丰富、水电廉价的区域越来越受到青睐。

数据中心中的耗冷量不可小觑。利用自然冷源解决数据中心的散热问题有利于降低数据中心的运行成本，气候寒冷或者相对湿度较低的地区成了建设数据中心的热门选项，如我国的东北和西北地区。

为进一步高效解决制冷问题，数据中心的选址进一步扩展到了空气清新的高原地区。高原地区四季温度波动不大，不太冷也不太热，空气洁净，适合直接引入自然新风制冷。但是，数据中心巨大的散热量和耗水量对自然环境有负面影响。

随着经济社会的发展，以及高速铁路、城市轨道交通网络的不断完善，区域差异性在逐渐缩小，我国数据中心的选址呈现多样化趋势。

二、建筑与结构

数据中心可以是建筑中的一部分，也可以是整栋建筑或建筑群，还可以是集装箱、车辆、船舶等移动空间。

根据《数据中心设计规范》（GB 50174—2017）的规定，不同等级的数据中心对应的建筑与结构要求详见表 5.4。

表 5.4　数据中心的建筑与结构要求

项目	A 级	B 级	C 级	备注
抗震设防分类	不应低于乙类	不应低于丙类	不宜低于丙类	—
主机房活荷载标准值	组合值系数 Ψ_c=0.9；8～12 频遇值系数 Ψ_f=0.9；准永久值系数 Ψ_q=0.8			根据机柜的摆放密度确定荷载值
主机房吊挂荷载	1.2kN/m²			—
不间断电源系统室活荷载标准值	8～10kN/m²			—
电池室活荷载标准值	16kN/m²			蓄电池组 4 层摆放时
总控中心活荷载标准值	6kN/m²			
钢瓶间活荷载标准值	8kN/m²			
电磁屏蔽室活荷载标准值	8～12kN/m²			
主机房外墙设采光窗	不宜		—	
防静电活动地板的高度	不宜小于 550mm			作为空调静压箱时
防静电活动地板的高度	不宜小于 250mm			仅作为电缆布线使用时
屋面的防水等级	I	II	III	

注：表中"—"表示无具体值。

从数据中心的建设周期、建设成本、运维成本、运维便利性和可靠性等多方面综合考虑，新建单体数据中心多采用单/多层钢筋混凝土或者钢结构的建筑形式。新建数据中心采用多层或高层建筑时，消防疏散需要占用较多的建筑面积，建筑利用率较低，而且楼层间的防水处理、楼板承重载荷加大、重物运输对货运通道和货运电梯的特殊要求等会增加建筑成本。对已有高层建筑进行改造的数据中心，原建筑结构的抗震、耐火等级和楼板承重水平是首要考虑的问题；其次，大/重型设备的运输安装、柴油发电机的进排风问题也增加了改建的难度。

数据中心设置的大/重型设备（如柴油发电机、冷水机组）及附属装置所在楼层的层高不宜低于 5m；主机房部分应根据机柜高度、管线安装及通风要求确定空间整体高度，主机房净高不宜小于 3m。

三、功能区域划分

1. 区域划分

典型的数据中心区域划分如图 5.3 所示。其中，根据功能要求在数据中心中规划出计算机机房、操作中心、储物/准备室、电气及机械设备间、技术支持人员办公区等空间区域。

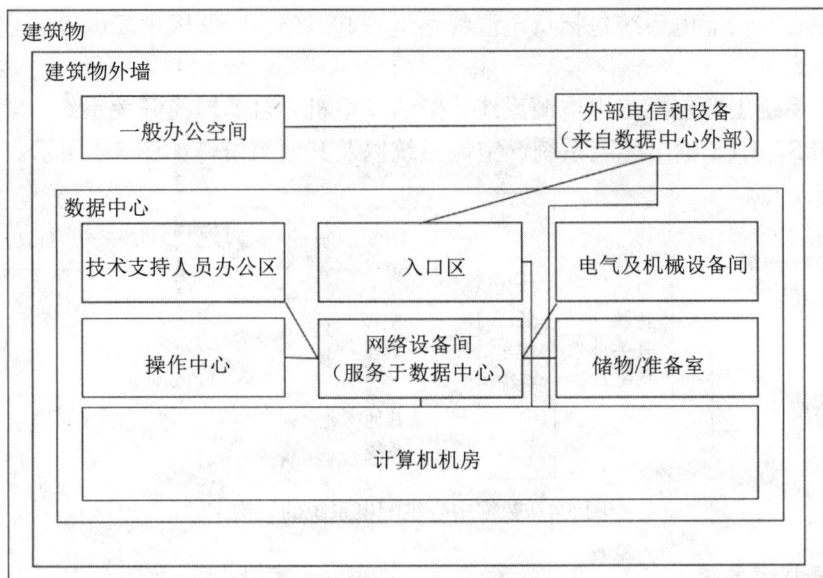

图 5.3 数据中心区域划分示意图

① 计算机机房：数据中心的核心区域，用于放置计算、存储、网络等关键设备及其配套机柜系统。

② 操作中心：监控设备运行、环境、安全、消防的集中场所。

③ 储物/准备室：用于设备的临时存放，以及设备上架、软件上线前的安装、调试区域。

④ 电气及机械设备间：用于变配电系统、柴油发电机、UPS、电池组、制冷外机等设备存放的区域。

⑤ 技术支持人员办公区：用于日常行政管理的场所。

2. 功能区面积

数据中心各部分的使用面积应根据功能及应用要求确定。在不能完全掌握数据中心中设备的具体情况时，计算机机房的使用面积可以按下式确定：

$$A=SN \qquad (5.3)$$

其中，*A* 为机房使用面积（单位：m²）；*S* 为单台机柜以及大型电子信息设备和列头柜等设备的占用面积，可取 2.0～4.0m²/台；*N* 为计算机机房内机柜、大型电子信息设备和列头柜等设备的总台数。

操作中心、储物/准备室、电气及机械设备间等的具体面积与数据中心等级、机柜功率密度、冷却方式等因素有关。机柜功率密度越高、计算机机房面积越小，需要的辅助区域面积越大。建设初期，辅助区域的面积之和可以按照计算机机房面积的 1.5～2.5 倍估算。技术支持人员办公区的面积主要与人员数量有关，一般可按 4～7m²/人来计算。

四、供配电系统

数据中心的供配电系统包括从电源线路进户起，经过中/低压供配电设备到负载为止的整个电路系统。

供配电系统主要包括市电电源系统、柴油发电机、自动转换开关系统、输入低压配电系统、UPS、UPS 输出配电系统、空调系统以及其他系统，如图 5.4 所示。

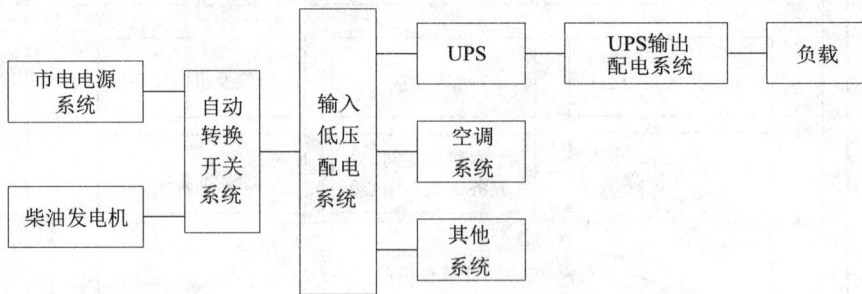

图 5.4 数据中心供配电系统的结构

1. 电气技术要求

《数据中心设计规范》（GB 50174—2017）明确了各等级数据中心的电气技术要求，具体如表 5.5 所示。

表 5.5 数据中心电气技术要求

项目	技术要求			备注
	A 级	B 级	C 级	
供电电源	应由双重电源供电	宜由双重电源供电	两回线路供电	—
供电网络中独立于正常电源的专用馈电线路	可作为备用电源	—	—	—
变压器	2*N*	*N*+1	*N*	A 级也可采用其他避免单点故障的系统配置
后备柴油发电机系统	(*N*+*X*) 冗余 (*X*=1～*N*)	当供电电源只有一路时需设置后备柴油发电机系统，宜 *N*+1 冗余	UPS 的供电时间满足信息存储要求时，可不设置柴油发电机	—

续表

项目	技术要求			备注
	A 级	B 级	C 级	
后备柴油发电机的基本容量	应包括 UPS 的基本容量，以及空调和制冷设备的基本容量		—	—
柴油发电机燃料存储量	满足 12h 用油	—	—	（1）当外部供油时间有保障时，燃料存储量仅需大于外部供油时间（2）应防止柴油微生物滋生
UPS 配置	$2N$ 或 $M(N+1)$（M=2, 3, 4, …）	宜 $N+1$ 冗余	应满足基本要求（N）	$N{\leqslant}4$
	一路（$N+1$）UPS 和一路市电供电	—	—	满足第 3.2.2 条要求时
	可以 $2N$，也可以（$N+1$）	—	—	满足第 3.2.3 条要求时
UPS 自动转换旁路	应设置			
UPS 手动维修旁路	应设置			
UPS 电池最少备用时间	15min（柴油发电机作为后备电源时）	7min（柴油发电机作为后备电源时）	根据实际需要确定	
空调系统配电	双路电源（其中至少一路为应急电源），末端切换。放射式配电系统	双路电源，末端切换。放射式配电系统	放射式配电系统	
变配电所物理隔离	容错配置的变配电设备应分别布置在不同的物理隔离间内	—	—	

注：表中"—"表示无具体值。

3.2.2 此条规定的主要目的是在保证可用性的前提下，降低数据中心总体拥有成本（TCO）。电子信息设备属于容性负载，柴油发电机系统应能够承担容性负载的影响；当数据中心向公用电网注入的谐波电流分量（方均根值）超过现行国家标准《电能质量 公用电网谐波》GB/T 14549 规定的谐波电流允许值时，应进行谐波治理。

3.2.3 这是 A 级数据中心的一种情况，主要适用于云计算数据中心、互联网数据中心等。当两个或两个以上在同城或异地同时建立的数据中心互为备份，且数据实时传输备份、业务满足连续性要求时，由于数据中心之间已实现容错功能，因此其基础设施可根据实际情况，按容错或冗余系统进行配置。

2. 供电电源

数据中心供电电源主要有两种：市电和柴油发电机。

使用市电作为电源的问题主要有以下四个方面。①中断。断路器跳闸、市电中断、线路中断等引起的供电中断通常会持续几个周期到几个小时。②电压突降。指电压有效值低于额定值的 80%～85% 的低压状态，持续时间通常达到一个或数个周期。③电压浪涌。电压有效值高于额定值的 110%，并且持续时间达到一个或数个周期。④脉冲电压。

峰值达到 6kV、持续时间从万分之一秒至二分之一周期的电压，通常由雷击、电弧放电、静态放电或大型设备启停引起。

柴油发电机主要由柴油内燃机、同步发电机、油箱、控制系统四部分组成，柴油内燃机通过柴油燃烧产生高温、高压气体，推动活塞并带动交流发电机旋转，将机械能转换为电能输出。

为确保不间断的电源供给，数据中心通常采用"市电供电+柴油发电机组（备用）"方式的电源系统。

3. 主配电系统

主配电系统的主要组成部分包括自动转换开关电器（automatic transfer switching equipment，ATSE）和输入低压配电系统。

ATSE 用于监测电源电路的失压、过压、欠压、断相、频率偏差等，可以将一个或几个负载电路从一个电源自动转换到另一个电源。ATSE 分为 PC 级和 CB 级两个级别。PC 级 ATSE 只完成双电源自动转换，不具备短路电流分断功能。CB 级 ATSE 既能完成双电源自动转换，又能分断短路电流。CB 级 ATSE 由断路器构成，结构比较复杂，可靠性比 PC 级 ATSE 低。重要场合中，优先选用 PC 级 ATSE。

输入低压配电系统的主要作用是电能分配，将前级的电能按照要求分配给各种类型的用电设备。输入低压配电系统主要由配电装置和配电线路组成，配电装置包含低压配电柜、低压断路器、空气开关、负荷开关、控制开关、接触器、继电器、低压计量及检测仪表等设备；配电线路的拓扑主要有放射式、树干式、链式三种。

4. 不间断电源系统

不间断电源系统（UPS）利用电池作为储存电能，在市电断电或发生异常时为设备供电。UPS 的设计和选型对于保障数据中心的供电可靠性具有重要意义。

1）UPS 运行方式

UPS 的运行方式主要有双变换、互动、后备三种。

① 双变换 UPS。正常运行时，由整流器-逆变器组合向负载供电。当交流输入超出 UPS 预定允差时，UPS 转入储能供电运行方式，由蓄电池-逆变器组合向负载供电。双变换 UPS 采用了 AC/DC、DC/AC 双变换设计，可消除电网电压波动、波形畸变、频率波动等问题。

② 互动 UPS。正常运行时，通过并联的交流输入和 UPS 逆变器向负载供电。市电正常时，交流电通过工频变压器直接输送给负载；当市电电压为 150～276V 时，UPS 通过逻辑控制驱动继电器动作，使工频变压器抽头升压或降压，然后向负载供电，同时为电池充电。若市电电压低于 150V 或高于 276V，UPS 启动逆变器工作，由电池通过逆变器向负载供电。

③ 后备 UPS。当市电正常时，UPS 对市电进行滤波并向用电设备供电，同时通过充电回路为后备电池充电。当电池充满时，充电回路停止工作。此时，UPS 的逆变电路不工作。当市电发生故障时，逆变电路开始工作，通过电池向用电设备供电。

2）UPS 供电方式

UPS 的供电方式有单机工作供电、热备份串联供电、直接并机供电、双母线供电等。

① 单机工作供电。单台 UPS 的输出直接连接负荷，一般用于小型网络、单独服务器、办公区等场合。优点是系统由 UPS 主机和电池系统组成，不需要专门的配电设计和工程施工，安装快捷；缺点是可靠性较低。

② 热备份串联供电。UPS 备机的逆变器输出直接连接 UPS 主机的旁路输入端。UPS 主机逆变器故障时快速切换到旁路，由备机的逆变器供电。优点是结构简单、安装方便、价格便宜；缺点是不中断供电的扩容必须带电操作，负载短路时备机的逆变器容易损坏。

③ 直接并机供电。多台同型号、同功率的 UPS 的输出端并接。正常情况下，多台 UPS 分担负载电流。某台 UPS 故障时，由其余 UPS 承担全部负载。优点是多台 UPS 均分负载，可靠性高；缺点是成本较高。

④ 双母线供电。正常工作时，两套母线系统共同承载所有的双电源负载，并通过静态切换开关各自承载一半的关键单电源负载。优点是实现了在线维护、扩容和升级，解决了供电回路中的单点失效问题，提高了供电系统的容错能力；缺点是成本高。

五、空调制冷系统

空调制冷系统是数据中心的耗电大户，耗电量可占数据中心总体能耗的20%～40%。降低空调制冷系统的能耗是提高能源利用效率最直接和最有效的措施，是实现绿色数据中心的关键。

1. 数据中心环境要求及特点

数据中心中的计算、存储、传输等设备运行时会产生相当大的热量，如不能为其提供一个合适的温湿度环境，设备会由于过热、结露、静电而停机。

《数据中心设计规范》（GB 50174—2017）规定了数据中心主机房的温度、相对湿度和露点温度的推荐值和允许值，具体如表 5.6 所示。

表 5.6 数据中心运行环境的要求（部分）

项目	A 级	B 级	C 级	备注
冷通道或机柜进风区域的温度	18～27℃			
冷通道或机柜进风区域的相对湿度和露点温度	露点温度 5.5～15℃，同时相对湿度不大于 60%			
主机房环境温度和相对湿度（停机时）	5～45℃，8%～80%，同时露点温度不高于 27℃			不得结露
主机房和辅助区温度变化率	使用磁带驱动时小于 5℃/h，使用磁盘驱动时小于 20℃/h			
辅助区温度、相对湿度（开机时）	18～28℃，35%～75%			
辅助区温度、相对湿度（停机时）	5～35℃，20%～80%			
不间断电源系统电池室温度	20～30℃			
主机房空气粒子浓度	应少于 17 600 000 粒/m³			每立方米空气中大于或等于 0.5μm 的悬浮粒子数

数据中心空调环境的特点主要包括如下五个方面。

① 负荷稳定且持续。一般机柜设计容量在 4~20kW，设备的散热量构成了冷负荷的绝大部分，且负荷相对较稳定和持续。

② 显热量占比大。服务器散热为显热，即直接造成室内温度的升高而不会对空气含湿量有影响。显热量通常会占到数据中心全部热量的 90%~95%。

③ 全年冷负荷。设备运行时一直都在消耗电能并释放热量，且超出了冬季维持室内温度所需的热量。所以，数据中心主机房全年都需要制冷。

④ 温湿度要求高。数据中心对温湿度的变化率有要求，温湿度的突然变化会使电气元器件产生内应力，加速元器件老化。

⑤ 洁净度要求高。空气中的尘埃粒子对精密机械部件有一定影响，积聚在电路板和电气元器件上的尘埃容易吸收水分使其寿命缩短，也会严重影响散热。此外，空气中的化学污染物对电路板中的铜、银等金属有一定的腐蚀作用。

2. 负荷计算

数据中心空调系统的冷负荷主要是电子信息设备的散热。电子信息设备发热量大、热密度高、夏季冷负荷大，因此，数据中心空调设计主要考虑夏季冷负荷。数据中心的冷负荷包括设备散热、建筑围护结构得热、通过外窗进入的太阳辐射热、人体散热、照明装置散热、新风负荷、伴随各种散湿过程产生的潜热等。数据中心的湿负荷包括人体散湿、新风湿负荷、渗漏空气湿负荷、围护结构散湿等。

建设初期可以简单估算数据中心的冷负荷。由于机房内设备消耗的电能绝大部分最后转变成热量，因此，将用电设备负荷加上围护结构的负荷可得到数据中心机房的冷负荷。除此以外，也可以使用面积负荷指标法、面积制冷量法等来估算冷负荷。

3. 空调

根据制冷方式不同，空调主要分为风冷型和水冷型两大类。

① 风冷型空调需要风冷机组。风冷机组通常安放在屋顶等开放环境中，不占用室内建筑面积，前期投资比较少。风冷空调的自动化程度比较高，能量调节方便，节能效果明显。并且，风冷空调不会对大气造成污染，能耗要比水冷型空调少，节能效果更好。

② 水冷型空调主要由冷却水系统及冷冻水泵、冷冻水管组成，一般安装在机房中，多数位于地下室或者设备层中。其占地面积比较大，需要安装的设备也比较多，运行和维护比较复杂。

4. 气流组织

合理规划数据中心中的气流组织，可以实现快速散热，提高电能利用效率。数据中心中的气流组织主要涉及 IT 设备、机房、静压舱、机柜等。

1）IT 设备气流组织

规划 IT 设备的气流组织，首先要了解 IT 设备的功率及损耗、发热功率、风扇进出风及温差、单台设备所需的风量等数据，然后才能计算出数据中心的冷负荷，并以此选择空调容量。

2）机房气流组织

数据中心空调应采用"架空地板下送风、上回风"的方式，制冷量应根据设备总制冷量进行计算。电子信息设备应采用"上走线、网格桥架"的方式，改善空调回风效果。计算机设备及机柜采用"冷热通道"的布置方式。机柜"背靠背、面对面"摆放，在两排机柜的正面面对通道中间位置布置冷风出口，形成一个冷空气区——冷通道，冷空气气流经设备后形成的热空气排放到两排机柜背面中的热通道中，热空气通过热通道上方布置的回风口回到空调系统，使机房气流、能量流流动通畅，保证制冷效果。

《数据中心设计规范》（GB 50174—2017）规定，当电子信息设备对气流组织形式未提出特殊要求时，主机房气流组织形式、风口及送回风温差可按表 5.7 选用。对单台机柜发热量大于 4kW 的主机房，宜采用活动地板下送风（上回风）、行间制冷空调前送风（后回风）等方式，并宜采取冷热通道隔离措施。

表 5.7　主机房气流组织形式、风口及送回风温差

气流组织形式	下送上回	上送上回（或侧回）	侧送侧回
送风口	（1）活动地板风口（可带调节阀） （2）带可调多叶阀的格栅风口 （3）其他风口	（1）散流器 （2）带扩散板风口 （3）百叶风口 （4）格栅风口 （5）其他风口	（1）百叶风口 （2）格栅风口 （3）其他风口
回风口	格栅风口、百叶风口、网板风口、其他风口		
送回风温差	8～15℃，送风温度应高于室内空气露点温度		

3）静压舱气流组织

规划静压舱的气流组织时，确保架空地板下的送风断面风速控制在 1.5～2.5m/s；活动地板净高度不宜小于 400mm。架空地板内不应布置通信线缆，空调管道和线缆不应阻挡空调送风。

4）机柜气流组织

为防止气流乱窜，须保证机柜的进风口与出风口是隔离的，即在 IT 设备没有到位的情况下，应该用挡风板将未使用的空间封闭起来。

5. 节能措施

如果电子信息设备所需电能基本不变，数据中心的节能主要体现在空调制冷系统。常用的节能措施包括以下三个方面。

① 提高数据中心的环境温度。传统计算机机房的环境温度一般要求维持在 23℃左右。有研究显示，机房环境温度每提升 1℃可以节约 4%的制冷成本；同时，当环境温度超过 27℃时，服务器耗电量明显提高。因此，越来越多的数据中心在设计时将送风或冷通道温度控制在 27℃以下。

② 延长自然冷却时间。提高数据中心环境温度后，可以同时提高设备供冷温度，这有利于延长数据中心采用自然冷却方式的时间。传统数据中心的冷冻水温度一般为

7～12℃。在北京，全年有 39% 的时间可以利用自然冷却。如果将冷冻水温度提高为 10～15℃，则全年可以使用自然冷却的时间将延长至 46%。目前，国内技术领先的数据中心已经将冷冻水温度提高至供水温度 15℃、回水温度 21℃，自然冷却时间可以达到全年的 70%，甚至更长。

③ 采用变频设备。空调系统中的旋转设备（如压缩机、水泵、风机等）可以采用变频模式供电。通过调节供电电源频率实现对水泵和风机等的变流量调节，可以有效降低电能消耗。

六、智能化系统

智能化系统负责监控、维护数据中心的生产环境，预防设备或系统故障、人为操作失误或恶意破坏等异常事件的发生，提高数据中心运维自动化水平和资源利用效率。

1. 组成

《数据中心设计规范》（GB 50174—2017）将机房设备、环境监控、安全防范系统统称为智能化系统。数据中心智能化系统包含环境和设备监控、网络与布线、电话交换、小型移动蜂窝电话火灾自动报警及消防联动控制、背景音乐及紧急广播、视频安防监控、入侵报警、出入口控制、停车库管理、电子巡更管理、电梯管理、周界防范、有线电视、卫星通信、大屏幕显示、扩声、中控、KVM、资产管理、数据中心气流与热场管理等诸多子系统。数据中心应根据自己的实际需求，确定实际采用的子系统。

2. 等级与配置

《数据中心设计规范》（GB 50174—2017）规定，数据中心应设置总控中心、环境和设备监控系统、安全防范系统、火灾自动报警系统、数据中心基础设施管理系统（data center infrastructure management，DCIM）等智能化系统，各系统的设计应根据机房等级要求执行。不同等级数据中心对智能化系统的技术要求详见表 5.8。

表 5.8　数据中心智能化系统的技术要求（部分）

项目		A 级	B 级	C 级	备注
环境和设备监控系统	空气质量	粒子浓度		—	离线定期检测
	空气质量	温度、露点、压差		温度、露点	在线检测或通过数据接口将参数接入机房环境和设备监控系统中
	漏水检测报警	装设漏水感应器			
	强制排水设备	设备的运行状态			
	集中空调和新风系统、动力系统	设备运行状态、滤网压差			
	机房专用空调	状态参数：开关、制冷、加热、加湿、除湿、水阀开度、水流量；报警参数：温度、相对湿度、传感器故障、压缩机压力、加湿器水位、风量			

续表

项目		A级	B级	C级	备注
环境和设备监控系统	供配电系统	开关状态、电流、电压、有功功率、功率因数、谐波含量、电子信息设备用电量、数据中心用电量、电能利用效率		根据需要选择	在线检测或通过数据接口将参数接入机房环境和设备监控系统中
	不间断电源系统	输入和输出功率、电压、频率、电流、功率因数、负荷率；电池输入电压、电流、容量；同步/不同步状态、不间断电源系统/旁路供电状态、市电故障、不间断电源系统故障		根据需要选择	
	电池	监控每块蓄电池的电压、内阻、故障和环境温度	监控每组蓄电池的电压、故障和环境温度	—	
	柴油发电机系统	油箱（罐）油位、柴油机转速、输出功率、频率、电压、功率因数			
	主机集中控制和管理	采用带外管理或 KVM 切换系统		—	
安全防范系统	发电机房、变配电室、电池室、动力站房	出入控制（识读设备采用读卡器）、视频监视	入侵探测器	机械锁	
	安全出口	推杆锁、视频监视、总控中心连锁报警		推杆锁	
	总控中心	出入控制（识读设备采用读卡器）、视频监视		机械锁	
	安防设备间	出入控制（识读设备采用读卡器）	入侵探测器	机械锁	
	主机房出入口	出入控制（识读设备采用读卡器）或人体生物特征识别、视频监视	出入控制（识读设备采用读卡器）、视频监视	机械锁入侵探测器	
	主机房内	视频监视		—	
	建筑物周围和停车场	视频监视			适用于独立建筑的机房

注：表中"—"表示无具体值。

3. 数据中心智能化系统的发展

随着数据中心规模不断扩大，以及运维管理不断精细化，传统数据中心正逐渐向智能化、自动化的智慧型数据中心发展。

数据中心基础设施管理系统（DCIM）是数据中心智能化领域近年来兴起的一个热点。DCIM 能监控、管理和控制数据中心所有 IT 设备和基础设施相关设备（如 PDU、精密空调）的使用情况和能耗水平。通过持续收集和管理数据中心的资产、资源以及各种设备的运行状态，然后进行集成、分析，帮助管理者管理数据中心并优化性能。DCIM更加关注数据中心运维的业务逻辑，根据收集的数据来分析其对数据中心内基础设施运行的影响，提供从规划、调优、预测到变更等多个维度的数据支撑，从而为实现数据中心综合管理与运营奠定基础。

第三节　网络规划与设计

数据中心网络互连数据中心的所有电子信息处理设备。网络的可用性、扩展性、管理性等关乎数据中心能否高速、安全、稳定地运行，以及快速满足不断变化的应用和服务需求。

一、网络架构设计

数据中心网络架构设计应遵循结构化、模块化和扁平化等设计原则。

结构化的网络设计便于上层协议的部署和网络管理，加快收敛速度，并实现高可靠性。数据中心网络结构化设计体现在适当的冗余性和网络的对称性两个方面。适当配置冗余设备和链路能够消除单点故障，但过度冗余会增加网络的复杂性，不便于运行和维护。数据中心网络通常采用双节点、双归属的架构，实现网络结构的对称性，简化网络设备的配置。图 5.5 所示的网络结构比较简洁。

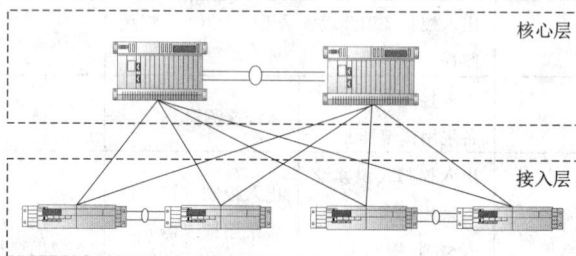

图 5.5　结构化之上的对称和冗余

采用模块化设计方法将数据中心网络按照业务系统划分为不同功能区域，实现不同的功能，部署不同的应用，使网络架构具备可伸缩性、灵活性和高可用性。比如，根据应用或者用户访问特性的不同，将服务器部署在不同区域中，如图 5.6 所示。同时，应尽量做到模块间的松耦合，好处是扩展新业务系统或模块时不需要改动核心或其他模块。模块化设计可以分散风险，在一个模块（除核心区外）发生故障时不会影响其他模块。同时，将数据中心清晰地区分为不同的功能区域，有利于针对不同功能区域的安全防护要求进行相应安全设计。

传统数据中心网络通常采用包括核心层、汇聚层和接入层的三层架构。三层架构网络中的设备较多，不便于网络管理，运维工作量大，并且成本较高。随着交换机端口密度越来越高，网络虚拟化技术愈加成熟，二层组网的扩展性和密度已经能基本满足数据中心的要求。二层架构容易实现二层互通，满足虚拟机部署和迁移的需求。图 5.7 所示是数据中心网络扁平化架构。与三层架构相比，二层架构可以简化网络运维与管理。

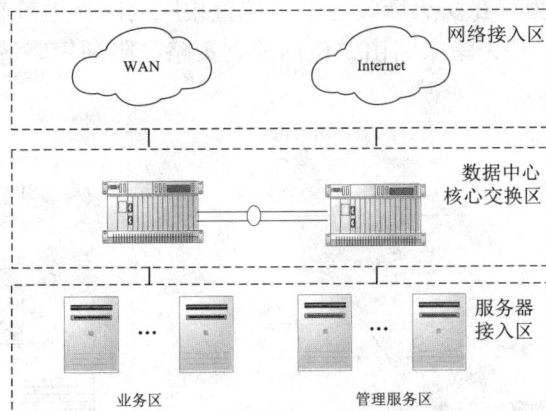

图 5.6　模块化设计

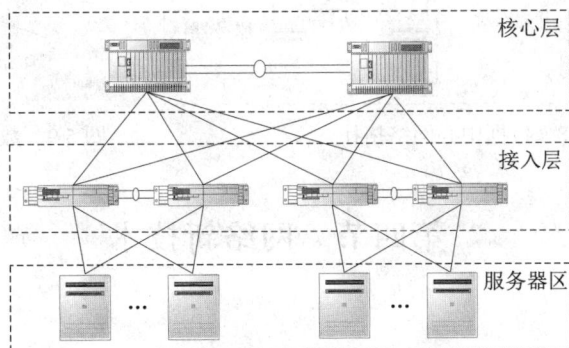

图 5.7　数据中心网络扁平化架构

二、网络设计

数据中心网络采用扁平化的两层架构，从核心区直接到服务器接入，如图 5.8 所示。核心层的主要功能是完成服务器功能分区以及南北向和东西向流量的高速交换，是数据中心网络的枢纽。核心交换区必须具备高速转发的能力，同时还需要有很强的扩展能力，以便应对未来业务的快速增长。

核心层采用双核心设计，两台设备冗余配置，以双活模式运行，并通过虚拟化技术进行横向整合，将两台物理设备虚拟化为一台逻辑设备，保证出现单点故障时不中断业务。

接入层包括服务器接入区、办公接入区等。部署时要考虑链路的高可用性，接入层部署双机，避免单点故障。采用虚拟化技术将两台物理设备虚拟化为一台逻辑设备，实现跨设备链路捆绑，与核心交换机配合实现端到端虚拟化配置。此外，服务器双网关配置成双活模式。

目前，网络出口一般采用多链路、多出口模式，如图 5.9 所示。出口设备一般采用两台或多台路由器与运营商网络互连，在出口实现设备冗余、出口链路冗余和多出口选择，保证网络出口的可靠性和可用性。出口路由器和核心交换设备之间采用防火墙或者其他安全设备进行互连。两台或多台防火墙进行堆叠，保证设备、链路冗余以及出口智能选路和链路负载分担。在防火墙设备上可配置相应的网络地址转换（network address translation, NAT）策略、策略路由、访问控制策略、阻断策略等一系列安全策略。

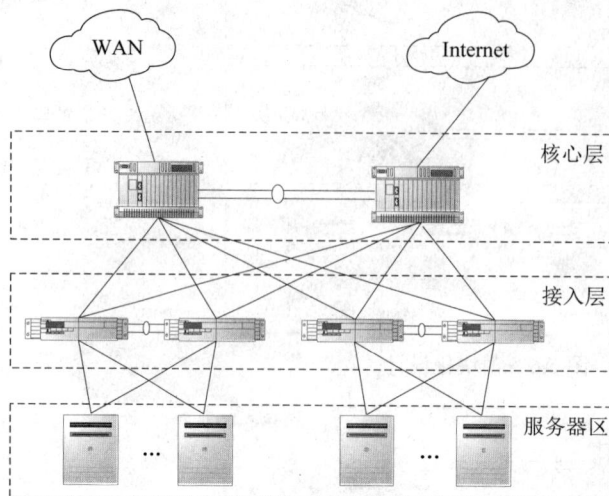

图 5.8　数据中心网络拓扑

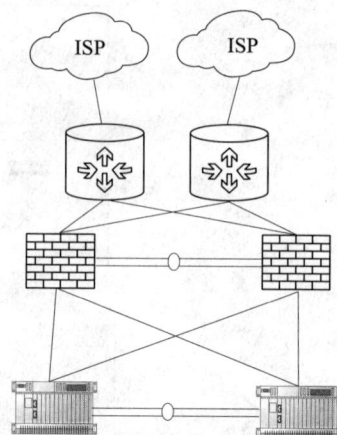

图 5.9　数据中心网络出口设计

第四节　网络新技术

一、软件定义网络

软件定义网络（software defined network，SDN）引起广泛关注的原因主要有两个方面：一是需求侧翻天覆地的变化，云计算业务（以服务器虚拟化技术为代表）成为主流，大数据技术日益普及，包括网络在内的资源快速配置、弹性扩容、按需调用等需求强烈；二是传统网络架构的弊端日益凸显，网络设备硬件、操作系统和应用等部分紧耦合在一起组成了一个封闭系统，三部分相互依赖，每一部分的创新和演进都要求其余部分做出同样的升级。越来越多的网络新协议、新算法使网络控制平面变得越来越复杂。但是，用户对网络的易用性有更高的要求，希望网络具有更多的可编程能力。因此，传统的网络架构严重阻碍了网络领域的创新。

SDN 并不是指某种具体的技术或者协议，而是一种网络设计理念。SDN 的基本思想是分离分组转发（即数据平面）功能和网络管理控制（即控制平面）功能，使用软件编程形式定义和控制网络。SDN 将网络控制功能使用逻辑上集中式的控制器实现，并将这些功能从传统路由器中分离出来，使传统路由器退化为只具有分组转发功能的交换机。

SDN 被认为是网络领域的一场革命，极大地推动了下一代 Internet 的发展。SDN 具有三个基本特征，具体如下。

● 控制平面与数据平面分离：数据平面由受控转发分组的设备组成，转发方式以及业务逻辑由运行在分离出去的控制平面上的控制应用进行控制。

● 开放的 API：通过开放的南向和北向 API，实现网络业务应用和网络的无缝集成，使网络业务应用只需要关注自身逻辑，不需要关注底层网络的实现细节。
● 集中控制：逻辑上集中的控制平面能够获得网络资源的全局信息，并可以根据业务需求进行资源的全局调配和优化。

1. SDN 架构

开放网络基金会（Open Networking Foundation，ONF）将 SDN 构架分为三个层次和两个接口。三个层次为应用层、控制层、基础设施层，两个接口为北向接口和南向接口，如图 5.10 所示。

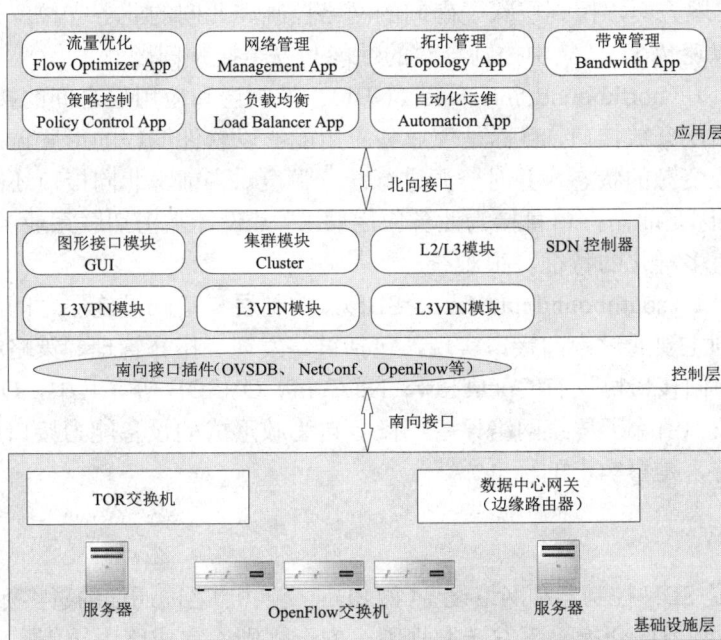

图 5.10 SDN 架构

1）结构层次

① 应用层。开发人员使用控制层提供的编程接口对底层设备进行编程，开发各种网络业务应用。网络业务应用包括网络拓扑结构、网络状态、网络统计信息等的可视化，网络配置管理、网络监控、网络安全策略的管理自动化等。Brocade 的 Flow Optimizer、Virtual Router、Network Advisor，HPE 的 Network Optimizer、Network Protector、Network Visualizer，Aricent 的 Load Balancer，TechM 的 Smart Flow Steering 等是已经得到实际应用的网络业务应用。

② 控制层。控制层由一个或多个控制器组成，负责集中管理所有底层设备，并根据用户需求以及全局网络拓扑灵活、动态地分配资源等。控制器具有全局网络视图，支持网络拓扑、状态信息的汇总和维护，并基于应用的控制调用数据平面中的资源。控制器拥有现实网络设备中的控制逻辑，例如，交换、路由、防火墙、DNS、DHCP 等。控

制器通过北向接口对应用层开放 API，通过南向接口与基础设施层中的网络设备交互，发送控制指令、收集设备状态。目前，SDN 控制器有 Cisco Open SDN Controller、Juniper Contrail、Brocade SDN Controller、NEC PFC SDN Controller 等商业化产品，以及 Beacon、OpenDaylight、Floodlight、Ryu、NOX/POX 等开源实现。

③ 基础设施层，亦称作数据层。SDN 的数据层设备主要是 SDN 交换机。SDN 交换机省略了网络控制逻辑的实现，专注于基于流表的数据转发。随着虚拟化技术的不断完善，SDN 交换机可能会有硬件、软件等多种形态。OVS（Open vSwitch）是一种基于开源软件技术实现的交换机，可以集成在 VMM/Hypervisor 中。

2）接口

在 SDN 实现方面，控制层除了南向的网络控制和北向的业务支撑，也需要关注东西向的扩展，以避免 SDN 集中控制导致的性能和安全瓶颈问题。

① 北向接口（northbound interface，NBI）：控制层和应用层之间的接口。SDN 通过控制器向应用层开放接口，目标是使业务应用能够以软件编程的形式调用底层的各种网络资源和监控资源的状态，并对资源进行统一调度。当前，北向接口还缺少业界公认的标准，主要原因是北向接口直接为业务应用服务，其设计需密切联系业务应用的需求，而业务应用具有多样化的特征，很难统一。

② 南向接口（southbound interface，SBI）：控制层和基础设施层之间的接口。控制器对网络的控制主要通过南向接口实现，包括链路发现、拓扑管理、策略制定、表项下发等。目前，南向接口协议有 OpenFlow、NetConf、OVSDB 等。其中，OpenFlow 作为一种开放的协议，消除了传统网络设备厂商各自为政形成的设备能力接口壁垒，获得了业界的广泛支持，是事实上的标准。

2. OpenFlow

OpenFlow 是 SDN 控制器和网络设备（如 SDN 交换机）之间通信的事实标准。OpenFlow 允许由 SDN 控制器向交换机下发转发规则、安全规则，完成路由决策、流量控制等。SDN 控制器和交换机都需要实现 OpenFlow 协议，以便能够通过交换 OpenFlow 消息进行通信。

SDN 控制器和交换机之间需要建立连接才能进行配置、管理和监控。OpenFlow 的连接基于 TCP（或 TLS），默认端口为 6653。连接可以由交换机发起，也可以由控制器发起。下面以 OpenFlow 1.3.5 为例介绍 OpenFlow 的消息类型及分组处理过程。

1）OpenFlow 消息

OpenFlow 支持三种类型的消息，即 Controller-to-Switch、Asynchronous 和 Symmetric。每一种类型消息又包含多个子消息类型。

① Controller-to-Switch 消息。Controller-to-Switch 消息由控制器发起，用来管理或获取交换机状态。Controller-to-Switch 消息包含的子消息类型有 Features、Configuration、Modify-state、Read-state、Packet-in、Packet-out、Barrier、Role-Request、Asynchronous-Configuration。

控制器向交换机发送 Feature Request 消息获取交换机的标识和基本功能，交换机需要应答 Feature Reply 消息报告自己的标识和基本功能。控制器设置或查询交换机的配置信息时发送 Configuration 消息，交换机需要做出应答。控制器向交换机流表中增加、删除、更新流表表项等时，向交换机发送 Modify-state 消息；读取交换机状态时向交换机发送 Read-state 消息。控制器使用交换机指定端口发送分组，或者转发通过 Packet-in 消息收到的分组时向交换机发送 Packet-out 消息。控制器使用 Barrier 消息维持消息间的依赖关系。控制器使用 Role-Request 消息设置/查询 OpenFlow 信道的角色，主要用于一个交换机与多个控制器建立连接的情况。OpenFlow 信道指交换机和控制器之间的连接。控制器使用 Asynchronous-Configuration 消息设置/查询通过 OpenFlow 信道接收 Asynchronous 消息的过滤规则。

②　Asynchronous 消息。Asynchronous 消息由交换机发送给控制器。交换机通过 Asynchronous 消息通知控制器新数据包的到达、交换机状态的改变、发生错误等。Asynchronous 消息包含的子消息类型有 Packet-in、Flow-Removed、Port-status、Error。其中，Packet-in 消息用于将分组交由控制器处理和控制；Flow-Removed 消息用于通知控制器交换机流表中表项的移除；Port-status 消息用于通知控制器某个端口配置或状态的变化；Error 消息用于通知控制器交换机发生了错误。

③　Symmetric 消息。Symmetric 消息可以由控制器或交换机发送，无须得到对方的许可或者邀请。Symmetric 消息包含的子消息类型有 Hello、Echo、Experimenter。连接启动后，交换机和控制器交换 Hello 消息；Echo 消息主要用于检测连接的存活性，也可用于往返时间（round trip time，RTT）测量；Experimenter 消息为支持交换机附加功能的标准机制。

2）OpenFlow 交换机的分组处理

SDN 交换机将控制器下发的规则存储于流表中。交换机中可能包含一个或多个流表，每个流表有多个表项。OpenFlow 交换机以流水线方式处理收到的每一个分组，如图 5.11 所示。

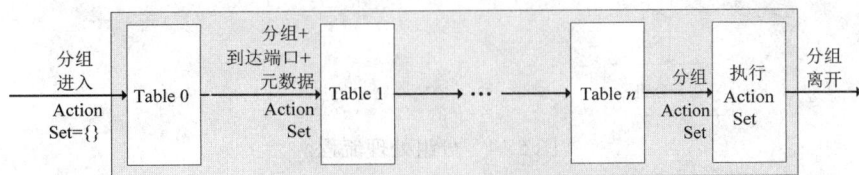

图 5.11　分组处理流水线

每一级的分组处理过程如图 5.12 所示。首先，根据分组到达交换机的入口和分组头部字段匹配流表中优先级最高的表项；其次，应用流表表项的 Instructions，包括修改分组和更新匹配域、更新动作集、更新元数据等；最后，将匹配的数据和动作集发送到下级流表。

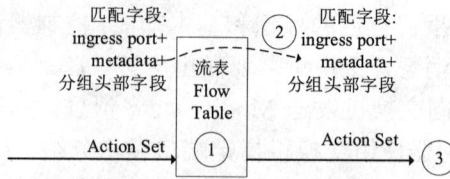

图 5.12　每级流表的处理过程

流表结构如图 5.13 所示，流表表项使用 Match Fields 和 Priority 唯一标识。其中，Match Fields 包括分组头部字段和交换机入口，也可能包括前级流表中指定的内容；Priority 为流表表项的优先级；Counters 为匹配流表表项的分组数量；Instructions 为用户修改动作/流水处理方式的命令；Timeouts 为流表表项的有效期；Cookie 是由控制器选择的内容，可能被控制器用来过滤流统计信息影响的流表表项等；Flags 用来变更流表表项的管理方式。

匹配字段 Match Fields	优先级 Priority	计数器 Counters	指令 Instructions	超时 Timeouts	Cookie	Flags

图 5.13　流表结构

交换机收到分组的处理流程如图 5.14 所示。

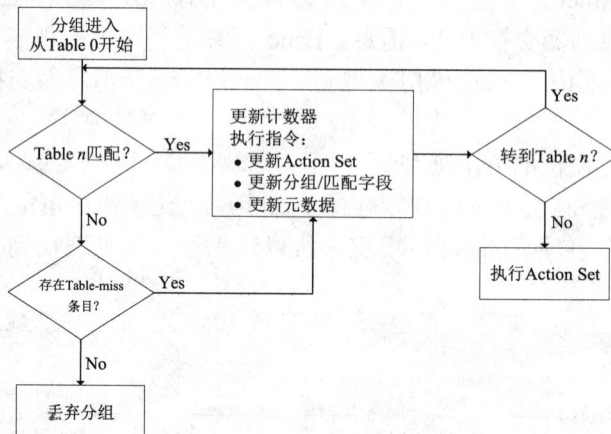

图 5.14　分组处理流程

首先，使用第一级流表进行匹配，如果分组与多个流表表项匹配，则选择优先级最高的表项。如果分组没有匹配成功，则选择叫作"Table-miss"的默认流表表项，此时分组可能交由控制器处理，或者丢弃，或者交给下级流表处理。其次，交换机会逐级对分组进行类似的处理。最后，交换机执行动作集完成对分组的处理。

二、网络功能虚拟化

网络功能虚拟化（network function virtualization，NFV）是一个与网络体系结构相关的概念，指使用虚拟化技术将完整的网络节点功能（如路由、交换、防火墙、DNS、负载均衡、入侵检测等）以软件实现的功能模块或组件通过连接或串接构成的通信服务来实现。

NFV 依赖于传统的服务器虚拟化技术，又有所不同。NFV 可能由一个或多个运行不同软件或进程的虚拟机或容器组成，这些虚拟机或容器可能运行在服务器、交换机、存储设备上，甚至是云计算基础设施之上，不再需要为每种网络功能定制硬件设备。NFV 旨在以软件编程方式提供全套的网络服务，其影响远远超出了网络配置的简化和自动化。

1. NFV 的框架

NFV 主要包括虚拟网络功能（virtualized network function，VNF）、网络功能虚拟化基础设施（network function virtualization infrastructure，NFVI）、网络管理及资源编排（management and network orchestration，MANO）三个部分，如图 5.15 所示。

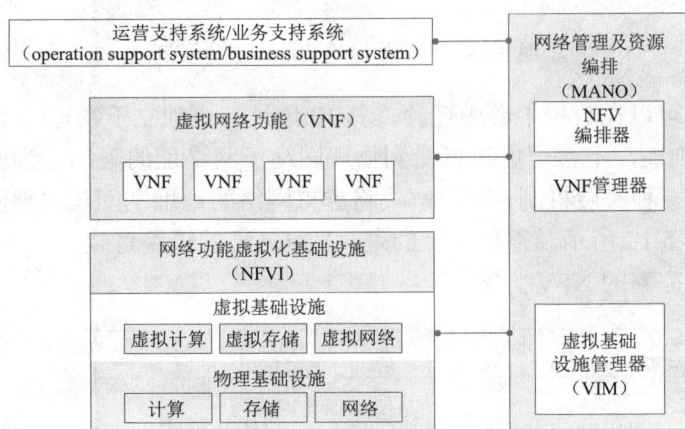

图 5.15　NFV 架构

VNF 是网络功能的软件实现，可以部署在 NFVI。

NFVI 为构建部署 VNF 环境的硬件和软件组件的集合，硬件通常为廉价、标准的服务器，软件主要包括 VMM/Hypervisor、虚拟机和虚拟设施管理进程等。NFVI 负责为 VNF 提供所需的计算、存储、网络等资源。NFVI 可以分布在不同的位置，提供这些位置之间连接的网络是 NFVI 的组成部分。

MANO 是由欧洲电信标准研究所开发的 NFV 管理和网络编排框架，负责协调 NFV 系统资源，包括计算、网络、存储、虚拟机等。MANO 主要包括 NFV 编排器、VNF 管理器和虚拟基础设施管理器（virtualized infrastructure manager，VIM）等。其中，NFV 编排器负责 VNF 的上线、生命周期管理、全局资源管理，以及 NFVI 资源请求的验证和授权；VNF 管理器负责控制 VNF 实例的生命周期、NFVI 及管理系统配置和事件报告的协调；VIM 负责控制和管理 NFVI 中的计算、网络和存储资源。

2. NFV 示例

图 5.16 给出了一个比较简单的 NFV 例子。其中，端系统中有虚拟交换机（vS），

虚拟机（VM）连接虚拟交换机，控制器公开北向接口 API 支持业务应用，API 负责接收用于描述虚拟网络预期状态的输入参数。例如，某个请求要求"将 VM1 和 VM2 配置为属于同一个虚拟二层子网 network X"。控制器收到该 API 请求后，负责定位相关虚拟机的位置，并向相关交换机发送创建虚拟网络的命令。

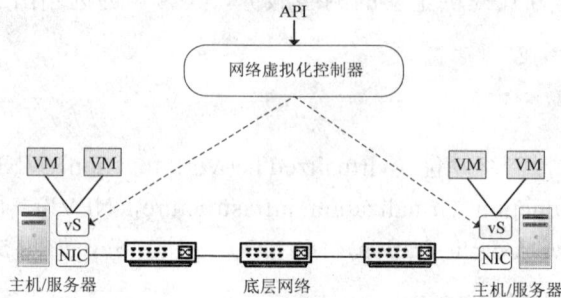

图 5.16　简单的网络功能虚拟化示例

由于虚拟机可以在数据中心中迁移，其 IP 地址应该独立于物理网络（图 5.16 中的底层网络）。特别地，不希望虚拟机受到物理网络子网寻址的限制。为此，通常使用封装技术。封装是一种底层机制，可以解决将虚拟网络的地址空间与物理网络地址空间隔离的问题，如图 5.17 所示。需要注意的是，VXLAN 的覆盖封装只是 NFV 中的一个模块，并不是一个完整的 NFV 方案。

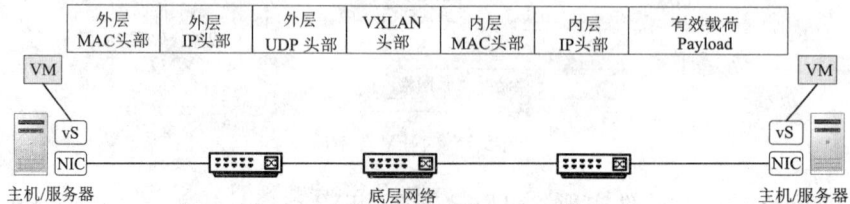

图 5.17　通过封装分离虚拟网络地址和物理网络地址

3. SDN 和 NFV 的异同

SDN 和 NFV 的相似之处在于两者都使用网络抽象。SDN 试图将网络控制功能与数据转发功能分开，而 NFV 试图从硬件中抽象网络转发和其他网络功能，并用软件编程方式实现。两者都严重依赖于虚拟化，使网络设计和基础设施能够在软件中抽象，然后由底层软件跨硬件平台和设备实现。当 SDN 在 NFV 基础设施上执行时，SDN 将数据包从一个网络设备转发到另一个网络设备。与此同时，SDN 用于路由、策略定义和应用程序的网络控制功能在虚拟机中运行。因此，NFV 提供基本的网络功能，而 SDN 则控制和编排它们用于特定用途。SDN 还允许以编程方式定义及修改配置和行为。

SDN 和 NFV 在如何分离功能和抽象资源方面有所不同。SDN 将物理网络资源（包括交换机、路由器等）抽象出来，并将决策转移到网络控制平面。在这种方法中，控制平面决定发送流量，而硬件处理流量。实际上，NFV 并不依赖于 SDN。NFV 旨在虚拟化管理程序下的所有物理网络资源，这允许网络在不添加更多物理设备的情况下进行扩展。虽然使用 SDN 和 NFV 都使网络架构更加灵活和动态，但在定义这些架构及其支持的基础设施方面两者发挥着不同的作用。

三、大二层网络技术

1. 传统网络架构面临的挑战

传统数据中心网络通常采用 L2+L3 的混合架构，如图 5.18 所示。数据中心网络由多个局域网利用路由器互连构成，同一局域网内的服务器间利用链路层（L2）交换机相互通信，跨局域网的服务器间通信使用路由器（L3）进行转发。这种混合架构的优点是部署简单，适应数据中心业务分区、模块化的特点。

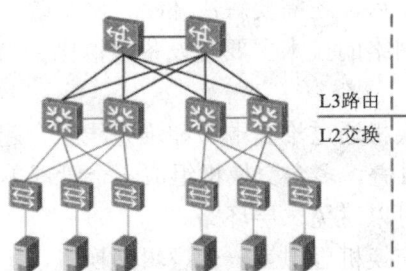

图 5.18　传统数据中心网络的 L2+L3 混合架构

服务器虚拟化技术大规模应用是云计算数据中心的显著特点。一台物理服务器被虚拟化成多台虚拟机，每台虚拟机有独立的 MAC 地址和 IP 地址，同一物理服务器中虚拟机之间通过服务器中的虚拟交换机（vSwitch）进行通信。为了灵活调配资源、提高资源利用率、升级业务，或者维修物理服务器，数据中心中虚拟机迁移是常态性的业务。

云计算场景下，L2+L3 混合架构的传统数据中心网络越来越力不从心，面临的新挑战主要包括如下三个方面。

① 虚拟机规模受设备交换表容量的限制。传统二层网络中，交换机转发帧依赖于 MAC 交换表。数据中心的虚拟机数量与物理服务器数量相比呈现数量级的增长。并且，随着容器化技术和应用的部署，容器数量与虚拟机数量相比也呈现数量级的增长，带来了 MAC 地址数量的急剧增加。传统交换机的 MAC 交换表容量较小，无法满足存储、管理数量急剧增加 MAC 地址的需求。

② 虚拟机迁移范围受限。迁移指将虚拟机从一台物理服务器移动到另一台物理服务器中。动态迁移指在虚拟机迁移过程中正常运行，运行状态（如 TCP 会话）保持不变。虚拟机的动态迁移要求迁移前后虚拟机的 IP 地址和运行状态保持不变，因而只能在同一局域网中的不同物理服务器间进行迁移。但是，数据中心网络通常会配置冗余设备和冗余链路来提高可靠性，这又需要部署各种生成树协议（spanning tree protocol, STP）来破除环路。由于 STP 的收敛速度慢，一个局域网中交换机的数量通常不会超过 50 台，主机的数量通常不会超过 1000 台。因此，局域网的规模受到了限制，进而导致虚拟机

的迁移被限制在了一个较小的范围内。

③ 网络隔离能力有限。网络隔离的目的包括限制广播域范围以提高网络性能、简化网络管理、增强网络安全性等。传统二层网络实现隔离一般采用 VLAN，即将一个局域网划分为多个 VLAN。每个 VLAN 是一个广播域，不同 VLAN 之间的通信借助具有三层功能的交换机或路由器来实现。由于 VLAN 标识的长度只有 12 位，因此一个局域网中最多支持 4096 个 VLAN。大型云计算数据中心中，租户数量动辄上万甚至更多，传统 VLAN 技术提供的隔离能力显然无法满足需求。

2. 构建大二层网络的技术

为了应对挑战，支持大范围、跨地域的虚拟机动态迁移，催生了"大二层网络"技术的出现。本质上，大二层网络通过解除 IP 地址和物理网络的绑定实现了网络的扁平化管理。二层网络规模扩大后，还需要解决环路、网络隔离、减小 MAC 交换表规模等问题。目前，构建大二层网络的技术主要有设备虚拟化、二层路由、覆盖网络等。

1）设备虚拟化技术

设备堆叠指将多台交换机通过堆叠端口和堆叠线组合起来共同工作，以便在有限空间内提供更多端口。通过堆叠，多台交换机组成一个管理单元，便于集中管理。结合跨交换机的链路聚合技术，可以避免二层环路。

设备虚拟化指将多台交换机虚拟为一台逻辑交换机，配合链路聚合技术，把原来的多节点、多链路的网络结构变成逻辑上单节点、单链路的网络结构。

设备虚拟化的代表技术有 Cisco 的虚拟交换系统（virtual switching system，VSS）、华为的集群交换机系统（cluster switch system，CSS）、H3C 的智能弹性架构（intelligent resilient framework，IRF）、神州数码的虚拟交换框架（virtual switching framework，VSF）等。这些设备虚拟化技术的基本原理大同小异，下面简单介绍华为的 CSS。

CSS 也是一种智能堆叠（intelligent stack，iStack）技术，指将两台交换机组合在一起，对外表现为一台逻辑交换机。逻辑交换机中的两台交换机的控制平面合一，可以统一管理；数据平面合一，转发信息共享且实时同步。同时，CSS 支持跨交换机的链路聚合（Eth-Trunk）。CSS 与 iStack 的不同之处在于，CSS 中只有两台交换机，而 iStack 支持多台交换机的堆叠。

CSS 的两台交换机中，一台是主交换机，负责管理集群；另一台是备份交换机。集群建立时，两台交换机通过竞争确定主交换机和备份交换机的角色。当主交换机发生故障时，备份交换机接管主交换机的所有功能和业务。两台交换机可以使用主控板上的专用集群卡及专用集群线缆连接，也可以通过交换机业务板上的普通业务口进行连接。

iStack/CSS+链路聚合技术的典型组网方式如图 5.19 所示。

各层设备使用 iStack/CSS 技术，逻辑设备少，拓扑结构简单，不存在环路，无须部署 xSTP 破环协议。层间使用链路聚合技术，负载平衡算法比较灵活，链路利用率高。各层物理设备形成了双归接入组网，提高了整个网络的可靠性。

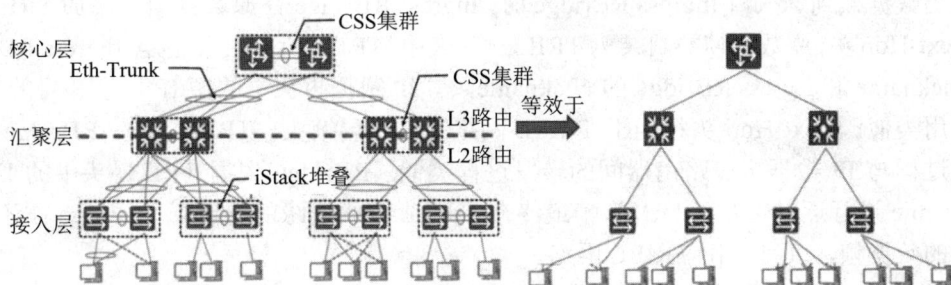

图 5.19　iStack/CSS+链路聚合技术的典型组网方式

设备虚拟化的缺点主要有网络规模仍然相对较小，以及相关技术多为设备厂商私有。目前，仍然无法将不同厂商的交换机通过设备虚拟化整合为一台交换机，也不能很好地满足数据中心对网络规模的实际需求。

2）二层路由技术

二层路由技术指将三层的路由引入二层交换中，利用路由协议的灵活、无环、高可靠性等优点，解决二层网络中的环路问题。二层路由技术的典型代表包括 IETF 的多链路透明互连（transparent interconnection of lots of links，TRILL）和 IEEE 的最短路径桥接（shortest path bridging，SPB），即 IEEE 802.1aq。下面将重点介绍 TRILL，对 SPB 感兴趣的读者请参考 IEEE 802.1aq 的技术文档。

TRILL 是 IETF 提出的一种二层路由技术标准。支持 TRILL 的以太网交换机称为RBridge（routing bridge），TRILL 为每个 RBridge 自动分配具有唯一性的诨名（nickname），作用与路由器的 IP 地址类似。TRILL 使用链路状态控制协议（TRILL IS-IS）计算 RBridge之间的最短路径和可能存在的等价多路径。TRILL 中数据帧的转发过程如图 5.20 所示。

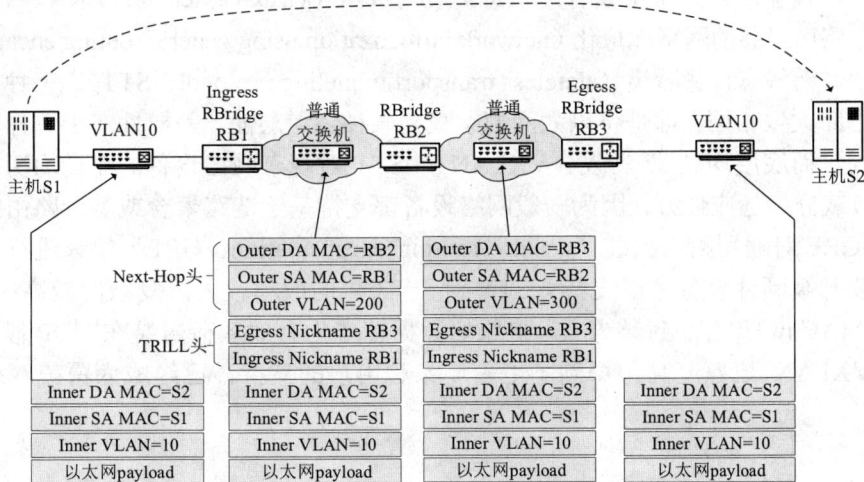

图 5.20　TRILL 数据帧转发过程

当数据帧到达入口 Ingress RBridge 时，Ingress RBridge 在原数据帧头添加 TRILL 头和 Next-Hop 头，原数据帧被封装为 TRILL 帧。其中，TRILL 头中主要包含 Ingress RBridge 的 Nickname 和 Egress RBridge 的 Nickname，与 IP 数据报头中的源 IP 地址和目的 IP 地址作用类似。Next-Hop 头相当于 TRILL 网络的链路层帧头。TRILL 帧在 RBridge 间的转发过程与 IP 数据报在路由器间的转发过程类似。RBridge 根据 TRILL 头中的 Egress Nickname 进行逐跳转发。TRILL 帧最终在 TRILL 网络边缘的 Egress RBridge 被还原成原来的数据帧，并被送出 TRILL 网络。

RBridge 只需要了解到达下一跳 RBridge 的最优路径即可，无须知道如何到达目的主机。因此，只有 Ingress RBridge 和 Egress RBridge 需要传统交换机的自学习（self-learning）功能并维护 MAC 交换表，核心 RBridge 无须维护与主机相关的 MAC 交换表。另外，RBridge 之间可以采用传统以太交换机互连，RBridge 与互连交换机运行 STP，但 RBridge 不会转发 STP 的广播帧。

3）覆盖网络技术

覆盖网络（overlay network）技术指采用隧道封装技术，将源主机发出的数据帧进行封装，然后通过底层网络（underlay network）透明传输，到达目的主机后解除封装，将原始数据帧交给目的主机，从而实现主机间的二层通信。通过封装和解封装，相当于将一个大二层网络叠加在底层物理网络之上，因此称作覆盖网络。

覆盖网络技术不依赖于底层物理网络，也不会影响底层物理网络，可以充分利用现有底层物理网络设施来实现大二层网络。基于覆盖网络技术，可以实现整个数据中心的大二层网络，甚至跨数据中心的大二层组网，是当前大二层网络最热门的技术。但是，覆盖网络中有 overlay 和 underlay 两个网络控制层面，管理维护、故障定位相对复杂，运维工作量相对较大。

目前，覆盖网络技术主要有虚拟可扩展局域网（virtual extensible LAN，VXLAN）、使用通用路由封装的网络虚拟化（network virtualization using generic routing encapsulation，NVGRE）、无状态传输隧道（stateless transport tunneling protocol，STT）。三种覆盖网络技术的思路大致相同，都是将以太网帧承载到某种隧道层面，差异性在于选择和构造的隧道不同，而底层均是 IP 转发。VXLAN 和 STT 对现有网络设备的流量均衡的要求较低，即负载分担适应性好，因为一般网络设备都支持基于链路聚合或等价路由的流量均衡；NVGRE 对通用路由封装（generic routing encapsulation，GRE）协议进行了升级，因此需要升级硬件设备才能支持；STT 对于 TCP 的改动较大，复杂度较高；VXLAN 采用了 MAC in UDP 的封装方式，将原始数据帧作为有效载荷封装在 UDP 段中。总体而言，VXLAN 成熟度高，得到了更多厂家和用户的支持，已经成为覆盖网络的主流标准。

（1）VXLAN 的结构。

VXLAN 的基本结构如图 5.21 所示。

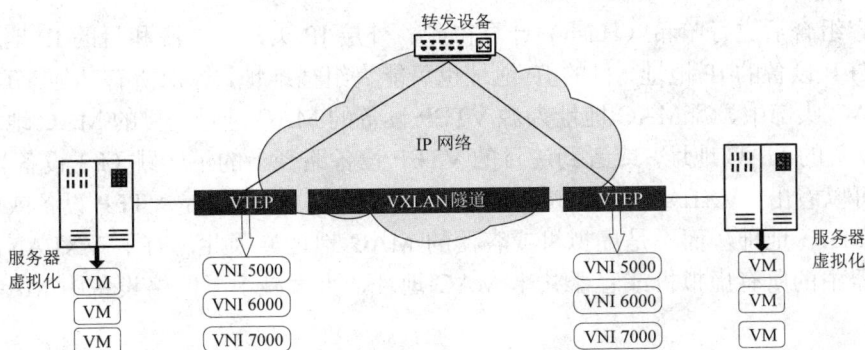

图 5.21 VXLAN 的基本结构

图 5.21 所示的 VXLAN 网络构建在 IP 网络之上。实际上，如果底层网络通过 IP 可以相互通信，就可以部署 VXLAN。

VTEP（VXLAN tunnel endpoints）是 VXLAN 网络的边缘设备，负责帧的封装和解封装。VTEP 可以是交换机，也可以是计算机，甚至可以是虚拟机。VXLAN 网络标识符（VXLAN network identifier，VNI）是一个 24 位的整数。一个底层网络中最多有16 777 216（2^{24}）个 VXLAN 网络。通过 VNI 标识不同的 VXLAN 网络，VXLAN 网络之间相互隔离。在数据中心中，通常一个租户对应一个 VNI。隧道（tunnel）是一个逻辑上的概念，可以看作一种虚拟通道。通信双方并不了解底层网络的详细情况，而是认为在同一个局域网络内。

（2）VXLAN 的报文结构。

VXLAN 的报文结构如图 5.22 所示。VXLAN 在原始 L2 帧（虚拟机或容器发出的链路层帧）外面添加了 50B 或 54B 的头部，具体包括 8B 的 VXLAN 头部、8B 的 UDP 头部、20B 的外层 IP 头部，以及 14B 或 18B（如果含有 VLAN ID）的外层 MAC 头部。

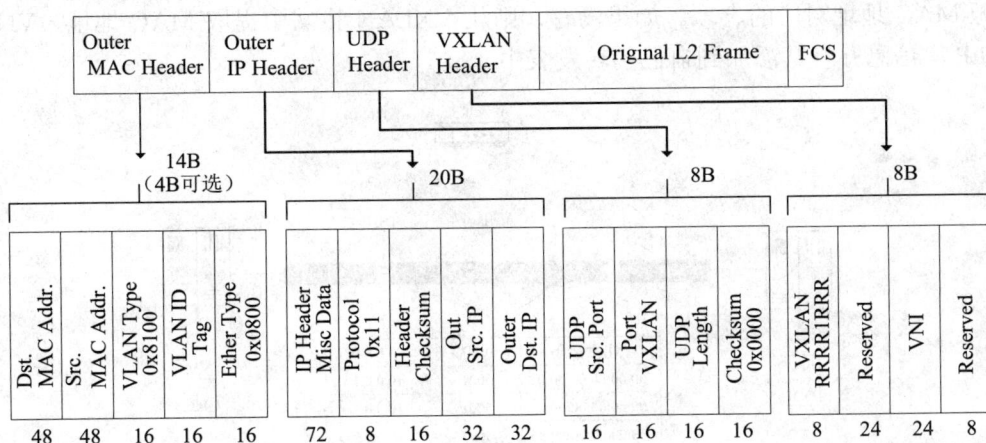

图 5.22 VXLAN 的报文结构

VXLAN 头部中，3B 的 VNI 与 VLAN 的 VLAN ID 作用类似，用于唯一标识一个 VXLAN 网络。UDP 头部中，目的端口号默认为 4789，源端口通过对 MAC、IP、端口号等内容组合后进行哈希（Hash）计算得到。外层 IP 头部中，源和目的 IP 地址为源和目的 VTEP 设备的 IP 地址，目的 IP 地址也可能为组播地址，标识所有其他 VTEP 设备。外层 MAC 头部中，源 MAC 地址为源 VTEP 设备的 MAC 地址，目的 MAC 地址为目的 VTEP 设备的 MAC 地址，或者到达目的 VTEP 设备路径上的下一跳（L3 设备）的 MAC 地址。可以看出，VXLAN 中，封装 L2 帧时使用的 MAC 地址是 VTEP 设备或底层网络设备的 MAC 地址，而不是虚拟机或容器的 MAC 地址。因此，有了 VXLAN，同一物理服务器中的所有虚拟机或容器共享 MAC 地址，大大减小了网络设备中 MAC 交换表的规模。

（3）VXLAN 的报文转发。

VXLAN 网络中，原始 L2 帧被 VTEP 封装为 VXLAN 报文，并交给底层网络进行转发。到达目的 VTEP 后，拆掉封装后还原为原来的 L2 帧，并将其发送给目的虚拟机或容器。

封装帧时，源 VTEP 需要知道原始数据帧目的 MAC 地址（虚拟机或容器的 MAC 地址）对应的 VNI、VTEP 等信息。VNI 用于填充 VXLAN 头部中的 VNI 字段。外层 UDP 头部的填充无须其他信息，目的端口号默认为 4789，源端口号通过对 MAC 地址、IP 地址、端口号进行 Hash 计算得到。VTEP 信息主要指 VTEP 的 IP 地址，用于填充外层 IP 头部中目的 IP 地址。封装外层 MAC 头部所需的目的 MAC 地址，可以使用地址解析协议（address resolution protocol，ARP）等传统方式获得。因此，有了 MAC 地址、VNI、VTEP IP 等信息，VTEP 便能完成 VXLAN 报文的封装。

VTEP 使用转发表维护 MAC 地址、VNI、VTEP IP 的关系，如图 5.23 所示。与传统二层交换机采用的方法类似，VTEP 转发表也是通过自学习机制来建立和维护。如果源 VTEP 中没有目的 MAC 地址对应的表项，则采用泛洪（flooding）机制将 VXLAN 帧发送给除自己以外的所有其他 VTEP。VTEP 收到 VXLAN 报文后，检查转发表中是否有源 MAC 地址对应的表项。如果没有，则从 VXLAN 报文中提取 MAC 地址、VNI、VTEP 等信息并将其添加到自己的转发表中。

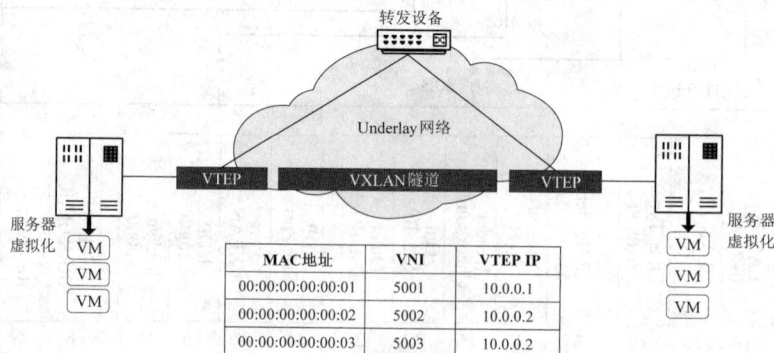

MAC 地址	VNI	VTEP IP
00:00:00:00:00:01	5001	10.0.0.1
00:00:00:00:00:02	5002	10.0.0.2
00:00:00:00:00:03	5003	10.0.0.2

图 5.23　VTEP 转发表

需要指出的是，由于底层网络是三层的，即使用 L3 设备互连多个 L2 网络，二层网络的广播帧也无法穿越底层网络中的路由器。因此，一个 VTEP 给所有其他 VTEP 发送广播帧需要使用底层网络的多播机制来传输。VXLAN 网络中，所有 VTEP 会加入底层网络中的一个多播组。当源 VTEP 收到二层广播帧（原始 L2 帧中的目的 MAC 为广播地址）时，将外层 IP 头部中的目的 IP 地址设置为组播地址，底层网络将把 VXLAN 广播报文发送给组内的所有 VTEP。

（4）VXLAN 的部署。

VXLAN 的部署可以采用纯 VXLAN 方式，也可以采用 VXLAN 和 VLAN 混合方式。

① 纯 VXLAN 方式。对于连接到 VXLAN 网络的虚拟机，虚拟机发出数据帧中的 VLAN 信息不再作为转发依据。因此，虚拟机的迁移不再受三层网关的限制，可以实现跨越三层网关的迁移。

② VXLAN 和 VLAN 混合方式。为了实现 VLAN 和 VXLAN 之间的互通，VXLAN 定义了 VXLAN 网关。VXLAN 网关中同时存在两种类型的端口，即 VXLAN 端口和普通端口。普通端口用于连接非 VXLAN 网络设备和主机。当 VXLAN 网关收到去往非 VXLAN 网络的 VXLAN 报文时，去除外层的封装，根据原始帧的头部信息将其转发到普通端口；收到从非 VXLAN 网络去往 VXLAN 网络的帧时，VXLAN 网关封装数据帧为 VXLAN 报文，将原始帧中的 VLAN ID 转换为 VNI，同时去除原始帧中的 VLAN ID 信息。

（5）VXLAN 的问题。

VXLAN 为虚拟网络带来了灵活性和扩展性，让网络能够像计算、存储资源那样按需扩展、灵活分布。和计算机领域所有技术类似，VXLAN 也是一种折中（tradeoff）方案。相对于经典网络来说，VXLAN 的问题主要是额外开销和复杂性。

① 额外开销。VXLAN 报文在原始 L2 帧外部添加了额外的 50B 或 54B（如果外层 MAC 头部包含 VLAN 字段），对于小报文来说开销过大。并且，每个 VXLAN 报文的封装和解封装都是必需的，额外的头部带来了额外的计算量，这也是不可忽略的因素。

② 复杂性。虽然传统网络在应对云计算时捉襟见肘，但是经典网络的部署、监控、运维都已经比较成熟。使用 VXLAN 这种新技术后，所有这些都要重新学习，时间和人力成本必然会大大提高。

习　题

1. 分析 Uptime Tier 等级认证与 ANSI/TIA-942-B-2017 的关系。
2. 现代数据中心选址的新趋势有哪些？
3. 数据中心内部功能区划分及服务器机柜布置时的注意事项有哪些？
4. A 级数据中心电气技术的主要技术要求是什么？
5. 数据中心空调环境的特点是什么？
6. 如何合理规划数据中心的气流组织形式？
7. 数据中心空调制冷系统节能措施有哪些？

8. 调研分析绿色数据中心技术情况。

9. 分析数据中心网络规划与设计的要点。

10. 简单描述网络功能虚拟化与网络虚拟化的区别。

11. 比对分析目前主要的大二层网络技术。

12. 解释 TRILL 技术的局限性。

13. 描述覆盖网络技术的基本原理。

14. 描述 VXLAN 单播数据帧的转发过程。

15. 简述 SDN 技术在数据中心网络虚拟化中的作用。

16. 描述 SDN 与 VXLAN 结合应用的一个案例。

第六章 OpenStack

OpenStack 是一个云操作系统，可以控制和管理数据中心所有的计算、存储、网络等资源。本章中，首先对 OpenStack 进行简要介绍，然后介绍 OpenStack 的架构和核心组件，最后介绍 OpenStack 的部署。

第一节 OpenStack 简介

2010 年 7 月，RackSpace 和美国国家航空航天局（National Aeronautics and Space Administration, NASA）联合开发了开源云平台 OpenStack。经过十几年的发展，OpenStack 已成为一个广泛使用的、业内领先的开源项目。

一、OpenStack 是什么

OpenStack 是一系列开源软件的组合，包括若干项目。每个项目包括不同的组件，可实现不同的功能。每个组件又包括若干服务，一个服务意味着运行中的一个进程。OpenStack 组件部署灵活，支持水平扩展，具有伸缩性，可以高效支持不同规模的云平台。

OpenStack 旨在提供开源的云计算解决方案，简化云部署过程，实现类似 AWS EC2 和 S3 的 IaaS 服务，主要应用场合包括 Web 应用、大数据、电子商务、视频处理与内容分发、大吞吐量计算、容器优化、主机托管、公有云、计算工具包和数据库即服务（database as a service，DBaaS）等。

OpenStack 由 OpenStack Community 负责开发和维护，与其他开源的云计算软件相比，OpenStack 具有以下优势。

① 松耦合。OpenStack 包含的模块相对独立，相互之间的耦合比较松散。用户无须读懂 OpenStack 源代码，只需了解其接口规范及 API 使用方法，便可以在 OpenStack 中添加新模块。

② 配置灵活。OpenStack 的部署非常灵活，可以将全部组件集中安装在一台主机中，也可以分散安装到由多台主机组成的集群中，甚至可以把所有组件部署在虚拟机中。

③ 二次开发简单。OpenStack API 是 RESTful API，所有组件采用统一规范，加上模块间松耦合的设计，基于 OpenStack 进行二次开发比较简单。

二、OpenStack 概览

最初，OpenStack 只有 Nova 和 Swift 两个项目。现在，OpenStack 包含的项目已经多达数十个。

OpenStack 采用了 SOA 架构，总体功能被分解成了多个服务，便于用户根据需要以即插即用方式添加和配置组件。理论上，OpenStack 的各个项目都可以独立提供服务，相互之间互不依赖。OpenStack 组件相互协作，协同管理计算、存储和网络等各类资源，向用户提供云计算服务。

OpenStack 的主要组件参见表 6.1。

表 6.1 OpenStack 的主要组件

组件	项目名称	功能
Dashboard（控制面板）	Horizon	Horizon 是 OpenStack Dashboard 的规范实现，为 OpenStack 服务（Nova、Swift、Keystone）提供了基于 Web 的子服务管理门户。Horizon 与 OpenStack 底层服务交互，启动一个虚拟机实例、分配 IP 地址、配置访问控制等
Identity（身份认证）	Keystone	实现 OpenStack Identity API，为其他 OpenStack 服务提供身份认证、服务发现和分布式多租户授权服务，支持多认证
Compute（计算）	Nova	Nova 提供计算实例（虚拟服务器）的方法，实现按需、自助的计算资源访问；支持创建虚拟机、裸机服务器（通过使用 Ironic）。目前，Nova 对容器的支持仍然比较有限。Nova 在 Linux 服务器中作为一组守护进程运行，提供计算服务。Nova 依赖于 Keystone、Neutron 和 Placement。Nova 用户可以通过 Horizon、OpenStack Client、Nova Client 工具或直接使用 API 来创建和管理计算实例
Image（镜像）	Glance	Glance 提供一个虚拟磁盘镜像的目录和存储库，为 Nova 虚拟机提供镜像服务，包括存储、查询和检索镜像；提供 RESTful API，允许查询镜像元数据。Glance 提供的镜像可以存储在简单文件系统或对象存储系统 Swift 中。Glance 依赖于 Keystone
Network（网络）	Neutron	Neutron 是一个 SDN 网络项目，实现了 OpenStack 的网络 API，用于在其他 OpenStack 组件（如 Nova）管理的网络接口设备（如 vNIC）之间提供网络即服务（NaaS），允许用户创建自己的虚拟网络并连接各种网络设备。Neutron 依赖于 Keystone
Block Storage（块存储）	Cinder	Cinder 负责块存储设备的虚拟化，为 Nova 虚拟机、Ironic 裸金属主机和容器提供数据卷（volume）。Cinder 用户可以使用 Horizon、OpenStack Client、Cinder Client 或直接使用 RESTful API 创建和管理卷。Cinder 依赖于 Keystone
Object Storage（对象存储）	Swift	Swift 是高可用、分布式、最终一致性的对象存储系统，基于 Swift 可以构建高效、安全和廉价的存储系统。Swift 通常基于 RESTful API 存储和检索非结构化数据，目标是可扩展，并针对整个数据集的耐久性、可用性和并发性进行优化
Database（数据库）	Trove	Trove 提供数据库即服务（DBaaS），包括关系数据库、非关系数据库引擎
Orchestration（编排）	Heat	Heat 基于文本文件形式模板，为云应用程序协调基础资源。Heat 提供了 OpenStack 原生的 RESTful API 和与 CloudFormation 兼容的查询 API，也提供了与 OpenStack Telemetry 服务集成的自动伸缩服务，可以在模板中将伸缩组件作为资源
Monitoring（监测/计量）	Ceilometer	Ceilometer 是 OpenStack 的数据采集服务，提供跨 OpenStack 核心组件的数据规范化和转换能力。Ceilometer 是 Telemetry 项目的组成部分，所收集的数据可为所有 OpenStack 核心组件提供计费、资源跟踪和警报功能

三、OpenStack 基金会与社区

2012 年 7 月，RackSpace 公司将 OpenStack 交给了 OpenStack 基金会。OpenStack 基金会是一家非营利性组织，旨在推动 OpenStack 的发展、传播和应用。OpenStack 基金会的会员分为个人会员和企业会员两类。个人会员是免费且无门槛的，可凭借技术贡献或社区工作加入 OpenStack 社区。

OpenStack 社区是世界上较大和较完善的开源社区之一，拥有来自全球近 200 个国家及地区的数万名成员。OpenStack 社区技术委员会负责总体管理 OpenStack 项目；项目技术负责人负责管理项目事务，对项目本身的发展进行决策；技术专家负责技术，提供专门资源创建社区和整个生态系统，并对各种贡献进行鼓励和奖励。

四、OpenStack 的发展

2010 年 10 月，OpenStack 的第 1 个正式版本发布，代号为 Austin。RackSpace 公司计划每隔几个月发布一个全新版本，以 26 个英文字母为首字母，按 A～Z 顺序命名各个版本。到 2011 年 9 月发布第 4 个版本 Diablo 时，改为每半年发布一个版本，每年分别在春秋两季发布。OpenStack 各版本的发布时间及概要说明见表 6.2。

表 6.2　OpenStack 的版本演变

发布时间	版本	说明
2010 年 10 月	Austin	仅有 Swift 和 Nova
2011 年 2 月	Bexar	新增 Glance 项目，提供镜像服务
2011 年 4 月	Cactus	没有新增项目，比 Bexar 更稳定
2011 年 9 月	Diablo	Nova 整合了 Keystone
2012 年 4 月	Essex	新增两个核心项目：Keystone 和 Horizon
2012 年 9 月	Folsom	新增两个核心项目：Cinder 和 Quantum
2013 年 4 月	Grizzly	没有新增项目，为大规模生产环境、企业应用场景和软件定义网络提供了更好的支持
2013 年 10 月	Havana	新增项目 Ceilometer，正式发布 Heat；将 Quantum 更名为 Neutron，增加防火墙和 VPN 插件；支持 Docker 管理的容器
2014 年 4 月	Icehouse	加强每个项目的成熟度与稳定性；新增项目 Trove，用于管理关系数据库服务
2014 年 10 月	Juno	Cinder 添加多种新的存储后端；Neutron 支持 IPv6 和第三方驱动
2015 年 4 月	Kilo	增强对新增模块的支持，发布裸机服务项目 Ironic
2015 年 10 月	Liberty	为 Heat 和 Neutron 增加了基于角色的访问控制
2016 年 4 月	Mitaka	简化 Nova 和 Keystone 的使用以增强用户体验；使用一致的 API 调用、创建资源
2016 年 10 月	Newton	Ironic 裸机开通服务，显著提升了 OpenStack 作为单一云平台对虚拟化、裸机及容器的管理能力
2017 年 2 月	Ocata	Telemetry 性能与 CPU 使用量改进；Congress 治理框架改进；可对 OpenStack 服务进行容器化
2017 年 8 月	Pike	专注于改进基础设施，使 OpenStack 部署和更新更容易，同时提供对边缘计算和网络功能虚拟化支持

发布时间	版本	说明
2018 年 2 月	Queens	主要针对机器学习、人工智能和容器等新工作负载进行升级。改进虚拟 GPU 支持和容器集成；运维者能将相同的 Cinder 卷加载到多个虚拟机中；新增 Helm 作为 Kubernetes 容器编排系统的包管理器；新增 Cyborg 用于管理硬件和软件加速资源
2018 年 8 月	Rocky	裸金属云、快速升级和硬件加速
2019 年 4 月	Stein	引入了新的多云编排功能，以及帮助实现边缘计算用例的增强功能
2019 年 10 月	Train	强化了人工智能和机器学习，改进了资源管理，增强了安全性
2020 年 5 月	Ussuri	在核心基础设施层可靠性方面进行了优化（包括 Nova、Kuryr 和 Ironic）；在安全性以及加密方面进行更新（包括 Octavia、Kolla 和 Neutron）；拓展通用性，以支持新兴用例，支撑更多新型工作负载
2020 年 10 月	Victoria	推进 OpenStack 与容器的融合，增强裸金属管理功能，支持多计算架构和标准，针对复杂网络问题提供了高效解决方案
2021 年 4 月	Wallaby	广泛改进了 OpenStack 内核的稳定性与可靠性，提升项目集成功能的灵活性，强化了安全性能，包括改进回退权限，以及 Ironic、Glance 和 Manila 组件中基于角色的访问控制权限
2021 年 10 月	Xena	增加对新型硬件功能的支持，优化了各类组件间的集成，提高了 OpenStack 的稳定可靠性
2022 年 3 月	Yoga	扩展对先进硬件技术的支持，尤其是 SmartNIC DPUs，Neutron 可对 vNIC 类型进行远程管理，用户可以将端口绑定到 SmartNIC；优化对 Kubernetes、Prometheus 等云原生组件的集成

第二节　OpenStack 的架构

OpenStack 是一个开源、可扩展、富有弹性的云操作系统，其架构设计主要参考了亚马逊的 AWS（Amazon web services）。

一、概念架构

OpenStack 的概念架构如图 6.1 所示。图中粗略描述了 OpenStack 各主要模块（组件）协同工作的机制和流程。

OpenStack 通过一组相互关联的服务，以虚拟机为中心提供了基础设施即服务解决方案。OpenStack 的虚拟机服务主要通过 Nova、Glance、Cinder 和 Neutron 四个核心模块共同提供。其中，Nova 为虚拟机提供计算资源，包括 vCPU、内存等；Glance 为虚拟机提供镜像服务，以及安装操作系统的运行环境；Cinder 提供存储资源，类似传统计算机的磁盘或卷；Neutron 为虚拟机提供网络配置以及网络通道。

用户经 Keystone 认证授权后，通过 Horizon 或 RESTful API 创建虚拟机服务。创建过程包括利用 Nova 创建虚拟机实例，虚拟机实例使用 Glance 提供的镜像服务；然后，使用 Neutron 为新建虚拟机分配 IP 地址，并将其连接到虚拟网络中；之后，通过 Cinder 创建卷，为虚拟机挂载存储块设备。整个过程都处在 Ceilometer 的监控下。Cinder 创建的卷和 Glance 提供的镜像可以通过 Swift 保存。

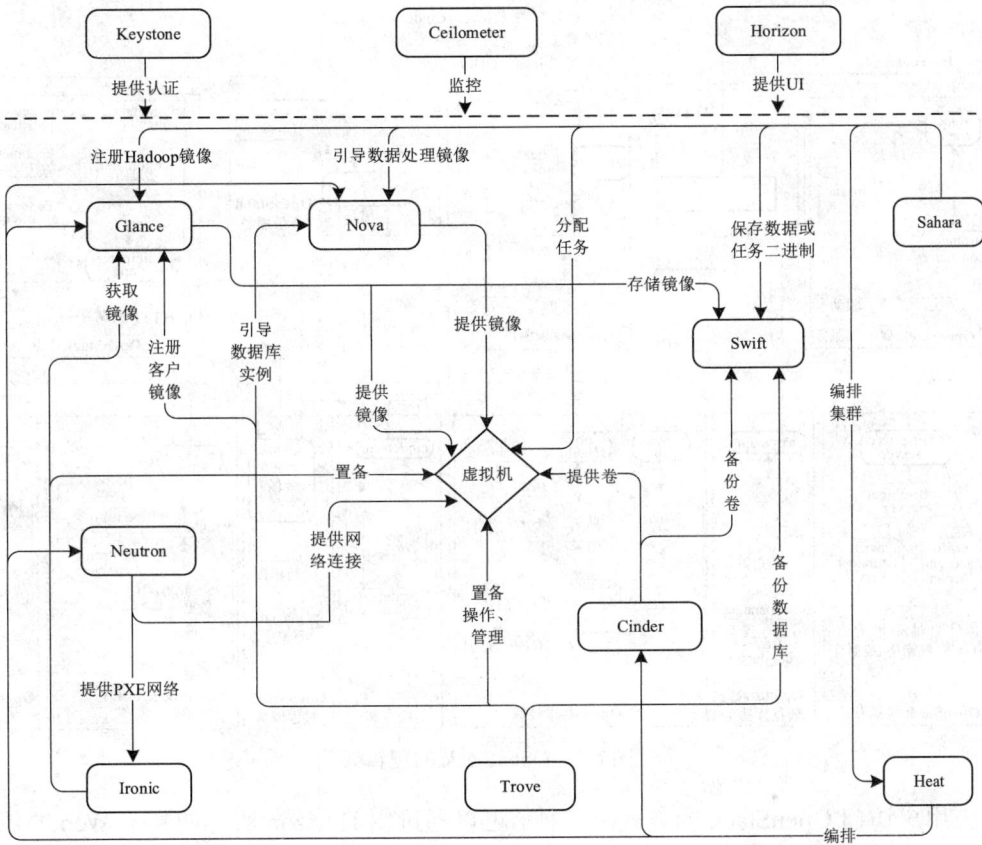

图 6.1　OpenStack 的概念架构

Horizon、Ceilometer、Keystone 提供访问、监控、身份认证（权限）功能，Swift 提供对象存储功能，Heat 实现应用系统的资源编排和自动化部署。

二、逻辑架构

设计、部署和配置 OpenStack 时，必须理解 OpenStack 的逻辑架构（logical architecture）。图 6.2 所示为 OpenStack 的逻辑架构，描述了 OpenStack 包含的各组件以及组件之间的逻辑关系。

OpenStack 的所有服务均可通过公共身份服务（Keystone）进行身份验证。除了需要管理权限的命令，服务间可通过公共 API 进行交互。每种 OpenStack 服务又由若干组件组成，包含多个进程。所有的服务至少有一个 API 进程，用于侦听 API 请求，并对请求进行预处理，然后将预处理后的请求传送到该服务的其他组件。除了认证服务，实际工作由具体的组件完成。

OpenStack 中，一个服务的多个进程之间通信使用高级消息队列协议（advanced message queuing protocol，AMQP），服务的相关状态存储在数据库中。部署和配置 OpenStack 时，可以从几种消息代理和数据库解决方案中进行选择，如 RabbitMQ、MySQL、MariaDB 和 SQLite 等。

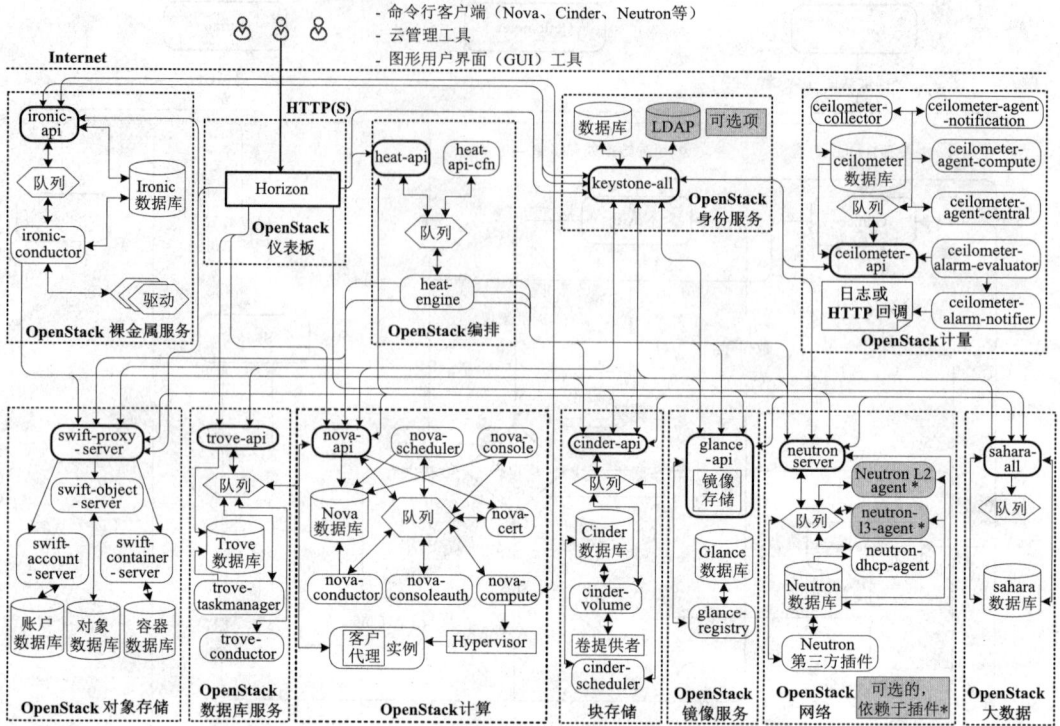

图 6.2　OpenStack 的逻辑架构

用户访问 OpenStack 的方式有多种。可以通过由 Horizon 服务的基于 Web 的用户界面，也可以通过命令行，或者使用浏览器插件或 curl 命令发送 API 请求。应用程序中，可以使用多种软件开发工具包。所有这些访问方法最终都要将 RESTful API 调用发送给 OpenStack 服务。

实际部署 OpenStack 时，各组件可以部署到不同的物理节点上。OpenStack 本身是一个分布式系统，不仅各个服务可以分布部署，服务中的组件也可以分布部署。这种分布式特性使得 OpenStack 具备极大的灵活性、伸缩性和高可用性。另外，这一特性也使 OpenStack 比一般的分布式系统更复杂，学习难度更大。

三、物理架构

OpenStack 是一个复杂的分布式系统，必须将其逻辑架构映射为具体的物理架构，即将各组件以一定方式安装到实际的服务器节点上，部署到实际的存储设备上，并通过网络相互连接，这便是 OpenStack 的物理部署架构。

OpenStack 的部署分为单节点部署和多节点部署两种类型。单节点部署指将所有 OpenStack 服务和组件部署在一个物理节点上，通常用于学习、验证、测试或者开发场景。多节点部署指将服务和组件分别部署在不同的物理节点上，实际生产环境通常采用多节点部署方案。

图 6.3 所示为一个典型的多节点部署方案。其中，常见的节点类型有控制节点、网络节点、计算节点、存储节点等。控制节点负责任务分发、节点管理等系统级控制；网

络节点负责提供各组件之间的通信环境；计算节点负责虚拟机实例、资源管理等；存储节点负责提供存储服务。

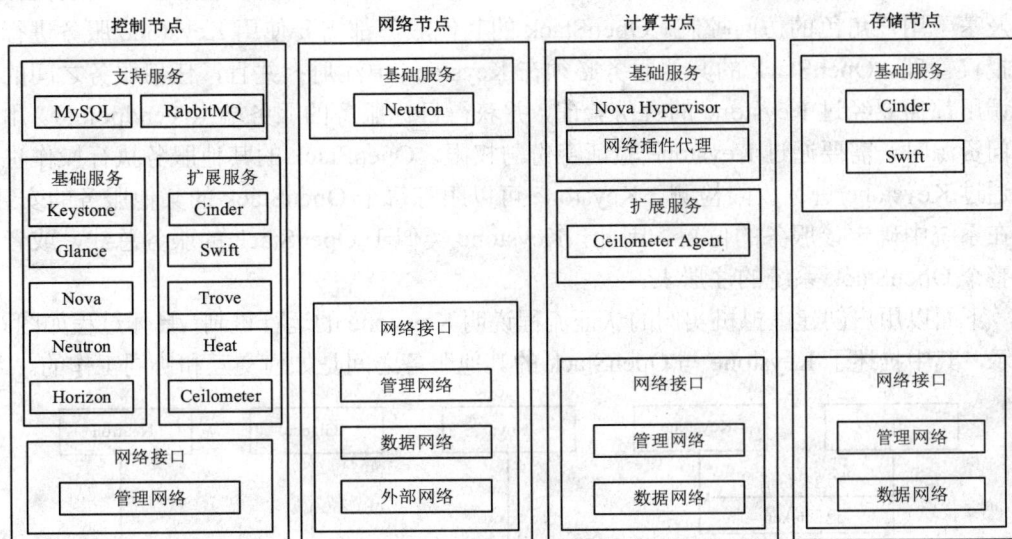

图 6.3　OpenStack 的物理架构

第三节　OpenStack 的核心组件

OpenStack 的核心组件主要包括控制面板（Horizon）、身份认证（Keystone）、镜像（Glance）、计算（Nova）、网络（Neutron）、块存储（Cinder）、对象存储（Swift）等。

一、控制面板（Horizon）

Horizon 是 OpenStack 系统的入口，提供模块化、基于 Web 的接口。通过 Horizon，管理员可以使用浏览器对 OpenStack 的系统环境进行管理，可直观看到各种操作的结果，以及系统运行状态。用户通过 Horizon 可以访问 OpenStack 的计算、存储、网络等服务，例如，创建和管理虚拟机实例，配置网络和存储等。

Horizon 主要由用户、系统和设置三个控制面板组成，这些控制面板提供了不同视角的资源和服务访问界面。不同用户登录后看到的界面不尽相同，其中所显示的内容和数据都来源于其他 OpenStack 服务和组件。Horizon 通过前端 Web 界面将隐藏于后台的 OpenStack 服务和组件的内容以可视化方式呈现出来。Horizon 内置一个 Apache 服务器，向客户端提供 Web 界面。

Horizon 由管理员进行管理与控制。管理员可以通过 Web 界面管理 OpenStack 平台的资源数量、运行情况，创建用户、虚拟机，向用户指派虚拟机，管理用户的存储资源等。当管理员将用户指派给不同的服务和组件以后，用户可以通过 Horizon 提供的服务进入 OpenStack 中，使用管理员分配的各种资源（如虚拟机、存储器、网络等）。

二、身份认证（Keystone）

Keystone 是 OpenStack 的安全认证组件，负责用户身份认证、令牌管理、服务目录，以及基于用户角色的访问控制。OpenStack 的其他服务都需要使用 Keystone 服务进行认证授权管理。OpenStack 的其他服务必须在 Keystone 中注册；并且，任何服务之间的相互调用都需要经过 Keystone 的身份验证，并获得目标服务的服务端点（endpoint）。用户访问资源时，需要通过 Keystone 验证身份与权限。OpenStack 的其他服务执行操作也需要通过 Keystone 进行权限检测。Keystone 可以跟踪每个 OpenStack 的其他服务的安装，并在系统中确定该服务的位置。因此，Keystone 类似于 OpenStack 的服务总线，或者说是整个 OpenStack 系统的注册表。

下面以用户创建虚拟机实例的认证流程说明 Keystone 的运行机制，具体过程如图 6.4 所示，其中描述了 Keystone 与 OpenStack 的其他服务之间是如何交互和协同工作的。

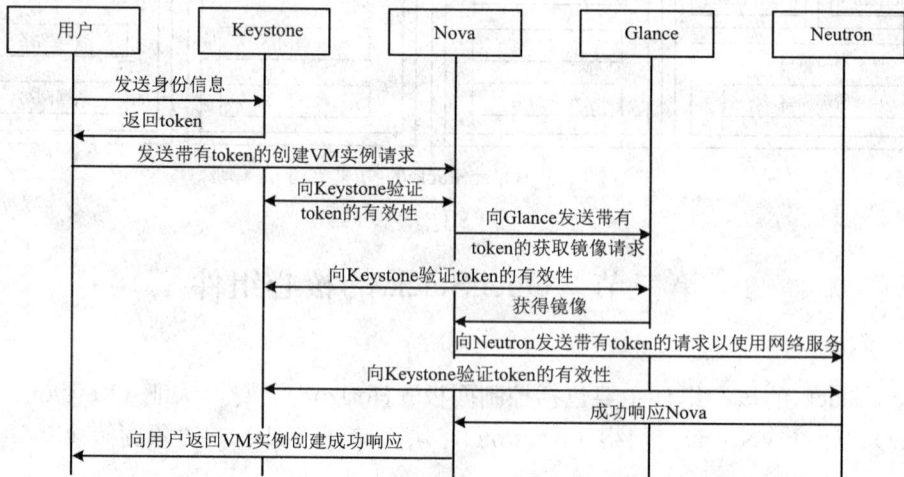

图 6.4　Keystone 的认证过程

首先，用户向 Keystone 提供自己的身份凭证，如用户名和密码。Keystone 从数据库中读取数据对用户进行验证，验证通过后向用户返回一个临时性令牌（token）以及服务端点信息。令牌是由数字和字母组成的字符串，作为用户访问 OpenStack 服务的凭证。此后，用户所有访问 OpenStack 服务的请求都会携带令牌表明自己的身份，OpenStack 通过 Keystone 验证用户令牌的有效性。

其次，用户向 Nova 申请虚拟机服务。Nova 将用户令牌发给 Keystone 进行验证，Keystone 根据令牌判断用户是否拥有进行此项操作的权限。若验证通过，Nova 向用户提供相对应的服务。

其他组件和 Keystone 的交互过程基本也是如此。例如，Nova 需要向 Glance 提供令牌并请求镜像服务，Glance 将令牌发给 Keystone 进行验证，如果验证通过就会向 Nova 返回镜像；Nova 需要向 Neutron 提供令牌并请求网络服务，Neutron 将令牌发给 Keystone 进行验证，如果验证通过，则会向 Nova 返回成功的响应。

三、镜像（Glance）

Glance 提供发现、注册、下载等镜像服务。用户通过 Glance 可以上传、下载所需的镜像和元数据。Glance 提供了 RESTful API，用户通过调用 API 可以查询镜像元数据、上传和下载镜像。

Glance 中，镜像被当作模板来存储，用于启动新的虚拟机实例，也可以对正在运行的实例创建快照来备份虚拟机状态。Glance 管理的镜像可以存储在不同的位置，包括文件系统、对象存储系统等。另外，Glance 还提供了镜像管理，包含镜像的导入、模板制作等。但 Glance 并不负责镜像实际的存储，只提供镜像管理功能。

Glance 采用了 C/S 架构，如图 6.5 所示。其中，服务器端提供 RESTful API，客户端使用 API 提交关于镜像的各种操作请求。Glance 提供了

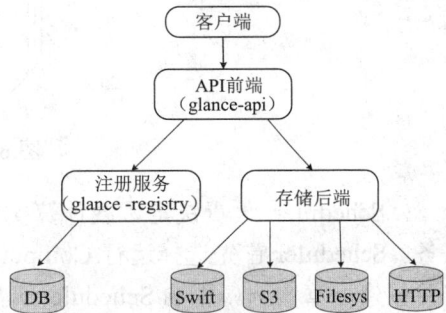

图 6.5　Glance 的基本架构

glance-api 和 glance-registry 两个子服务。客户端使用 glance-api 创建、删除、读取镜像，glance-registry 实现了镜像注册功能。

四、计算（Nova）

Nova 负责管理和维护计算资源，提供计算服务，是基础设施即服务（IaaS）系统的核心组成部分。另外，OpenStack 中，计算实例的生命周期管理也是通过 Nova 实现的。Nova 支持创建虚拟机和裸金属服务器，但目前对容器的支持相对比较有限。

Nova 由多个服务进程组成，每个进程完成不同的功能，但 Nova 自身并没有任何虚拟化功能，而是使用虚拟化驱动与底层支持的 Hypervisor 进行交互。OpenStack 支持的 Hypervisor 包括 KVM、Xen、VMWare 等。

Nova 需要 OpenStack 其他服务的支持，包括 Keystone、Glance、Neutron、Cinder、Swift 等。具体地讲，Keystone 提供身份认证授权和系统服务目录；Glance 提供 Nova 需要的镜像，所有计算实例均从 Glance 镜像启动；Neutron 负责配置和管理 Nova 计算实例的虚拟或物理网络；Cinder 和 Swift 为 Nova 计算实例提供块存储和对象存储支持。

Nova 的主要组件包括 DB、API、Scheduler、Compute、Conductor 等。Nova 的基本架构如图 6.6 所示。

DB 用于存储 Nova 可用计算实例类型、在用计算实例、可用网络、项目等数据。

API 负责接收和响应客户的 API 调用，以及通过队列或 HTTP 与其他组件进行通信，是从外部访问 Nova 的唯一途径。Nova 的 API 兼容 AWS 的 EC2 API，可以使用 EC2 管理工具对 Nova 进行管理。

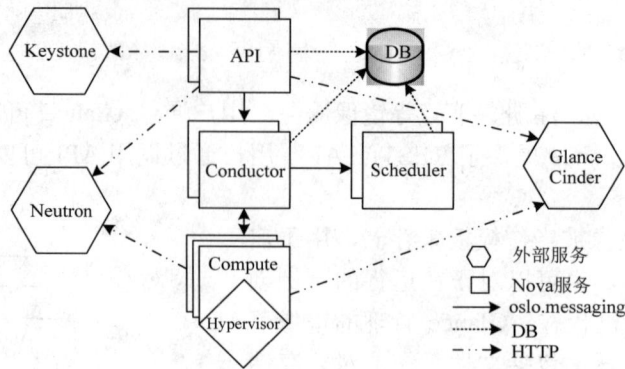

图 6.6 Nova 的基本架构

Scheduler 负责决定承载计算实例的具体物理主机，即提供计算实例的调度管理服务。Scheduler 首先选择运行 Compute 的计算节点，然后基于权重选择最佳的计算节点，并创建计算实例。影响 Scheduler 调度结果的因素包括节点负载、内存、CPU 架构等。

Compute 是 Nova 实现虚拟机管理的核心组件，通过调用底层 Hypervisor 的 API 实现计算实例的生命周期管理。Compute 通过 Queue 接收请求并进行处理，实现计算实例的各种操作。

Conductor 是计算节点访问数据的中间件，即 Compute 和 DB 之间的桥梁。由于 Compute 经常需要更新数据库，出于安全性和可扩展性考虑，Compute 并不直接访问数据库，而是将这些任务委托给 Conductor 完成。

五、网络（Neutron）

传统的网络管理方式很大程度上依赖于管理员手动配置和维护各种网络设备。在云计算环境中，虚拟机数量众多，虚拟网络接口更多，网络非常复杂。特别是在多租户场景中，用户随时可能需要创建、修改、删除网络。云计算环境的网络连通性、隔离、安全等管理和维护工作已经很难通过手动配置完成了。

Neutron 提供云计算环境中的虚拟网络功能，负责管理虚拟网络基础设施（virtualized network infrastructure，VNI）的所有网络功能和物理网络基础设施（physical network infrastructure，PNI）的接入层功能。Neutron 允许租户创建包括防火墙、负载均衡器、VPN 等在内的高级网络服务。物理网络通过 Neutron "池化" 为网络资源池，Neutron 对这些网络资源进行处理，为其他组件提供独立的虚拟网络环境。Neutron 创建各种资源对象并进行连接和整合，形成组件（或用户）的私有网络。

Neutron 为用户提供了创建和定义网络基础架构的 API。网络基础架构由网络、交换机、子网和路由器及其相互连接构成，支持二层交换、三层路由、防火墙、负载均衡等功能。

图 6.7 是一种比较简单和典型的 Neutron 网络结构。其中，Neutron 外部网络由管理人员创建和管理，是 Neutron 内部网络与 Internet 之间的桥梁。Neutron 外部网络可以包含一个或多个子网，每个子网是一组在 Internet 上可寻址的 IP 地址。一般情况下，外部

网络只有一个。内部网络由用户使用 Neutron 创建和管理，是虚拟机实例所在的网络，用于连接虚拟机。内部网络和外部网络之间使用路由器连接，路由器配置有连接外部网络的网关，以及一个或多个连接内部网络的接口。

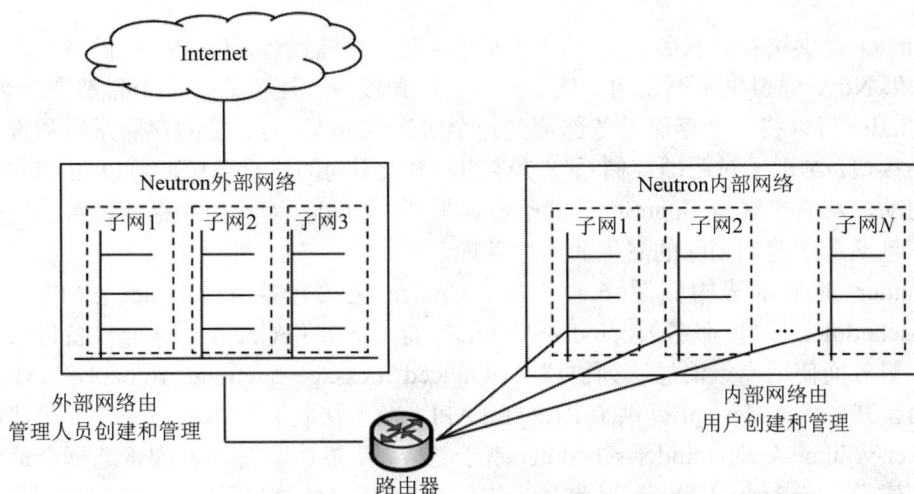

图 6.7　Neutron 的网络结构

Neutron 的实现采用了分布式架构，由多个组件共同对外提供网络服务。Neutron 的基本架构如图 6.8 所示。

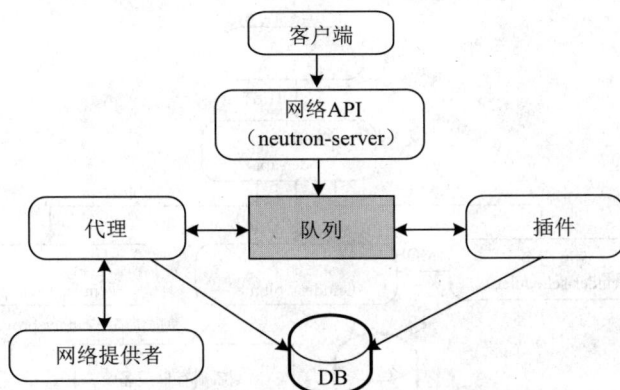

图 6.8　Neutron 的基本架构

Neutron 仅有一个主要服务进程 neutron-server，运行在控制节点上，对外提供 API 作为访问 Neutron 的入口。neutron-server 收到请求后，调用插件（plugin）进行处理，最终由计算节点和网络节点上的各种代理（agent）完成请求的处理。网络提供者（network provider）指提供网络服务的虚拟或物理网络设备，如 Linux Bridge、Open vSwitch，或者其他支持 Neutron 的物理交换机等。与 OpenStack 其他服务一样，Neutron 的各组件服务间需要相互协调和通信。neutron-server、插件和代理之间通过消息队列（默认使用 RabbitMQ）进行通信。数据库（默认使用 MariaDB）用于存放 OpenStack 的网络状态信息，包括网络、子网、端口、路由表等。客户端指使用 Neutron 服务的应用程序，可以是命令行工具、Horizon 和 Nova 计算服务等。

六、块存储（Cinder）

Cinder 提供块存储服务，支持用户访问数据块存储设备。Cinder 提供持久性块存储资源，供 Nova 虚拟机实例使用。从虚拟机实例角度看，挂载的每一个卷都是一块磁盘。使用 Cinder 可以将一个存储设备连接到一个实例。Cinder 为后端的存储系统和设备提供统一的接口，实现了对后端存储系统功能的封装。不同的块设备厂商可以在 Cinder 中实现其驱动，从而实现与 OpenStack 的整合。另外，Cinder 为管理块存储设备提供了一套方法，包括从创建到删除的卷生命周期管理。

Cinder 的基本架构如图 6.9 所示。Cinder 主要包括 cinder-api（API 前端）、cinder-scheduler（调度服务）、cinder-volume（卷服务）和 cinder-backup（备份服务）等服务，服务间使用高级消息队列协议（advanced message queuing protocol，AMQP）进行通信。其中，cinder-api 提供了 RESTful API，负责接收客户端的请求，并将请求路由到 cinder-volume 处理；cinder-scheduler 基于卷容量、卷类型等多种因素选择合适的存储节点创建卷；cinder-volume 部署在存储节点上，实现对后端存储的抽象和封装，为用户提供统一接口，与 cinder-provider（卷提供者）协调通过调用后端存储设备的驱动完成相关操作，包括创建、复制、扩展、删除卷，在虚拟机中挂载卷、从虚拟机分离卷，卷的快照管理等；cinder-backup 可以使用 Swift 或 Ceph 的存储服务。Cinder 内部组件之间的相互通信使用消息队列，支持异步通信，实现了各子服务的解耦。

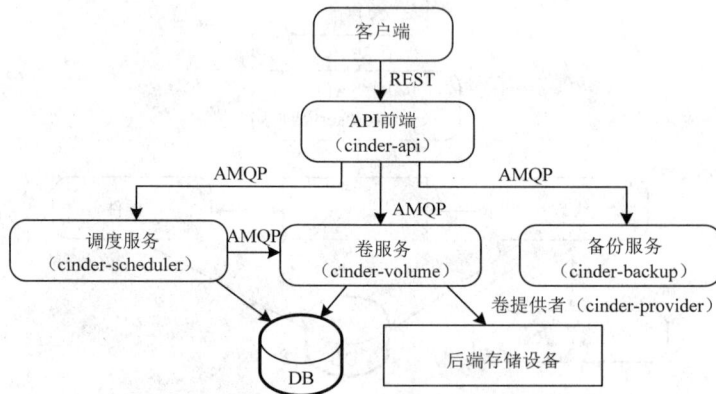

图 6.9　Cinder 的基本架构

七、对象存储（Swift）

Swift 提供了可扩展、高可用的分布式对象存储服务，用于存储大规模非结构化数据。

Swift 采用了包括 Account（账户）、Container（容器）、Object（对象）的层次数据模型。每层的节点数量可以任意扩展。需要指出的是，Swift 的 Account 和个人账户没有关系，可以理解为租户，被 Swift 用来实现顶层的隔离机制；Container 类似于文件夹，代表了一组对象；Object 由元数据和数据两部分组成。

　　Swift 使用 Ring（环）维护实体名称与其物理存储位置的映射，Account、Container 和 Object 使用了不同的 Ring。Swift 的存储策略提供了一种区分 Swift 部署的服务级别、功能和行为的方法，通过使用多个 Ring 支持多种存储策略。每种存储策略通过一个抽象名称向客户端公开，每个设备会被分配到一个或多个存储策略。例如，系统默认存储策略中，副本数量为 3。用户可以创建第二种存储策略，指定副本数量为 2，并应用于新的容器。

　　Swift 的基本架构如图 6.10 所示。

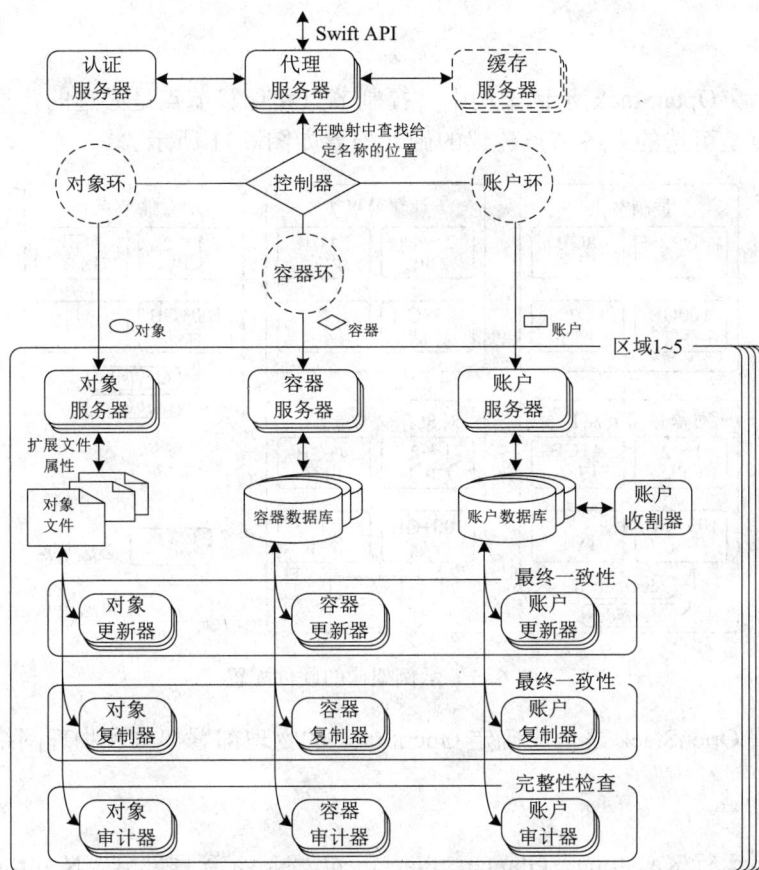

图 6.10　Swift 的基本架构

　　Swift 通过提供 API 供用户访问。Swift 的主要组件包括代理、认证、缓存、对象、容器、账户等服务器。代理服务器负责处理所有传入的客户端 API 请求，通过 Ring 查找账户、容器、对象的具体位置，并将客户访问请求交由相应的服务器进行处理。认证服务器负责验证用户身份，分配对象访问令牌（token）。缓存服务器负责缓存令牌、账户、对象等是否存在的信息，但不会缓存实际的对象数据。对象服务器提供 Blob 存储服务，可以存储、检索、删除所存储的对象。容器服务器的主要工作是处理对象的列表，但它并不知道对象在什么地方，也不知道一个容器中的对象具体是什么。账户服务器与容器服务器类似，负责管理容器列表。

第四节　OpenStack 的部署

在本节中，按照 OpenStack 官方提供的 Wallaby 版示例架构准备安装环境，逐步部署主要的 OpenStack 服务，目的是提供一个小型的概念验证平台，用于了解和学习 OpenStack。需要指出的是，该示例架构基于最低配置，可能并不适用于真实的生产环境。

一、示例架构

Wallaby 版 OpenStack 示例架构中，控制节点和计算节点是必选的，块存储节点和对象存储节点是可选的。各节点建议的硬件配置如图 6.11 所示。

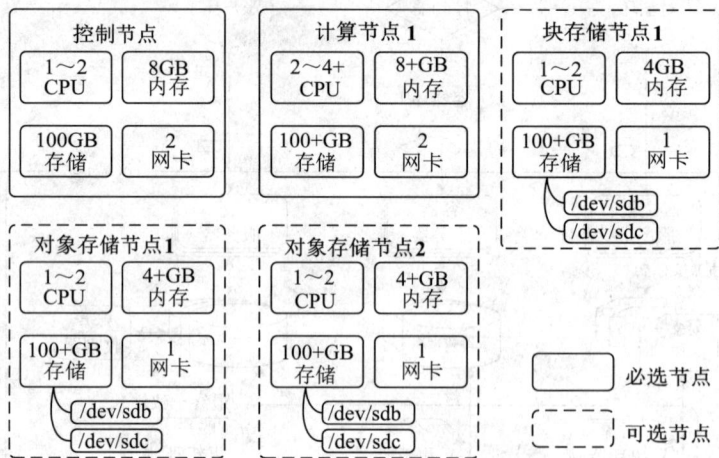

图 6.11　示例架构的硬件配置

正式部署 OpenStack 之前应确定 OpenStack 的物理部署架构和物理网络配置。

1. 控制节点

控制节点运行 Keystone、Glance、Placement、Nova 管理部分、Neutron 管理部分、网络代理、Horizon 等组件和服务，以及 SQL 数据库、消息队列、NTP 等必要的支持性服务。控制节点可选的组件包括 Cinder、Swift、Telemetry 等服务的管理部分。控制节点至少需要两个网络接口。

2. 计算节点

在计算节点中部署 Nova 的 Hypervisor 部分，以运行虚拟机实例。默认情况下，Nova 使用 KVM 作为虚拟机管理器。另外，计算节点中还运行网络服务代理，以将虚拟机实例连接到虚拟网络，并通过安全组对实例提供防火墙服务。生产环境中可以部署多个计算节点，每个计算节点至少需要两个网络接口。

3. 块存储节点

在本部署示例中，块存储节点是可选的。在块存储节点中部署 Cinder 和 Manila 共享文件系统，以为虚拟机实例提供磁盘存储。生产环境中通常部署一个或多个块存储节点，每个块存储节点至少需要一个网络接口。

4. 对象存储节点

在本部署示例中，对象存储节点是可选的。在对象存储节点中部署 Swift，用于存储账户、容器和对象。对象存储服务要求至少有两个对象存储节点，每个对象存储节点至少需要一个网络接口。

二、网络方案

OpenStack 中的虚拟网络分为提供者网络和自服务网络两种类型，示例架构提供了相应的两种方案供用户选择。

1. 方案一：提供者网络

提供者网络以最简单方式部署 OpenStack 网络服务，使用基本的二层网络（桥接或交换）服务和 VLAN（虚拟局域网）分段。本质上，提供者网络将虚拟网络桥接到物理网络，并依靠物理网络基础设施提供的三层（路由）服务。另外，使用 DHCP 服务为虚拟机实例提供 IP 地址。

提供者网络的服务布局如图 6.12 所示。

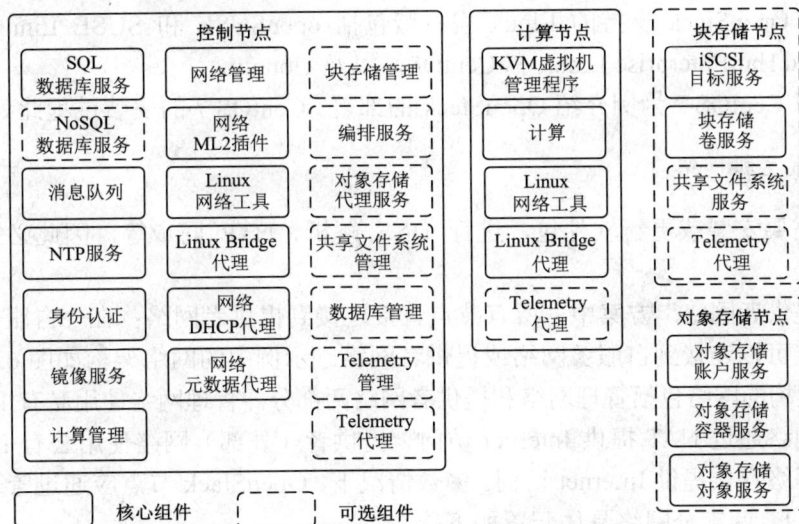

图 6.12　提供者网络的服务布局

提供者网络方案缺乏对自服务网络、三层路由、负载均衡、防火墙等高级网络服务的支持。实际应用中，如果需要类似的高级服务，可以考虑自服务网络。

2. 方案二: 自服务网络

自服务网络在提供者网络基础上增加了三层路由服务,能够使用像 VXLAN 这样的覆盖分段方法。实质上,自服务网络使用网络地址转换(NAT)将虚拟网络路由到物理网络。另外,自服务网络为实现负载均衡、防火墙等服务提供了基础。自服务网络的服务布局如图 6.13 所示。

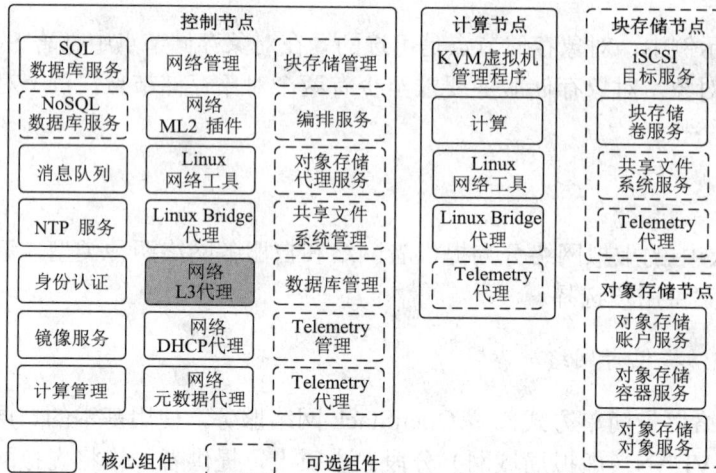

图 6.13 自服务网络的服务布局

三、安装 Linux

目前,OpenStack 支持的 Linux 发行版包括 openSUSE 和 SUSE Linux Enterprise Server,Red Hat Enterprise Linux 和 CentOS,以及 Ubuntu。

以下以 CentOS 7 为例介绍 OpenStack 的部署。CentOS 7 的安装过程此处不再详述。

1. 设置主机网络

节点需要安装或更新软件包,进行 DNS 解析、NTP 同步等,因此必须能够访问 Internet。

在"提供者网络"方案中,所有节点直接连接到提供者网络;在"自服务网络"方案中,节点可以连接到自服务网络或提供者网络。示例中的网络架构如图 6.14 所示。

示例架构的网络包括管理网络和提供者网络两部分。管理网络使用私有 IP 地址,并假设物理网络通过 NAT 提供 Internet 访问。提供者(外部)网络使用公有 IP 地址,并假定物理网络直接提供 Internet 访问。多数情况下,OpenStack 节点应通过管理网络接口访问 Internet。两部分网络具体配置如下。

- 管理网络:网络地址为 10.0.0.0/24,默认网关为 10.0.0.1。要求网关为所有节点提供 Internet 访问,用于软件包安装、安全更新、DNS 和 NTP 等管理目的。

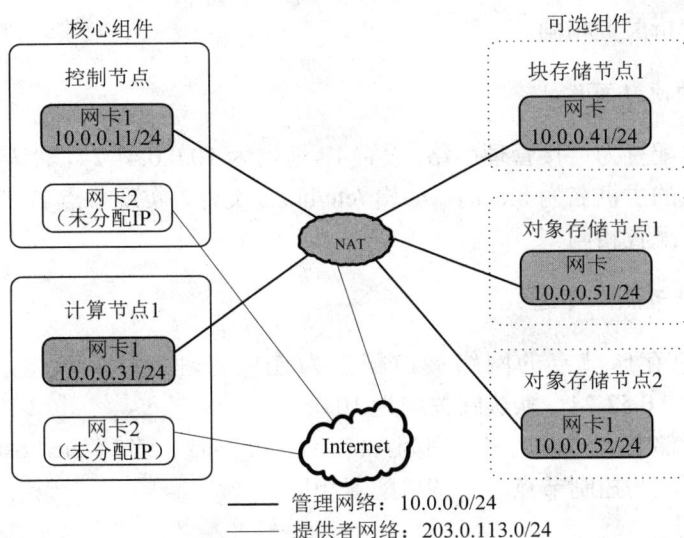

图 6.14 示例中的网络架构

- 提供者网络：假设网络地址为 203.0.113.0/24，默认网关为 203.0.113.1。要求网关为 OpenStack 环境中的虚拟机实例提供 Internet 访问。

如果不打算使用该示例架构中提供的具体配置，下面涉及网络配置的部分需要进行相应修改。另外，除 IP 地址之外，每个节点应能够解析其他节点的名称。例如，将"controller"解析为 10.0.0.11，即控制节点中连接管理网络的接口 IP 地址。

2. 控制节点

将第一个网络接口配置为连接管理网络，设置 IP 地址为 10.0.0.11/24，默认网关为 10.0.0.1。将第二个网络接口配置为连接提供者网络，不分配 IP 地址，即将第二个网络接口配置为 IP unnumbered。

控制节点的主机名为 controller。

通过编辑文件/etc/hosts，实现各节点的名字解析。在/etc/hosts 中添加如下内容：

```
10.0.0.11 controller          # controller
10.0.0.31 compute1            # compute1
10.0.0.41 block1             # block1
10.0.0.51 object1            # object1
10.0.0.52 object2            # object2
```

3. 计算节点

将第一个网络接口配置为连接管理网络，设置 IP 地址为 10.0.0.31/24，默认网关为 10.0.0.1。将第二个网络接口配置为连接提供者网络，不分配 IP 地址，即将第二个网络接口配置为 IP unnumbered。

计算节点的主机名为 compute1。编辑 /etc/hosts 文件，实现节点名字解析，方法与控制节点名字解析配置相同。

4. 块存储节点（可选）

将网络接口配置为连接管理网络，设置 IP 地址为 10.0.0.41/24，默认网关为 10.0.0.1。

块存储节点的主机名为 block1。编辑 /etc/hosts 文件，实现节点名字解析，方法与控制节点名字解析配置相同。

5. 对象存储节点（可选）

将两个对象存储节点的网络接口配置为连接管理网络，设置 IP 地址分别为 10.0.0.51/24、10.0.0.52/24，默认网关均为 10.0.0.1。

两个对象存储节点的主机名分别为 object1、object2。编辑 /etc/hosts 文件，实现节点名字解析，方法与控制节点名字解析配置相同。

6. 验证连通性

分别在 controller 和 compute1 节点中测试与 Internet 的连通性，以及与其他节点管理网络接口的连通性。

四、网络时间服务

OpenStack 所有节点的时间必须同步。选择控制节点作为时间服务器，使用 Chrony 为其他节点和服务提供时间同步服务。Chrony 是网络时间协议 NTP 的一种通用实现。

1. 控制节点

安装 Chrony：

 # yum install chrony

编辑 Chrony 配置文件/etc/chrony.conf，在其中添加或修改以下内容：

```
server NTP_SERVER iburst
```

其中，NTP_SERVER 为 NTP 服务器的主机名或 IP 地址，此处应为 controller 或 10.0.0.11。

为了允许其他节点连接到控制节点的 Chrony 守护进程，应在/etc/chrony.conf 中添加如下一行内容：

```
allow 10.0.0.0/24
```

启动 NTP 服务，并将其配置为开机自动启动：

 # systemctl enable chronyd.service
 # systemctl start chronyd.service

2. 其他节点

在其他节点执行如下操作。

安装 Chrony：

 # yum install chrony

编辑文件/etc/chrony.conf，注释除 server 之外的所有其他行，配置使用 controller 作为时间服务器：

```
server controller iburst
```

最后，启动 NTP 服务，并将其配置为开机自动启动，具体操作同上。

3. 验证

在控制节点和其他节点上执行命令：

 # chronyc sources

五、OpenStack 包

在所有节点中安装 OpenStack 包。在进行以下操作前，节点中必须包含 Linux 发行版最新版本的基础安装软件包。同时，为了不影响 OpenStack 环境，需要禁用或移除主机操作系统的自动更新服务。CentOS 7 中，extras 库提供了用于启用 OpenStack 库的 RPM 包。默认情况下，CentOS 7 会启用 extras 库来直接安装用于启用 OpenStack 库的 RPM 包。CentOS 8 中，还需要启用 PowerTools 存储库。

安装 OpenStack Wallaby 版时运行以下命令：

 # yum install centos-release-openstack-wallaby

 # yum config-manager --set-enabled PowerTools

在所有节点上升级软件包：

 # yum upgrade

安装 OpenStack 客户端：

 # yum install python-openstackclient

CentOS 7 默认启用 SELinux，安装 openstack-selinux 软件包，以自动管理 OpenStack 服务的安全策略：

 # yum install openstack-selinux

六、SQL 数据库

大多数 OpenStack 服务使用 SQL 数据库存储相关信息。OpenStack 支持的 SQL 数据库包括 MariaDB、MySQL、PostgreSQL。数据库通常运行在 OpenStack 的控制节点中。如果手动安装 OpenStack，需要先在控制节点上安装和配置 SQL 数据库。这里以 CentOS 7 为例，以管理员身份登录并进行如下操作。

1. 安装 SQL 数据库

以下以 MariaDB 为例进行说明：
yum install mariadb mariadb-server python2-PyMySQL

2. 配置

创建并编辑/etc/my.cnf.d/openstack.cnf。如有必要，备份/etc/my.cnf.d/目录下的所有配置文件。

在 openstack.cnf 中创建[mysqld]节，并将 bind-address 设置为控制节点的管理 IP 地址，使其他节点可以通过管理网络访问数据库，并根据需要设置其他选项和 UTF-8 字符编码。具体如下：

```
[mysqld]
bind-address = 10.0.0.11    #controller 的管理接口 IP 地址
default-storage-engine = innodb
innodb_file_per_table = on
max_connections = 4096
collation-server = utf8_general_ci
character-set-server = utf8
```

3. 启动数据库服务，并将其配置为开机自动启动

启动 MariaDB 数据库服务，并将其配置为开机自动启动：
systemctl enable mariadb.service
systemctl start mariadb.service

4. 安全配置

运行 mysql_secure_installation 脚本，确保数据库服务的安全。特别是，要为数据库 root 账户选择一个合适的密码。
mysql_secure_installation

七、消息队列服务

OpenStack 的组件之间利用远程过程调用（remote procedure call，RPC）进行通信，RPC 基于消息队列。OpenStack 采用的消息队列协议是 AMQP，AMQP 是整个 OpenStack 组件协作的调度中心和通信枢纽。消息队列服务通常部署在控制节点上。OpenStack 支持多种消息队列软件，包括 RabbitMQ、Qpid、ZeroMQ 等。此处，以 RabbitMQ 为例进行说明。

安装消息队列服务：
yum install rabbitmq-server
启动 RabbitMQ 服务，并将其配置为开机自动启动：

systemctl enable rabbitmq-server.service
systemctl start rabbitmq-server.service

添加用户 openstack：

rabbitmqctl add_user openstack RABBIT_PASS

用合适的密码替换 RABBIT_PASS，并记住。

授予 openstack 配置、写入和读取权限：

rabbitmqctl set_permissions openstack "." ".*" ".*"*

八、数据缓存服务

OpenStack 的身份认证服务使用 Memcached 缓存令牌（token）。通常，Memcached 运行在控制节点中。生产部署中，推荐联合启用防火墙、认证和加密等机制，以保证 OpenStack 系统的安全。

1. 安装并配置组件

安装软件包：

yum install memcached python-memcached

配置 Memcached 服务，允许其他节点通过管理网络访问服务。

编辑文件/etc/sysconfig/memcached，添加或修改下面一行内容：

```
OPTIONS="-l 127.0.0.1,::1,controller"
```

2. 完成安装

启动 Memcached 服务，并将其配置为开机自动启动：

systemctl enable memcached.service
systemctl start memcached.service

九、安装和部署 Keystone

OpenStack 身份服务 Keystone 可以单独安装在控制节点上。基于扩展性考虑，需要部署 Fernet 令牌和 Apache HTTP 服务器来处理认证请求。以下操作均以管理员身份进行。

1. 创建 Keystone 数据库

安装配置 Keystone 之前，应首先创建所需要的数据库。使用数据库客户端，以 root 身份连接数据库服务器。

mysql -u root -p

创建 Keystone 数据库，数据库名为 keystone：

MariaDB [(none)]> *CREATE DATABASE keystone;*

对 keystone 数据库授予合适的账户访问权限：

MariaDB [(none)]> *GRANT ALL PRIVILEGES ON keystone.* TO *

> 'keystone'@'localhost' IDENTIFIED BY 'KEYSTONE_DBPASS';
MariaDB[(none)]> *GRANT ALL PRIVILEGES ON keystone.* TO *
> *'keystone'@'%' IDENTIFIED BY 'KEYSTONE_DBPASS';*

选择合适口令替换上面命令中的 KEYSTONE_DBPASS，并记住。

2. 安装和配置 Keystone 及相关组件

安装 Keystone 所需的软件包：

yum install openstack-keystone httpd mod_wsgi

配置 Keystone，编辑配置文件/etc/keystone/keystone.conf。

在[database]节中配置数据库访问：

```
[database]
# ...
connection = mysql+pymysql://keystone:KEYSTONE_DBPASS@controller/ \
        keystone
```

注释或移除所有其他的 connection 行。

在[token]节中配置 Fernet 令牌提供者：

```
[token]
# ...
provider = fernet
```

初始化数据库 keystone：

su -s /bin/sh -c "keystone-manage db_sync" keystone

初始化 Fernet 密钥库，以生成令牌：

*keystone-manage fernet_setup --keystone-user keystone --keystone- group *
> *keystone*

keystone-manage credential_setup --keystone-user keystone --keystone- group
> *keystone*

初始化 Keystone：

*keystone-manage bootstrap *
> *--bootstrap-password ADMIN_PASS *
> *--bootstrap-admin-url http://controller:5000/v3/ *
> *--bootstrap-internal-url http://controller:5000/v3/ *
> *--bootstrap-public-url http://controller:5000/v3/ *
> *--bootstrap-region-id RegionOne*

注意，选择合适的口令替换上面命令中的 ADMIN_PASS，并记住。

3. 配置 Apache HTTP 服务器

编辑文件/etc/httpd/conf/httpd.conf，配置 ServerName 选项使其指向控制节点：

```
ServerName controller
```

创建到文件/usr/share/keystone/wsgi-keystone.conf 的链接文件：

ln -s /usr/share/keystone/wsgi-keystone.conf /etc/httpd/conf.d/
启动 Apache HTTP 服务，并将其配置为开机自动启动：
systemctl enable httpd.service
systemctl start httpd.service

4. 设置 Keystone 环境变量文件

创建文件 admin-openrc，内容如下：

```
export OS_USERNAME=admin
export OS_PASSWORD=ADMIN_PASS
export OS_PROJECT_NAME=admin
export OS_USER_DOMAIN_NAME=Default
export OS_PROJECT_DOMAIN_NAME=Default
export OS_AUTH_URL=http://controller:5000/v3
export OS_IDENTITY_API_VERSION=3
```

十、安装和部署镜像服务 Glance

示例架构中，在控制节点上部署 Glance 镜像服务。

1. 创建 Glance 数据库

以 root 用户身份连接到数据库服务器：
mysql -u root -p
创建 Glance 数据库，数据库名为 glance：
MariaDB [(none)]> *CREATE DATABASE glance*;
对数据库 glance 授予合适的访问权限：
MariaDB [(none)]> *GRANT ALL PRIVILEGES ON glance.* TO *
    'glance'@'localhost' IDENTIFIED BY 'GLANCE_DBPASS';
MariaDB[(none)]> *GRANT ALL PRIVILEGES ON glance.* TO *
    'glance'@'%' IDENTIFIED BY 'GLANCE_DBPASS';
选择合适的口令替换上面命令中的 GLANCE_DBPASS，并记住。

2. 创建 Glance 服务

后续命令操作需要管理员权限。首先，加载 admin 凭据的环境变量：

$. admin-openrc

创建 Glance 用户，用户名为 glance，并根据提示设置口令：

$openstack user create --domain default --password-prompt glance

将管理员（admin）角色授予用户 glance 和项目 service：

$openstack role add --project service --user glance admin

创建 glance 服务实体：

$openstack service create --name glance --description "OpenStack Image" image

3. 创建镜像服务的 API 服务端点

*$openstack endpoint create --region RegionOne image public *
    http://controller:9292
*$openstack endpoint create --region RegionOne image internal *
    http://controller:9292
$openstack endpoint create --region RegionOne image admin
    http://controller:9292

4. 安装和配置组件

不同 Linux 发行版本的默认配置可能不同，因此需要添加这些部分和选项，而不是修改现有的部分和选项。这里给出一个基本的安装过程以供参考。

安装 Glance 软件包：

 # yum install openstack-glance

编辑文件/etc/glance/glance-api.conf，配置 Glance。

在[database]节中配置数据库访问：

```
[database]
connection = mysql+pymysql://glance:GLANCE_DBPASS@controller/glance
```

应注意，将[database]节中的其他连接配置注释掉或直接删除。GLANCE_DBPASS 为之前创建数据库 glance 设置的数据库管理员口令。

在[keystone_authtoken]节和[paste_deploy]节中配置访问身份管理服务 Keystone：

```
[keystone_authtoken]
# ...
auth_uri = http://controller:5000
auth_url = http://controller:5000
memcached_servers = controller:11211
auth_type = password
project_domain_name = Default
user_domain_name = Default
project_name = service
```

```
username = glance
password = GLANCE_PASS
[paste_deploy]
# ...
flavor = keystone
```

使用数据库用户 glance 的口令替换上面的 GLANCE_PASS。将[keystone_authtoken]节中其他选项注释掉或直接删除。

在[glance_store]节中配置镜像存储的本地文件系统：

```
[glance_store]
# ...
stores = file,http
default_store = file
filesystem_store_datadir = /var/lib/glance/images/
```

5. 初始化镜像服务的数据库

 # su -s /bin/sh -c "glance-manage db_sync" glance

6. 完成安装

启动镜像服务，并将其配置为开机自动启动：

 # systemctl enable openstack-glance-api.service openstack-glance-registry.service

 # systemctl start openstack-glance-api.service openstack-glance-registry.service

十一、安装和部署计算服务 Nova

计算服务 Nova 包含多个组件和服务，分别部署在控制节点和计算节点两类节点上。

1. 在控制节点上安装和配置 Nova 组件

控制节点如果不同时作为计算节点提供计算服务，则无须安装 Nova 组件 nova-compute，但要安装其他 Nova 组件。本示例架构中，计算实例的 API 是通过控制节点来提供的。

1）准备工作

安装和配置 Nova 计算服务之前，必须创建数据库、服务凭证和 API 端点。

创建 Nova 数据库，以 root 用户身份连接到数据库服务器：

$mysql -u root -p

分别创建名为 nova_api、nova 和 nova_cell0 的 3 个数据库，并授予适当的权限：

MariaDB [(none)]> *CREATE DATABASE nova_api;*

MariaDB [(none)]> *CREATE DATABASE nova;*

MariaDB [(none)]> *CREATE DATABASE nova_cell0;*

MariaDB [(none)]> *GRANT ALL PRIVILEGES ON nova_api.* TO *

```
                        'nova'@'localhost' IDENTIFIED BY 'NOVA_DBPASS';
MariaDB [(none)]> GRANT ALL PRIVILEGES ON nova_api.* TO \
            'nova'@'%' IDENTIFIED BY 'NOVA_DBPASS';
MariaDB [(none)]> GRANT ALL PRIVILEGES ON nova.* TO \
            'nova'@'localhost' IDENTIFIED BY 'NOVA_DBPASS';
MariaDB [(none)]> GRANT ALL PRIVILEGES ON nova.* TO \
            'nova'@'%' IDENTIFIED BY 'NOVA_DBPASS';
MariaDB [(none)]> GRANT ALL PRIVILEGES ON nova_cell0.* TO   \
            'nova'@'localhost' IDENTIFIED BY 'NOVA_DBPASS';
MariaDB [(none)]> GRANT ALL PRIVILEGES ON nova_cell0.* TO   \
            'nova'@'%' IDENTIFIED BY 'NOVA_DBPASS';
```

选择口令，替换上面的 NOVA_DBPASS。

2）创建 Nova 计算服务凭证

后续命令操作需要 OpenStack 的管理员身份。首先要加载 admin 凭据的环境变量：

$. admin-openrc

创建 nova 用户：

$openstack user create --domain default --password-prompt nova

将管理员（admin）角色授予 nova 用户和 service 项目：

$openstack role add --project service --user nova admin

创建 nova 的服务端口：

$openstack service create --name nova --description "OpenStack Compute" \ compute

创建计算服务的 API 端点：

*$openstack endpoint create --region RegionOne compute public *
*   http://controller:8774/v2.1*

*$openstack endpoint create --region RegionOne compute admin *
*   http://controller:8774/v2.1*

*$openstack endpoint create --region RegionOne compute admin *
*   http://controller:8774/v2.1*

3）创建放置（Placement）服务凭证

创建用户 placement，按照提示为用户设置口令：

$openstack user create --domain default --password-prompt placement

将管理员（admin）角色授予用户 placement 和 service 项目：

$openstack role add --project service --user placement admin

在服务目录中创建 Placement API 入口：

*$openstack service create --name placement --description "Placement API" *
*   placement*

创建 Placement 服务的 API 服务端点：

*$openstack endpoint create --region RegionOne placement public *

http://controller:8778

*$openstack endpoint create --region RegionOne placement internal *
        http://controller:8778

*$openstack endpoint create --region RegionOne placement admin *
        http://controller:8778

4）安装和配置 Nova 组件

安装 Nova 软件包：

*# yum install openstack-nova-api openstack-nova-conductor *
    *openstack-nova-console openstack-nova-novncproxy *
    openstack-nova-scheduler openstack-nova-placement-api

配置 Nova，编辑文件/etc/nova/nova.conf。

在[DEFAULT]节中仅启用 compute 和 metadata API：

```
enabled_apis = osapi_compute,metadata
```

在[api_database]节和[database]节中配置数据库访问：

```
[api_database]
# ...
connection = mysql+pymysql://nova:NOVA_DBPASS@controller/nova_api
[database]
# ...
connection = mysql+pymysql://nova:NOVA_DBPASS@controller/nova
```

在[DEFAULT]节中配置 RabbitMQ 消息队列访问：

```
transport_url = rabbit://openstack:RABBIT_PASS@controller
```

在[api]节和[keystone_authtoken]节中配置身份服务访问：

```
[api]
# ...
auth_strategy = keystone
[keystone_authtoken]
# ...
auth_url = http://controller:5000/v3
memcached_servers = controller:11211
auth_type = password
project_domain_name = default
user_domain_name = default
project_name = service
username = nova
password = NOVA_PASS
```

在[DEFAULT]节中使用 my_ip 参数配置控制节点的管理接口 IP 地址：

```
my_ip = MANAGEMENT_INTERFACE_IP_ADDRESS
```

在[DEFAULT]节中启用对网络服务的支持：

```
use_neutron = True
firewall_driver = nova.virt.firewall.NoopFirewallDriver
```

注意，在默认情况下，计算服务使用内置的防火墙驱动，而网络服务 Neutron 有自己的防火墙驱动。因此，必须禁用计算服务的防火墙驱动：

```
nova.virt.firewall.NoopFirewallDriver
```

在[vnc]节中配置 VNC 代理使用控制节点的管理接口 IP 地址：

```
enabled = true
# ...
server_listen = $my_ip
server_proxyclient_address = $my_ip
```

在[glance]节中配置镜像服务 API 的位置：

```
api_servers = http://controller:9292
```

在[oslo_concurrency]节中配置锁路径（lock path）：

```
lock_path = /var/lib/nova/tmp
```

在[placement]节中配置 Placement API：

```
os_region_name = RegionOne
project_domain_name = Default
project_name = service
auth_type = password
user_domain_name = Default
auth_url = http://controller:5000/v3
username = placement
password = PLACEMENT_PASS
```

由于软件包缺陷，必须将以下配置添加到/etc/httpd/conf.d/00-nova-placement-api.conf 文件中，允许访问 Placement API：

```
<Directory /usr/bin>
   <IfVersion >= 2.4>
      Require all granted
   </IfVersion>
   <IfVersion < 2.4>
      Order allow,deny
      Allow from all
   /IfVersion>
```

```
</Directory>
```

重启 HTTP 服务，使设置生效：

 # systemctl restart httpd

5）数据库初始化

初始化 nova-api 数据库：

 # su -s /bin/sh -c "nova-manage api_db sync" nova

注册 cell0 数据库：

 # su -s /bin/sh -c "nova-manage cell_v2 map_cell0" nova

创建 cell1 单元：

*# su -s /bin/sh -c "nova-manage cell_v2 create_cell --name=cell1 --verbose" *
*   nova*

初始化 nova 数据库：

 # su -s /bin/sh -c "nova-manage db sync" nova

验证 nova 的 cell0 和 cell1 已正确注册：

 # nova-manage cell_v2 list_cells

6）完成安装

启动计算服务，并将其配置为开机自动启动：

*# systemctl enable openstack-nova-api.service *
*   openstack-nova-scheduler.service *
*   openstack-nova-conductor.service *
*   openstack-nova-novncproxy.service*
*# systemctl start openstack-nova-api.service *
*   openstack-nova-scheduler.service *
*   openstack-nova-conductor.service *
*   openstack-nova-novncproxy.service*

2. 在计算节点上安装和配置 Nova 组件

为简单起见，在计算节点上使用带 KVM 扩展的 QEMU 支持虚拟机硬件加速。对于传统硬件，使用通用的 QEMU 虚拟机管理器。

OpenStack 计算服务 Nova 支持水平扩展。下面介绍的是在一个计算节点上安装和配置 Nova 组件。如果需要在 OpenStack Nova 中添加更多的计算节点，参照这些操作步骤稍稍修改即可。

1）安装和配置 Nova 组件

安装软件包：

 # yum install openstack-nova-compute

编辑/etc/nova/nova.conf 配置文件，参照上述控制节点上/etc/nova/nova.conf 的配置完成设置：在[DEFAULT]节中仅启用 compute 和 metadata API；在[DEFAULT]节中配置

RabbitMQ 消息队列访问；在[api]节和[keystone_authtoken]节中配置身份认证服务访问；在[DEFAULT]节中使用 my_ip 参数配置控制节点管理接口 IP 地址；在[DEFAULT]节中启用对网络服务的支持；在[glance]节中配置镜像服务 API 的位置；在[oslo_concurrency]节中配置锁路径（lock path）；在[placement]节中配置 Placement API。

以上设置基本与控制节点相同，有一个不完全相同的地方是在[vnc]节中配置 VNC 代理使用控制节点的管理接口 IP 地址。

```
enabled = True
server_listen = 0.0.0.0
server_proxyclient_address = $my_ip
novncproxy_base_url = http://controller:6080/vnc_auto.html
```

服务器组件在所有的 IP 地址上侦听，而代理组件仅在计算节点上的管理 IP 地址上侦听。novncproxy_base_url 指定使用浏览器访问该计算节点上远程控制台的 URl 地址。

2）完成安装

首先，确定节点是否支持虚拟机的硬件加速：

 # egrep -c '(vmx|svm)' /proc/cpuinfo

如果返回值等于或大于 1，说明支持硬件加速，不必进行其他配置；如果返回值为 0，说明计算节点不支持硬件加速，必须配置 Libvirt 使用 QEMU。具体方法是在/etc/nova/nova.conf 的[libvirt]节中定义：

```
virt_type = qemu
```

启动计算服务及其依赖，并将其配置为开机自动启动：

 # systemctl enable libvirtd.service openstack-nova-compute.service

 # systemctl start libvirtd.service openstack-nova-compute.service

如果 nova-compute 服务启动失败，检查/var/log/nova/nova-compute.log 日志文件以确定失败的原因。

3）将计算节点添加到 cell 数据库

以下操作需要 OpenStack 管理员身份。首先要加载 admin 凭据的环境变量，然后确认数据库中有哪些计算节点。

$. admin-openrc

$ openstack compute service list --service nova-compute

接着，注册计算主机：

 # su -s /bin/sh -c "nova-manage cell_v2 discover_hosts --verbose" nova

当添加新计算节点时，必须在控制节点上运行 nova-manage cell_v2 discover_hosts 命令，注册新的计算节点。还可以在 etc/nova/nova.conf 中设置一个合适的时间间隔。

```
[scheduler]
discover_hosts_in_cells_interval = 300
```

十二、安装和部署网络服务 Neutron

如果系统规模不大，无须部署专用网络节点，只需在控制节点和计算节点上部署所需的 Neutron 服务组件即可。

1. 安装和配置控制节点

1）准备工作

安装和配置网络服务之前，须创建数据库、服务凭证和 API 端点。

以 root 用户身份通过数据库客户端连接到数据库服务器，创建 Neutron 数据库：

$mysql -u root -p

然后，依次执行以下命令创建数据库 neutron 并设置访问权限：

MariaDB [(none)] *CREATE DATABASE neutron;*

MariaDB [(none)]> *GRANT ALL PRIVILEGES ON neutron.* TO *
　　　'neutron'@'localhost' IDENTIFIED BY 'NEUTRON_DBPASS';

MariaDB [(none)]> *GRANT ALL PRIVILEGES ON neutron.* TO *
　　　'neutron'@ '%' IDENTIFIED BY 'NEUTRON_DBPASS';

创建 Neutron 服务凭证时需要管理员身份。首先要加载 admin 凭据的环境变量：

$. admin-openrc

然后依次执行以下命令创建 neutron 用户，将管理员角色授予该用户，并创建 Neutron 服务条目：

$openstack user create --domain default --password-prompt neutron

$openstack role add --project service --user neutron admin

*$openstack service create --name neutron --description "OpenStackNetworking" *
　　　network

创建 Neutron 服务的 API 端点：

$openstack endpoint create --region RegionOne network public
　　　http://controller:9696

*$openstack endpoint create --region RegionOne network internal *
　　　http://controller:9696

*$openstack endpoint create --region RegionOne network admin *
　　　http://controller:9696

2）配置网络选项

根据所部署的虚拟网络类型配置网络选项。提供者网络仅支持将实例连接到提供者（外部）网络，不需要自服务网络、路由器或浮动 IP 地址。只有管理员或其他特权用户能够管理提供者网络。

自服务网络提供三层服务，支持将实例连接到自服务网络。其他非特权用户可以管理自服务网络，该网络包括在自服务网络与提供者网络之间提供连接的路由器。另外，浮动 IP 地址为虚拟机实例提供连接，让用户从 Internet 外部网络使用自服务网络。

3）配置元数据代理

元数据代理为实例提供凭证等配置信息。编辑/etc/neutron/metadata_agent.ini 文件，在[DEFAULT]节中配置元数据主机和共享密码（将 METADATA_SECRET 替换）：

```
nova_metadata_host = controller
metadata_proxy_shared_secret = METADATA_SECRET
```

4）配置计算服务使用网络服务

编辑/etc/nova/nova.conf 文件，在[neutron]节中设置访问参数，启用元数据代理，并设置访问口令：

```
url = http://controller:9696
auth_url = http://controller:35357
auth_type = password
project_domain_name = default
user_domain_name = default
region_name = RegionOne
project_name = service
username = neutron
password = NEUTRON_PASS
service_metadata_proxy = true
metadata_proxy_shared_secret = METADATA_SECRET
```

5）完成安装

网络服务初始化脚本需要指向 ML2 插件配置文件的符号链接。ML2 插件配置文件为/etc/neutron/plugins/ml2/ml2_conf.ini，符号链接为/etc/neutron/plugin.ini。如果该符号链接未创建，执行以下命令创建：

 # ln -s /etc/neutron/plugins/ml2/ml2_conf.ini /etc/neutron/plugin.ini

初始化数据库：

*# su -s /bin/sh -c "neutron-db-manage --config-file /etc/neutron/neutron.conf *

--config-file /etc/neutron/plugins/ml2/ml2_conf.ini upgrade head" neutron

重启计算 API 服务：

 # systemctl restart openstack-nova-api.service

启动网络服务，并将其配置为开机自动启动：

*# systemctl enable neutron-server.service neutron-linuxbridge-agent.service *

neutron-dhcp-agent.service neutron-metadata-agent.service

*# systemctl start neutron-server.service neutron-linuxbridge-agent.service *

neutron-dhcp-agent.service neutron-metadata-agent.service

如果使用自服务网络，还包括三层服务：

 # systemctl enable neutron-l3-agent.service

 # systemctl start neutron-l3-agent.service

2. 安装和配置计算节点

1）安装 Nova 组件

 # yum install openstack-neutron-linuxbridge ebtables ipset

2）配置网络通用组件

配置网络通用组件包括认证机制、消息队列和插件的配置。编辑配置文件 /etc/neutron/neutron.conf，设置以下参数。

在[database]节中将连接设置语句注释掉，因为计算节点不访问 Neutron 数据库。

在[DEFAULT]节中配置 RabbitMQ 消息队列访问：

```
transport_url = rabbit://openstack:RABBIT_PASS@controller
```

其中，RABBIT_PASS 为 RabbitMQ 中 openstack 账户的密码。

在[DEFAULT]节中配置身份服务：

```
auth_strategy = keystone
```

在[keystone_authtoken]节中配置身份服务具体参数：

```
auth_uri = http://controller:5000
auth_url = http://controller:35357
memcached_servers = controller:11211
auth_type = password
project_domain_name = default
user_domain_name = default
project_name = service
username = neutron
password = NEUTRON_PASS
```

在[oslo_concurrency]节中配置锁路径：

```
lock_path = /var/lib/neutron/tmp
```

3）配置网络选项

计算节点配置网络选项的过程与控制节点相同。

4）配置计算服务使用网络服务

编辑/etc/nova/nova.conf file，在[neutron]节中设置访问参数：

```
url = http://controller:9696
auth_url = http://controller:35357
auth_type = password
project_domain_name = default
user_domain_name = default
region_name = RegionOne
```

```
project_name = service
username = neutron
password = NEUTRON_PASS
```

其中，NEUTRON_PASS 为身份认证中 neutron 用户的密码。

5）完成安装

重启计算服务：

 # systemctl restart openstack-nova-compute.service

启动 Linux Bridge 代理服务，并将其配置为开机自动启动：

 # systemctl enable neutron-linuxbridge-agent.service

 # systemctl start neutron-linuxbridge-agent.service

十三、安装和部署控制面板服务 Horizon

Horizon 与其他服务（如镜像、计算、网络等）组合使用 Dashboard 图形界面，还可以在如对象存储这样的独立服务环境中使用 Dashboard 图形界面。

1. 系统要求

Horizon 直接支持 Cinder、Glance、Neutron、Nova 和 Swift 等服务，如果为其中的服务配置了 Keystone 端点，Horizon 会自动检测并启用支持。Horizon 也可通过插件支持许多其他 OpenStack 服务。

2. 安装和配置组件

Horizon 应部署在控制节点上。

1）安装软件包

 # yum install openstack-dashboard

2）配置

编辑文件/etc/openstack-dashboard/local_settings，做如下配置。

Dashboard 使用控制节点上的 OpenStack 服务：

```
OPENSTACK_HOST = "控制节点 IP 或主机名"
```

允许访问 Dashboard 的主机：

```
ALLOWED_HOSTS = ['one.example.com', 'two.example.com']
```

Memcached 会话存储服务：

```
SESSION_ENGINE = 'django.contrib.sessions.backends.cache'
CACHES = {
    'default': {
    'BACKEND':'django.core.cache.backends.memcached.Memcached-
Cache',
```

```
        'LOCATION': 'controller:11211',
    }
}
```

将其他会话存储配置注释掉。

启用 Identity APIv3 支持：

```
OPENSTACK_KEYSTONE_URL = "http://%s:5000/v3" % \ OPENSTACK_HOST
```

启用对多个域的支持：

```
OPENSTACK_KEYSTONE_MULTIDOMAIN_SUPPORT = True
```

配置 API 版本：

```
OPENSTACK_API_VERSIONS = {
    "identity": 3,
    "image": 2,
    "volume": 2,
}
```

注意，默认情况下，计算服务使用内置的防火墙驱动，网络服务也有防火墙驱动。必须使用 nova.virt.firewall.NoopFirewallDriver 以禁用计算服务的防火墙驱动。

配置 Default 为通过 Dashboard 创建的用户的默认域：

```
OPENSTACK_KEYSTONE_DEFAULT_DOMAIN = "Default"
```

配置某角色为通过 Dashboard 创建的用户的默认角色：

```
OPENSTACK_KEYSTONE_DEFAULT_ROLE = "user"
```

如果使用提供者网络，应关闭对三层网络服务的支持：

```
OPENSTACK_NEUTRON_NETWORK = {
    'enable_router': False,
    'enable_quotas': False,
    'enable_distributed_router': False,
    'enable_ha_router': False,
    'enable_lb': False,
    'enable_firewall': False,
    'enable_vpn': False,
    'enable_fip_topology_check': False,
}
```

根据需要配置时区（时区标识符，如 Asia/Shanghai）：

```
TIME_ZONE = "时区标识符"
```

如果/etc/httpd/conf.d/openstack-dashboard.conf 文件中没有包含以下定义，将下面的

定义语句添加到该文件中：

```
WSGIApplicationGroup % {GLOBAL}
```

3. 完成安装

重启 Web 服务和会话存储服务：

 # systemctl restart httpd.service memcached.service

十四、安装和部署块存储服务 Cinder

块存储 API（cinder-api）和调度服务（cinder-scheduler）通常部署在控制节点上。根据所用的存储驱动，卷服务（cinder-volume）可以部署在控制节点、计算节点或者专门的存储节点上。

1. 安装和配置存储节点

1）准备工作
安装和配置块存储服务之前，必须准备好存储设备。
安装 LVM 包：

 # yum install lvm2 device-mapper-persistent-data
启动 LVM 元数据服务，并将其配置为开机自动启动：
 # systemctl enable lvm2-lvmetad.service
 # systemctl start lvm2-lvmetad.service
创建 LVM 物理卷/dev/sdb：
 # pvcreate /dev/sdb
创建 LVM 卷组 cinder-volumes：
 # vgcreate cinder-volumes /dev/sdb
块存储服务在这个卷组中创建逻辑卷，只有实例能够访问块存储卷。默认情况下，LVM 卷扫描工具扫描/dev 目录获取包括卷的块存储设备。如果项目在其卷上使用 LVM，扫描工具探测这些卷并试图缓存它们，这会导致底层操作系统和项目卷的多种问题。因此，必须重新配置 LVM，使其仅扫描包括卷组的设备。编辑/etc/lvm/lvm.conf 文件，在 devices 段添加一个过滤器来接受/dev/sdb device 并拒绝所有其他设备：

```
[devices]
...
filter = [ "a/sdb/", "r/.*/"]
```

过滤器中的每项以 a 开头表示接受（accept），以 r 开头表示拒绝（reject），设备名使用正则表达式。数组必须以"r/.*/"结尾，表示拒绝任何其他设备。
2）安装和配置组件
安装包：
 # yum install openstack-cinder targetcli python-keystone

编辑/etc/cinder/cinder.conf 文件并完成以下设置。

在[database]节中配置数据库访问：

```
connection = \
            mysql+pymysql://cinder:CINDER_DBPASS@controller/cinder
```

在[DEFAULT]节中配置 RabbitMQ 消息队列访问（替换 RabbitMQ 的 openstack 账户密码 RABBIT_PASS）：

```
transport_url = rabbit://openstack:RABBIT_PASS@controller
```

在[DEFAULT]节和[keystone_authtoken]节中配置身份服务访问（替换身份服务中的 cinder 用户密码 CINDER_PASS）：

```
[DEFAULT]
# ...
auth_strategy = keystone
[keystone_authtoken]
# ...
auth_uri = http://controller:5000
auth_url = http://controller:35357
memcached_servers = controller:11211
auth_type = password
project_domain_id = default
user_domain_id = default
project_name = service
username = cinder
password = CINDER_PASS
```

在[DEFAULT]节中配置 my_ip 选项（其值为存储节点上管理网络接口的 IP 地址）：

```
my_ip = MANAGEMENT_INTERFACE_IP_ADDRESS
```

在[lvm]节中配置 LVM 后端，包括 LVM 驱动、cinder-volumes 卷组、iSCSI 协议和适当的 iSCSI 服务。如果[lvm]节不存在，则需要添加该节：

```
volume_driver = cinder.volume.drivers.lvm.LVMVolumeDriver
volume_group = cinder-volumes
iscsi_protocol = iscsi
iscsi_helper = lioadm
```

在[DEFAULT]节中启用 LVM 后端：

```
enabled_backends = lvm
```

后端名可随意命令，此例中使用驱动名称作为后端的名称。

在[DEFAULT]节中配置镜像服务 API 的位置：

```
    glance_api_servers = http://controller:9292
```

在[oslo_concurrency]节中配置锁路径：

```
    lock_path = /var/lib/cinder/tmp
```

3）完成安装

启动块存储卷服务及其依赖组件，并将其配置为开机自动启动：

systemctl enable openstack-cinder-volume.service target.service

systemctl start openstack-cinder-volume.service target.service

2. 安装和配置控制节点

在控制节点上安装的块存储服务要求只有一个存储节点为实例提供卷。

1）准备工作

安装和配置网络服务之前，必须创建数据库、服务凭证和 API 端点。

以 root 用户身份使数据库客户端连接到数据库服务器，创建 Cinder 数据库：

$mysql -u root -p

依次执行以下命令创建数据库并设置访问权限，完成之后退出数据库访问客户端：

MariaDB [(none)]> *CREATE DATABASE cinder;*

MariaDB [(none)]> *GRANT ALL PRIVILEGES ON cinder.* TO *

　　　　　　'cinder'@'localhost' \IDENTIFIED BY 'CINDER_DBPASS';

MariaDB [(none)]> *GRANT ALL PRIVILEGES ON cinder.* TO 'cinder'@'%' *

　　　　　　IDENTIFIED BY 'CINDER_DBPASS';

后续命令行操作需要 OpenStack 管理员身份。创建 cinder 服务凭证，依次执行以下命令创建 cinder 用户，将管理员角色授予该用户，并创建 cinderv2 和 cinderv3 的服务实体：

$openstack user create --domain default --password-prompt neutron

$openstack user create --domain default --password-prompt cinder

$openstack role add --project service --user cinder admin

*$openstack service create --name cinderv2 --description　*

　　　　"OpenStack Block Storage" volumev2

*$openstack service create --name cinderv3 --description *

　　　　"OpenStack Block Storage"volumev3

创建块存储服务的 API 端点（应为每个服务实体创建一个端点）：

*$openstack endpoint create --region RegionOne *

　　　　volumev2 public http://controller:8776/v2/%\(project_id\)s

*$openstack endpoint create --region RegionOne *

　　　　volumev2 internal http://controller:8776/v2/%\(project_id\)s

*$openstack endpoint create --region RegionOne *

　　　　volumev2 admin http://controller:8776/v2/%\(project_id\)s

*$openstack endpoint create --region RegionOne *

> *volumev3 public http://controller:8776/v3/%\(project_id\)s*
> *$openstack endpoint create --region RegionOne *
>   *volumev3 internal http://controller:8776/v3/%\(project_id\)s*
> *$openstack endpoint create --region RegionOne *
>   *volumev3 admin http://controller:8776/v3/%\(project_id\)s*

2）安装和配置组件

安装包：

 # yum install openstack-cinder

编辑/etc/cinder/cinder.conf 文件完成相关设置，与安装配置存储节点的设置基本相同。

初始化块存储数据库：

 # su -s /bin/sh -c "cinder-manage db sync" cinder

3）配置计算服务使用块存储服务

编辑/etc/nova/nova.conf 配置文件，在[cinder]节中添加以下设置：

```
os_region_name = RegionOne
```

4）完成安装

重启计算 API 服务：

 # systemctl restart openstack-nova-api.service

启动块存储服务，并将其配置为开机自动启动：

*# systemctl enable openstack-cinder-api.service *
  openstack-cinder-scheduler.service
*# systemctl start openstack-cinder-api.service *
  openstack-cinder-scheduler.service

3. 安装和配置备份服务

备份服务是可选的。为简单起见，使用块存储节点和对象存储（Swift）驱动，因此需要对象服务的支持。在安装和配置备份服务之前，必须先安装和配置好存储节点。

1）在块存储节点上安装和配置组件

安装包：

 # yum install openstack-cinder

编辑/etc/cinder/cinder.conf 文件，在[DEFAULT]节中配置备份选项：

```
backup_driver = cinder.backup.drivers.swift
backup_swift_url = SWIFT_URL
```

将 SWIFT_URL 替换为对象存储服务的 URL。该 URL 可以通过命令来获取：

$openstack catalog show object-store

2）完成安装

启动块存储备份服务，并将其配置为开机自动启动：

```
# systemctl enable openstack-cinder-backup.service
# systemctl start openstack-cinder-backup.service
```

十五、安装和部署对象存储服务 Swift

为简单起见，以文件系统作为镜像存储后端，以下以 Linux 管理员身份进行操作。

1. 配置网络

在开始部署对象存储服务之前，为两个额外的存储节点配置网络。两个节点的管理网络接口 IP 地址分别为 10.0.0.51/24 和 10.0.0.52/24，默认网关为 10.0.0.1。主机名字解析的配置与控制节点相同。

2. 安装和配置控制节点

代理服务可以处理在存储节点上运行的账户、容器和对象服务提出的请求。为简单起见，仅简要说明在控制节点上安装和配置代理服务的操作。实际上，代理服务可以部署在能够连接到存储节点的任意节点上。为提高性能和可用性，可以在多个节点上安装和配置代理服务。

1）准备工作

代理服务依赖身份服务。与其他服务不同，代理服务也提供内部机制，不依赖其他 OpenStack 服务而独立运行。配置对象服务之前，必须创建服务凭证和 API 端点。对象服务在控制节点上没有使用 SQL 数据库，而是使用各个存储节点上的 SQLite 数据库。

加载 admin 凭据的环境变量。后续命令行操作需要 OpenStack 管理员身份。

```
$. admin-openrc
```

创建身份服务凭证。依次执行以下命令创建 swift 用户，将管理员角色授予该用户，并创建 swift 服务实体：

```
$openstack user create --domain default --password-prompt swift
$openstack role add --project service --user swift admin
$openstack service create --name swift --description \
        "OpenStack Object Storage" object-store
```

创建对象存储服务的 API 端点：

```
$openstack endpoint create --region RegionOne \
        object-store public http://controller:8080/v1/AUTH_%\(project_id\)s
$openstack endpoint create --region RegionOne \
        object-store internal http://controller:8080/v1/AUTH_%\(project_id\)s
$openstack endpoint create --region RegionOne \
        object-store admin http://controller:8080/v1
```

2）安装和配置组件

安装包：

```
# yum install openstack-swift-proxy python-swiftclient \
```

python-keystoneclient python-keystonemiddleware memcached

从对象存储源仓库获取代理服务配置文件：

*# curl -o /etc/swift/proxy-server.conf *

　　　　https://opendev.org/openstack/swift/raw/branch/master/etc

　　　　/proxy-server.conf-sample

编辑/etc/swift/proxy-server.conf 文件并完成以下设置。

在[DEFAULT]节中配置绑定端口、用户和配置目录：

```
bind_port = 8080
user = swift
swift_dir = /etc/swift
```

在[pipeline:main]节中删除 tempurl 和 tempauth 模块，添加 authtoken 和 keystoneauth 模块：

```
[pipeline:main]
pipeline = catch_errors gatekeeper healthcheck proxy-logging
cache container_sync bulk ratelimit authtoken keystoneauth
container-quotas account-quotas slo dlo versioned_writes
proxy-logging proxy-server
```

在[app:proxy-server]节中启用账户自动创建功能：

```
use = egg:swift#proxy
...
account_autocreate = True
```

在[filter:keystoneauth]节中配置操作员角色：

```
use = egg:swift#keystoneauth
...
operator_roles = admin,user
```

在[filter:authtoken]节中配置身份服务访问（使用 Keystone 服务中 swift 用户的密码替换 SWIFT_PASS）：

```
[filter:authtoken]
paste.filter_factory = keystonemiddleware.auth_token:filter_factory
...
www_authenticate_uri = http://controller:5000
auth_url = http://controller:5000
memcached_servers = controller:11211
auth_type = password
project_domain_id = default
user_domain_id = default
project_name = service
```

```
username = swift
password = SWIFT_PASS
delay_auth_decision = True
```

在[filter:cache]节中配置缓存位置：

```
use = egg:swift#memcache
...
memcache_servers = controller:11211
```

3. 安装和配置存储节点

在存储节点上运行账户服务、容器服务和对象服务。为简单起见，两个存储节点包含两个空的本地块存储设备，示例中分别使用/dev/sdb 和/dev/sdc 表示。对象存储虽然支持各种文件系统，但是考虑到性能和可靠性，应选择 XFS 文件系统。

1）准备工作

在存储节点上安装和配置对象存储服务时必须准备存储设备。在每个存储节点上执行以下步骤。

安装支持工具包：

 # yum install xfsprogs rsync

将/dev/sdb 和/dev/sdc 两个设备格式化为 XFS 格式：

 # mkfs.xfs /dev/sdb

 # mkfs.xfs /dev/sdc

创建挂载点目录结构：

 # mkdir -p /srv/node/sdb

 # mkdir -p /srv/node/sdc

查找新分区的 UUID：

#blkid

编辑/etc/fstab 配置文件，添加以下设置：

```
UUID="<UUID-from-output-above>" /srv/node/sdb xfs noatime 0 2
UUID="<UUID-from-output-above>" /srv/node/sdc xfs noatime 0 2
```

挂载设备：

 # mount /srv/node/sdb

 # mount /srv/node/sdc

创建或编辑/etc/rsyncd.conf 配置文件，包括以下设置：

```
uid = swift
gid = swift
log file = /var/log/rsyncd.log
pid file = /var/run/rsyncd.pid
address = MANAGEMENT_INTERFACE_IP_ADDRESS
```

```
[account]
max connections = 2
path = /srv/node/
read only = False
lock file = /var/lock/account.lock
[container]
max connections = 2
path = /srv/node/
read only = False
lock file = /var/lock/container.lock
[object]
max connections = 2
path = /srv/node/
read only = False
lock file = /var/lock/object.lock
```

使用存储节点上的管理网络接口 IP 地址替换 MANAGEMENT_INTERFACE_IP_ADDRESS。

注意，rsync 服务不要求认证，在生产环境中应考虑在内部网络中运行它。

启动 rsync 服务，并将其配置为开机自动启动：

 # systemctl enable rsyncd.service

 # systemctl start rsyncd.service

2）安装和配置组件

安装包：

*# yum install openstack-swift-account openstack-swift-container *
　　　　openstack-swift-object

从对象存储源仓库获取账户、容器和对象服务配置文件：

*# curl -o /etc/swift/account-server.conf https://opendev.org/　*
　　openstack/swift/raw/branch/master/etc/account-server.conf-sample

*# curl -o /etc/swift/container-server.conf https://opendev.org/　*
　　　　openstack/swift/raw/branch/master/etc/container-server.conf-sample

 # curl -o /etc/swift/object-server.conf https://opendev.org/openstack/
　　　　swift/raw/branch/master/etc/object-server.conf-sample

编辑/etc/swift/account-server.conf 文件并完成以下设置。

在[DEFAULT]节中配置绑定 IP 地址、绑定端口、用户、配置目录和挂载点目录：

```
bind_ip = MANAGEMENT_INTERFACE_IP_ADDRESS
bind_port = 6202
user = swift
swift_dir = /etc/swift
devices = /srv/node
```

```
mount_check = True
```

在[pipeline:main]节中启用合适的模块：

```
pipeline = healthcheck recon account-server
```

在[filter:recon]节中配置探测（计量）缓存目录：

```
use = egg:swift#recon
...
recon_cache_path = /var/cache/swift
```

编辑/etc/swift/container-server.conf 文件并完成以下设置。

在[DEFAULT]节中配置绑定 IP 地址、绑定端口、用户、配置目录和挂载点目录：

```
...
bind_ip = MANAGEMENT_INTERFACE_IP_ADDRESS
bind_port = 6201
user = swift
swift_dir = /etc/swift
devices = /srv/node
mount_check = True
```

使用存储节点上的管理网络接口 IP 地址替换 MANAGEMENT_INTERFACE_IP_ADDRESS。

[pipeline:main]节和[filter:recon]节中的设置与/etc/swift/account-server.conf 文件相同。

编辑/etc/swift/object-server.conf 文件并完成以下设置。

[DEFAULT]节中的设置如下：

```
bind_ip = MANAGEMENT_INTERFACE_IP_ADDRESS
bind_port = 6200
user = swift
swift_dir = /etc/swift
devices = /srv/node
mount_check = True
```

[pipeline:main]节中的设置如下：

```
pipeline = healthcheck recon object-server
```

[filter:recon]节中的设置需要在/etc/swift/account-server.conf 文件相应设置的基础上添加探测（计量）锁定目录定义：

```
use = egg:swift#recon
...
recon_cache_path = /var/cache/swift
recon_lock_path = /var/lock
```

为挂载点目录结构设置适当的所有权：

chown -R swift:swift /srv/node

创建 recon 目录并授予适当的所有权：

mkdir -p /var/cache/swift

chown -R root:swift /var/cache/swift

chmod -R 775 /var/cache/swift

在防火墙中启用必要的访问：

firewall-cmd --permanent --add-port=6200/tcp

firewall-cmd --permanent --add-port=6201/tcp

firewall-cmd --permanent --add-port=6202/tcp

4. 创建和分发初始环

在启动对象存储服务之前，必须创建初始的账户、容器和对象环。环创建工具在每个节点上产生配置文件，用于确定和部署存储架构。为简单起见，使用一个地区（region）和两个区域（zone），最多有 2^{10}（1024）个分区（partition），每个对象有 3 个副本，1h 内移动分区不会超过 1 次。对于对象存储，分区指的是块存储设备上的一个目录，而不是传统的磁盘分区。

1）创建账户环

账户服务器使用账户环来维护容器列表。切换到/etc/swift 目录，创建基本account.builder 文件：

swift-ring-builder account.builder create 10 3 1

将每个存储节点添加到该环：

*swift-ring-builder account.builder add --region 1 --zone 1 *

       *--ip STORAGE_NODE_MANAGEMENT_INTERFACE_IP_ADDRESS *

       --port 6202 --device DEVICE_NAME --weight DEVICE_WEIGHT

使用存储节点上的管理网络 IP 地址替换 STORAGE_NODE_MANAGEMENT_ INTERFACE_IP_ADDRESS 参数；使用同一节点上存储设备名替换 DEVICE_ NAME 参数。例如，对于第一个存储节点，使用存储设备/dev/sdb 和权重值100：

*swift-ring-builder account.builder add *

       --region 1 --zone 1 --ip 10.0.0.51 --port 6202 --device sdb --weight 100

对每个存储节点上的每个存储设备执行该命令，示例中要执行 4 次：

*swift-ring-builder account.builder add *

       --region 1 --zone 1 --ip 10.0.0.51 --port 6202 --device sdb --weight 100

*swift-ring-builder account.builder add *

       --region 1 --zone 1 --ip 10.0.0.51 --port 6202 --device sdc --weight 100

*swift-ring-builder account.builder add *

       --region 1 --zone 2 --ip 10.0.0.52 --port 6202 --device sdb --weight 100

*swift-ring-builder account.builder add *

--region 1 --zone 2 --ip 10.0.0.52 --port 6202 --device sdc --weight 100

执行以下命令验证该环的内容：

 # swift-ring-builder account.builder

重新平衡该环：

 # swift-ring-builder account.builder rebalance

2）创建容器环

容器服务器使用容器环来维护对象列表，但不跟踪对象位置。切换到/etc/swift 目录，创建基本 container.builder 文件：

 # swift-ring-builder container.builder create 10 3 1

将每个存储节点添加到该环：

*# swift-ring-builder container.builder add --region 1 --zone 1 *

   *--ip STORAGE_NODE_MANAGEMENT_INTERFACE_IP_ADDRESS *

   --port 6201 --device DEVICE_NAME --weight DEVICE_WEIGHT

参照创建账户环的步骤替换参数。对于第一个存储节点，使用存储设备/dev/sdb 和权重值 100 配置：

*# swift-ring-builder container.builder add *

   --region 1 --zone 1 --ip 10.0.0.51 --port 6201 --device sdb --weight 100

对每个存储节点上的每个存储设备执行该命令，示例中要执行 4 次：

*# swift-ring-builder container.builder add *

   --region 1 --zone 1 --ip 10.0.0.51 --port 6201 --device sdb --weight 100

*# swift-ring-builder container.builder add *

   --region 1 --zone 1 --ip 10.0.0.51 --port 6201 --device sdc --weight 100

*# swift-ring-builder container.builder add *

   --region 1 --zone 2 --ip 10.0.0.52 --port 6201 --device sdb --weight 100

*# swift-ring-builder container.builder add *

   --region 1 --zone 2 --ip 10.0.0.52 --port 6201 --device sdc --weight 100

执行以下命令验证该环的内容：

 # swift-ring-builder container.builder

重新平衡该环：

 # swift-ring-builder container.builder rebalance

3）创建对象环

对象服务器使用对象环维护本地设备上的对象位置列表。操作步骤与创建账户环和容器环相似，只需要将操作的.builder 文件替换为 object.builder，将端口选项--port 的参数改为 6200，其他相同。

4）分发环配置文件

将控制节点上/etc/swift 目录下的 account.ring.gz、container.ring.gz 和 object.ring.gz 文件复制到每个存储节点和运行代理服务的其他节点上的/etc/swift 目录中。

5. 完成安装

① 在控制节点上从对象存储源仓库获取/etc/swift/swift.conf 配置文件：

*# curl -o /etc/swift/swift.conf https:// *

　　　　opendev.org/openstack/swift/raw/branch/master/etc/swift.conf-sample

② 编辑/etc/swift/swift.conf 文件。

在[swift-hash]节中根据当前环境配置哈希路径前缀和后缀：

```
swift_hash_path_suffix = HASH_PATH_SUFFIX
swift_hash_path_prefix = HASH_PATH_PREFIX
```

使用随机的字符串替换 HASH_PATH_PREFIX 和 HASH_PATH_SUFFIX 参数。这两个值应当保密，不要改动或丢失。

在[storage-policy:0]节中配置默认的存储策略：

```
name = Policy-0
default = yes
```

③ 将控制节点上/etc/swift 目录下的 swift.conf 文件复制到每个存储节点和运行代理服务的其他节点上的/etc/swift 目录中。

④ 在所有节点上确认该配置目录的所有权正确：

 # chown -R root:swift /etc/swift

⑤ 在控制节点和运行代理服务的其他节点上启动对象存储代理服务及其相关服务，并将它们配置为开机自动启动：

 # systemctl enable openstack-swift-proxy.service memcached.service

 # systemctl start openstack-swift-proxy.service memcached.service

⑥ 在存储节点上启动对象存储服务，并将其配置为开机自动启动：

*# systemctl enable openstack-swift-account.service *

　　　*openstack-swift-account-auditor.service *

　　　*openstack-swift-account-reaper.service *

　　　openstack-swift-account-replicator.service

*# systemctl start openstack-swift-account.service *

　　　*openstack-swift-account-auditor.service *

　　　*openstack-swift-account-reaper.service *

　　　openstack-swift-account-replicator.service

*# systemctl enable openstack-swift-container.service *

　　　*openstack-swift-container-auditor.service *

　　　*openstack-swift-container-replicator.service *

　　　openstack-swift-container-updater.service

*# systemctl start openstack-swift-container.service *

　　　*openstack-swift-container-auditor.service *

```
        openstack-swift-container-replicator.service \
        openstack-swift-container-updater.service
# systemctl enable openstack-swift-object.service \
        openstack-swift-object-auditor.service \
        openstack-swift-object-replicator.service \
        openstack-swift-object-updater.service \
# systemctl start openstack-swift-object.service \
        openstack-swift-object-auditor.service \
        openstack-swift-object-replicator.service \
        openstack-swift-object-updater.service
```

习　　题

一、选择题

1. 下列关于 OpenStack 的描述，错误的是（　　　）。

    A. OpenStack 是一个开源软件平台

    B. OpenStack 是硬件之上提供的基础设施服务

    C. OpenStack 是 SaaS 组件，可建立和提供云计算服务

    D. OpenStack 具有功能丰富、可以大规模扩展的特性

2. （　　　）不属于 OpenStack 资源池。

    A. 计算资源　　　　B. 存储资源　　　　C. 网络资源　　　　D. 软件资源

3. 下列关于 OpenStack 组件功能的描述，错误的是（　　　）。

    A. Neutron 用于提供网络连接服务，具备二层 VLAN 隔离功能，同时具备三层路由功能

    B. Glance 为虚拟机镜像提供存储、查询和检索服务，为 Nova 虚拟机提供镜像服务

    C. Swift 提供块存储服务，让云主机可以根据需求随时扩展磁盘空间

    D. Keystone 为所有 OpenStack 组件提供身份认证和授权，跟踪用户访问权限

4. OpenStack 计算服务通过（　　　）组件实现。

    A. Cinder　　　　B. Neutron　　　　C. Keystone　　　　D. Nova

5. 关于 OpenStack 及多节点部署，错误的是（　　　）。

    A. 生产环境中，OpenStack 一般采用多节点部署方式

    B. OpenStack 可通过添加计算节点的方式横向扩展所需计算资源

    C. OpenStack 多节点部署可以减轻单节点负载，提高效率

    D. OpenStack 多节点部署造成机器成本提高，资源浪费

二、简答题

1. 简述 OpenStack 的各核心项目及各自功能。

2. 简述 OpenStack 的概念架构、工作流程。

3. OpenStack 节点有哪几种类型？

4. 简述 Keystone 的身份认证过程。

5. OpenStack 多节点部署中，基础环境配置中需要执行什么配置？

第七章 容器和容器云

虚拟机是一种重量级虚拟化技术。通过虚拟机监视器将一台物理计算机虚拟成多台计算机，每台虚拟机拥有自己的虚拟硬件资源，运行完整的操作系统。一方面，使用虚拟机无须拥有和维护单独的基础设施，可以有效降低成本和提高效率；另一方面，虚拟机消耗大量的 CPU、内存资源，存在资源浪费问题。容器是一种轻量级虚拟化技术。容器位于宿主机操作系统之上，通过对操作系统虚拟化提供相互隔离的工作环境。容器彻底释放了虚拟化的威力，大大减轻了应用分发、部署和管理负担，受到了越来越多企业的欢迎。尽管使用简单的命令可以创建和启动容器，但与容器相关的通信、存储、资源提供、编排、可靠性、可用性等复杂性也随之而来。

本章内容按照从容器到容器云的顺序展开。首先，介绍 Docker 容器技术，包括基本操作、支撑技术、基本原理、数据卷、网络、Swarm、镜像、安装及配置；其次，介绍 Docker 的容器应用编排工具 Compose；最后，介绍容器管理、调度编排的首选平台和事实标准 Kubernetes。

第一节 概　　述

操作系统级虚拟化也被称作容器化，是操作系统的自身特性。操作系统允许同时存在多个相互隔离的用户空间实例，用户空间实例被称作容器（Container）。通过容器，将运行应用程序所需的代码、各种依赖，甚至是运行应用的操作系统全部打包在一起。

同一主机中的容器共享同一个操作系统内核，且互不影响。通俗地讲，操作系统级虚拟化将操作系统管理的计算机资源（包括进程、文件、设备、网络）进行分组，然后交给不同的容器使用。普通进程可以看到宿主机中的所有资源，但容器中的进程无法看到容器外的其他应用进程，包括运行在宿主机中的应用进程和其他容器中的应用进程。容器使用分配给该容器的资源，并且只能使用为其设定的资源配额，无法超量使用资源，从而实现容器间的隔离。

容器本质上是一个资源隔离、资源可限制的进程集合。使用命名空间隔离容器进程间的相互可见性及通信，使用配额机制限制容器进程的 CPU、内存、存储、网络等资源使用量。

目前，比较重要的操作系统级虚拟化技术有如下四类。

① OpenVZ：一种开源的、基于 Linux 的容器化技术，允许在单个物理计算机中创

建多个隔离的虚拟专用服务器（virtual private server，VPS）或虚拟环境（virtual environment，VE），每个 VPS 拥有自己的用户、CPU、内存、文件系统、应用服务等。

② FreeBSD Jail：一种基于 FreeBSD 的容器化技术，允许把运行 FreeBSD 的计算机系统分割成多个相对独立的子系统，称为 Jail。每个 Jail 拥有文件、进程、用户和超级用户等资源。Jail 是一种沙箱模型，常用来限制进程的某些行为。

③ Solaris Container：一种基于 Solaris 的容器化技术，允许将一个 Solaris 系统划分成多个 Zone（分区），每个 Zone 是宿主机操作系统（Solaris）中一个隔离的虚拟服务器。一个容器由 Zone 提供的隔离以及相应的资源控制组成。

④ LXC：即 Linux Container，是 Linux 容器化实现的统称，包括一组工具、模板、库和语言绑定。LXC 使用命名空间实现资源隔离，使用控制组进行资源限制。目前，Docker 是最流行的基于 LXC 的容器引擎。

一、容器与虚拟机的区别

本质上，虚拟机是在使用 VMM/Hypervisor 虚拟化出的硬件上安装的不同操作系统，而容器是宿主机操作系统中的进程。容器与虚拟机都可以创建某种资源隔离环境，为应用程序提供相对独立的运行环境；两者的区别主要在于虚拟化层的位置和资源的使用方式。容器、虚拟机两种不同虚拟化技术的结构如图 7.1 所示。

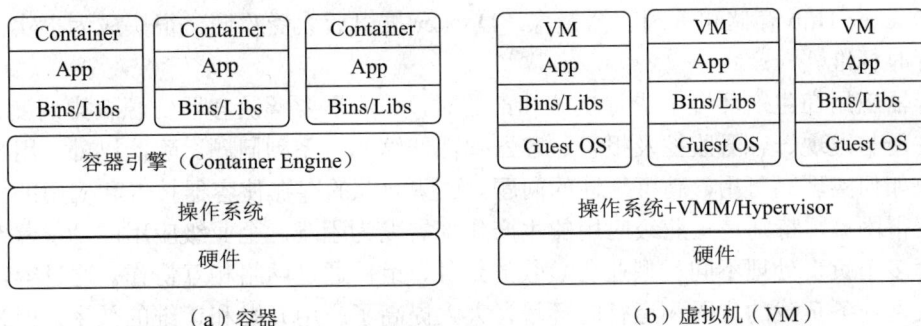

图 7.1 容器与虚拟机

虚拟机的虚拟化层是宿主机操作系统中运行的 VMM 或者直接运行在裸机上的 Hypervisor。虚拟机将虚拟硬件、操作系统内核和用户空间打包在一起，利用虚拟机管理程序运行在物理设备之上。虚拟机是将物理计算机虚拟化后的虚拟环境，需要首先在虚拟机中安装客户操作系统（Guest OS）并提供运行时环境，这样应用程序才能在虚拟机中运行。同一宿主机中不同客户操作系统间相互隔离，因此，虚拟机提供的隔离环境是客户操作系统。

容器的虚拟化层是运行在宿主机操作系统中的容器引擎，提供的隔离环境是独立的用户空间和资源使用配额。同一主机中的所有容器共享同一个操作系统内核和硬件资源，但每个容器具有单独的 CPU、内存、存储和网络带宽等资源使用配额。与虚拟机相比，容器并不需要为每个应用分配单独的操作系统，因此资源使用效率更高。

二、从容器到容器云

容器技术具有轻量化、快速启动、易于迁移、简化部署、多环境支持等优点，极大提升了 DevOps 的效率，使持续集成/持续部署成为可能，特别有利于软件企业的业务创新。

容器并不是一个新概念。容器的起源可以追溯到 1979 年出现的 Chroot。Chroot 是 UNIX 7 中的一个功能，可以为每个进程提供隔离的磁盘空间，每个进程都可以有自己的根目录，实现了不同进程文件系统的隔离。

2000 年，FreeBSD 对 Chroot 进行了扩展，引入了 Jail。Jail 本质上是一种沙箱机制，可以实现 CPU、内存、存储等资源的隔离。2004 年，Solaris Container 使用系统资源控制和 Zone 提供的边界隔离机制，将单一的 Solaris 划分成相互隔离的多个实例，并首次提出了容器概念。2007 年，Google 实现了资源管理控制机制 Cgroup，并将 Cgroup 添加进 Linux 内核。2013 年，容器引擎 Docker 开源，标志着容器技术的成熟，Docker 迅速成为应用最广泛的容器管理系统，掀起了云原生的浪潮。

Docker 作为一种分布式应用构建、迁移和运行的开放平台，为软件开发、测试和运维提供了一种全新机制。开发人员基于面向服务架构或微服务架构构建软件系统，使用 Docker 容器打包软件和运行软件所需的各种环境，将 Docker 容器固化为 Docker 镜像，使用 Docker Hub 存储和管理容器镜像。Docker 推出后大受欢迎，很快成为事实上的容器运行时标准。

容器应用在生产环境中进行实施和部署时，一般需要解决容器资源编排调度、服务自动注册与发现、容器监控及报警、容器弹性伸缩等一系列问题。除此以外，用户也必须解决如何实现高可用、高可靠性的问题。这些问题的存在使容器技术和应用的生产化部署变得困难，特别是企业级应用的生产化部署尤为困难。企业级应用的功能复杂，通常包含多个负责处理不同类型业务负载的组件，组件通过网络相互协作。通过容器封装不同类型业务负载的代码和运行时环境，大大提高了应用开发和运维的效率。但为了保证应用的性能和可靠性、可用性，通常需要将构成应用系统的多个容器使用集群进行分布式部署。尽管使用 Docker 等容器引擎创建和启动容器的工作非常简单，但是跨物理主机的多容器间的协作，以及计算、内存、存储、网络等资源的编排和协调管理工作异常复杂，迫切需要一种容器运行管理平台实现运维自动化、快速部署应用、弹性伸缩、动态调整应用环境资源。因此，从容器到容器云的进化应运而生。

所谓容器云，是指以容器为资源分割和调度的基本单位，使用容器封装应用软件及其所需的运行时环境，为开发和管理人员提供用于构建、发布、运行分布式应用的平台。如果容器云专注于资源隔离、资源共享、容器编排、容器部署等任务，它更像传统的 IaaS；如果容器云渗透到应用支撑环境和运行时环境中，它更接近于传统的 PaaS；如果容器云进一步渗透到应用系统内部，则与传统的 SaaS 更接近。

Docker 最初是一种单机环境下的容器管理工具。随着 Compose、Swarm 等编排部署工具的发布，Docker 已经从容器迈向了容器云，成为广受欢迎的容器云平台。除 Docker

以外，基于 Docker 的第三方容器云相关技术也得到了快速发展。2015 年，Google 发布了 Kubernetes 容器集群管理平台。Kubernetes 的发布是从容器向容器云演进的标志性事件。2016 年，Google 将 Kubernetes 捐赠给了云原生计算基金会（CNCF）。2019 年，Kubernetes 成为企业容器 PaaS 平台的事实标准。

第二节　Docker

一、简介

Docker 是以容器为资源分割和调度的基本单位，打包应用软件及其运行时环境，为用户提供开发、发布和运行应用程序的开放平台。Docker 提供了容器生命周期管理的工具，具体包括：使用容器打包应用程序及其支持组件；容器是发布和测试应用程序的基本单位；无论生产环境是本地数据中心、公有云平台，或者是两者的组合，都可以以同样的方式将应用程序作为容器或服务进行部署。

Docker 使用 Linux 内核的多种特性为应用程序提供隔离工作环境，即容器。Docker 容器是轻量级的，但包含运行程序所需的一切。Docker 的可移植、轻量特性使得根据业务需求动态、实时地扩缩应用程序和服务变得容易，为基于 VMM 或 Hypervisor 的虚拟机提供了一种可行的、更具性价比的替代方案。

Docker 的主要组件有 Docker Engine、Docker Client、Docker Registry（Docker Hub）、Docker Compose，如图 7.2 所示。其中，Docker Engine 是 Docker 的核心；Docker Client 是 Docker 的用户接口；Docker Registry 主要负责容器镜像管理，可以存储、查询和管理镜像；Docker Compose 是运行和部署容器应用的工具。

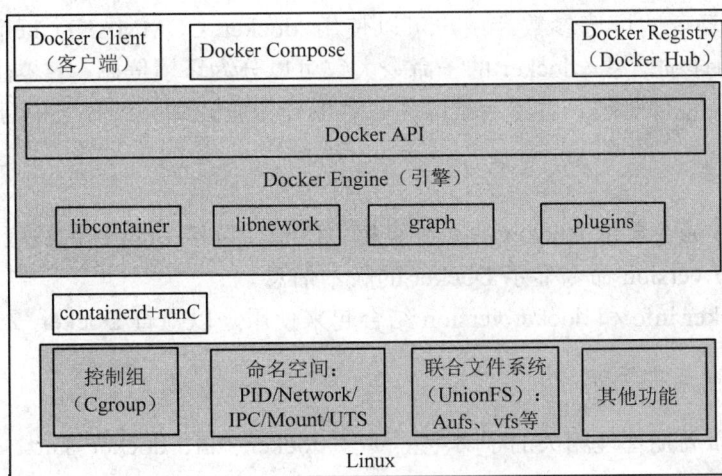

图 7.2　Docker 容器云平台架构

Docker 的最初实现基于 LXC；从 0.7 版本后，Docker 开始使用自己开发的 libcontainer；从 1.11 版本开始，进一步演进为使用 runC 和 containerd。其中，runC 是遵循开放容器计划（Open Container Initiative，OCI）规范创建和运行容器的 Linux 命令行工具，实现了容器启停和资源隔离等功能；containerd 是符合 CNCF 标准的容器运行时接口（container runtime interface，CRI）标准，可以运行在 Linux 和 Windows 等操作系统中。

与虚拟机相比，Docker 容器具有较大的优势，具体如下。

① 快速交付和部署。开发人员可以使用一个标准镜像构建一套开发容器。应用开发完成之后，运维人员可以直接使用这个容器部署应用。Docker 可以快速创建容器、快速迭代应用程序，并让整个过程全程可见，团队其他成员更容易理解应用程序是如何创建和工作的。同时，Docker 容器非常轻便，容器启动时间通常在秒级，并且可以大量节约开发、测试、部署时间。

② 高效部署和扩容。Docker 容器几乎可以运行在所有平台上，包括物理机、虚拟机、公有云、私有云、个人计算机、服务器等。这种兼容性有利于将应用程序从一个平台直接迁移到另一个平台。

③ 资源利用率更高。除了运行应用，容器基本不消耗额外的系统资源。以虚拟机方式运行 10 个不同应用需要启动 10 个虚拟机，而 Docker 只需要启动 10 个容器即可。在一台主机上，可以轻松地同时运行成百上千个 Docker 容器。

④ 管理简单。使用 Docker，只需要简单修改便可以替代以往大量的更新工作。更新以增量方式被修改和分发，从而实现了自动化的高效管理。

二、Docker 的基本操作

用户使用 Docker 时，通常使用 Docker CLI 工具（docker 命令）与 Docker 守护进程（Docker daemon）进行交互。

docker 命令包含的子命令非常多，目前已经有接近 60 个。其中，run、exec 等核心子命令还带有复杂的可选参数。用户可以使用 docker COMMAND help 查看子命令 COMMAND 的详细信息。docker 的子命令大致可以分为环境信息、容器生命周期管理、镜像仓库管理、镜像管理、容器运维操作、容器资源管理和系统日志信息七大类。

1. 环境信息

docker info 命令显示 Docker 的系统级相关信息，包括 Docker 内核版本、容器数量和镜像。docker version 命令显示 Docker 的版本信息。

通常，docker info 和 docker version 结合起来使用，以检查 Docker 安装是否正确。

2. 容器生命周期管理

与容器生命周期管理相关的子命令主要有 docker run、docker start、docker stop、docker restart 等。

1）docker run

docker run 是 docker 的核心命令。执行时，Docker daemon 首先在用户指定的镜像之上创建一个可写的容器层，然后使用用户指定的命令启动容器。

docker run 命令的使用方法为：

docker run [options] IMAGE [command] [ARG...]

其中，可以指定 IMAGE 的 tag 为 latest（最新版本）或某个版本，默认使用 IMAGE 的 latest 版本创建容器。

例如：

$docker run --name c_test -it debian /bin/bash

上面的命令使用 debian:latest 镜像创建容器，指定容器名字为 c_test。选项-it 指示 Docker 为容器分配一个伪终端（ptty），并将伪终端与容器的标准输入设备（stdin）连接以接收用户输入。创建容器时，Docker 为容器分配一个唯一的容器 ID。

docker run 命令的常用选项如下。

- -i：使用交互模式，保持开放输入流。
- -t：分配伪终端，一般与-i 结合使用。用户可以通过伪终端与容器进行交互操作。
- --name：指定容器名字。
- -c：为容器分配 CPU 使用配额。该参数指定的是一种相对权重，容器的实际处理速度与宿主机 CPU 和其他容器的 CPU 配额有关。
- -m：指定为容器分配的内存总量。
- -v：在容器中挂载数据卷，可以使用多个-v 选项挂载多个数据卷。常用格式为 host-dir:container-dir:[rw|ro]，即将宿主机中的目录 host-dir 挂载为容器的 container-dir 目录，并设定数据卷的访问权限（rw 表示读写，ro 表示只读）。
- -p：将容器端口暴露到宿主机。常用格式为 host-port:container-port。暴露端口以后，外部主机可以通过访问宿主机暴露的端口 host-port 来访问容器内的应用。

2）docker start/stop/restart

对于已经存在的容器，使用 docker start/stop/restart 命令启动、停止、重启容器，三个子命令的用法基本相同。

docker start 子命令的具体用法为：

docker start [options] CONTAINER [CONTAINER...]

其中，CONTAINER 为容器 ID，也可以使用容器名字。

例如，下面一行命令启动了 ID 为 e9eeff44f8f8 的容器，结果如图 7.3 所示。

$ docker start -a -i e9eeff44f8f8

```
$ docker start -a -i e9eeff44f8f8
root@e9eeff44f8f8:/# ls
bin   dev  home  lib32  libx32  mnt  proc  run   srv   tmp  var
boot  etc  lib   lib64  media   opt  root  sbin  sys   usr
root@e9eeff44f8f8:/#
```

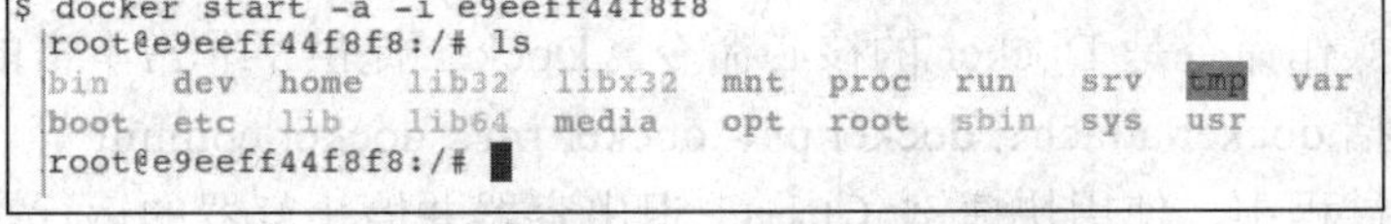

图 7.3　启动一个已经存在的容器

docker start 命令的常用选项如下。

- -a：启动容器时关联 stdout、stderr 设备。
- -i：启动容器时关联 stdin 设备。

docker stop/restart 命令的选项-t 表示停止或重新启动容器前的等待时间。

3. 镜像仓库管理

Docker Registry 是镜像注册管理服务组件,用来管理镜像仓库。Docker 官方的 Registry 是 Docker Hub。

使用命令 docker pull 和 docker push 可以从镜像仓库下载、上传镜像。

docker pull 用于从 Docker Registry 中下载镜像,具体用法为:

docker pull [options] NAME[:TAG]

例如,从 Docker Hub 下载 ubuntu:12.04 镜像:

$ docker pull ubuntu:12.04

从指定的本地镜像仓库 SEL 下载 ubuntu: latest 镜像:

$ docker pull SEL/ubuntu

从远程镜像服务器下载 sshd 镜像:

$ docker pull 10.10.1.1:5000/sshd

docker pull 命令的常用选项如下。

- -a:从镜像仓库中下载所有 tag 的镜像。
- -q:抑制下载镜像过程中的输出信息。

docker push 与 docker pull 的作用相反,用于将镜像上传到 Docker Registry 中。具体使用方法为:

docker push [options] NAME[:TAG]

4. 镜像管理

docker images 命令用于显示保存在本地的镜像,基本用法为:

docker images [options][repository[:tag]]

docker rmi 命令用于删除镜像,基本用法为:

docker rmi IMAGE [IMAGE...]

需要注意的是,如果仍然存在使用该镜像的容器,应该首先删除容器,最后删除镜像。或者,在 docker rmi 命令中使用-f 选项,强制删除仍然存在容器的镜像。

5. 容器运维操作

容器运维操作命令是 Docker 的核心命令。Docker 提供了非常丰富的容器操作子命令,常用的包括 docker attach、docker ps、docker rm、docker commit 等。

容器运行过程中,使用快捷键 Ctrl+C 退出容器并停止容器的运行。如果按快捷键 Ctrl+P+Q,可以退出容器运行的交互环境,但容器仍然正常运行,并不停止。

1)docker attach

docker attach 将 stdin、stdout 和 stderr 等设备关联到正在运行的容器,提供用户与容器交互的手段。

docker attach 命令的使用方法为：

docker attach [options] CONTAINER

2）docker ps

docker ps 用于显示容器的相关信息。默认情况下，只显示正在运行的容器。显示内容包括容器 ID、镜像名称、容器启动后执行的命令、容器创建时间、容器状态、开启端口以及容器名字。

docker ps 命令的常用选项如下。

- -a：显示所有容器，包括已经停止运行的容器。
- -n：显示指定数量的最新创建的容器。
- -l：显示最新创建的容器。

3）docker rm

docker rm 命令用于删除指定的一个或多个容器，参数可以是容器 ID 或容器名字。具体用法为：

docker rm [options] CONTAINER [CONTAINER...]

如果容器正在运行，则无法直接删除。此时，首先应停止容器运行，然后使用 docker rm 删除容器。或者，在 docker rm 命令中使用-f 选项，强制删除正在运行的容器。

4）docker commit

用户使用 Docker 时一般会基于一个镜像创建容器。然后，在容器中安装应用软件，对容器或其中的软件进行配置。使用 docker commit 命令可以将容器固化为镜像，并将镜像保存在本地镜像存储库（Repository）中。这样，这些变化将不会由于容器的停止而丢失。但 docker commit 制作的镜像中并不包含挂载在容器数据卷中的数据。

docker commit 的使用方法为：

docker commit [options] CONTAIER [repository: tag]

例如，将容器 c_test 固化为镜像 ubuntu，tag 为 c_test：

$ docker commit c_test ubuntu:c_test

$ docker images

执行结果如图 7.4 所示。

```
REPOSITORY     TAG        IMAGE ID        CREATED            SIZE
ubuntu         c_test     0d3a26e4037d    About a minute ago  72.7MB
debian         latest     4a7a1f401734    9 days ago          114MB
ubuntu         latest     7e0aa2d69a15    3 weeks ago         72.7MB
hello-world    latest     d1165f221234    2 months ago        13.3kB
```

图 7.4 使用 docker commit 将容器固化为镜像

6. 容器资源管理

容器资源主要指数据卷和容器网络，相关子命令为 docker volume、docker network。

1）docker volume

docker volume 命令的使用方法为：

docker volume COMMAND

支持的 COMMAND 包括 create、inspect、ls、prune、rm，分别用于创建数据卷、显示数据卷详细信息、显示数据卷、移除本地未使用数据卷、移除一个或多个数据卷。

例如，在本地创建名为 vol_test 的数据卷：

$ docker volume create vol_test

查看数据卷 vol_test 的详细信息：

$ docker volume inspect vol_test

2）docker network

docker network 命令的使用方法为：

docker network COMMAND

支持的 COMMAND 包括 connect、create、disconnect、inspect、ls、prune、rm，分别用于将容器连接到网络、创建网络、将容器与网络断开、显示网络详细信息、显示网络、移除本地未使用网络、移除一个或多个网络。

例如，在本地创建名为 network_test 的网络，默认使用 bridge 驱动：

$ docker network create network_test

将容器 container1 与网络 network_test 连接：

$ docker network connect network_test container1

7. 系统日志信息

1）docker events

利用 docker events 命令，可以获取 Docker 服务器的实时信息，比如容器的创建、运行、退出、删除，网络、镜像等的创建、删除。

2）docker history

利用 docker history 命令，可以查看指定镜像的创建历史，用户可以了解镜像是如何创建的。

3）docker logs

利用 docker logs 命令，可以查看容器的所有的日志信息，或某个时间段内的日志信息。

三、Docker 的支撑技术

Docker 的实现使用了 Linux 内核的命名空间（Namespace）、控制组（Cgroup）以及联合文件系统（union file system，UnionFS）。其中，使用命名空间实现了资源隔离，使用控制组实现了资源限制，使用联合文件系统实现了高效的镜像管理。

1. 命名空间

Docker 需要提供容器之间以及容器与宿主机之间的资源隔离，每个容器有独立的用户和用户组、文件系统、网络设备及网络协议栈、进程号、IPC 通信、主机名。

Linux 的 Namespace 是对全局系统资源的封装隔离，属于不同 Namespace 的进程拥有独立的全局系统资源。改变 Namespace 中的资源只会影响属于该 Namespace 的进程，对其他 Namespace 中的进程没有影响。Linux 内核实现 Namespace 的主要目的就是实现轻量级虚拟化（即容器）服务，是 Docker 出现和发展的基础。

目前，Linux 内核提供了七种 Namespace，不同类型的 Namespace 可以实现不同类型资源的隔离，如表 7.1 所示。Linux 中一个进程的命名空间可以是一种类型或多种类型 Namespace 的组合。

表 7.1　Linux 中的 Namespace

Namespace	API 参数	隔离内容
Cgroup	CLONE_NEWCGROUP	Cgroup root 目录
IPC	CLONE_NEWIPC	消息队列、信号量、共享内存
PID	CLONE_NEWPID	进程号
Network	CLONE_NEWNET	网络设备、协议栈、端口等
Mount	CLONE_NEWNS	挂载点（文件系统）
User	CLONE_NEWUSER	用户和用户组
UTS	CLONE_NEWUTS	主机名和 NIS 域名

Docker 使用了除 Cgroup 以外的其余六种 Namespace，以实现容器之间、容器与宿主机操作系统之间的全局系统资源隔离。

1）Linux 命名空间 API

Linux 的命名空间管理主要包括 clone()、setns()、unshare()三个 API 函数和/proc 目录中的一些文件。API 函数是对 Linux 相应功能系统调用的封装，但不是最底层的系统调用。使用命名空间 API 时，通过参数指定进程隔离的内容，可用参数如表 7.1 所示。如果进程需要隔离多个 Namespace，可以使用"按位或"组合多个参数。

Linux 中，每个进程都有自己的/proc/[pid]/ns 目录。其中，[pid]为进程 PID。其中的文件代表进程所属的命名空间，每个文件均是特殊的符号链接文件，指向$namespace:[$namespace-inode-number]。其中，$namespace 为表 7.1 中列出的 Namespace 类型，方括号中的数字为 Namespace 号。这些符号链接指向的文件比较特殊,用户不能直接访问。实际上，符号链接指向的文件存储在 nsfs 文件系统中，但对用户不可见。

（1）clone()。

clone()是 fork()的一种更通用的实现方式，可以控制父进程与子进程的资源共享方式。调用 clone()，在创建新进程（子进程）的同时可以创建独立的命名空间。一旦指定了 CLONE_*（即 Namespace），则相应类型的 Namespace 会被创建，新创建的子进程成为该 Namespace 的一员。

clone()的 C 语言声明如下：

int clone(int(*child_func)(void *), void *child_stack, int flags, void *args);

其中，与 Namespace 有关的参数包括以下四个。

- child_func：子进程的主函数。
- child_stack：子进程使用的堆栈。

- flags：子进程所属的命名空间。与 Namespace 有关的标志位见表 7.1。
- args：传入子进程的参数。

Docker 创建容器的最常用方法就是通过调用 clone() 实现的。通过为每个容器创建独立于其他容器的 Namespace 并指定资源隔离具体内容，实现了容器间的资源隔离。

Linux 中，/proc/[pid]/ns 目录中有多个链接文件，表示进程所属的多个 Namespace。使用 ls 命令可以查看进程所属的 Namespace，结果如图 7.5 所示。

$ sudo ls -l./ns

```
[docker_user@localhost 2]$ sudo ls -l ./ns
total 0
lrwxrwxrwx. 1 root root 0 May 21 18:30 cgroup -> 'cgroup:[4026531835]'
lrwxrwxrwx. 1 root root 0 May 21 18:30 ipc -> 'ipc:[4026531839]'
lrwxrwxrwx. 1 root root 0 May 21 18:30 mnt -> 'mnt:[4026531840]'
lrwxrwxrwx. 1 root root 0 May 21 18:30 net -> 'net:[4026531992]'
lrwxrwxrwx. 1 root root 0 May 21 18:30 pid -> 'pid:[4026531836]'
lrwxrwxrwx. 1 root root 0 May 21 18:30 pid_for_children -> 'pid:[4026531836]'
lrwxrwxrwx. 1 root root 0 May 21 18:30 user -> 'user:[4026531837]'
lrwxrwxrwx. 1 root root 0 May 21 18:30 uts -> 'uts:[4026531838]'
```

图 7.5　进程所属的命名空间（Namespace）

Namespace 信息的显示格式为：'xxx:[yyyyyyyyyy]'。其中，xxx 表示 Namespace 类型，即表 7.1 中的 Namespace。方括号中的数字为 inode 号，相当于 Namespace 号。如果两个进程的 Namespace 号相同，则表示两个进程属于同一个 Namespace。

一旦某个命名空间对应的链接文件被打开，其文件描述符就一直存在，即使该命名空间中的所有进程都已结束，后续其他进程仍然可以加入该命名空间中。Docker 正是通过命名空间文件的文件描述符来定位和加入一个已经存在的命名空间的。利用链接文件方式可以阻止删除命名空间。另外，也可以使用文件挂载方式实现同样的功能。比如，将进程（pid=2376）所属的命名空间 uts 挂载到文件~/uts，命令如下：

$ touch ~/uts

$ sudo mount –bind /proc/2376/ns/uts　~/uts

（2）setns()。

setns() 用于从原来的命名空间加入另外某个已经存在的命名空间。setns() 的 C 语言声明如下：

int setns(int fd, int nstype);

其中，参数 fd 指定要加入命名空间的文件描述符，即/proc/[pid]/ns 中某文件的文件描述符。文件描述符可以通过打开对应的链接文件，或者打开挂载了命名空间的文件得到。setns() 调用者可以使用 nstype 指定检查 fd 指向的命名空间是否符合要求，其值可以是表 7.1 中的 CLONE_*常量或其组合。nstype 为 0 时表示不做检查。

为了不影响 setns() 的调用者，也为了使新加入的 Namespace 生效，通常 setns() 执行时使用 clone() 创建子进程，使调用者进程继续执行。为利用新加入的 Namespace，需要使用 execve() 系列函数执行用户命令。最常用的就是调用/bin/bash 并接受用户参数，以运行一个 shell。

例如，用法如下：

```
fd = open(argv[1], O_RDONLY);    /*获取已有 Namespace 文件描述符*/
```

```
setns(fd, 0);                          /*加入 fd 标识的 Namespace*/
execvp(argv[2], &argv[2]);             /*执行用户命令*/
```

假设生成的可执行文件为 test_setns。可以使用如下方式在新加入的 Namespace 中执行 shell 命令：

$ sudo ./test_setns ~/uts /bin/bash   # 假设~/uts 绑定了/proc/2376/ns/uts

Docker 中，docker exec 命令可以在运行的某个容器中执行新命令，其实现便是通过调用 setns()函数来完成的。

（3）unshare()。

使用 unshare()可以在原进程中进行命名空间的隔离，即创建并加入一个新的命名空间。unshare()的 C 语言声明如下：

int unshare(int flags);

其中，参数 flags 指定新创建命名空间需要进行隔离的内容。

unshare()和 clone()的功能都是创建并加入新的命名空间。unshare()运行在原来的进程上，不需要启动一个新进程，从而实现资源隔离的效果，即从原来的 Namespace 跳到另一个 Namespace 进行操作，调用 unshare()的进程所属的 Namespace 发生改变。clone()创建一个新进程，然后让新进程加入新的 Namespace，调用 clone()的进程所属的 Namespace 不变。

目前，Docker 实现时并没有使用 unshare()。

2）Linux 的命名空间

Linux 使用命名空间可以实现全局系统资源的隔离。Linux 内核提供了七种命名空间，Docker 使用了除 Cgroup 以外的六种。

（1）UTS。

Linux 中，可以使用系统调用 sethostname()和 setdomainname()设置主机名和域名，使用 uname()、gethostname()、getdomainname()获取用户名、主机名和域名。

UTS（Unix time-sharing system，Unit 分时系统）用来实现主机名和 NIS 域名的隔离。Docker 利用 UTS 实现每个容器拥有独立的主机名和 NIS 域名，每个容器在网络中被视作一个独立节点。

UTS 不支持嵌套，即所有 UTS 命名空间都是平行的。

（2）IPC。

IPC 命名空间用来隔离不同进程的 System V IPC 对象和 POSIX 消息队列。其中，System V IPC 对象包括消息队列、信号量和共享内存。申请 IPC 资源时会得到一个全局唯一的 System V IPC 标识符，每个 IPC 命名空间包含了 System V IPC 标识符和自己的 POSIX 消息队列文件系统。属于同一个 IPC 命名空间的进程彼此可见，属于不同 IPC 命名空间的进程彼此不可见。

IPC 命名空间不支持嵌套，所有 IPC 命名空间都是平行的。当一个 IPC 命名空间中的最后一个进程被终止后，该 IPC 命名空间被销毁，该 IPC 命名空间的所有 IPC 对象也自动被销毁。

Docker 使用 IPC 命名空间实现了容器与宿主机、容器与容器之间 IPC 资源的隔离。

（3）PID。

PID 命名空间用来隔离进程 ID 空间，不同 PID 命名空间中的进程 ID 相互独立，可以重复且互不影响。

Linux 内核为所有的 PID 命名空间维护了一种树状结构。根 PID 命名空间是在 Linux 系统启动时创建的。PID 命名空间支持嵌套。在名为 x 的 PID 命名空间下创建的 PID 命名空间 y、z 是 x 的子 PID 命名空间，y、z 为兄弟 PID 命名空间，x 为 y 和 z 的父 PID 命名空间。一个 PID 命名空间可以看到其所有子孙 PID 命名空间里的进程信息，而子 PID 命名空间里的进程看不到其父 PID 命名空间或兄弟 PID 命名空间里的进程信息。

Docker 通过监控 Docker daemon 进程所在 PID 命名空间中的所有进程及子进程，实现对 Docker 中运行的容器和应用程序的监控。

Linux 中，每个 PID 命名空间中进程 ID 为 1 的进程具有特殊作用，像传统 Linux 的 init 进程一样拥有特权。它作为所属 PID 命名空间中所有进程的祖先进程，负责维护进程表并不断检查进程的状态。一旦某个子进程成为"孤儿"进程，它将接管"孤儿"进程并最终回收资源。当进程 ID 为 1 的进程停止后，内核将会给这个 PID 命名空间中的所有其他进程发送信号，终止它们的运行，并销毁该 PID 命名空间。

Docker 容器中可能运行多个进程，最先启动的命令进程，如/bin/bash，是容器 PID 命名空间具有特权的进程。如果容器内存在多个进程，容器内特权进程可以对信号进行捕获，当收到 SIGTERM 或 SIGINT 信号时，对其子进程做信息保存、资源回收等处理工作。

使用 PID 命名空间时，需要特别注意 unshare()和 setns()两个函数的使用。unshare()创建新的 PID 命名空间后，调用 unshare()的进程并不进入新创建的 PID 命名空间，新创建的子进程才会进入新的 PID 命名空间。这个子进程是新的 PID 命名空间的 init 进程，即进程 ID 为 1。同样地，setns()会创建新的 PID 命名空间，调用者进程也不进入，而是随后创建的子进程进入新的 PID 命名空间。

例如，使用 ps -ef 命令查看宿主机中运行的进程信息，如图 7.6 所示。然后，在宿主机中创建并运行容器，进入容器后查看容器中运行的进程信息，如图 7.7 所示。

在容器中只能看到包含 ps -ef 在内的三个进程，无法看到图 7.6 所示宿主机中的进程。实际上，容器和宿主机的 PID 命名空间已经被隔离。

（4）Mount。

Mount 命名空间用来隔离文件系统的挂载点，不同 Mount 命名空间拥有独立的挂载点信息，且不同 Mount 命名空间之间互不影响。Linux 中，可以打开文件 /proc/[pid]/mounts 查看所有挂载到当前 Mount 命名空间中的文件系统；打开文件 /proc/[pid]/mountstats 可以查看 Mount 命名空间中文件设备的统计信息，包括挂载文件的名字、文件系统类型、挂载位置等。

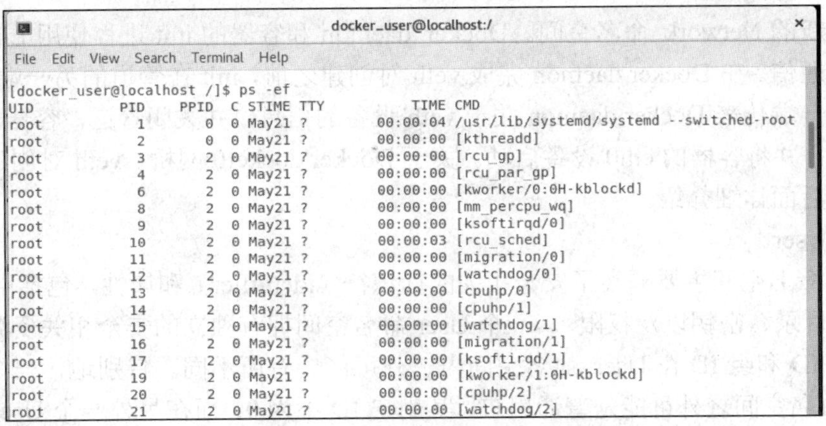

```
docker_user@localhost:/
File  Edit  View  Search  Terminal  Help
[docker_user@localhost /]$ ps -ef
UID          PID    PPID  C STIME TTY          TIME CMD
root           1       0  0 May21 ?        00:00:04 /usr/lib/systemd/systemd --switched-root
root           2       0  0 May21 ?        00:00:00 [kthreadd]
root           3       2  0 May21 ?        00:00:00 [rcu_gp]
root           4       2  0 May21 ?        00:00:00 [rcu_par_gp]
root           6       2  0 May21 ?        00:00:00 [kworker/0:0H-kblockd]
root           8       2  0 May21 ?        00:00:00 [mm_percpu_wq]
root           9       2  0 May21 ?        00:00:00 [ksoftirqd/0]
root          10       2  0 May21 ?        00:00:03 [rcu_sched]
root          11       2  0 May21 ?        00:00:00 [migration/0]
root          12       2  0 May21 ?        00:00:00 [watchdog/0]
root          13       2  0 May21 ?        00:00:00 [cpuhp/0]
root          14       2  0 May21 ?        00:00:00 [cpuhp/1]
root          15       2  0 May21 ?        00:00:00 [watchdog/1]
root          16       2  0 May21 ?        00:00:00 [migration/1]
root          17       2  0 May21 ?        00:00:00 [ksoftirqd/1]
root          19       2  0 May21 ?        00:00:00 [kworker/1:0H-kblockd]
root          20       2  0 May21 ?        00:00:00 [cpuhp/2]
root          21       2  0 May21 ?        00:00:00 [watchdog/2]
```

图 7.6　宿主机中运行的进程信息

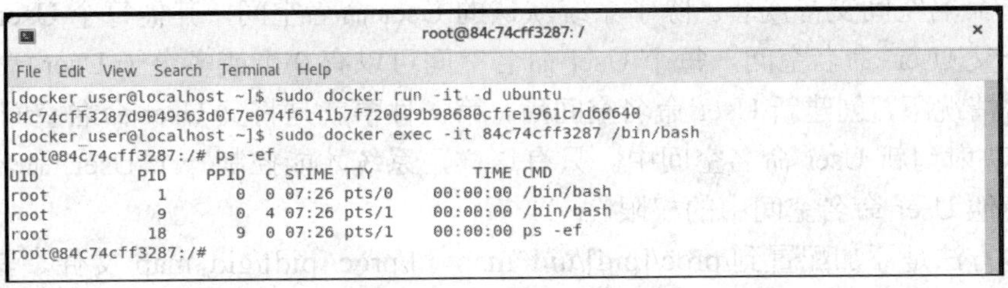

```
root@84c74cff3287: /
File  Edit  View  Search  Terminal  Help
[docker_user@localhost ~]$ sudo docker run -it -d ubuntu
84c74cff3287d9049363d0f7e074f6141b7f720d99b98680cffe1961c7d66640
[docker_user@localhost ~]$ sudo docker exec -it 84c74cff3287 /bin/bash
root@84c74cff3287:/# ps -ef
UID          PID    PPID  C STIME TTY          TIME CMD
root           1       0  0 07:26 pts/0    00:00:00 /bin/bash
root           9       0  4 07:26 pts/1    00:00:00 /bin/bash
root          18       9  0 07:26 pts/1    00:00:00 ps -ef
root@84c74cff3287:/#
```

图 7.7　容器中运行的进程信息

创建 Mount 命名空间时，会将当前的文件系统结构复制给新的 Mount 命名空间。随后，对新的 Mount 命名空间中的操作只影响新的 Mount 命名空间中的文件系统，对其他 Mount 命名空间的文件系统不会产生任何影响。

（5）Network。

Network 命名空间用来隔离网络资源，包括网络设备、协议栈、IP 路由表、防火墙规则、/proc/net 目录（符号链接，指向/proc/[pid]/net）、/sys/class/net 目录、/proc/sys/net 中的文件、端口号（socket）等。

每个 Network 命名空间中默认有一个环回（loopback）接口 lo。除了 lo，所有的其他网络设备都只能属于一个 Network 命名空间，每个 socket 也只能属于一个 Network 命名空间。

当一个 Network 命名空间被释放（即其中的最后一个进程终止）后，该 Network 命名空间中的物理网络设备将回到最初的 Network 命名空间（即系统默认的根 Network 命名空间），而不是回到创建该进程的父进程所属的 Network 命名空间。

使用虚拟网络设备 veth 对，可以建立 Network 命名空间之间的通信通道。veth 两端分别属于不同的 Network 命名空间，类似于管道。通常的做法如下：创建一个 veth 对，一端放在新的 Network 命名空间中，通常被命名为 eth0；另一端放在原来的 Network 命名空间中，连接实际的网络设备。在原来的 Network 命名空间中通过接入网络设备（可以是网桥或者路由器）实现通信。Docker daemon 启动一个容器时（假设容器内初始化的进程为 init），会在宿主机中创建一个 veth 对，一端绑定到宿主机的 docker0 网桥，另一端接入新的 Network 命名空间。Docker daemon 和容器的 init 进程使用 Linux 内核的管道机制通信。在 Docker daemon 完成 veth 对创建之前，init 在管道的另一端循环等待，直到从另一端传来 Docker daemon 关于 veth 设备的信息，并关闭管道，容器的 init 进程结束等待，并将容器的 eth0 设备启动。关于 Docker docker0 网桥、veth 对创建等部分内容，将在后面详细介绍。

（6）User。

User 命名空间主要隔离了安全相关的标识符（identifier）和属性，包括用户 ID、组 ID、root 目录、密钥以及权限①。一个 User 命名空间拥有独立的安全相关资源。一个进程的用户 ID 和组 ID 在 User 命名空间内、外可能会有所不同。特别地，一个进程在某个 User 命名空间之外可能是普通用户，其用户 ID 不为 0；而在另外一个 User 命名空间内可能是特权用户，用户 ID 为 0。

User 命名空间支持嵌套。除了系统默认的 User 命名空间，其他每个 User 命名空间都有一个父 User 命名空间，每个 User 命名空间可以有 0 个或多个子 User 命名空间。

通常情况下，创建新 User 命名空间后，第一件事就是将父 User 命名空间的用户 ID 和组 ID 映射到新 User 命名空间中。只有这样，系统才能控制一个 User 命名空间中的用户在其他 User 命名空间中的权限。

具体方法是添加配置到/proc/[pid]/uid_map 和/proc/[pid]/gid_map 文件，其中[pid]为新 User 命名空间中的进程 ID，格式如下：

ID-inside-ns   ID-outside-ns   length

其中，ID-inside-ns 为新 User 命名空间中用户/组 ID；ID-outside-ns 为新 User 命名空间的父 User 命名空间中的用户/组 ID；length 为映射的 ID 数量，如果大于 1，表示映射多个用户/组 ID。例如，在/proc/[pid]/uid_map 文件中添加如下一行配置：

    0   1000 256

意思是将父 User 命名空间中的 256 个用户 ID（从 1000 到 1255）映射到新 User 命名空间中，并且在新 User 命名空间中的用户 ID 为 0～255。

需要注意，/proc/[pid]/uid_map 和/proc/[pid]/gid_map 两个文件的拥有者是创建新 User 命名空间的宿主机中的用户（即运行 Docker daemon 的用户）。只有该用户和该用户所在 User 命名空间中的 root 用户可以写入一次，并且该用户必须具有 CAP_SETUID 和 CAP_SETGIP 权限。

Docker 中，在宿主机中启动容器的用户通常为普通用户，需要使用 sudo 方式运行 docker 命令。Docker 为容器创建新 User 命名空间，并通过用户/组 ID 映射，将宿主机的普通用户映射为容器所属 User 命名空间中的超级用户。

---

① 自 Linux kernel 2.2 起，超级用户（root）权限分成了多个不同的单元（unit），称作 capability。每个 capability 可以独立地进行设置，如启用或禁用。

2. 控制组

命名空间提供了进程（或进程组）间的资源隔离机制。实际上，命名空间资源隔离有两方面含义：一方面，一个进程可以使用的系统资源与其他进程中的资源无关，这些资源像自己独立拥有一样；另一方面，宿主机中的系统资源实际上被运行中的所有进程共享。如果不对进程的资源使用加以限制，系统资源有可能被一个进程独占，造成其他进程没有资源可用。因此，命名空间实现资源隔离是实现容器的第一步，还需要对进程使用资源的量加以限制。Linux 内核的控制组（Cgroup）可以实现对进程进行资源监控和限制。

1）Cgroup 简介

Cgroup 可以根据需求把一个或多个系统任务及其子任务整合到按系统资源划分等级的不同任务组内，并对任务组可以使用的物理资源（包括 CPU、内存、IO 设备）加以监控和限制。Docker 正是基于 Cgroup 实现了容器的资源限制。实际上，可以直接使用 Cgroup 对进程进行资源控制。比如，在一个多核机器上部署多个服务，通过 Cgroup 控制每个服务最多可以使用的核心数量，可以设置服务的 CPU 占用比，也可以对服务使用的系统资源进行统计。

Cgroup 本质上是 Linux 的统一系统资源管理框架，可以实现单个进程的资源控制，进而实现操作系统级的虚拟化。内核 Cgroup 的接口是伪文件系统 cgroupfs，分组功能在 Cgroup 内核代码中实现，资源跟踪和限制在每个子系统（subsystem，如 cpu、memory 等）中实现。

Cgroup 中，任务（task）是系统的一个进程或线程。控制组（Cgroup）是绑定了使用 Cgroup 文件系统定义的资源使用限制或参数的任务集合，一个控制组中可以有多个任务，一个任务可以属于多个控制组。子系统也被称作资源控制器，是控制 Cgroup 中进程行为的内核组件。

Linux 实现了多种子系统，可以实现限制一个 Cgroup 中进程的 CPU 使用时间和内存用量、统计 Cgroup 中进程 CPU 使用时间、挂起和恢复 Cgroup 中的所有进程等功能。比如，控制 CPU 时间分配的 cpu 子系统、统计和限制内存使用量的 memory 子系统等。

Linux 支持的 Cgroup v1 子系统如表 7.2 所示。

表 7.2　Linux 实现的资源控制器（Cgroup v1）

序号	子系统	作用
1	cpu	可以控制在系统繁忙时一个 Cgroup 可以获得的最少 CPU 份额，或在一个调度周期中分配给一个 Cgroup 的 CPU 时间上限
2	cpuacct	统计 Cgroup 的 CPU 使用情况
3	cpuset	绑定 Cgroup 到指定的 CPU 和 NUMA 节点集合
4	memory	统计和限制 Cgroup 进程、内核和 swap 的内存使用量
5	devices	限制 Cgroup 创建（mknod）和访问设备的权限
6	freezer	挂起、恢复一个 Cgroup 中的所有进程

续表

序号	子系统	作用
7	net_cls	为 Cgroup 中进程创建的数据包打上 classid 标记，traffic controller、防火墙规则等可以根据 classid 对数据包做特定处理，但只对离开 Cgroup 的数据包有效
8	blkio	控制和限制 Cgroup 中进程访问特定块设备
9	perf_event	允许 perf 对 Cgroup 中的进程进行统一的性能监控
10	net_prio	设置 Cgroup 中进程访问各网络接口的优先级
11	hugetlb	限制 Cgroup 中进程可以使用的内存巨页（huge page）的数量
12	pids	限制一个 Cgroup 及其子孙 Cgroup 中的进程总数
13	rdma	限制 Cgroup 中进程可以使用的 RDMA/IB 的资源量

可以使用命令 cat/proc/cgroups 了解 Linux 所实现的各个子系统，如图 7.8 所示。其中，第 2 列 hierarchy 为子系统所关联控制组树的 ID。如果多个子系统关联到同一棵控制组树，则它们的 hierarchy 值相同。图中，cpu、cpuacct 两个子系统关联到了同一棵控制组树（树 ID 为 2）。如果一个子系统没有和任何控制组树关联，hierarchy 值为 0。第 3 列 num_cgroups 为子系统所关联控制组树中的控制组数量，即节点数量。第 4 列 enabled 为 1 表示已经开启，0 表示未开启。

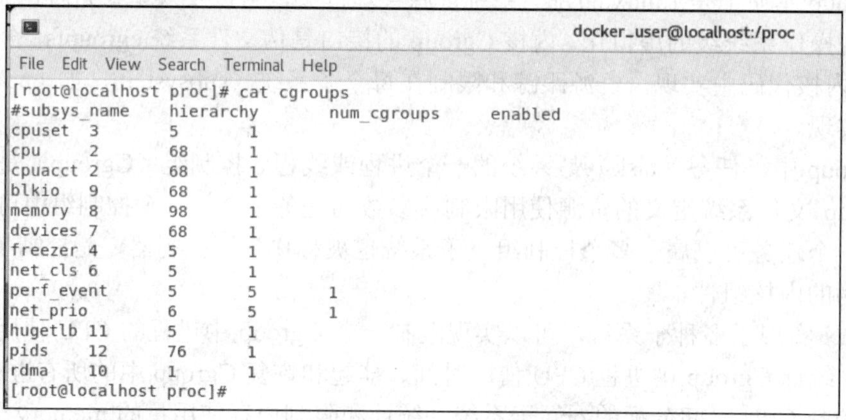

图 7.8　Linux 实现的子系统（资源控制器）

2）子系统和 Cgroup 的层次结构

Linux 将所有进程以控制组（Cgroup）为单位进行划分，以层次结构组织所有的控制组，为每个控制组指定一组访问资源的行为。正是这些行为限制了进程对资源的访问和使用。

控制组的层次结构与进程的层次结构类似。一个进程通过 fork() 创建子进程，这两个进程之间存在类似父子的层次关系，子进程可以继承父进程的一些资源。系统所有进程组织成了树形结构，每个进程在进程树中都有一个唯一的位置。控制组之间也存在层次关系，但其目的是更细粒度地进行资源控制。子控制组会继承父控制组的资源控制的属性。

控制组的层次结构可以理解为一棵树，其中的每个节点是一个控制组。在一棵控制组树中包含系统的所有进程，但每个进程只能属于该控制组树中的一个节点（控制组）。每棵树会与 0 到多个子系统关联。系统中有多棵控制组树，每棵控制组树和不同的子系统关联。一个进程可以属于多棵控制组树中的一个控制组节点。因此，一个进程可以属于多个控制组，只是一个进程所属的多个控制组和不同的子系统关联。在 Docker 中，每个子系统构成一棵控制组树，以便于管理。

新创建控制组树时，系统所有进程默认加入该控制组树的 root 控制组。进程使用 fork()创建的子进程默认与原进程在同一个控制组中，但允许将子进程移动到其他控制组中。

3）Cgroup 文件系统

Cgroup 文件系统 cgroupfs 是内核 Cgroup 模块和用户空间的接口，用户通过操作 cgroupfs 实现对控制组的资源限制。下面以限定某个进程的 CPU 使用配额为例进行简单说明。

（1）挂载到 Cgroup 文件系统。

创建 cpu 控制组树：

$ mkdir /sys/fs/cgroup/cpu

cpu 控制组树关联 cpu 子系统：

$ mount -t cgroup -o cpu none /sys/fs/cgroup/cpu

查看 Cgroup 加载的各子系统：

$ mount - t cgroup

（2）创建控制组。

在/sys/fs/cgroup/cpu 下创建控制组 cg1：

$ sudo mkdir cg1

限制当前进程的 CPU 配额：

$ echo $$ >> /sys/fs/cgroup/cpu/cg1/tasks

在 cpu.cfs_peirod_us 中保存 CPU 的调度周期长度（默认为 100 000μs），限制最高使用 20%，即在一个调度周期内最多使用时间为 20 000μs：

$ echo 20000 >> /sys/fs/cgroup/cpu/cg1/cpu.cfs_quota_μs

4）Docker 的 Cgroup 应用

Docker daemon 在宿主机系统中的每棵控制组树中都挂载了名字为 docker 的控制组。在 docker 控制组中，daemon 为每个运行的容器创建一个以容器 ID 为名的容器控制组。这个容器中所有进程的进程 ID 会被写入该容器控制组的 task 文件中，该容器使用资源的限制通过容器控制组目录下的配置文件进行定义，如图 7.9 所示。

下面举例说明。假设某 Docker 容器的 ID 为 x，Docker daemon 在与 cpu 子系统关联的控制组树/sys/fs/cgroup/cpu 中创建名为 docker 的控制组，并创建名为 x 的容器控制组，即 /sys/fs/cgroup/cpu/docker/x。该容器中的进程 ID 会被写入/sys/fs/cgroup/cpu/docker/x/tasks，容器控制组最大可以使用的 CPU 配额在文件/sys/fs/cgroup/cpu/docker/x/cpu.cfs_quota_us 中定义。

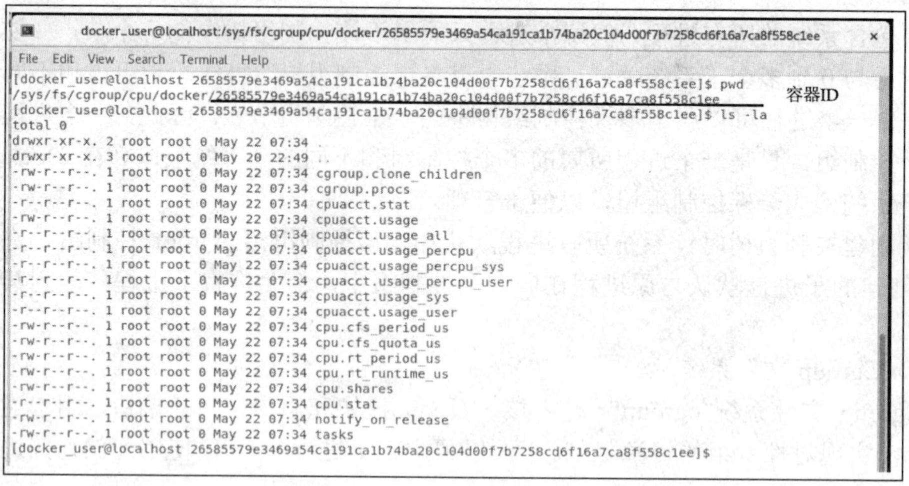

图 7.9　容器控制组

3. 联合文件系统

联合文件系统（UnionFS）是为 Linux、FreeBSD 设计的一种文件系统服务，可以把文件系统（以下简称"原文件系统"）中物理位置分散的多个目录联合挂载到同一目录下，构成一种新的、统一的文件系统（以下简称"新文件系统"）。

UnionFS 将新文件系统中的目录称作分支（branch），允许只读和可读写分支并存，即可以在新文件系统中增加和删除目录和文件。UnionFS 采用了写时复制技术（copy on write，CoW，也叫作隐式共享）。CoW 的基本思想是原文件系统和新文件系统共享没有变化的内容（即目录和文件），只有在对内容进行更新时才会在新文件系统中复制内容，然后在复制内容上执行更新操作。并且，新文件系统的更新操作不会对原文件系统造成任何影响。但是，如果对原文件系统的内容进行更新，则会对新文件系统造成影响。显然，CoW 可以显著地减少内容复制带来的开销。

下面举例说明。如图 7.10 所示，将原文件系统中~/project1/source 和~/project1/data 两个目录及其中的文件联合挂载为/mnt/project。此时，系统不会在新文件系统中复制~/project1/source 和~/project1/data 两个目录及文件。假设以后某个时间在新文件系统中的/mnt/project/data 分支下创建子分支 dataset1，这种变化不会对原文件系统造成影响，即不会在原文件系统的~/project1/data 目录中创建子目录 dataset1。

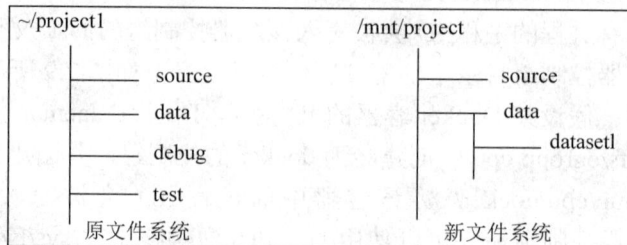

图 7.10　UnionFS

启动 Linux 系统需要两个文件系统，即 bootfs 和 rootfs。bootfs 主要包含 bootloader 和 kernel。bootloader 负责引导加载 kernel，启动成功后，kernel 被加载到内存中，bootfs 便被卸载。rootfs 包含的是典型 Linux 系统的/dev、/proc、/bin、/etc 等标准目录和文件。Linux 不同发行版的 rootfs 会有差别，但 bootfs 基本一致。因此，不同发行版可以共用 bootfs。

Linux 支持的 UnionFS 包括 Aufs、Btrfs、Vfs、Device Mapper、Overlay，不同 Linux 发行版的 UnionFS 有所不同。比如，Ubuntu 使用了 Aufs，CentOS 使用了 Device Mapper。Overlay 已经进入 Linux 3.18 以后的内核主线，Docker 的 overlay 存储驱动便建立在 Overlay 文件系统之上。

四、Docker 的基本原理

Docker 使用 Linux 内核的命名空间及 Cgroup 实现了资源隔离和资源限制，并且利用 UnionFS 实现了容器镜像。本节介绍 Docker 的基本原理，包括 Docker 的系统结构和 Docker 命令执行流程。

1. Docker 的系统结构

Docker 采用了客户机/服务器结构。Docker 的主要组件有 Docker daemon、Docker Client、Docker Registry 等，如图 7.11 所示。

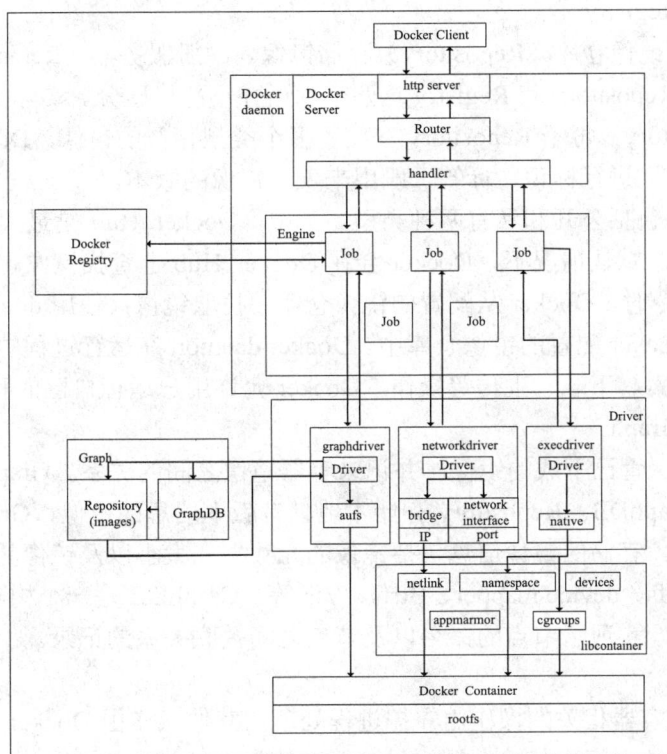

图 7.11　Docker 的系统结构

1) Docker daemon

Docker daemon 是常驻后台的系统进程（即 dockerd），负责接收并处理 Docker Client 发送来的请求。Docker daemon 的主要组件包括 Docker Server、Engine 和 Job。

Docker daemon 在后台启动了一个服务器（Docker Server），负责侦听 Docker Client 的请求。接收请求后，服务器通过路由和分发调度，找到相应模块的 handler 来处理请求。Docker daemon 所做的每一项工作叫作 Job。在 Job 运行过程中，需要容器镜像时，从 Docker Registry 下载镜像，并通过 graphdriver 将镜像以图（Graph）形式存储；需要为容器创建网络环境时，通过 networkdriver 创建并配置网络环境；需要限制容器资源或执行用户指令等操作时，通过 execdriver 完成。

Docker 通过执行 Job 来管理容器。Job 是 Docker 内部最基本的工作执行单元，Docker 所做的每一项工作都可以抽象为一个 Job。比如，创建一个容器、在容器内启动一个进程、从镜像仓库下载一个镜像等都是 Job。

2) Docker Client

Docker Client（客户端）是用户与 Docker 交互的主要途径。用户使用 docker run 等 Docker 命令时，Docker Client 将命令发送给 Docker 守护进程（dockerd），由守护进程执行命令并返回结果。

Docker Client 与 Docker 守护进程的通信方式有三种：REST API、Unix Socket、网络接口。一个客户端可以与多个守护进程进行通信。

3) Docker Registry

Docker 使用镜像仓库（Repository）存储镜像。注册服务器（Registry）负责管理镜像仓库。有时，Repository 和 Registry 这两个术语并不严格区分。实际上，Registry 中往往有多个 Repository，每个 Repository 存储了多个类型相似的镜像。Docker 中，镜像使用"镜像名:标签"进行标识，标签一般用来表示镜像的版本。

Docker 仓库包括公开和私有两种类型。其中，Docker Hub 是最大的公开仓库，任何人都可以使用。默认情况下，Docker 会在 Docker Hub 上查找镜像。使用 docker pull 或 docker run 命令时，Docker 从配置的镜像仓库中拉取镜像；使用 docker push 命令时，镜像被保存在 Docker 配置的镜像仓库中。Docker daemon 在运行过程中会与 Registry 通信，执行镜像搜索、下载、上传等操作。Docker 允许用户运行自己的私有镜像仓库。

4) Docker Graph

Graph 负责保管已下载的镜像，并记录容器镜像之间的关系。Graph 的主要组件是 Repository 和 GraphDB。Repository 存储本地具有版本信息的镜像，GraphDB 记录镜像彼此之间的关系。存储的镜像信息包括镜像的元数据、大小以及镜像的 rootfs 等，镜像的存储类型有 aufs、device mapper、Btrfs、Vfs 等。GraphDB 是一个构建在 SQLite 之上的小型图数据库，实现了节点的命名以及节点之间关联关系的记录。

5) Driver

Docker 中与容器相关的操作由守护进程处理，其他操作由 Docker Driver 处理，包括镜像管理、Docker 运行信息、网络设备驱动等。Driver 是 Docker 的驱动模块，主要包括 graphdriver、networkdriver 和 execdriver。

graphdriver 负责镜像的存储和获取。networkdriver 主要完成容器网络环境配置工作，包括为 Docker 创建网桥（docker0），为容器创建虚拟网络设备、分配 IP 地址、设置防火墙规则等。execdriver 为 Docker 的执行驱动，负责创建 Namespace、容器资源使用统计与限制等。目前，Docker execdriver 默认通过 containerd 访问宿主机 Linux 内核的容器相关 API，实现了与 Linux LXC 的脱离。

6）Docker Image

Docker Image（镜像）是创建 Docker 容器时使用的只读模板。通常，一个镜像是在另一个镜像的基础上通过添加软件和进行配置创建的。例如，以 ubuntu 镜像为基础，在其中添加 Apache Web 服务器、用户应用程序以及应用程序运行所需的配置信息，然后制作为新镜像。用户可以使用自己的镜像，或者仅使用他人创建并发布在仓库中的镜像。

7）Docker 容器

Docker 容器是一个镜像的可运行实例，是 Docker 服务交付的基本单元。用户使用 Docker API 或 Docker CLI 创建、启动、停止、移动、删除一个容器，将容器连接到一个或多个网络，在容器中添加存储，甚至以容器当前状态创建一个新镜像。

容器使用镜像对创建或启动容器时的配置进行定义。容器被删除后，没有被持久化存储的任何变化都将会消失。

2. Docker 命令执行流程

下面以 docker run 的执行为例，介绍 Docker 命令的执行流程。docker run 的作用是使用镜像创建并以用户指定的命令启动容器。启动容器时，用户可以通过参数指定在容器中执行的操作或命令。

Docker 在执行 docker run 时所做的工作包括两部分：一是创建 Docker 容器；二是启动容器并执行用户指令。因此，在 docker run 执行过程中，Docker Client 会向 Docker Server 发送两次 HTTP 请求。第一次发送创建容器请求，第二次发送启动容器请求。第二次请求是否发送取决于第一次请求的返回结果。

docker run 的执行流程如图 7.12 所示。其中，图中带箭头线旁边的数字表示命令执行次序。

① Docker Client 接收 docker run 命令，解析请求以及收集请求参数之后，向 Docker Server 发送 HTTP 请求，方法为 POST，URL 为/containers/create?xxx，其中 xxx 为创建容器时指定的参数。

② Docker Server 接收 HTTP 请求，交给 Router 通过 URL 以及请求方法确定执行该请求的具体 handler。

③ Router 将请求路由分发至相应的 handler，图中为 PostContainerCreate。

④ PostContainerCreate 创建一个名为 create 的 Job，并启动 Job。

⑤ 名为 create 的 Job 在运行过程中执行创建容器操作。该操作需要获取容器镜像为 Docker 容器创建 rootfs，即调用 graphdriver。

⑥ graphdriver 从 Graph 中获取创建 Docker 容器 rootfs 所需要的所有镜像。

⑦ graphdriver 将 rootfs 包括的所有镜像加载安装至 Docker 容器指定的文件目录下。

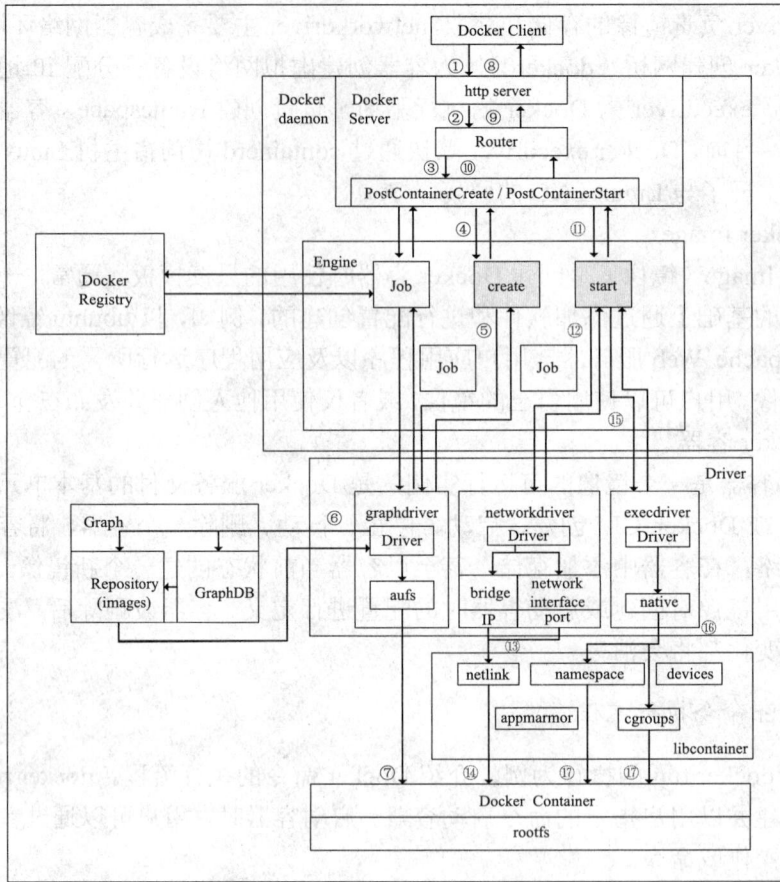

图 7.12　docker run 的执行流程

⑧　若以上操作全部正常执行,没有返回错误或异常,则 Docker Client 在收到 Docker Server 返回状态之后发起第二次 HTTP 请求,方法为 POST,URL 为/containers/container_ID/start。

⑨　Docker Server 接收 HTTP 请求,交由 Router 通过 URL 以及请求方法确定执行该请求的具体 handler。

⑩　Router 将请求路由分发至相应的 handler,图中为 PostConatainerStart。

⑪　PostContainerStart 创建名为 start 的 Job,并开始执行。

⑫　名为 start 的 Job 执行完初步的配置工作后,调用 networkdriver 创建并配置网络环境。

⑬　networkdriver 为指定 Docker 容器创建网络接口设备,为其分配 IP 地址、端口号,并设置防火墙规则,相应的操作转交至 libcontainer 中的 netlink 包来完成。

⑭　返回至名为 start 的 Job,执行完一些辅助性操作后,Job 开始执行用户指令,调用 execdriver。

⑮　调用 execdriver 初始化 Docker 容器内部的运行环境,如命名空间、资源控制与隔离以及用户命令的执行,相应的操作转交给 libcontainer 来完成。

⑯ 调用 libcontainer 完成 Docker 容器内部的运行环境初始化，并在容器中执行用户指定的命令。

⑰ libcontainer 使用 namespace、cgroups、capabilities 以及文件系统，为应用程序提供一种隔离的运行环境。

五、Docker 数据卷

Docker 中的容器文件系统（rootfs）包含多个只读层和一个可读写容器层。只读层可在多个容器之间共享。因此，Docker 可以有效节省镜像存储空间，并快速创建和分发镜像。

默认情况下，在容器中创建和修改的所有文件都保存在可读写容器层中。这意味着：①当容器不再存在时数据会丢失，并且当其他进程需要容器中的数据时，很难将数据从容器中取出；②容器的可写层与宿主机的文件系统耦合紧密，可移植性差；③将数据写入容器可写层时需要存储驱动，而存储驱动使用 Linux 内核提供的某种 UnionFS，但由于多了一层抽象，不如直接写入宿主机文件系统高效。

Docker 提供了两种将容器数据持久化存储在宿主机文件系统中的方法：数据卷（volume）和 bind mount。数据卷可以使用命令 docker volume create 创建，也可以在容器创建时由 Docker 创建。数据卷由 Docker 管理。

数据卷实质上是宿主机文件系统中的一个目录，将数据卷挂载到容器中时，该目录也被挂载到这个容器中。bind mount 本质上是在宿主机和容器之间共享宿主机文件系统。数据卷和 bind mount 的工作方式类似，但 bind mount 方法会导致容器与宿主机的耦合过于紧密。

在容器内部看不出数据卷和 bind mount 的区别，它们都是目录或者文件，数据都是寄存在宿主机上，只不过具体位置有所不同。如图 7.13 所示，数据卷存储在宿主机文件系统中由 Docker 管理的区域（Linux 中，一般为/var/lib/docker/volumes）；bind mount 的目录可以存储在宿主机文件系统中的任何位置，这些位置可能会被除 Docker 以外的其他进程访问，存在一定的安全隐患。因此，Docker 推荐使用数据卷进行容器数据持久化。

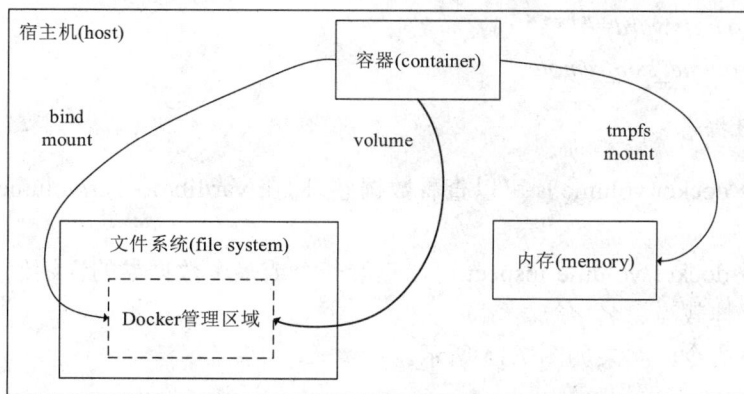

图 7.13 数据卷和 bind mount

用户在创建数据卷时可以为数据卷指定名字。如果数据卷是由 Docker 创建的，则 Docker 为数据卷随机分配一个名字。

1. 创建数据卷

使用命令 docker volume create 创建数据卷，方法如下：

docker volume create [options] [volume]

可用选项包括如下两个。

- -d：指定数据卷的驱动，默认为 local，即本地文件系统驱动。
- -o：驱动指定的选项，默认为 map[]。

创建数据卷时，Docker 在宿主机中创建目录/var/lib/docker/volumes/VolumeID，并将数据卷的内容存在其中名为_data 的子目录中。

例如，创建名为 vol_test 的数据卷：

$ sudo docker volume create vol_test

在创建容器时可以使用-v 选项为容器添加数据卷。例如，为容器创建数据卷，名字随机分配，将数据卷挂载到容器的/data 目录：

$ sudo docker run -d -v /data ubuntu /bin/bash

为容器创建名为 vol_test 的数据卷，将数据卷挂载到容器的/data 目录：

$ sudo docker run -d -v vol_test : /data ubuntu /bin/bash

Docker 数据卷可以是宿主机文件系统中的文件或目录，也可以通过第三方数据卷驱动挂载远程主机中的文件或目录。目前，Docker 支持的第三方数据卷驱动的类型比较多，具体请参考 https://docs.docker.com/engine/extend/legacy_plugins/。

例如，创建远程数据卷并查看数据卷的信息。首先，安装数据卷插件：

$ sudo docker plugin install –grant-all-permissions vieux/sshfs

其次，创建远程数据卷。sshcmd 为远程主机中的目录或文件，password 为访问远程主机的密码：

*$ sudo docker volume   --driver vieux/sshfs   *

   *-o sshcmd=192.168.1.1: /home/docker_user/volume *

   *-o password="***"   *

   volume_ssh_remote

2. 查看数据卷

使用命令 docker volume ls 可以查看数据卷，即在/var/lib/docker/volumes/中创建的数据卷。

使用命令 docker volume inspect 可以查看一个或多个数据卷的详细信息，包括创建时间、驱动、挂载点、名字等。

执行如下命令，结果如图 7.14 所示。

$ sudo docker volume inspect vol_test

也可以使用 docker inspect 命令，查看容器中挂载的所有数据卷情况，其中 c_test 为容器名字：

$ sudo docker inspect -f {{.Volumes}} c_test

```
docker_user@localhost:/var/lib/docker/volumes                    ×

File  Edit  View  Search  Terminal  Help
[root@localhost volumes]# sudo docker volume inspect vol_test
[
    {
        "CreatedAt": "2021-05-23T06:44:58-07:00",
        "Driver": "local",
        "Labels": {},
        "Mountpoint": "/var/lib/docker/volumes/vol_test/_data",
        "Name": "vol_test",
        "Options": {},
        "Scope": "local"
    }
]
[root@localhost volumes]#
```

图 7.14　查看数据卷信息

3. 挂载数据卷

使用 docker run 命令创建容器时，使用一个或多个-v 选项为容器创建一个或多个数据卷。可以为数据卷命名、指定将数据卷挂载到容器，或者将宿主机中的某个目录或文件挂载到容器。在容器中挂载数据卷时，可以指定在容器中访问数据卷的权限。

下面举例说明。如果数据卷 vol_test 不存在，则为容器创建名为 vol_test 的数据卷，并将数据卷挂载到容器的/data：

$ sudo docker run -d -v vol_test: /data ubuntu /bin/bash

将数据卷挂载到容器的/data，指定该数据卷为只读：

$ sudo docker run -d -v vol_test: /data: ro ubuntu /bin/bash

将宿主机文件系统的目录/user/docker/vol 挂载到容器中的指定目录/data：

$ sudo docker run -d -v /user/docker/vol: /data ubuntu /bin/bash

将文件/user/docker/file 挂载到容器中的文件/container/file：

$ sudo docker run -d -v /user/docker/file: /container/file ubuntu /bin/bash

4. 共享数据卷

使用 docker run 命令时，可以使用--volumes-from 共享其他容器中挂载的数据卷。例如，下面的命令执行时将创建容器 con_test，容器 con_test 与另一个容器 con_vol 共享数据卷，即 con_test 共享了容器 con_vol 中挂载的数据卷：

$ sudo docker run -it --name con_test --volumes-from con_vol ubuntu /bin/bash

Docker 还提供了一种专门用来挂载数据卷的容器，叫作数据卷容器。其他容器可以与数据卷容器共享数据卷，从而实现多个容器间的数据共享。

下面举例说明。首先，创建数据卷容器 data1，该容器输出提示信息"Data Container"后便退出运行。随后，创建两个容器，并共享容器 data1 挂载的数据卷。即使 data1 容器已经退出运行，数据卷仍然存在，其他容器仍然可以共享这个（些）数据卷：

 # sudo docker run --name data1 -v /data ubuntu echo "Data Container"

 # sudo docker run --name container1 --volumes-from data1 ubuntu /bin/bash

 # sudo docker run --name container2 --volumes-from data1 ubuntu /bin/bash

5. 删除数据卷

使用 docker volume rm 命令删除数据卷，几种常用的使用方式如下。

删除指定名字的数据卷：

docker volume rm <volume_name>

删除容器时，同时删除容器所挂载的数据卷：

docker rm -v <container_name>

在容器停止运行时，删除容器及挂载的数据卷：

docker run --rm

六、Docker 网络

目前，容器网络主要有两种架构。一种是 Docker 的容器网络模型（container network model，CNM），Docker libnetwork 是 CNM 的原生实现，已被 Cisco Contiv、Kuryr、Open Virtual Networking（OVN）、VMware 等采用。另一种是 CoreOS 提出的容器网络接口（container network interface，CNI），已被 Kubernetes、Apache Mesos、Kurma、rkt 等采用。CNM 规范比较复杂，并且 libnetwork 在一定程度上与 Docker 运行时的耦合比较紧密。CNI 规范相对比较小巧，与容器运行时的耦合不太紧密，被 CNCF 所认可和接受。因此，Kubernetes 的容器网络选择使用 CNI/rkt。

Docker 网络主要负责容器虚拟网络环境管理、通信、网络资源隔离等工作，具体包括：容器与容器、容器与宿主机、容器与外部网络的相互通信；同一 Docker 宿主机中的容器之间以及容器与宿主机之间的网络资源隔离；容器虚拟网络及其服务管理（IP 地址、DNS、DHCP、NAT、防火墙规则、IP 路由表等）。

下面首先分析 Docker 网络的架构，然后介绍 Docker 网络的配置与管理，最后简单介绍 Docker 网络的安全机制。关于 CNI 的内容不再详述，想要详细了解 CNI 的读者请参考 CNI 官方文档。

1. Docker 网络的架构

Docker 网络的整体架构、网络组件与其他 Docker 组件之间的关系如图 7.15 所示。Docker daemon 通过调用 libnetwork 提供的 API 完成容器网络的创建和管理，libnetwork 为容器提供虚拟网络功能，网络驱动负责将驱动和某个网络对接。

1）容器网络模型

CNM 定义了构建 Docker 网络的三个基础组件：沙箱（sandbox）、端点（endpoint）和网络。另外，CNM 还提供了用于开发网络驱动的标准化接口和组件。

① 沙箱定义容器中隔离网络资源的虚拟环境，包括容器网络接口管理、路由表、DNS 配置等。沙箱的实现可以采用 Linux Network 命名空间、FreeBSD Jail，或其他类似的机制。一个沙箱中可以有多个端点，即一个沙箱可以同时连接多个网络。

② 端点是虚拟网络接口，主要作用是将沙箱与网络连接。一个端点只能连接到一个网络，并且只能属于一个沙箱。端点的实现可以是 veth 对、Open vSwitch 内部端口或

者类似的网络接口设备。

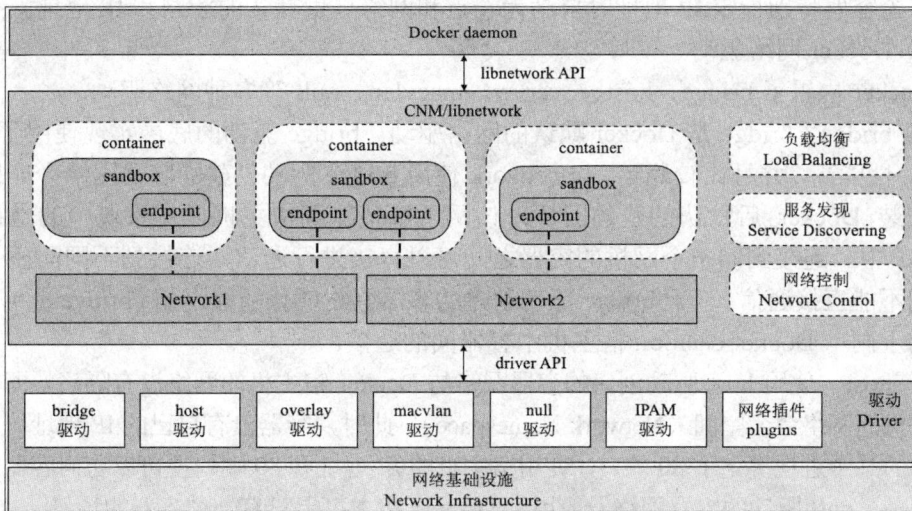

图 7.15 Docker 网络的架构

③ 网络是指将端点相互连接形成的虚拟网络，同一网络中的端点之间可以直接通信。一个网络可以包含多个端点。网络的实现可以是 Linux Bridge、VXLAN 等。

2）Docker libnetwork

Docker libnetwork 是 CNM 的标准实现。libnetwork 使用 Go 语言编写，实现了 CNM 的三个组件。此外，libnetwork 还提供了本地服务发现、容器负载均衡以及网络控制功能。

libnetwork 通过网络控制器为其用户（即 Docker Engine）提供了进入 libnetwork 的入口，为 Docker Engine 提供了分配和管理网络的简单 API。libnetwork 支持多个活动网络驱动程序（可以是内置的，也可以是远程的），允许 Docker Engine 将特定的驱动程序绑定到指定网络。

libnetwork 是实际的容器网络实现，包括 NetworkController、Driver、Network、Endpoint、Sandbox 等对象。NetworkController 提供的 API 可以使用驱动特定的选项/标签进行配置，这些选项/标签对 libnetwork 透明，但可以被驱动直接处理。libnetwork 支持的驱动（Driver）可以是原生（也称作内置）的，也可以是远程的。原生驱动是内置于 Docker 并随 Docker 一起提供的驱动。远程驱动是由第三方按照 libnetwork 驱动接口规范开发的驱动，如 Calico、Contiv、Kuryr、Weave 等。libnetwork 的 Network、Endpoint、Sandbox 分别实现了 CNM 中的三个组件。其中，libnetwork Network 是对属于同一个网络的一组端点之间的连接和与其他端点隔离的一种抽象。实际的连接和隔离由 libnetwork Driver 对象完成。libnetwork Endpoint 之间的连接可以位于一个宿主机内部（Docker 将其称为单机网络），也可以跨越多个主机（Docker 将其称为全局网络）。图 7.15 描述了 libnetwork 实现的 CNM、libnetwork 与 Docker 其他组件之间的关系。需要注意，libnetwork Driver 实际上是对网络驱动的抽象，实际的网络驱动是 Docker Engine 内置的，或第三方按照 libnetwork Driver 接口规范开发的，并不属于 libnetwork。

另外，Docker 还内置了 IP 地址管理（IP address management，IPAM）驱动，在用户没有为容器特别指定 IP 地址时自动为端点和网络提供默认的子网和 IP 地址。

3）Docker 网络驱动

Docker 内置了 bridge、host、overlay、macvlan、null 等多种网络驱动。

① bridge。bridge 是 Docker 默认的网络驱动。bridge 驱动的底层实现使用了 Linux bridge，性能高，并且比较稳定。libnetwork 使用 bridge 驱动创建的容器网络会连接到宿主机安装 Docker 后默认创建的网桥，该网桥被映射到宿主机操作系统中的虚拟设备 docker0 中。连接到同一个网桥的容器之间可以直接进行通信，连接到不同网桥上的容器之间不能直接通信。基于 bridge 驱动创建的容器网络叫作桥接网络（bridge networks），一般用于同一 Docker daemon 宿主机中容器间的通信。

② host。使用 host 驱动创建的容器网络与 Docker 宿主机的网络没有隔离，即容器共享宿主机的网络命名空间（Network Namespace）。此时，容器没有自己的 IP 地址。比如，容器中的某个进程绑定了 80 端口，使用宿主机的 IP 地址和 80 端口便可以访问容器中的进程或服务。host 驱动的容器网络一般用于 Docker 宿主机上只有一个容器的场景。

③ overlay。libnetwork 使用 overlay 驱动可以创建跨多个 Docker 宿主机的分布式网络。这个分布式网络位于宿主机网络之上，因而被称作覆盖（overlay）网络。overlay 网络可以互连多个 Docker 宿主机，实现容器与 Docker Swarm 集群、容器与另一台 Docker 宿主机上的容器之间的通信。分布式网络中的路由处理由 Docker 负责。

④ macvlan。使用 macvlan 驱动可以创建直接连接到宿主机物理网络的容器网络。此时，可以为容器的虚拟网络接口分配 MAC 地址，使其表现为物理网络中的一个接口。Docker daemon 负责根据容器 MAC 地址将流量路由到容器，而不是通过 Docker 宿主机的网络协议栈路由到达和离开容器的流量。

⑤ null。使用 null 驱动创建的网络有独立的网络栈，但不包含任何网络配置，只有 loopback 接口用于同一个容器中不同进程之间的通信。这种网络一般用于自定义网络驱动的应用场景，由用户手动添加网卡、配置 IP 地址和网络服务等。

2. Docker 网络的配置与管理

下面以图 7.16 所示的网络创建为例，介绍 Docker 网络的基本配置与管理，同时对 docker network 相关命令进行说明。该示例网络与图 7.15 中 CNM/libnetwork 网络基本相同，只是将图 7.15 中的 Network1 和 Network2 分别替换为 backend 和 frontend。

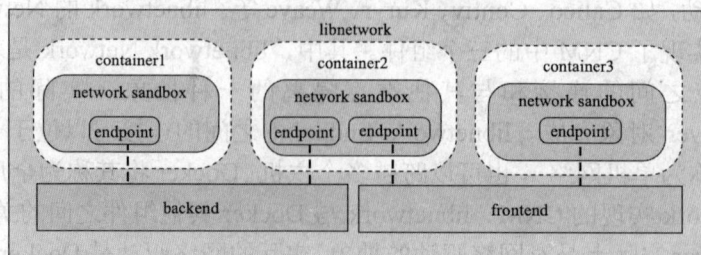

图 7.16 Docker 单机网络

该网络是一个单机网络，即三个容器在同一个 Docker 宿主机中。其中 container1 和 container3 分别连接 backend 和 frontend，container2 同时连接到两个网络。

1）查看 Docker 网络

Docker 安装时默认创建三个网络，分别为 bridge、host 和 none，使用的驱动分别为 bridge、host 和 null。使用 docker network ls 命令可以查看 Docker 中的网络，如图 7.17 所示。显示的信息包括 NETWORK ID、NAME、DRIVER 和 SCOPE。其中，local 表示本地单机网络。

```
docker_user@localhost:~                              ×
File  Edit  View  Search  Terminal  Help
[docker_user@localhost ~]$ docker network ls
NETWORK ID      NAME      DRIVER    SCOPE
04745490468a    bridge    bridge    local
9219e9574231    host      host      local
730b7262d2a7    none      null      local
[docker_user@localhost ~]$
```

图 7.17　Docker 默认安装的网络

使用 docker network inspect 或者 docker inspect 命令可以查看一个或多个网络的详细信息，如图 7.18 所示。

```
docker_user@localhost:~                                                    ×
File  Edit  View  Search  Terminal  Help
[docker_user@localhost ~]$ docker network inspect bridge
[
    {
        "Name": "bridge",
        "Id": "04745490468af5b21b88b3abbb74034235cffb3a17f6384852e3d60c32f1dc32",
        "Created": "2021-05-24T18:15:27.180559873-07:00",
        "Scope": "local",
        "Driver": "bridge",
        "EnableIPv6": false,
        "IPAM": {
            "Driver": "default",
            "Options": null,
            "Config": [
                {
                    "Subnet": "172.17.0.0/16",
                    "Gateway": "172.17.0.1"
                }
            ]
        },
        "Internal": false,
        "Attachable": false,
        "Ingress": false,
        "ConfigFrom": {
            "Network": ""
        },
        "ConfigOnly": false,
        "Containers": {},
        "Options": {
            "com.docker.network.bridge.default_bridge": "true",
            "com.docker.network.bridge.enable_icc": "true",
            "com.docker.network.bridge.enable_ip_masquerade": "true",
            "com.docker.network.bridge.host_binding_ipv4": "0.0.0.0",
            "com.docker.network.bridge.name": "docker0",
            "com.docker.network.driver.mtu": "1500"
        },
        "Labels": {}
    }
]
```

图 7.18　bridge 网络的详细信息

安装 Docker 后，会在宿主机中创建一个名为 docker0 的虚拟设备。docker0 的 IP 地址默认为 172.17.0.1，与默认的 bridge 网络属于同一个子网。从 Docker 宿主机角度看，

docker0 是虚拟网卡，但其实是虚拟网桥，有多个端口。同时，Docker 会在宿主机路由表中添加到达 bridge 网络的路由，如图 7.19 所示。这样，连接到 bridge 网络的容器可以访问宿主机网络和外部网络，也可以被宿主机网络和外部网络访问。

图 7.19　宿主机路由表

2）创建网络

使用 docker network create 命令创建网络，方法为：

docker network create [options] network-name

常用的命令选项包括以下三个。

● -d：指定网络驱动，默认使用 bridge 驱动。

● --gateway：指定网络的默认网关。

● --subnet：CIDR 形式的网络 IP 地址。

下面，创建 backend 和 frontend 两个网络：

$ docker network create backend

$ docker network create frontend

创建网络时没有使用任何选项。此时，Docker 会自动为网络分配 IP 地址段和设定默认网关。其中，backend 的网络地址为 172.20.0.0/16，默认网关为 172.20.0.1；frontend 的网络地址为 172.21.0.0/16，默认网关为 172.21.0.1。同时，Docker 在宿主机中添加两个网桥（图 7.20 中的 br-dd7d6eb0deac、br-06236e221c02），分别连接到两个新创建的网络。连接到 backend 的网桥的 IP 地址为 172.20.0.1，连接到 frontend 网络的网桥的 IP 地址为 172.21.0.1。Docker 在宿主机的内核路由表中添加到达这两个网络的路由条目，如图 7.20 所示。

图 7.20　Docker 宿主机路由表

3）创建容器并加入网络

接下来创建三个容器，名字分别为 container1、container2、container3。将 container1 和 container2 加入 backend，container2 和 container3 加入 frontend。

$ docker run -it --name container1 --net backend busybox

$ docker run -it --name container2 --net backend busybox

$ docker run -it --name container3 --net frontend busybox

此时，container1 和 container2 连接到了 backend，两者之间可以相互 ping 通（信息交流）。默认情况下，backend 和 frontend 两个网络是相互隔离的。因此，container3 无法 ping 通 container1 和 container2。但是，三个容器都可以访问宿主机网络和外部网络。

使用如下命令将 container2 连接到 frontend 网络后，在 container2 可以 ping 通 container1 和 container3：

$ docker network connect frontend container2

Docker 在执行 docker network connect 命令时，在容器 container2 中添加一块新虚拟网卡，并且将其连接到 frontend 网络。如图 7.21 所示，在 container2 中可以看到两块网卡。其中，eth0 是创建容器时通过--net 选项添加的，eth1 为执行命令 docker network connect 时添加的。Docker 会将新网卡 eth1 连接到 frontend。

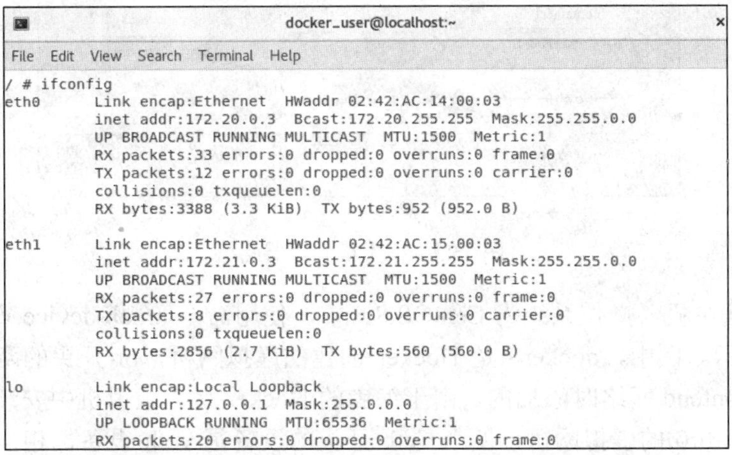

```
docker_user@localhost:~                                    ×
File  Edit  View  Search  Terminal  Help
/ # ifconfig
eth0      Link encap:Ethernet   HWaddr 02:42:AC:14:00:03
          inet addr:172.20.0.3  Bcast:172.20.255.255  Mask:255.255.0.0
          UP BROADCAST RUNNING MULTICAST  MTU:1500  Metric:1
          RX packets:33 errors:0 dropped:0 overruns:0 frame:0
          TX packets:12 errors:0 dropped:0 overruns:0 carrier:0
          collisions:0 txqueuelen:0
          RX bytes:3388 (3.3 KiB)  TX bytes:952 (952.0 B)

eth1      Link encap:Ethernet   HWaddr 02:42:AC:15:00:03
          inet addr:172.21.0.3  Bcast:172.21.255.255  Mask:255.255.0.0
          UP BROADCAST RUNNING MULTICAST  MTU:1500  Metric:1
          RX packets:27 errors:0 dropped:0 overruns:0 frame:0
          TX packets:8 errors:0 dropped:0 overruns:0 carrier:0
          collisions:0 txqueuelen:0
          RX bytes:2856 (2.7 KiB)  TX bytes:560 (560.0 B)

lo        Link encap:Local Loopback
          inet addr:127.0.0.1  Mask:255.0.0.0
          UP LOOPBACK RUNNING  MTU:65536  Metric:1
          RX packets:20 errors:0 dropped:0 overruns:0 frame:0
```

图 7.21　container2 中的网卡

此时，宿主机中的网络接口信息如图 7.22 所示。

宿主机中有四个以 veth 开头的设备，如 veth4c0e2f0 等。实际上，这些设备都是 veth，相当于网卡。veth 总是成对出现，用来连接两个不同的 Network Namespace。一头的 veth 在宿主机中（如 veth4c0e2f0 等），另一头是容器中的 eth0 或 eth1（container2 中有两块网卡）。宿主机中的这四个 veth 设备，两个连接到 backend 网络在宿主机中对应的网桥，两个连接到 frontend 网络在宿主机中对应的网桥，如图 7.23 所示。

图 7.22　宿主机中的网络接口信息

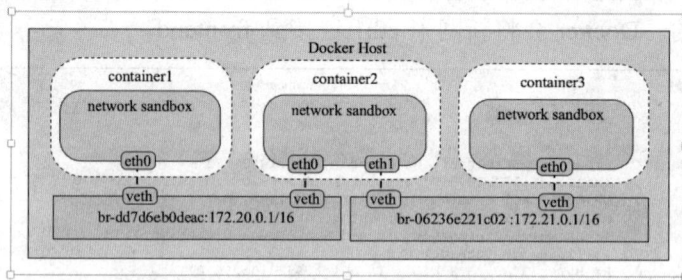

图 7.23　宿主机和容器网络

Docker 宿主机（操作系统为 CentOS 8）中，使用命令 nmcli device 查看网络设备，如图 7.24 所示。图中，docker0 是 Docker 创建的虚拟网桥，br-开头的两个网桥是创建 backend 和 frontend 网络时添加的。由于编者的 Docker 是在虚拟机中安装的，因此还有一个名字为 virbr0 的虚拟网桥。四个 veth 开头的设备是 veth 设备，相当于虚拟网卡，用于连接网桥。

图 7.24　宿主机中的网络设备

4）访问容器服务

通过容器网络，容器与容器、容器与宿主机、容器与外部网络之间可以相互 ping 通，但并不意味着可以访问容器中的服务。Docker 为容器增加了一套安全控制机制，只有容器允许的端口才能被其他容器和外部网络访问。实现容器之间、容器与外部通信的方法有多种，下面分别介绍。

（1）使用 link 实现容器间通信。

最初，Docker 使用 link 机制实现容器和容器之间的相互通信。link 在两个容器之间建立了一个通道。例如，提供 Web 服务的容器访问提供数据库服务的容器：

$ docker run --name database-server redis

$ docker run --name web-server --link database-server:db apache

这样，容器 web-server 可以访问 database-server 中的数据。其中，web-server 叫作接收容器，database-server 叫作源容器。

建立 link 后，Docker 在接收容器中设置与源容器有关的环境变量，更新接收容器的 /etc/hosts 文件，设定宿主机的 iptables 防火墙规则等。其中，在接收容器中设置的环境变量包括源容器的别名、源容器的部分环境变量①、源容器暴露端口等。

默认情况下，Docker 在容器所连接网络的 IP 地址范围内为容器分配 IP 地址。采用自动分配地址时，容器每次启动时的 IP 地址可能不同。为了方便容器间的通信，Docker 的 link 机制会自动更新接收容器中的/etc/hosts 文件内容，在其中建立一条源容器 IP 地址和接收容器为其设定的别名之间对应关系的记录。这样，接收容器可以使用源容器的别名来访问源容器，即便是源容器的 IP 地址发生变化。

另外，Docker 自动更新宿主机中的 iptables 规则，确保接收容器可以从源容器中读取数据。

Docker 1.9 及其以后的版本为容器网络提供了 DNS 服务。新的 link 机制只是在当前网络为源容器起了一个别名，并且这个别名只对接收容器有效。Docker 现已不推荐使用 link 实现容器之间的通信，而是建议使用用户定义的网络。

（2）暴露端口。

创建镜像时可以定义容器对外暴露的端口，可以在创建容器时指定要暴露的端口，也可以在创建镜像时在 Dockerfile 中使用 EXPOSE 指令指定对外暴露的端口。创建容器时，可以在 docker run 命令中使用一个或多个--expose 选项暴露一个或多个端口。例如：

$ docker run -it --name web-server --expose 22 nginx /bin/bash

（3）端口映射。

如果容器对外提供服务，则需要进行端口映射。端口映射指将容器的某个端口映射为 Docker 宿主机的某个端口。只要宿主机可以从外部网络访问，就可以从外部网络访问容器中的服务。

docker run 命令中，使用-p 或-P 开关进行端口映射，将容器中的端口映射为宿主机的端口。

---

① 包括在 Dockerfile 中使用 ENV 设置的环境变量，以及 docker run 命令中使用开关-e 或--env[]设置的环境变量。

使用-p 开关将容器中某个端口映射为宿主机中的某个指定端口，一般使用方式为：

-p host-port:container-port/protocol

使用-P 开关自动将容器中的端口映射为宿主机中随机选择的端口，容器和宿主机端口的映射关系可以使用命令 docker ps container-name 查看。例如，执行命令：

$ docker run -d --name web-server -p 8080:80 nginx

在宿主机（作者使用一台虚拟机作为 Docker 宿主机，IP 地址为 172.16.157.3）中，使用浏览器访问容器 web-server 的服务。在地址栏中输入"172.16.157.3:8080"，便可以访问 web-server 容器中的 Web 服务器，如图 7.25 所示。

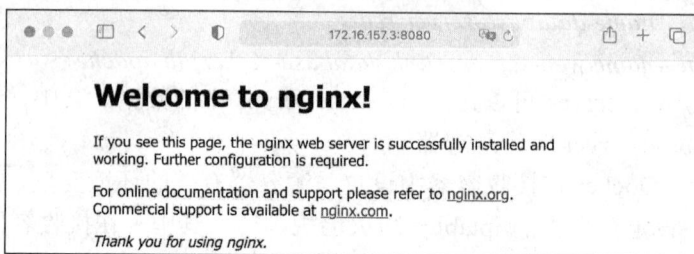

图 7.25　从外部访问容器 web-server

3. Docker 网络的安全机制

Netfilter/iptables（以下简称 iptables）是 Linux 内置的防火墙工具。iptables 基于包过滤机制，可以灵活地对进入和离开的数据包进行控制。在宿主机中使用 iptables-save 命令，可以查看宿主机中的 iptables 规则。

Docker 容器网络的安全控制基于宿主机 Linux 系统的 iptables 实现。通过 iptables 规则可以控制容器与容器，以及容器与外部网络之间的通信。在 Docker 的安装和使用过程中，Docker 会在 iptables 中增加规则或对规则进行修改，以实现对容器网络的控制。除非有特殊需求，建议 Docker 用户不要手动更改宿主机中的 iptables 规则。

例如，下面规则的含义是进入虚拟网桥并且不是从虚拟网桥发出的数据包将被接收并进行转发。

```
-A FORWARD -I br-06236e221c02 ! -o br-06236e221c02 -j ACCEPT
```

七、Docker Swarm

Docker Engine 已经集成了 Swarm（集群）。一个 Docker Swarm 由多个 Docker 主机组成，且这些主机都以 Swarm 模式运行。

Swarm 集群的主机有两种角色：manager 和 worker。一个主机可能是 manager，或者是 worker，也有可能兼具两种角色。创建服务时，需要定义服务的状态，如副本数量、网络和存储资源、对外暴露的端口等。manager 负责维护集群状态，比如，在 worker 节点变得不可用时，manager 将该节点上的任务调度到其他节点上。

Docker 以 Swarm 模式运行时，仍然可以在集群中的 Docker 主机上以单机模式运行容器，并且可以像 Swarm 服务（service）一样加入 Swarm 集群。单机容器与 Swarm 服务的主要区别在于只有 Swarm manager 才可以管理 Swarm 服务，而单机容器可以被任意 Docker daemon 启动和管理。

1. Swarm 的结构

Docker Swarm 模式的结构如图 7.26 所示。

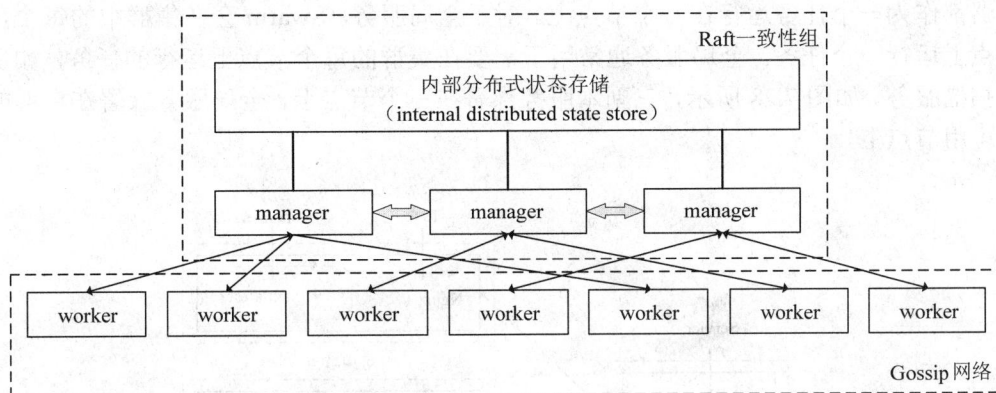

图 7.26　Swarm 模式的结构

Swarm 集群由一个或多个 Docker 主机（即运行 Docker daemon 的主机，可以是物理机，也可以是虚拟机）组成。Swarm 集群节点（node）指 Docker Engine 实例，可以在一台物理计算机、虚拟机、集群中运行一个或多个节点。生产环境中，Swarm 集群通常部署在多台物理计算机中。

1）Swarm 的节点

Swarm 集群中的节点分为 manager 和 worker 两种类型。

manager 节点处理集群管理任务，包括维护集群状态、调度服务、接收并处理 API 请求等。一个 Swarm 集群中有一个或多个 manager 节点，其中一个作为 leader。任意时间一个 Swarm 集群中最多只能有一个 leader。集群中 manager 节点的数量应为奇数，以便使用简单多数原则确定 leader。Swarm 使用 Raft 一致性协议维护集群及其在其上运行服务的数据一致性。部署 Swarm 应用时，需要将服务定义提交给 manager 节点，然后由 manager 节点将任务分发给 worker 节点。另外，manager 节点还负责资源编排和集群管理工作。

Worker 节点是单纯执行任务的节点。Worker 节点接收并执行 manager 节点分派的任务，但不参与 Raft 一致性处理、调度决策等集群管理。

默认情况下，manager 节点可以作为 worker 节点运行服务。通常会通过配置使 manager 节点只运行管理任务，即成为 manager-only 节点：

docker node update --availability drain managerID

2）服务和任务

服务（service）指在 manager 或 worker 节点中执行的任务。例如，HTTP 服务、数据库服务，或其他任意可执行的程序。在 Swarm 模式 Docker Engine 中部署应用容器时便创建一个服务。此时，需要指定使用的容器镜像、在容器中运行的命令、暴露端口、连接其他服务的 overlay 网络、更新策略、容器副本的数量等。

在 Swarm 中部署服务时，manager 节点检查服务定义，然后将服务以任务形式调度到集群中的一个或多个节点上执行。Swarm 的服务有两种类型：多副本服务和全局服务。对于多副本服务，需要指定希望运行的任务数量，manager 节点按照要求创建多个副本并将任务分布在集群中的多个节点。如图 7.27 所示，一个三副本 HTTP 服务，每个副本容器都作为一个任务运行在一个节点上。对于全局服务，Swarm 会在集群中的每个可用节点上运行一个任务。全局服务通常用于需要在集群的每个节点上运行的任务，如反病毒扫描服务。如图 7.28 所示，三副本服务部署在三个节点上，全局服务部署在集群的每个可用节点上。

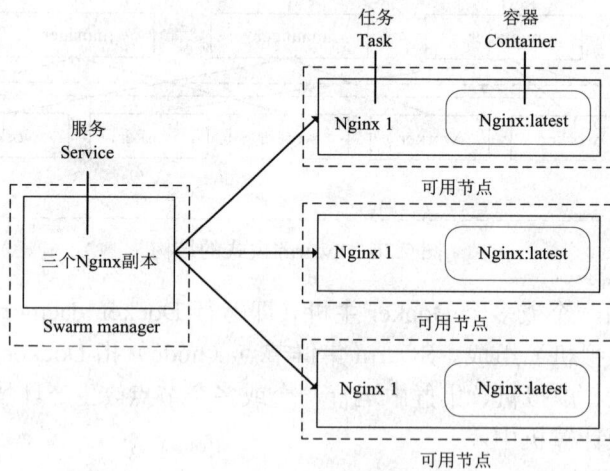

图 7.27　多副本服务

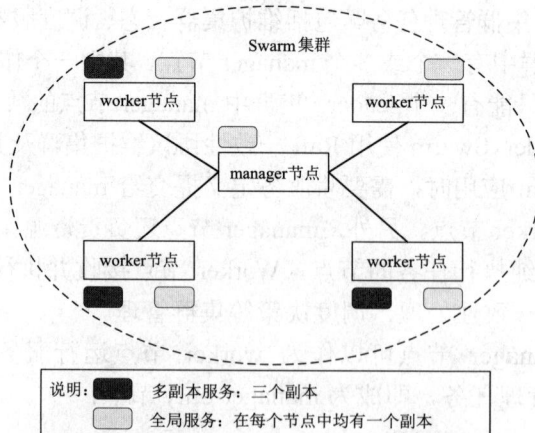

图 7.28　多副本服务与全局服务

任务是 Swarm 的最小调度单位，并且一个任务的执行独立于其他节点中的任务。任务包括容器及其在容器中运行的命令。Manager 节点根据副本数量创建任务并将任务分配到 worker 节点，任务一旦分配给了某个节点，这个任务便不能再被分配给其他节点。在任务执行过程中如果出现问题，manager 节点将移除任务及其容器，然后创建一个新任务并将新任务调度到某个活动节点中执行。

如图 7.29 所示，Swarm manager 在接收到创建服务请求后，根据服务配置的副本数量创建一个或多个任务，为容器分配 IP 地址，并将任务调度分配到一个或多个节点，最后指示 worker 节点运行任务，worker 节点负责任务的实际执行。

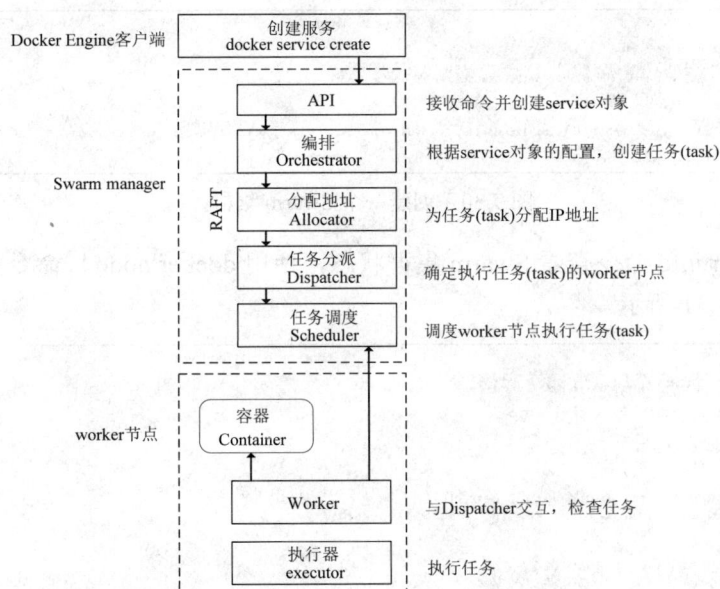

图 7.29　Swarm 任务创建及调度

Docker Swarm 模式中，一个任务相当于放置容器的一个"槽"（slot），只能运行一个容器。

3）负载均衡

manager 节点使用入口负载均衡（ingress load balancing）机制暴露服务供外部访问。manager 节点可以自动为服务分配一个 PublishedPort，或者手动配置服务的 PublishedPort。Swarm 外部的其他组件，如云负载均衡器，可以通过集群任意节点的 PublishedPort 访问服务，无论这个节点中是否运行着该服务的一个任务实例（即容器），节点都会把连接请求路由到集群中的一个运行任务实例。

Swarm 模式内置了 DNS 组件，为 Swarm 的每个服务添加 DNS 记录。Manager 节点使用内部负载均衡机制，根据服务的 DNS 名字将请求在集群中分布。

2. Swarm 应用示例

下面使用 Docker 官方提供的示例，简单介绍使用 Swarm 部署容器应用的过程。该示例主要包括创建 Swarm 集群，向 Swarm 集群中添加节点，在 Swarm 集群中创建服务、扩展服务、删除服务等内容。其中，Swarm 集群有三个节点，一个节点为 manager，另外两个节点为 worker。三个节点的名字分别为 manager1、worker1、worker2。manager1

采用静态 IP 地址 172.16.157.6，Docker 为 worker 节点自动分配 IP 地址。集群管理使用 TCP 端口 2377。

1）创建 Swarm 集群

在 manager1 节点中使用 docker swarm init 创建 Swarm 集群，如图 7.30 所示。其中，使用--advertise-addr 选项对外公告 Swarm 集群 manager 节点 IP 地址。

图 7.30　创建一个 Swarm 集群

使用 docker info 命令查看 Swarm 集群状态，使用 docker node ls 命令查看集群的节点信息，如图 7.31 所示。

图 7.31　Swarm 状态和集群节点

使用命令 docker node update --availability drain manager1，将 manager1 节点配置为只承担集群管理任务，不作为 worker 节点运行具体任务。

2）向 Swarm 集群中添加节点

分别在 worker1、worker2 中通过命令 docker swarm join-token worker 获得加入集群的令牌（token）。然后使用命令 docker swarm join 加入刚刚由 manager1 创建的 Swarm 集群，如图 7.32 所示。

图 7.32　worker 节点加入 Swarm 集群

worker1 和 worker2 加入集群后，在 manager1 中查看集群节点状态，如图 7.33 所示，三个节点均已启动并运行正常。

```
                                    docker_user@localhost:~                              ×

File  Edit  View  Search  Terminal  Help
[docker_user@localhost ~]$ docker node ls
ID                          HOSTNAME   STATUS   AVAILABILITY   MANAGER STATUS   ENGINE VERSION
uzt6ybsjxci4011h36989f0o4 *  manager1   Ready    Active         Leader           20.10.6
dv7nywhkkwnrgd57to5q3cq6b   worker1    Ready    Active                          20.10.6
j7tfhb0fonfh0mfvb5bdg3pe9   worker2    Ready    Active                          20.10.6
```

图 7.33　Swarm 集群的三个节点

3）在 Swarm 集群中部署服务

在 manager1 中，使用 docker service create 命令创建服务。创建服务时，使用--replicas 指定运行容器实例的数量，使用--name 指定服务名为 helloworld，alpine 为容器使用的镜像，在容器中运行 ping docker.com 命令，如图 7.34 所示。

```
                                    docker_user@localhost:~

File  Edit  View  Search  Terminal  Help

[docker_user@localhost ~]$ docker service create --replicas 1 --name helloworld alpine ping docker.com
m1k0y5t67451n9cbm6ex1njg9
overall progress: 1 out of 1 tasks

1/1: running   [==================================================>]

verify: Service converged
```

图 7.34　创建服务

4）扩展服务

在 Swarm 集群中部署服务后，使用命令 docker service scale 将服务实例数量从 1 增加至 5。使用命令 docker service ps 查看扩展后的服务实例，如图 7.35 所示。

```
                                    docker_user@localhost:~

File  Edit  View  Search  Terminal  Help

[docker_user@localhost ~]$ docker service scale helloworld=5
helloworld scaled to 5
overall progress: 5 out of 5 tasks
1/5: running   [==================================================>]
2/5: running   [==================================================>]
3/5: running   [==================================================>]
4/5: running   [==================================================>]
5/5: running   [==================================================>]
verify: Service converged
[docker_user@localhost ~]$ docker service ps helloworld
ID            NAME          IMAGE          NODE      DESIRED STATE   CURRENT STATE          ERROR     PORTS
v0g83aia3jxl  helloworld.1  alpine:latest  worker1   Running         Running 5 minutes ago
uriz4bid8dp1  helloworld.2  alpine:latest  worker2   Running         Running 2 minutes ago
e7jfztn9n93g  helloworld.3  alpine:latest  worker2   Running         Running 2 minutes ago
xzsx2jcx8m6c  helloworld.4  alpine:latest  worker1   Running         Running 2 minutes ago
ladfmd5bx6sk  helloworld.5  alpine:latest  worker2   Running         Running 2 minutes ago
[docker_user@localhost ~]$
```

图 7.35　扩展服务为五个实例

在 worker1 和 worker2 中，运行命令 docker ps 可以看到各自运行的任务。

5）删除服务

使用命令 docker service rm helloworld，可以删除之前部署的服务 helloworld。

八、Docker 镜像

Docker 初始化时以只读方式加载 rootfs。然后，将一个可读写文件系统挂载到只读的 rootfs 之上，并且允许再次将可读写文件系统设定为只读并且逐层向上叠加。这样，一组只读层和一个可读写层构成了容器的运行时，每个文件系统被称作一个 FS 层。对只读层的修改都只会存在于可读写层中。因此，多个容器可以共享只读 FS 层。

Docker 将只读 FS 层组成的结构叫作镜像。虽然对于容器而言整个 rootfs 都是可读写的，但事实上所有修改都发生在最上面的可读写层中，镜像并不保存用户修改的状态。因此，Docker 镜像由多层组成，所有层联合在一起组成统一的文件系统。这个文件系统在容器启动后对容器内部进程可见，即容器根目录。如果在一个镜像的不同层中使用了相同内容，则上层内容覆盖下层内容。

Docker 的大多数镜像都是在一些基础镜像基础上创建而来的。例如，ubuntu、debian、nginx 等是 Docker 常用的基础镜像。在基础镜像之上，通过层层叠加新的功能、软件、配置等来构建新镜像。制作镜像中的每一步操作都会在镜像中叠加一层。

镜像分层实现的最大优点是资源共享。例如，一台宿主机中运行多个容器，这些容器的镜像都是在 ubuntu 基础镜像之上创建的。借助 UnionFS，在宿主机磁盘上只需要保存一份 ubuntu 基础镜像，在内存中也只需要加载一份，所有基于 ubuntu 基础镜像的容器共享同一 ubuntu 镜像。并且，如果某个容器对基础镜像的内容做了修改，不会对其他容器产生影响。即 UnionFS 的写时复制技术可以保证某个容器对基础镜像的修改只限制在该容器内部。

Docker 推荐使用 Dockerfile 文件和 docker build 命令制作镜像。

1. Dockerfile

Dockerfile 是构建 Docker 镜像的文件，包含一系列命令和参数的脚本。Docker 基于 Dockerfile 制作镜像的大致流程如下：①Docker daemon 从基础镜像运行一个容器；②执行 Dockerfile 中的一条命令并对容器做出修改；③执行类似 docker commit 的操作提交一个镜像层；④Docker daemon 基于刚提交的镜像运行一个容器，执行 Dockerfile 中的下一条指令，直到所有指令都执行完成。

Dockerfile 中可用的指令如下所示。

- FROM：指定构建新镜像的基础镜像。
- MAINTAINER：镜像制作和维护者的姓名、邮箱地址等说明信息。
- RUN：容器构建时运行的命令。
- EXPOSE：指定容器对外暴露的端口。
- WORKDIR：指定创建容器后默认的工作目录。
- ENV：设置容器的环境变量。
- ADD：将宿主机中的文件和目录复制进镜像。
- COPY：与 ADD 类似，复制文件和目录到镜像中。
- VOLUME：指定挂载到容器中的数据卷，用于数据保存和持久化。

- CMD：指定容器启动时运行的命令，可以有多个，但只有最后一个生效。并且，由 CMD 指定的运行命令会被 docker run 之后的命令参数替换。
- ENTRYPOINT：指定容器启动时要运行的命令，但 docker run 中设定的命令会被追加执行。

2. 制作镜像

使用如下 Dockerfile 文件创建镜像：

```
FROM debian                    #使用 debian:latest 作为基础镜像
RUN apt-get install emacs      #安装文本编辑器 emacs
RUN apt-get install apache2    #安装 Web 服务器 apache2
CMD ["/bin/bash"]              #在容器中运行 shell
```

使用 docker build 命令创建镜像：

$ docker build -t image_test

生成的镜像标签为 image_test。镜像共有四层，最底层是 bootfs。在 debian 基础镜像基础上安装 emacs、apache2，分别叠加了一层。当 Docker 启动这个镜像的容器时，在镜像的顶部添加可读写的容器层。

九、Docker 的安装及配置

最初，Docker 只能运行在 64 位 Linux 上。现在，Docker Desktop 可以运行在包括 Linux、macOS 和 Windows 10 等在内的多种平台上。Docker 支持的 Linux 发行版包括 CentOS、Debian、Fedora、Raspbian 和 Ubuntu。

下面以 CentOS 为例介绍 Docker 的安装和基本操作，在 macOS、Windows 10 平台以及其他 Linux 发行版的安装步骤请参考 Docker 文档，此处不再详述。

1. Docker 的安装

1）卸载旧版本的 Docker

安装 Docker 前应先卸载原来安装的旧版本的 Docker。卸载时，/var/lib/docker 中的镜像、容器、卷和网络将被保留。

使用如下命令卸载原来安装的 Docker：

*$ sudo yum remove docker docker-client docker-client-latest docker-common *
*　　　　　　docker-latest docker-latest-logrotate docker-logrotate　　*
*　　　　　　docker-engine*

2）安装 Docker

Docker 的安装方式有三种：使用存储库、RPM 软件包、自动化脚本。为了方便安装和升级，多数用户选择使用存储库安装方式。

安装 yum-utils 包，并设置存储库：

$ sudo yum install -y yum-utils
*$ sudo yum-config-manager *

--add-repo https://download.docker.com/linux/centos/docker-ce.repo

安装最新版 Docker:

$ sudo yum install docker-ce docker-ce-cli containerd.io

也可以安装指定版本的 Docker。首先,查看存储库中的可用版本,然后选择其中的一个版本安装:

$ sudo yum list docker-ce –showduplicates | sort -r

返回的结果取决于配置的存储库和使用的 CentOS 版本。

使用如下命令安装指定版本的 Docker:

*$ sudo yum install docker-ce-<VERSION_STRING> *

    *docker-ce-cli-<VERSION_STRING> *

    containerd.io

3)验证安装是否成功

启动 Docker 服务:

$ sudo systemctl start docker

运行 hello-world 容器,验证 Docker 安装是否正确:

$ sudo docker run hello-world

图 7.36 所示结果说明 Docker 安装成功。

```
This message shows that your installation appears to be working correctly.

To generate this message, Docker took the following steps:
 1. The Docker client contacted the Docker daemon.
 2. The Docker daemon pulled the "hello-world" image from the Docker Hub.
    (amd64)
 3. The Docker daemon created a new container from that image which runs the
    executable that produces the output you are currently reading.
 4. The Docker daemon streamed that output to the Docker client, which sent it
    to your terminal.

To try something more ambitious, you can run an Ubuntu container with:
 $ docker run -it ubuntu bash

Share images, automate workflows, and more with a free Docker ID:
 https://hub.docker.com/

For more examples and ideas, visit:
 https://docs.docker.com/get-started/
```

图 7.36   运行 hello-world 容器

2. Docker 的配置

1)非 root 用户管理 Docker

Docker daemon 绑定了一个 Unix Socket。默认情况下,该 Unix Socket 只有 root 用户可以访问,其他用户需要使用 sudo。

Docker daemon 绑定的 Unix Socket 可以被 docker 组的成员访问,docker 组中用户不需要使用 sudo 便可以使用 docker 命令。

创建 docker 组,在其中添加用户:

$ sudo groupadd docker

$ sudo usermod -aG docker $USER

使 docker 组生效:

$ newgrp docker

2）Docker 自启动

使用如下命令配置 Docker 随系统启动：

$ sudo systemctl enable docker.service

$ sudo systemctl enable containerd.service

3）Docker 侦听远程连接

默认情况下，Docker daemon 侦听 Unix Socket 上的连接，以接收本地客户端的请求。通过配置 Docker 侦听的 IP 地址和端口号，Docker daemon 可以侦听来自远程客户端的请求。具体方法有如下两种。

（1）通过配置 systemd 单元文件侦听远程连接。

打开 docker.service 配置文件：

$ sudo systemctl edit docker.service

在单元文件中增加或替换如下内容：

```
[Service]
ExecStart=
ExecStart=/usr/bin/dockerd -H fd:// -H tcp://127.0.0.1:2375
```

保存后重新加载 systemctl 配置文件，并重新启动 Docker：

$ sudo systemctl daemon-reload

$ sudo systemctl restart docker.service

（2）通过 daemon.json 配置侦听远程请求。

编辑文件/etc/docker/daemon.json，设置 hosts：

```
{
    "hosts": ["unix:///var/run/docker.sock", "tcp://127.0.0.1:2375"]
}
```

第三节　Docker Compose

随着容器数量越来越多，大量容器之间的相互联系、协调配合、资源编排变得非常复杂。并且，企业容器应用生产环境对性能、可用性、可靠性有很高的要求，容器应用的分布式部署成为必然。因此，能够实现容器应用的快速部署、自动化运维、大规模可伸缩的容器云平台应运而生。

一、简介

Docker Compose 是一个帮助定义和共享多容器应用程序的工具。Compose 使用应用配置文件（yaml）对多容器应用进行配置，一旦有了应用配置文件，可以只使用 docker-compose up 一条命令创建和启动应用程序。

实际上，Docker Compose 把应用配置文件解析为 docker 命令参数。然后，Compose

调用相应的 docker 命令，把应用以容器化方式管理起来。Docker Compose 既可以在本地部署容器应用，也可以在 Amazon ECS 或 Microsoft ACI 等容器云平台上部署应用。

Docker Compose 将所管理的容器分成了项目、服务、容器三个层次。每个应用的每次部署都叫作一个项目（project）。一个项目中可以包含多个服务，每个服务可以包含多个容器实例。Docker Compose 使用项目将应用所需的所有资源组合在一起，为应用构建起一个虚拟环境，并与使用不同参数部署的本应用、其他应用的环境相隔离。

Docker Compose 使用项目配置文件对应用包含的服务、网络、配置和机密信息等内容进行定义。项目配置文件的名字为 compose.yaml，也可以为 compose.yml、docker-compose.yaml、docker-compose.yml。

二、Docker Compose 应用模型

Docker Compose 将应用的计算组件定义为服务（services）。服务是对应用中可以独立进行伸缩和部署的计算资源的一种抽象。一种服务由一组容器支持，由容器平台根据副本数量要求和位置约束来运行，并通过 Docker 镜像及其运行参数来定义。一个服务中的所有容器使用相同的镜像和运行参数进行创建。在项目配置文件中，应用包含的所有服务在顶级（top-level）元素 services 下定义。

服务使用网络相互通信，网络是对相互连接在一起的服务内容器之间 IP 路由的抽象。对服务暴露的网络被限制为该服务到目标服务的 IP 连接和具体的外部资源。在项目配置文件中，应用使用的所有网络在顶级元素 networks 下定义。

Docker Compose 应用中的服务使用数据卷（volume）存储和共享数据。Docker Compose 支持对应用使用的具名卷（named volume）进行具体配置。在项目配置文件中，应用使用的所有数据卷在顶级元素 volumes 下定义。

Docker Compose 利用配置（configs）为服务提供无须重新构建镜像就可以调整其行为的能力。在项目配置文件中，应用对服务进行的配置在顶级元素 configs 下定义。

Docker Compose 使用机密（secrets）机制保护敏感数据，secrets 是为使用敏感数据附加的特殊限制。服务可以访问的机密数据被以文件形式挂载到服务包含的容器中。在项目配置文件中，需要保护的敏感数据在顶级元素 secrets 下定义。

三、Docker Compose 配置文件

项目配置文件 compose.yaml 中，顶级元素包括 services、networks、volumes、configs 和 secrets。其中，services 是必需的，其他元素可选。

1. services

services 用于定义应用所包含的服务。每个服务都是一个映射（key-value），其中，key 为服务名字，value 为关于该服务的定义。服务定义中包含的配置和参数对该服务的所有容器实例有效，对其他服务的容器实例无效。

每个服务定义包含可选的 deploy、build 段和一组属性。其中，deploy 段负责指定服务容器的部署和生命周期相关配置；build 段用于定义服务所需镜像的构建。

1）deploy

deploy 段负责定义服务的运行时要求，包括支撑服务的容器实例的部署和生命周期。deploy 中包括以下常用属性。

- endpoint_mode：指定外部用户发现服务的方法。服务发现方法有两种，即 vip 和 dnsrr。使用 vip 方法，Docker 为每个服务指定一个虚拟 IP 地址。从外部看来，每个服务像一个容器一样，外部用户意识不到一个服务中的容器实例数量以及每个容器实例的 IP 地址和端口，容器云平台（如 Docker）自动在用户和运行服务的节点之间路由请求。使用 dnsrr 方法，容器运行平台为服务创建 DNS 记录，查询服务的 DNS 域名时，将会得到一组 IP 地址，客户可以直接使用其中的一个 IP 地址访问服务。

- mode：定义运行服务时的复制模型。可以是 global，即每个物理节点部署一个容器；也可以是 replicated，即部署指定数量的容器。

- placement：用于容器云平台选择部署服务的物理节点。例如，placement 指定服务优先部署在 us-east 数据中心且拥有 ssd 类型磁盘的物理节点上：

```
deploy:
    placement:
        constraints:
            - disktype=ssd
        preferences:
            - datacenter=us-east
```

- replicas：指定一个服务运行的容器实例数量。

- resources：用于限制容器运行时使用的资源量。例如，限制容器最多使用 50% 的 CPU 核心、50MB 内存，但最少应保证容器可以使用 25% 的 CPU 核心、20MB 内存：

```
services:
    frontend:
        image:awesome/webapp
        deploy:
            resources:
                limits:
                    cpus: "0.50"
                    memory:50M
                reservations:
                    cpus: "0.25"
                    memory:20M
```

2）build

build 段指定服务容器镜像的相关配置。下面给出了一个 build 段的示例。其中，frontend 服务的容器镜像创建时以当前目录（compose.yaml 所在目录）下/webapp 子目录作为上下文，即 Dockerfile 在该目录中；backend 服务的容器镜像使用的 Dockerfile 在 compose.yaml 所在目录下的 backend 子目录中；custom 服务的容器镜像使用的 Dockerfile 在~/custom 目录中。

```
services:
    frontend:
        image: awesome/webapp
        build:./webapp
    backend:
        image: awesome/database
        build:
            context: backend
            dockerfile: ../backend/Dockerfile
    custom:
        build: ~/custom
```

3）command

compose.yaml 中，在顶级元素 services 下使用 command 可以设置容器运行的命令。例如，要在容器中运行命令 bundle exec thin -p 3000，则在 compose.yaml 中的 services 下添加 command：["bundle", "exec", "thin", "-p", "3000"]。

4）configs

在每个服务的定义中，可以使用 configs 指定该服务容器实例使用的配置文件。例如：

```
services:
    redis:
        image: redis:latest
        configs:
            - my_config
            - my_other_config
configs:
    my_config:
        file: ./my_config.txt
    my_other_config:
        external:true
```

其中，服务 redis 使用了在顶级元素 configs 中定义的配置 my_config。my_config 指定使用 compose.yaml 所在目录中的 my_config.txt 作为 redis 服务的配置文件。

5）devices

devices 用于定义映射到容器中的设备列表，在容器中可以使用宿主机中的设备。例如：

```
devices:
```

```
-"/dev/ttyUSB0:/dev/ttyUSB0"
```

6）dns

dns 用来定义容器网络接口使用的 DNS 服务器。例如：

```
dns:
  - 8.8.8.8
  - 9.9.9.9
```

7）entrypoint

compose.yaml 中 entrypoint 可以覆盖 Dockerfile 中的 ENTRYPOINT 指令。如果服务定义中使用了 command，则 command 将作为 entrypoint 的参数。例如：

```
entrypoint:/code/entrypoint.sh
```

8）expose

expose 用于指定容器对应用中的其他容器暴露的端口，但这些端口不能被宿主机或外部网络所访问。例如，服务中的容器实例暴露了 3000、8000 两个端口：

```
expose:
    - "3000"
    - "8000"
```

9）ports

与 expose 不同，使用 ports 可以对外暴露容器实例的端口。使用 ports 的格式为：

```
[host:]container[/protocol]
```

其中，[host]为[IP:]port|range；container 为 port|range；protocol 为 tcp|udp。
例如：

```
ports:
    - "3000"
    - "3000-3005"
    - "8000:8000"
    - "9090-9091:8080-8081"
    - "49100:22"
    - "127.0.0.1:8001:8001"
    - "127.0.0.1:5000-5010:5000-5010"
    - "6060:6060/udp"
```

10）image

image 用于指定创建和启动容器所使用的镜像。例如：

```
image: redis
image: redis:5
image: library/redis
```

```
image: docker.io/library/redis
image:my_private.registry:5000/redis
```

11）links

links 用于定义与其他容器的 link。例如，web 服务的容器实例和 db、redis 等服务容器建立 link：

```
web:
    links:
    - db
    - db: database
    - redis
```

12）networks

networks 用于定义容器所连接的网络。例如：

```
services:
    web:
        networks:
            - some-network
            - other-network
```

web 服务容器连接到了 some-network、other-network 两个网络。另外，可以给网络起别名。如下配置中，some-network 的别名为 alias1 和 alias3，other-network 的别名为 alias2。

```
networks:
    some-network:
      aliases:
        - alias1
        - alias3
    other-network:
      aliases:
        - alias2
```

13）secrets

通过 secrets 设定服务访问机密数据的权限。例如：

```
services:
    frontend:
        image: awesome/webapp
        secrets:
        - source: server-certificate
         target: server.cert
         uid: "103"
         gid: "103"
         mode: 0440
```

　　将项目中的 server-certificate 文件映射为容器中的 server.cert 文件，用户 103 和用户组 103 只能读取该文件，其他用户/用户组无法访问该文件。

　　14）volumes

　　volumes 用于指定容器可以访问的宿主机目录或具名卷。下面例子中，backend 服务中的容器实例可以使用具名卷 db-data，同时，在启动容器时使用 bind 将宿主机的一个文件加载到容器中。

```
services:
    backend:
        image: awesome/backend
        volumes:
            - type: volume
              source: db-data
              target: /data
              volume:
                  nocopy: true
            - type: bind
              source: /var/run/postgres/postgres.sock
              target: /var/run/postgres/postgres.sock
    volumes:
        db-data:
```

2. 其他顶级元素

　　除了 services，在 compose.yaml 中还可以使用的顶级元素包括 networks、volumes、configs、secrets。

　　作为顶级元素进行的定义对所有服务的容器实例有效，在 services 下的定义只对本服务的容器实例有效。

　　networks、volumes、configs、secrets 等使用顶级元素定义和在 services 中定义的方法类似，此处不再详述，感兴趣的读者可以参考 compose 配置文件规范。

四、Docker Compose 常用命令

　　Docker Compose 提供了命令工具 docker-compose，使用方法与 docker 命令非常相似。docker-compose 的使用方法：

　　docker-compose [-f <arg>...][--profile <name>...][option][--][COMMAND][ARGS...]

　　表 7.3 对 docker-compose 的常用子命令进行了简单总结，每个子命令的详细使用方法请参考 Docker Compose 文档。

表 7.3　docker-compose 常用子命令

命令	使用方式及功能
build	build [options][--build arg key=val...][--][SERVICE]，构建/重新构建服务
create	create [SERVICE...]，创建或重新创建服务容器
down	停止并移除使用 up 子命令创建的容器、网络、数据卷、镜像等

续表

命令	使用方式及功能
exec	exec [options] [-e KEY=VAL...] [--] SERVICE COMMAND [ARGS...]，在一个正在运行的容器中执行命令
kill	kill [options] [--] [SERVICE...]，强制停止服务容器
pause/unpause	暂停/恢复一个服务或所有服务
port	port [options] [--] SERVICE PRIVATE_PORT，显示服务绑定的 public 端口
ps	ps [options] [--] [SERVICE...]，显示容器相关信息
start/restart	启动/重新启动服务
rm	移除已被停止的容器
run	在指定服务上执行 on-off 命令
stop	stop [options] [--] [SERVICE...]，停止服务容器，但不移除
up	up [options] [--scale SERVICE=NUM...] [--] [SERVICE...]，构建、创建/重新创建、启动容器
version	显示 Compose 版本信息

五、Docker Compose 应用示例

下面使用 Docker Compose 官方提供的示例，简单介绍部署容器应用的基本过程。图 7.37 给出了示例容器应用的基本结构。

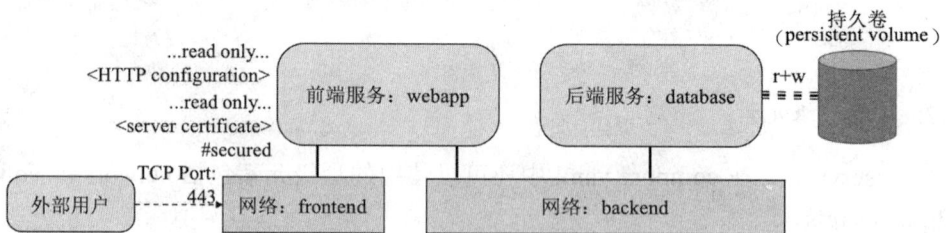

图 7.37　Docker Compose 应用示例

该应用被分成前端 Web 应用服务和后端数据库服务两部分，前端在运行时按照由容器云平台（Docker）管理的 HTTP 配置文件进行配置，提供了一个供外部访问的域名，一个在云平台存储的 secrets，即 HTTPS 服务证书。后端在持久卷（persistent volume）中存储数据。前端服务和后端服务之间通过 backend 网络进行通信。同时，前端连接了 frontend 网络，对外部用户暴露 443 端口，供外部用户访问 Web 应用服务。图 7.38 为该示例应用的项目配置文件。

具体地，该示例应用包含如下几部分。

● 两个服务：webapp 和 database。

● 一个 secrets，即 HTTPS 服务证书，注入前端。

● 一个配置文件，即 HTTP，注入前端。

● 一个持久卷，附加到后端。

● 两个网络：frontend 和 backend，前端同时连接两个网络，后端只与 backend 网络连接。

```
services:
    frontend:
        image: awesome/webapp
        ports:
            - "443:8043"
        networks:
            - front-tier
            - back-tier
        configs:
            - httpd-config
        secrets:
            - server-certificate
    backend:
        image: awesome/database
        volumes:
            - db-data:/etc/data
        networks:
            - back-tier
volumes:
    db-data:
        - driver: flocker
        - driver_opts:
            size: "10GiB"
configs:
    httpd-config:
        external: true
secrets:
    server-certificate:
        external: true
networks:
    front-tier: {}
    back-tier: {}
```

图 7.38　示例应用的项目配置文件（compose.yaml）

1. 安装 Docker Compose

Windows 和 macOS 版的 Docker Desktop 内置了 Compose。如果已经安装了 Docker Desktop，无须单独安装 Compose。对于 Linux 系统，可以从 GitHub 下载二进制包，安装 Compose。建议下载 Compose 的最新稳定版本，这里安装的是 Compose 1.29.2 版本：

*$ sudo curl -L "https://github.com/docker/compose/releases/download *
   */1.29.2/docker-compose-$(uname -s)-$(uname -m)" -o *
   /usr/local/bin/docker-compose

然后，设置 docker-compose 的执行权限：

$ sudo chmod + x /urs/local/bin/docker-compose

2. 创建项目目录及项目配置文件

创建项目目录，并在项目目录下创建项目配置文件 compose.yaml：

$ mkdir ~/compose/example
$ cd ~/compose/example
$ vi compose.yaml

内容如图 7.38 所示。

3. 部署应用

使用 docker-compose 命令部署并启动示例应用：

$ cd ~/compose/example
$ docker-compose up

4. 测试应用

使用浏览器访问宿主机的 8043 端口，可以使用刚刚部署的容器应用。

第四节 Kubernetes

Kubernetes 源自希腊语，意思是舵手或飞行员。Kubernetes 经常被称作 kube，或者缩写为 k8s（表示首字母 k 和末尾字母 s 之间省略了 8 个字母）。k8s 源自谷歌的集群管理工具 Borg。2014 年，谷歌将 k8s 开源。2016 年，谷歌将 k8s 捐赠给了 CNCF。

k8s 是一种部署和管理容器的开源平台，提供了容器运行时、容器编排、以容器为中心的基础设施编排、自愈机制、服务发现和负载平衡等功能。作为云原生应用的基础调度平台，k8s 相当于云原生的操作系统。

一、Kubernetes 简介

生产环境中，容器化应用通常包含跨多台主机部署的多个容器。k8s 提供了容器的编排和管理功能，可以用来构建包含多个容器的应用、跨集群调度和管理容器以及管理容器健康状况。

用户使用 k8s 时，提交容器集群运行所需资源的申请（通常以配置文件形式提供），由 k8s 完成容器的调度和管理。k8s 可以高效管理集群，省去了应用容器化过程中许多的手动部署和扩展操作。k8s 既支持声明式配置（如同 Docker Compose），也支持自动化配置。

1. 主要功能

k8s 的主要功能如下。

① 服务发现与负载平衡。使用 DNS 域名或 Public IP 地址对外公开容器，可以在容器负载较重时自动地对负载进行分布和平衡。

② 存储编排。支持自动地在容器中挂载用户选择的存储系统。比如，本地存储、公有云存储服务等。

③ 自动部署和回滚。使用 k8s 可以定义和更新应用的容器状态，并且能以用户可控的速度将容器的实际状态变为预期状态。比如，k8s 可以按照应用部署计划自动创建

新容器、删除现有容器，并将其所有资源用于新容器等。

④ 自动包装。用户提供运行容器任务的集群，指定每个容器所需的 CPU 和内存等资源，k8s 负责将容器部署到合适的节点上，并能充分利用资源。

⑤ 自愈。在容器出现问题时 k8s 可以重启或替换容器、终止无法正确响应状态监测的容器，并且在容器可以正常提供服务之前不会对用户暴露服务的问题或故障。

⑥ 机密信息和配置管理。k8s 中，用户负责存储和管理敏感信息，如口令、token、SSH 密码等。用户可以设置和更新类似的机密信息，无须重新构建容器镜像，k8s 不会在应用栈的配置中对外暴露用户机密信息。

通常，k8s 需要与网络、存储、安全、测量和其他服务整合，以提供全面的容器基础架构。

2. 基本概念

1）命名空间

k8s 支持多个虚拟集群，这些虚拟集群底层可能依赖于同一个物理集群，虚拟集群称为命名空间（Namespace）。Namespace 之间完全隔离，也常被用来隔离不同的用户和权限。k8s 中，命名空间不能嵌套定义，每个资源只能在一个命名空间中，且名称在命名空间内唯一。k8s 内置三个 Namespace，名字分别是 default、kube-system、kube-public。

2）对象

k8s 对象是持久化的实体。k8s 使用实体表示集群状态。用户创建对象其实就是告知 k8s 系统集群的工作负载是什么样子，即 k8s 集群的期望状态。

每个对象的定义几乎都包含两个字段，即 spec 和 status。spec 为对象规约，用于描述对象的期望状态。status 用于描述对象的当前状态，k8s 控制平面负责管理对象以使其状态与期望状态一致。例如，Deployment 对象表示运行在集群中的应用。创建 Deployment 时，使用 spec 指定该应用以三个副本运行。k8s 系统读取 Deployment 规约，启动用户期望的三个应用实例，即更新状态以与 spec 相匹配。如果其中任意实例出现问题（即状态变化），k8s 系统会执行修正操作来响应 spec 和 status 之间的不一致，这意味着会启动一个新实例替换出现问题的实例。

k8s 中的对象分为资源、配置、存储、策略等类型。资源对象包括 Pod、ReplicaSet、ReplicationController、Deployment、StatefulSet、DaemonSet、Job、CronJob、Horizontal-PodAutoscaling；配置对象包括 Node、Namespace、Service、Secret、ConfigMap、Ingress、Label、ThirdPartyResource、ServiceAccount；存储对象包括 Volume、PersistentVolume；策略对象包括 SecurityContext、ResourceQuota、LimitRange。

3）标签

标签（Label）的作用是在对象上添加标识，用于区分和选择对象。一个 Label 以 key-value 形式附加到 Node、Pod、Service 等各种对象上。通过 Label 可以实现对象的多维度分组，以便灵活、方便地对对象进行分配、调度、配置、部署。

4）容器

容器将应用软件及其所需的依赖、运行环境等打包在一起。无论在什么地方运行容器，容器的行为都相同。容器将应用与底层主机设施进行解耦，简化了应用的开发和部署。容器镜像是随时可以运行的软件包，包含了运行应用程序所需的一切，包括应用程序代码、运行时、库，以及一些基本设置的默认值等。

5）Pod

Pod 是 k8s 中创建和管理的、最小可部署的计算单元。每个 Pod 包括一个或多个容器，这些容器共享存储、网络以及如何运行这些容器的声明。一个 Pod 在同一个节点中部署，作为一个整体进行调度，Pod 中的容器在共享的上下文中运行。本质上，Pod 是对运行容器的逻辑主机的抽象，Pod 中多个容器的耦合比较紧密。

Pod 的共享上下文包括一组 Namespace、Cgroup 和其他类型的隔离。Pod 如同共享 Namespace 和文件系统卷的一组 Docker 容器。在 Pod 内部，容器之间可能还会进一步做资源隔离。

用户通过将容器放入在节点中运行的 Pod 来工作。节点的任务就是托管 Pod，每个节点中包含运行 Pod 的必要服务。

Pod 主要有两种类型：单容器 Pod 和多容器 Pod。单容器 Pod 最常见，可以看作单个容器的包装器。但 k8s 直接管理的是 Pod，而不是容器。多容器 Pod 封装了多个耦合紧密且需要共享资源的容器，这些容器一起构成了服务。比如，在某个共享数据卷的服务中，一个容器负责文件存储，另一个容器负责刷新或更新文件，Pod 将这些容器和共享资源打包为一个可管理的实体。

Pod 中的容器被自动安排到集群中的一台物理机或虚拟机上，并一起进行调度。容器之间可以共享资源和依赖、彼此通信、协调何时以何种方式终止。

6）工作负载

工作负载（workload）是在 k8s 上运行的应用，运行在一组 Pod 中。用户可以使用工作负载资源来创建和管理多个 Pod，以简化 Pod 管理工作。工作负载通过配置的控制器来确保运行用户指定数量的 Pod。k8s 提供的内置工作负载资源包括以下四种。

① Deployment 和 ReplicaSet：Deployment 比较适合无状态应用工作负载，其中 Deployment 的所有 Pod 都是可互换的，并且在需要时可以被替换。ReplicaSet 是无状态的工作负载，其作用是维护一组在任何时候都处于运行状态的 Pod 副本的稳定集合，通常用来保证给定数量的、完全相同的 Pod 的可用性。尽管 ReplicaSet 可以独立使用，但 k8s 建议使用 Deployment 来间接使用 ReplicaSet。例如，在定义 Deployment 时创建新 ReplicaSet。因此，目前 ReplicaSet 的主要用途是提供给 Deployment 作为编排 Pod 创建、删除和更新的一种机制。

② StatefulSet：比较适用于运行以某种方式跟踪应用状态的多个 Pod。例如，需要持久存储数据时，可以使用 StatefulSet 将每个 Pod 与持久卷建立映射，StatefulSet 中每个 Pod 运行的代码可以将数据复制到同一 StatefulSet 中的其他 Pod。

③ DaemonSet：定义提供节点本地支持设施的 Pod，这些 Pod 可能对集群的运维非常重要。DaemonSet 可以确保全部（或者某些）节点上都运行一个 Pod 的副本。当有节

点加入集群时，会为其新增一个 Pod；当有节点从集群移除时，这些 Pod 也会被回收。删除 DaemonSet 将删除它创建的所有 Pod。

④ Job 和 CronJob：Job 定义一直运行直到结束并停止的一次性任务，CronJob 定义根据计划重复运行的任务。

7）服务

k8s 使用服务（Service）对运行在一组 Pod 上的应用程序及其访问策略进行抽象，目的是进一步对应用组件进行解耦。

k8s 服务是一种 REST 对象。可以使用 POST 方法将服务定义发送给 API 服务器，API 服务器负责创建一个新服务实例。服务对应的 Pod 一般使用 selector 确定，即具有相同 Label 的 Pod 属于一个服务。

例如，已经定义了一组 Pod，这些 Pod 均侦听 TCP 端口 9376，并均有标签 app=MyApp，按如下定义服务：

```
apiVersion: v1
kind: Service
metadata:
      name: my-service
spec:
      selector:
          app: MyApp
      ports:
          - protocol: TCP
          port: 80
          targetPort: 9376
```

根据上面的服务定义，k8s 将创建服务 my-service，并将所有访问 TCP 端口 9376 的请求转发给任意一个标签为 app=MyApp 的 Pod。

二、Kubernetes 的体系结构

k8s 集群的体系结构如图 7.39 所示。

1. 节点

k8s 集群包含一台或多台计算机（物理机或虚拟机），这些机器运行容器应用，叫作节点。通常，k8s 集群中包含多个节点。

节点中维持 Pod 运行和提供 k8s 运行时环境的组件包括 kubelet、kube-proxy、container runtime、addons。

① kubelet（节点代理）。每个节点均运行 kubelet，确保以 PodSpec 描述的每个容器都在正常运行。但是，kubelet 无法管理不是通过 k8s 创建的容器。

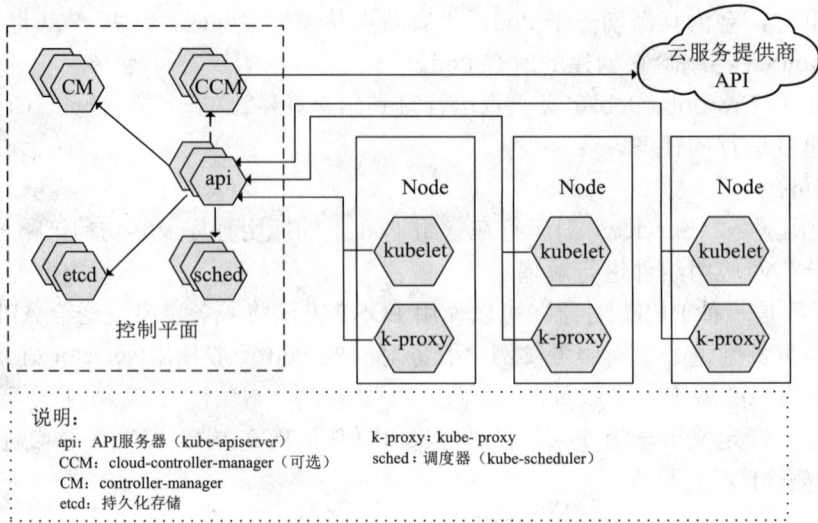

图 7.39 Kubernetes 集群的体系结构

② kube-proxy。kube-proxy 是运行在每个节点中的网络代理，实现了 k8s 服务的部分内容。kube-proxy 维护节点的网络规则，这些规则允许从集群内、外部与 Pod 进行通信。如果有可能，kube-proxy 会使用宿主机操作系统的数据包过滤机制来实现。

③ container runtime（容器运行时）。container runtime 指负责运行容器的组件。k8s支持 Docker、containerd、CRI-O，以及任意实现了 k8s 容器运行时接口（container runtime interface，CRI）的容器运行时。

④ addons（附件）。addons 指利用 k8s 资源（Deployment 等）实现的集群级功能。具体包括以下四种功能。

● 集群 DNS：每个 k8s 集群应有一个 DNS 服务器，负责为 k8s 服务提供 DNS 名字解析服务。

● Web UI（仪表板）：以 Web 方式管理集群和在集群中运行的应用。

● container resource monitoring（容器资源监视器）：在集群中央数据库中记录容器运行的各项性能指标，提供浏览、检索数据的图形接口（UI）。

● cluster-level logging（集群日志）：在中央日志存储中保存容器的操作和运行日志。

2. 控制平面

k8s 的控制平面（control plane）负责管理集群中的节点和 Pod，是集群主控节点。控制平面负责集群全局决策（如调度）、检测和响应集群事件（如在不满足部署副本数量要求时启动新的 Pod）。

控制平面组件可以在集群中的不同机器上运行，但通常会被配置为在同一台机器上运行所有控制平面组件，并且这台机器不运行用户容器。为了提升高可用性，也可以将控制平面的组件分布在多台机器上。在生产环境中，控制平面通常运行在多台计算机中，以提供容错和高可用的服务。

控制平面组件包括 kube-apiserver、etcd、kube-scheduler、controller-manager 和 cloud-controller-manager。

① kube-apiserver。API 服务器对外暴露 k8s API，是控制平面的前端。目前，API 服务器的主要实现是 kube-apiserver，它支持水平扩展，即可以在集群中部署多个 API 服务器实例，并在实例间平衡负载。

② etcd。etcd 提供了一致且高可用的 key-value 存储服务，主要用于 k8s 集群数据的备份存储。

③ kube-scheduler。kube-scheduler 负责监测新创建且没有分配节点的 Pod，从集群工作节点中选择一个运行 Pod。调度时，kube-scheduler 综合考虑 Pod 的资源需求、硬软件及策略约束、与其他 Pod 的关系、数据本地化、负载内的干扰、最后期限等多种因素。

④ controller-manager。k8s 中的控制器指监视集群状态的控制循环。逻辑上，每个控制器都是一个单独的进程。但为了降低复杂性，k8s 将所有控制器集成在一个二进制文件中，以单个进程运行，即 controller-manager（CM）。k8s 控制器的类型包括如下四种。

● 节点控制器：检查节点的下线并做出响应。
● Job 控制器：监视代表一次性任务的 Job 对象，然后创建 Pod 运行这些任务。
● 端点控制器：负责填充端点对象，即加入服务或 Pod。
● 服务账户和 Token 控制器：为新 Namespace 创建默认账户和 API 访问 Token。

⑤ cloud-controller-manager（CCM）。CCM 是 k8s 的一个可选的控制平面组件，其中嵌入了与特定云平台交互的控制逻辑。CCM 将 k8s 集群与特定云平台的 API 进行链接，并把 k8s 中需要与云平台交互的组件与其他组件分开。如果在自己的云计算环境或自己的 PC 中部署 k8s，可以不安装 CCM。

3. 控制平面与节点间的通信

1）节点到控制平面

k8s 使用了一种辐射状（hub-and-spoke）的 API 模式。节点或其中 Pod 发出的 API 调用都终止于控制平面的 API 服务器，控制平面的其他组件不会对外暴露服务。

API 服务器在 HTTPS 端口（默认为 443）侦听远程连接。此时，集群需要为每个节点提供公共根证书，以便节点可以使用客户证书安全地连接 API 服务器。需要连接 API 服务器的 Pod 可以使用服务账户，k8s 在 Pod 实例化时自动将公共根证书注入 Pod 中。其他控制平面组件也是通过安全端口与 API 服务器进行通信。因此，节点及其 Pod 与控制平面之间的通信是安全的。

2）控制平面到节点

从控制平面到节点的通信路径主要有两种：一种是 API 服务器到节点中的 kubelet 进程；另一种是 API 服务器到任意节点、Pod 或服务。

其中，API 服务器到节点中的 kubelet 的通信主要用于获取 Pod 日志、连接运行的 Pod、实现 kubelet 的端口转发等。这样的连接终止于 kubelet 的 HTTPS 端点，可以使用安全机制以保证通信安全。API 服务器到任意节点、Pod 或服务的连接是普通的 HTTP

连接，没有使用认证、加密等安全机制。

三、Kubernetes 存储

k8s 数据卷（volume）和 Docker 数据卷的概念相似。通常，k8s 数据卷的生命周期与 Pod 的生命周期相同，与容器的生命周期并不相关。当容器终止或重启时，数据卷中的数据不会丢失；当 Pod 被删除时，数据卷才会被清理，但数据是否丢失取决于数据卷类型。比如，删除 Pod 时，emptyDir 类型数据卷中的数据会丢失，而持久卷中的数据不会丢失。

1. 数据卷的类型

k8s 支持的数据卷类型及其特点如表 7.4 所示。一个 Pod 可以同时使用任意数目的卷，并且卷的类型可以不同。

表 7.4　k8s 的数据卷类型及其特点

数据卷类型	特点
azureFile	将微软 Azure 文件卷挂载到 Pod 中，可以在节点和 Pod 间共享数据。当 Pod 销毁后会被卸载，但数据不会丢失。k8s 不建议使用 azureFile 数据卷
cephfs	将 CephFS 卷挂载到 Pod 中，可以在 Pod 间共享数据。当 Pod 销毁后会被卸载，但数据不丢失
configMap	configMap 数据卷提供了一种向 Pod 注入配置数据的方法，与 secret 数据卷类似，但不适于保存敏感数据
downwardAPI	通过 downwardAPI 数据卷，可以暴露 Pod 运行后才能得到的 IP 地址、名称、所在主机的主机名等 Pod 元数据，使容器及其运行的程序可以使用这些 Pod 元数据
emptyDir	当定义 emptyDir 数据卷的 Pod 被调度到节点中时，创建 emptyDir 数据卷。emptyDir 数据卷的最初内容为空，Pod 中的所有容器都可以读取和写入。当 Pod 销毁后，数据被永久删除
fc	将光纤通道磁盘卷挂载到 Pod 中，可以在 Pod 间共享数据。当 Pod 销毁后会被卸载，但数据不丢失
gcePersistentDisk	将 Google 的持久磁盘（persistent disk，PD）挂载到 Pod 中，可以在 Pod 间共享数据。当 Pod 销毁后会被卸载，但数据不丢失。Pod 运行的节点必须是 Google Cloud 的虚拟机，才能使用该类型数据卷。k8s 已不建议使用该数据卷
hostPath	将宿主机文件系统的目录或文件挂载到 Pod 中，可以在 Pod 间共享数据。当 Pod 销毁后会被卸载，但数据不丢失
iscsi	将已经存在的 iSCSI（SCSI over IP）卷挂载到 Pod 中，可以在 Pod 间共享数据。当 Pod 销毁后会被卸载，但数据不丢失
local	local 数据卷代表某个挂载到 Pod 中的本地磁盘、分区或目录。local 数据卷必须为静态创建的 PersistentVolume 数据卷。与 hostPath 相比，无须手动将 Pod 调度到 local 卷所在的节点
nfs	将 NFS（network file system）卷挂载到 Pod 中，可以在 Pod 间共享数据。当 Pod 销毁后会被卸载，但数据不丢失
persistentVolumeClaim	用来将 PersistentVolume 数据卷挂载到 Pod 中，为用户提供一种使用持久化存储但无须了解特定云环境细节的方法
projected	将若干个现有数据卷源映射进同一目录。现有卷的类型可以是 secret、downwardAPI、configMap 等，且所有卷源需要与 Pod 位于同一命名空间
secret	用于将口令等敏感数据传递给 Pod。secret 卷的实现基础是内存文件系统，因此不能将其写入非易失性介质中
storageOS	将 StorageOS 卷挂载到 Pod 中，可以在 Pod 间共享数据。当 Pod 销毁后会被卸载，但数据不丢失

2. PersistentVolume 和 PersistentVolumeClaim

持久卷（PersistentVolume，PV）是 k8s 集群中的块存储，由集群管理员创建。PV 与 nfs 等类型的卷不同，PV 具有独立于 Pod 的生命周期，即 Pod 被销毁时 PV 仍然存在。

持久卷申领（PersistentVolumeClaim，PVC）是用户对存储的请求，由应用开发人员创建。PVC 在概念上与 Pod 类似。Pod 会耗用节点资源，PVC 会消耗 PV 资源。Pod 可以请求特定数量的资源（CPU 和内存），PVC 可以请求特定容量和访问模式的存储资源。

用户创建的 PVC 必须与 PV 绑定后才能使用。创建 Pod 时，用户可以指定卷的来源为 PVC，并在 PVC 中指定希望所绑定 PV 的容量和访问模式。之后，k8s 在创建 Pod 时根据 PVC 需求将之与可选的 PV 进行绑定，绑定成功后 Pod 便可以使用 PV。

通常，k8s 集群管理员提前创建好多种规格（容量、访问模式）的 PV 以供 Pod 使用。一旦用户创建了新的 PVC，控制平面选择合适的 PV，建立用户 PVC 和集群 PV 之间的绑定关系。在 Pod 启动时，通过 Pod 指定的 PVC 找到对应的 PV 并将其挂载到 Pod 中。在用户使用完 PV 之后，通过删除 PVC 释放所持有的 PV 资源。

PV 的访问模式控制在节点级别，访问模式可以为 ReadWriteOnce、ReadOnlyMany、ReadWriteMany。ReadWriteOnce 卷以读写方式挂载到一个节点上，ReadOnlyMany 卷可以以只读方式挂载到多个节点上，而 ReadWriteMany 卷可以以读写方式挂载到多个节点上。如果多个 Pod 需要共享同一个 PV，可以通过共享同一个 PVC 来实现。

本质上，PV 是对其他类型卷的一种封装。使用 PV 封装其他类型卷时，这些卷便获得了独立于 Pod 的生命周期，存储资源可以先于 Pod 被创建，在 Pod 被销毁后仍然可以被其他 Pod 使用。

四、Kubernetes 网络

Pod、Service 以及外部组件之间需要相互通信。因此，集群网络系统是 k8s 的核心部分，提供 Pod 内容器之间通信、Pod 之间通信、Pod 和服务之间通信、外部和服务之间通信等功能。

k8s 的宗旨是在应用间共享计算机，需要保证两个应用使用的端口不同。在多个应用开发人员之间协调端口实际上非常困难，特别是在应用开发人员无法控制的集群级别上。采用动态分配端口方式又会带来更多的复杂性，每个应用都需要设置关于端口的参数，API 服务器还需要知道如何将动态分配的端口插入配置模块中，服务也需要知道如何找到彼此等。因此，k8s 采用了不同的方法。

1. Kubernetes 网络模型

k8s 假定所有 Pod 都在一个可以直接连通的、扁平的网络空间中，每个 Pod 都拥有自己的 IP 地址。无论 Pod 是否运行在同一个节点中，都可以直接基于 IP 地址进行通信。这意味着 Pod 之间无须创建 link，也不用处理将容器端口映射为主机端口的问题。因此，从端口分配、命名、服务发现、负载均衡、应用配置、迁移等角度看，k8s 的 Pod 更像虚拟机或物理计算机。

k8s 中，一个 Pod 内的所有容器共享 Network 命名空间（Namespace），包括 IP 地址和 MAC 地址。Pod 内的容器可以通过 localhost 到达每个端口，因而要求在 Pod 内的容器间协调端口分配，这与在虚拟机中的多个进程间分配端口的方式类似。这便是被称作"IP-per-Pod"的 k8s 网络模型。

k8s 网络采用了 CNI。CNI 是 CoreOS 提出的容器网络接口规范，使用了插件（plugin）模型创建容器网络栈。k8s 没有专门的网络模块负责网络配置，网络模型的实施由具体的网络实现负责，但对 Pod 之间如何通信提出了如下要求。

① 一个 Pod 可以与其他 Pod 通信，无须使用 NAT。

② 所有节点可以与所有 Pod 通信，无须使用 NAT。

③ 一个 Pod 内应用程序看到的自己的 IP 地址和端口与其他 Pod 看到的一样，都是 Pod 实际分配的 IP 地址和端口。

目前，k8s 网络的具体实现有 ACI、Antrea、AOS、k8s AWS VPC CNI、k8s Azure CNI、Big Cloud Fabric、Calico、CNI-Genie、Contiv、Flannel、Kube-router、Kube-OVN、Open vSwitch 等。不同的网络模型实现的具体配置方法有所不同。

2. Pod 内容器之间的通信

每个 Pod 都运行着一个特殊的、被称为 Pause 的容器，在 Pod 内启动的容器会加入 Pause 容器的命名空间，一个 Pod 内的所有容器共享 Pause 容器的命名空间。因此，一个 Pod 内的容器可以使用 localhost 相互发现，也能通过 System V 信号量或 POSIX 共享内存等标准 IPC 机制相互通信，并且共享主机名和存储卷。可以看出，k8s 的 Pod 在一定程度上削弱了其内部容器间的隔离性。

3. 不同 Pod 之间的通信

k8s 中 Pod 有自己的 IP 地址，Pod 之间可以直接使用 IP 地址相互通信。不同 Pod 之间的通信分为两种情况：同一节点中 Pod 之间的通信；不同节点中 Pod 之间的通信。

1）同一节点中 Pod 之间的通信

同一节点中的 Pod 属于不同的 Network 命名空间。使用 Linux 虚拟网桥（如 Docker 中的 docker0）连接每个 Pod 的虚拟网络接口 eth0，实现彼此之间的通信，如图 7.40 所示。

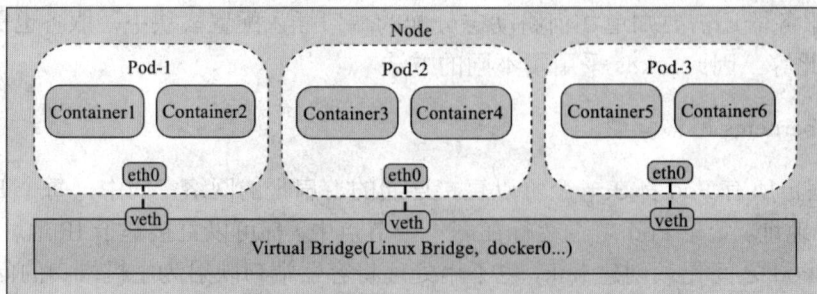

图 7.40 同一节点中 Pod 之间的通信

2）不同节点中 Pod 之间的通信

不同节点中 Pod 之间的通信过程稍微复杂。下面以 flannel 为例进行简单说明。flannel 是 CoreOS 提出的一种网络实现，并不涉及一个节点中的 Pod 如何组网，只负责分组在节点之间的传输。其主要功能包括：集群中不同节点中的 Pod 具有集群唯一的 IP 地址；构建了一种覆盖网络（overlay network），实现跨节点 Pod 之间的通信。

flannel 在集群中的每个节点中运行守护进程 flanneld，负责管理 k8s 集群的节点网络。首先，flannel 利用 k8s API 或 etcd 存储整个集群的网络配置，其中最主要的配置为集群的网络地址空间。flanneld 为节点从集群网络地址空间中获取一个子网（IP 地址段），节点内所有 Pod 的 IP 地址将从该子网地址范围中分配。然后，flanneld 使用 k8s API 或 etcd 存储获取的子网地址以及节点中所有 Pod 的 IP 地址。最后，flannel 利用网络后端（backend）转发 Pod 间的网络流量，完成跨节点 Pod 之间的通信。

（1）flannel 的分组转发过程。

假设容器运行时采用了 Docker。跨节点的分组转发过程［假设容器（container）1 与容器 3 之间］如图 7.41 所示。

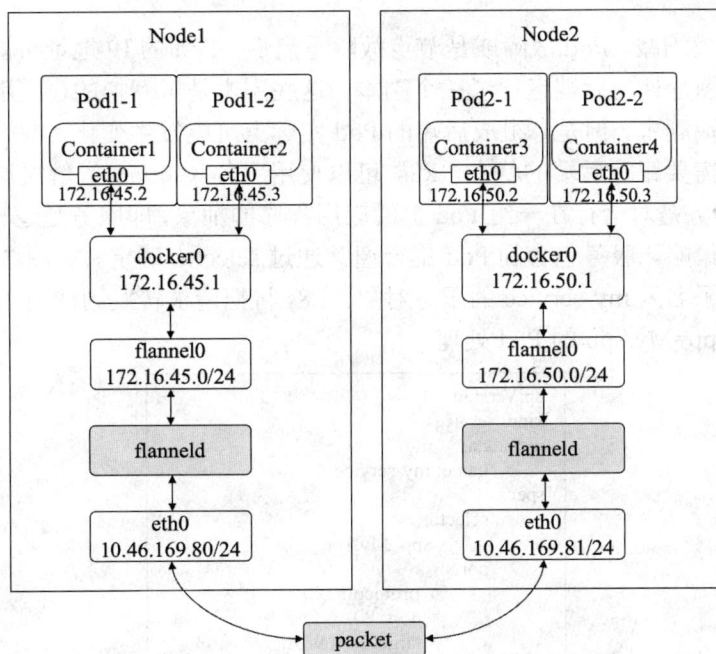

图 7.41 跨节点 Pod 之间的通信

- IP 分组通过容器 1 的虚拟网卡 eth0 发送到节点（Node）1 中的虚拟网桥 docker0。
- 节点 1 的 docker0 查找路由表，获知发送到容器 3 的 IP 分组需要使用 flannel0 转发（即 docker0 的默认路由使用 flannel0 转发）。节点 1 的 docker0 将分组转发到 flannel0。
- 节点 1 的 flannel0 将分组转发给 flannel 的守护进程 flanneld。
- flanneld 封装分组，查询 k8s 集群 etcd 维护的路由表，得知容器 3 位于节点 2。

- 节点 1 的 flanneld 将封装后的 IP 分组通过物理网卡 eth0 发送到节点 2。
- 节点 2 的 flanneld 将收到的分组拆封装，将分组交给 flannel0。
- 节点 2 的 flannel0 查询路由表，将 IP 分组转发到 docker0。
- 节点 2 的 docker0 将分组转发到容器 3。

（2）flannel 的后端。

flannel 的后端（backend）主要有两种，即 VXLAN 和 host-gw。

VXLAN 本质上是一种隧道机制，支持通过三层网络搭建虚拟的二层网络，支持多达 2^{24} 个虚拟局域网。发送节点中的 flanneld 对分组进行封装，添加 VXLAN 头部并作为 UDP 段（Segment）的有效载荷。接收节点中的 flanneld 收到分组时拆封装。VXLAN 后端的主要缺点是分组转发过程需要对分组进行封装、拆封装，加大了传输开销。

host-gw 采用路由方式而不是隧道机制。flanneld 负责为集群中每个节点的子网建立相互通信所需的路由。这样，分组在集群内不同节点之间传输时无须进行封装、拆封装，效率更高。

4. Pod 和服务之间的通信

当 Pod 规模缩减、Pod 故障或是节点故障重启后，Pod 的 IP 地址可能发生变化。例如，假设某个图片处理后端运行了三个副本，这些副本是可互换的，应用前端并不关心调用了哪个后端副本。但是，组成后端的 Pod 实际上可能发生变化，前端不应该也没必要知道，也不需要跟踪后端的状态。k8s 可以使用服务（service）解决这个问题。如前所述，k8s 的服务是对运行在一组 Pod 上的应用程序的抽象，即服务是逻辑上的一组 Pod 以及访问控制策略。服务包含的 Pod 集合通常通过 selector 确定。如图 7.42 所示的服务定义中，定义了名为 my-service 的服务对象。k8s 将把请求转发到使用 TCP 端口 9376，并且 label 为 app=MyApp 的 Pod 处理。

```
apiVersion: v1
kind: service
metadata:
        name: my-service
spec:
        selector:
                app: MyApp
        ports:
                - protocol: TCP
                port: 80
                targetPort: 9376
```

图 7.42　服务定义

k8s 集群的每个节点均运行 kube-proxy。kube-proxy 基于 Linux 的 iptables 为服务实现了一种虚拟 IP 地址（亦称作集群 IP），Pod 访问服务时使用服务的虚拟 IP 地址即可。

k8s 中，服务的 IP 地址是固定的，当服务 Pod 规模变化、故障重启、节点重启时，服务 IP 地址并不改变。kube-proxy 使用 userspace 代理、iptables 代理或 IPVS 代理方式，将服务访问请求重新定向到服务的某个 Pod。

5. 外部网络和服务之间的通信

外部网络和服务之间的通信分为两种情况：k8s 服务或 Pod 访问外部网络，外部网络访问 k8s 服务。

1）k8s 服务或 Pod 访问外部网络

k8s 服务或 Pod 访问外部网络的方式取决于具体的网络配置。通常，k8s 集群通过一个或多个节点连接外部网络。由于 Pod 或 k8s 服务的 IP 地址一般为私有 IP 地址，因此，Pod 或 k8s 服务访问外部网络需要进行 NAT 地址转换。

发往外部网络的分组，链路层进行封装时的目的 MAC 地址为默认网关的 MAC 地址。二层网络设备将分组转发到默认网关，经 NAT 地址转换后通过集群连接外部网络的网络接口发送到外部网络。

2）外部网络访问 k8s 服务

通常，应用的前端部分需要暴露到 k8s 集群外部，供用户从外部网络访问 k8s 服务。k8s 中的服务类型有四种，分别为 ClusterIP、NodePort、LoadBalancer、ExternalName。其中，ClusterIP 类型的服务供集群内部访问，NodePort 和 LoadBalancer 类型的服务暴露到外部网络，ExternalName 类型的服务将外部服务映射到集群内部。此外，k8s 提供了暴露服务到外部网络的另一种方式，即 Ingress。

（1）ClusterIP。

ClusterIP 是 k8s 默认的服务类型。此时，通过集群内部的 IP 暴露服务，服务只能在集群内部访问，无法从外部访问服务。

（2）NodePort。

服务类型为 NodePort 时，k8s 控制平面在指定范围内为服务在集群的每个节点上分配一个端口。集群中任意节点收到发往该端口的流量时，其上运行的 kube-proxy 负责将流量转发到对应的服务。如图 7.43 所示，定义服务时，指定服务类型为 NodePort。

```
apiVersion: v1
kind: service
metadata:
        name: my-service
spec:
        type: NodePort
        selector:
                app: MyApp
        ports:
                - port: 80
                  targetPort: 80
                  nodePort: 30007
```

图 7.43　定义服务类型为 NodePort

服务端口（nodePort[①]）为 30007（如果不使用 nodePort 指定端口，控制平面将默认

---

① port 和 nodePort 都是服务端口。port 暴露给集群内部的其他服务，nodePort 暴露给集群外部。从 port 和 nodePort 到达的流量经过反向代理 kube-proxy 流入后端 Pod 的 targetPort 上，最后达到 Pod 内部。

在 30000～32767 范围内为服务分配一个端口）。从外部网络访问服务的 URL 为 http://Node-IP:30007，Node-IP 为节点的 IP 地址。

（3）LoadBalancer。

在支持外部负载均衡器的公有云（如 AWS、阿里云等）中部署 k8s 服务，可以将服务设置为 LoadBalancer 类型[①]。LoadBalancer 是暴露服务到 Internet 的标准方式，但需要公有云服务商的支持，公有云服务商基于自己的负载均衡器服务对接实现 k8s 的 LoadBalancer 类型服务。

用户购买或指定一个负载均衡器后，公有云平台为用户分配一个 IP 地址，并将到达该 IP 地址指定端口的流量转发到对应的服务。用户创建 LoadBalancer 类型的服务时，k8s 控制平面自动创建一个负载均衡器实例，分配一个虚拟 IP，并且自动维护后端 Pod 和负载均衡器实例配置的更新。

如图 7.44 所示，服务定义为 LoadBalancer 类型，外部负载均衡器的 IP 地址为 192.0.2.127，服务的虚拟 IP 地址为 10.0.171.239。来自外部负载均衡器的流量将直接重定向到后端的 Pod 上。其中，如何进行负载均衡取决于云服务商。

```
apiVersion: v1
kind: service
metadata:
        name: my-service
spec:
        selector:
                app: MyApp
        ports:
                -protocol: TCP
                 port: 80
                 targetPort: 9376
clusterIP: 10.0.171.239
type: LoadBalancer
status:
        loadBalancer:
                ingress:
                        -ip: 192.0.2.127
```

图 7.44　定义服务类型为 LoadBalancer

（4）ExternalName。

类型为 ExternalName 的服务用于将外部服务引入集群内部。通过 spec.externalName 属性指定外部服务的地址，然后在集群内部访问此服务便可以访问外部的服务。图 7.45 所示的服务定义中，将 prod 命名空间中的 my-service 服务映射到了 my.database.example. com。

当查找 my-service.prod.svc.cluster.local 时，集群 DNS 服务将返回值为 my.database. example.com 的 CNAME 记录。访问 my-service 的方式与访问其他服务的方式相似，区别在于重定向发生在 DNS 级别，而不是通过代理或转发。如果以后决定将数据库移到集群内，可以启动其 Pod，添加适当的选择器或端点以及更改服务的类型。

---

① 在私有 k8s 集群中部署 LoadBalancer 类型服务需要部署另外的插件，如 MetalLB。

```
apiVersion: v1
kind: service
metadata:
        name: my-service
        namespace: prod
spec:
        type: ExternalName
        externalName: my.database.example.com
```

图 7.45　定义服务类型为 ExternalName

（5）Ingress。

当集群中需要对外部网络暴露的服务比较多时，NodePort 方式需要占用较多的集群节点端口，LoadBalancer 方式需要每个服务配置一个外部负载均衡器。此时，可以使用 k8s 的 Ingress。Ingress 是对集群服务的外部访问进行管理的 k8s API 对象，与 NodePort 和 LoadBalancer 类型服务不同，Ingress 不会对外暴露除 HTTP 和 HTTPS 以外的其他服务端口。

k8s 的 Ingress 对外部网络暴露到集群内服务的 HTTP 和 HTTP 路由，包括 Ingress 对象和 Ingress 控制器。Ingress 对象负责定义 HTTP/HTTPS 请求的转发规则。Ingress 控制器具体负责转发请求。为了使 Ingress 发挥作用，k8s 集群必须运行 Ingress 控制器并暴露给外部网络。来自外部网络的请求首先到达 Ingress 控制器，Ingress 控制器按照 Ingress 对象定义的规则转发请求到 Pod。目前，k8s 支持和维护了 AWS、GCE、nginx 等 Ingress 控制器。除此以外，可以选择使用 AKS Application Gateway Ingress Controller、Citrix Ingress Controller 等其他 Ingress 控制器。

与其他 k8s 资源一样，Ingress 对象使用 yaml 文件配置，包括 apiVersion、kind、metadata、spec 等。其中，spec 包含配置负载均衡器或者代理服务器所需的所有信息。最重要的是，spec 包含所有请求匹配列表。图 7.46 定义了一个单一规则的 Ingress。

```
apiVersion: v1
kind: Ingress
metadata:
        name: example-ingress
        annotations: nginx.ingress.kubernetes.io/rewrite-target: /
spec:
        rules:
                -host: www.example.com
                http:
                        paths:
                                -path: "/testpath"
                                 pathType: Prefix
                        backend:
                                service:
                                        name: test
                                        port:
                                                number: 80
```

图 7.46　Ingress 对象定义

Ingress 将所有访问 http://www.example.com/testpath 的 HTTP 请求发送到端口 80 的

test 服务上。从外部网络访问时，通过 DNS 域名解析得到 www.example.com 的 IP 地址，即 Ingress 控制器的 IP 地址。然后向 Ingress 控制器发送 HTTP 请求，设置 HTTP 请求消息的 Host 头部行为 www.example.com。Ingress 控制器收到请求后，获得 Host 信息并根据 Ingress 对象指定的规则将请求转发到服务 test 的某个 Pod 上进行处理。

五、Kubernetes 应用示例

下面以 Kubernetes 的"使用持久卷部署 MySQL 和 WordPress"为例，简单介绍在 Kubernetes 集群中部署应用的过程。

1. 准备工作

该示例需要 k8s 集群以及 kubectl 命令行工具。搭建 k8s 集群可以采用手动方式，或使用 kind、kubeadm 等工具。搭建 k8s 集群的具体过程此处不再详述。

集群包括三个节点，节点名分别为 master、worker1 和 worker2，IP 地址分别为 172.16.157.11、172.16.157.13、172.16.157.14。集群的服务网络 CIDR 为 10.1.0.0/16，集群的 Pod 网络 CIDR 为 10.244.0.0/16。

2. 创建 PV

MySQL 和 Wordpress 需要使用 PV 存储数据。PV 由集群管理员创建，PVC 在部署阶段由应用开发人员或集群用户创建。

通常，集群安装了默认的存储类（StorageClass）。如果创建 PVC 时没有指定 StorageClass，将使用集群默认的 StorageClass，创建 PVC 时根据 StorageClass 配置动态地提供 PV。

选择在一个集群的节点中创建/home/user/mnt/data 目录，编辑 PV 配置文件 pv-volume.yaml，内容如图 7.47 所示。

然后，创建两个容量为 5GB 的 PV，名字分别为 mysql-pv-volume、word-pv-volume。具体命令如下：

```
$ cd /home/user/mnt/data
$ vi ./pv-volume.yaml
$ kubectl apply -f ./pv-volume.yaml
```

之后，使用命令查看 PV 信息：

```
$ kubectl get pv
```

结果如图 7.48 所示。

3. 创建配置文件

1）添加 Secret 生成器

Secret 对象用于存储口令或密钥等敏感数据。kubectl 支持使用配置文件（kustomization.yaml）管理 k8s 对象。使用如下命令创建应用目录及 Secret 生成器：

```
$ mkdir application
```

```
$ cd application
$ mkdir wordpress
$ cd wordpress
$ cat < <EOF >./kustomization.yaml
secretGenerator:
- name: mysql-pass
literrals:
- password=YOUR_PASSWORD
EOF
```

其中，YOUR_PASSWORD 是为 MySQL 设置的数据库访问口令。

```
apiVersion: v1
kind: PersistentVolume
metadata:
        name: mysql-pv-volume
        labels:
                type: local
spec:
        storageClassName: manual
        capacity:
                storage: 5GiB
        accessModes:
                -ReadWriteOnce
        hostPath:
                path: "/home/user/mnt/data"
---
apiVersion: v1
kind: PersistentVolume
metadata:
        name: word-pv-volume
        labels:
                type: local
spec:
        storageClassName: manual
        capacity:
                storage: 5GiB
        accessModes:
                -ReadWriteOnce
        hostPath:
                path: "/home/user/mnt/data"
```

图 7.47 pv-volume.yaml

```
File  Edit  View  Search  Terminal  Help
[mahongwei@master data]$ kubectl get pv
NAME              CAPACITY   ACCESS MODES   RECLAIM POLICY   STATUS   CLAIM                   STORAGECLASS   REASON   AGE
mysql-pv-volume   5Gi        RWO            Retain           Bound    default/wp-pv-claim     manual                  30m
word-pv-volume    5Gi        RWO            Retain           Bound    default/mysql-pv-claim  manual                  30m
[mahongwei@master data]$
```

图 7.48 创建的 PV

2）为 MySQL 和 WordPress 添加资源配置

图 7.49 为单实例 MySQL 部署的清单文件。MySQL 容器将 PV 挂载到目录 /var/lib/mysql，MYSQL_ROOT_PASSWORD 为从 Secret 获取的访问数据库的口令，PVC 指定使用 PV 的方式和要求。图 7.50 为单实例 WordPress 部署的清单文件。WordPress 容器将 PV 挂载到目录/var/www/html，用于存储网站数据文件。环境变量 WORDPRESS_

DB_HOST 设定为前面定义的 MySQL 服务 wordpress-mysql，WordPress 通过服务访问数据库。环境变量 WORDPRESS_DB_PASSWORD 同样是从 kustomization.yaml 的 Secret 获取访问数据库的口令。

```
apiVersion: v1
kind: Service
metadata:
  name: wordpress-mysql
  labels:
    app: wordpress
spec:
  ports:
    - port: 3306
  selector:
    app: wordpress
    tier: mysql
  clusterIP: None
---
apiVersion: v1
kind: PersistentVolumeClaim
metadata:
  name: mysql-pv-claim
  labels:
    app: wordpress
spec:
  accessModes:
    - ReadWriteOnce
  resources:
    requests:
      storage: 20Gi
---
apiVersion: apps/v1
kind: Deployment
metadata:
  name: wordpress-mysql
  labels:
    app: wordpress
spec:
  selector:
    matchLabels:
      app: wordpress
      tier: mysql
  strategy:
    type: Recreate
  template:
    metadata:
      labels:
        app: wordpress
        tier: mysql
    spec:
      containers:
      - image: mysql:5.6
        name: mysql
        env:
        - name: MYSQL_ROOT_PASSWORD
          valueFrom:
            secretKeyRef:
              name: mysql-pass
              key: password
        ports:
        - containerPort: 3306
          name: mysql
        volumeMounts:
        - name: mysql-persistent-storage
          mountPath: /var/lib/mysql
      volumes:
      - name: mysql-persistent-storage
        persistentVolumeClaim:
          claimName: mysql-pv-claim
```

图 7.49　mysql-deployment.yaml

```
apiVersion: v1
kind: Service
metadata:
  name: wordpress
  labels:
    app: wordpress
spec:
  ports:
    - port: 80
  selector:
    app: wordpress
    tier: frontend
  type: LoadBalancer
---
apiVersion: v1
kind: PersistentVolumeClaim
metadata:
  name: wp-pv-claim
  labels:
    app: wordpress
spec:
  accessModes:
    - ReadWriteOnce
  resources:
    requests:
      storage: 20Gi
---
apiVersion: apps/v1
kind: Deployment
metadata:
  name: wordpress
  labels:
    app: wordpress
spec:
  selector:
    matchLabels:
      app: wordpress
      tier: frontend
  strategy:
    type: Recreate
  template:
    metadata:
      labels:
        app: wordpress
        tier: frontend
    spec:
      containers:
      - image: wordpress:4.8-apache
        name: wordpress
        env:
        - name: WORDPRESS_DB_HOST
          value: wordpress-mysql
        - name: WORDPRESS_DB_PASSWORD
          valueFrom:
            secretKeyRef:
              name: mysql-pass
              key: password
        ports:
        - containerPort: 80
          name: wordpress
        volumeMounts:
        - name: wordpress-persistent-storage
          mountPath: /var/www/html
      volumes:
      - name: wordpress-persistent-storage
        persistentVolumeClaim:
          claimName: wp-pv-claim
```

图 7.50　wordpress-deployment.yaml

下载 MySQL 和 WordPress 的配置清单文件，保存在当前目录：

 # curl -LO https://k8s.io/examples/application/wordpress/mysql-deployment.yaml

*# curl -LO https://k8s.io/examples/application/wordpress/wordpress-deployment.\
yaml*

将配置清单文件添加到 kustomization.yaml：

 # cat < <EOF >./kustomization.yaml

resources:

- mysql-deployment.yaml

-wordpress-deploment.yaml

EOF

4. 部署应用并检查

使用 kubectl 命令部署应用：

$ kubectl apply -k ./

之后，按如下步骤对应用部署情况进行校验。

（1）获取 Secret：

$ kubectl get secrets

结果如图 7.51 所示。

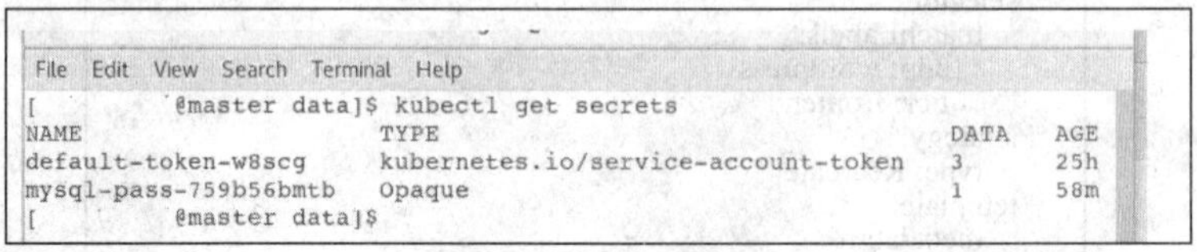

```
File Edit View Search Terminal Help
[        @master data]$ kubectl get secrets
NAME                      TYPE                                  DATA   AGE
default-token-w8scg       kubernetes.io/service-account-token   3      25h
mysql-pass-759b56bmtb     Opaque                                1      58m
[        @master data]$
```

图 7.51 Secret

（2）检查 PVC：

$ kubectl get pvc

结果如图 7.52 所示。

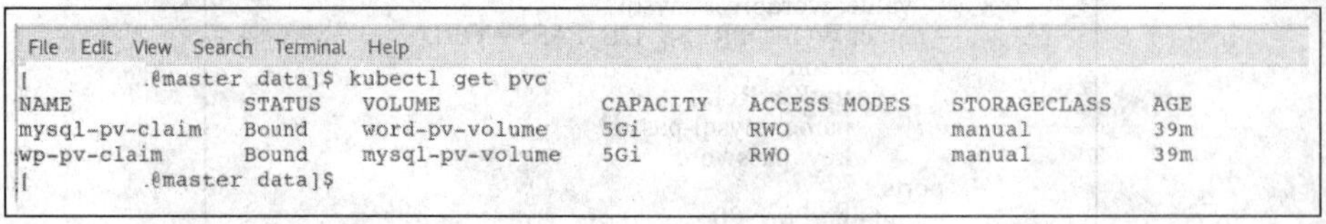

```
File Edit View Search Terminal Help
[        .@master data]$ kubectl get pvc
NAME             STATUS   VOLUME              CAPACITY   ACCESS MODES   STORAGECLASS   AGE
mysql-pv-claim   Bound    word-pv-volume      5Gi        RWO            manual         39m
wp-pv-claim      Bound    mysql-pv-volume     5Gi        RWO            manual         39m
[        .@master data]$
```

图 7.52 PVC

（3）检查 Pod 是否已经运行：

$ kubectl get pods

结果如图 7.53 所示。

```
File  Edit  View  Search  Terminal  Help
[        @master data]$ kubectl get pods -n default
NAME                              READY   STATUS    RESTARTS   AGE
wordpress-7c8ffc9cf6-pf76c        1/1     Running   0          41m
wordpress-mysql-78dd47b86-r7vmc   1/1     Running   0          41m
[        @master data]$
```

图 7.53　Pod

（4）检查服务是否已经运行：

$ kubectl get services wordpress

结果如图 7.54 所示，wordpress 的服务端口为 32525。

```
File  Edit  View  Search  Terminal  Help
[        @master data]$ kubectl get services wordpress
NAME        TYPE           CLUSTER-IP    EXTERNAL-IP   PORT(S)        AGE
wordpress   LoadBalancer   10.1.120.12   <pending>     80:32525/TCP   43m
[        @master data]$
```

图 7.54　服务

（5）通过浏览器访问 WordPress 服务。在地址栏内输入服务的 URL：http://172.16.157.14:32525，结果如图 7.55 所示。其中，IP 地址可以是集群中任意节点的 IP 地址。

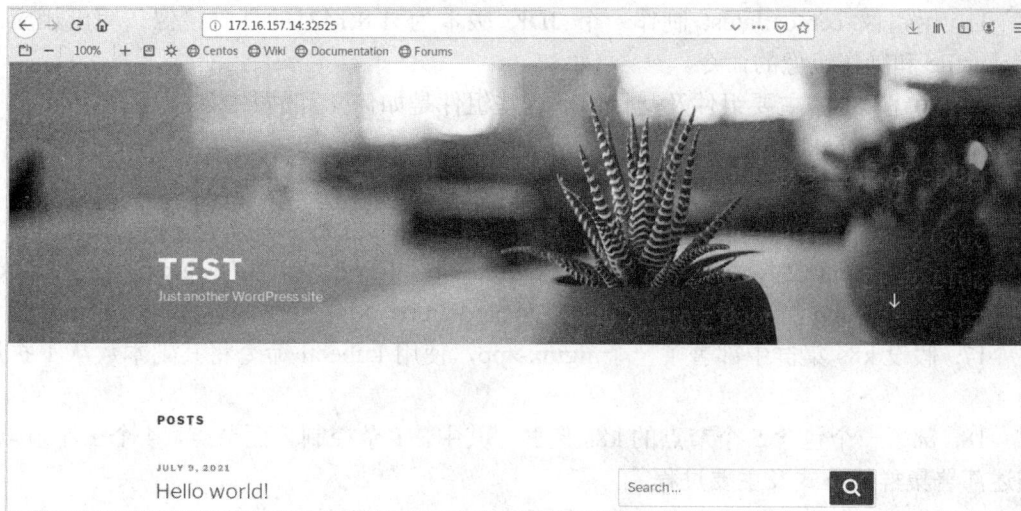

图 7.55　访问 WordPress 服务

5. 删除应用

部署和测试完成后，在 master 节点使用如下命令删除集群中的相关 Secret、部署、服务和 PVC：

$ kubectl delete -k ./

习　题

1. 操作系统级虚拟化技术主要有哪些？它们的基本思想分别是什么？

2. 容器与虚拟机的主要区别有哪些？

3. 最初，Docker 实现主要采用了哪些 Linux 内核技术？

4. 概述 Linux API 函数 clone()、setns()和 unshare()的主要区别。

5. Docker 的核心组件主要有哪些？各自的功能是什么？

6. Docker CNM 的主要组件有哪些？它们的作用分别是什么？

7. CNM 和 CNI 的主要不同是什么？你认为 k8s 采用 CNI 而不是 CNM 的原因是什么？

8. 宿主机与 Docker 容器共享数据的方法有哪几种？它们的区别主要是什么？

9. Docker Swarm 和 Docker Compose 的应用场景分别是什么？

10. 使用 Docker 创建并运行一个容器。简单描述限制该容器使用 20%～50%的 CPU、小于或等于 2GB 内存的基本操作。

11. 用镜像 centos:latest 制作一个 JDK 版本为 1.8.142 的基础镜像。写出相应的 Dockerfile 和制作镜像的命令。

12. 简述 k8s 的主要组件及其作用。这些组件是如何交互的？

13. k8s 和 Docker Swarm 的主要区别是什么？

14. k8s volume 类型有哪些？各自的特点是什么？

15. k8s 向外部网络暴露服务的方法有哪几种？

16. 编写 yaml 文件，创建一个名为 nginx-app 的 Pod，镜像为 nginx，并根据 Pod 创建名为 nginx-app 的 Service，服务类型为 NodePort。

17. 假设 k8s 集群中部署了一个 nginx-app，使用 kubectl 命令将其副本数从 1 扩展为 4。

18. 部署一个包含 5 个节点的 k8s 集群。其中，1 个控制平面节点，4 个工作节点。描述部署集群的方式及主要过程。

19. 在 k8s 集群中部署 ZooKeeper 服务。

第八章　Apache Hadoop

　　云计算和大数据相互联系、密不可分。一方面，云计算为大数据分析处理提供了弹性、可扩展的基础设施支撑环境和高效的数据服务模式，可满足大数据分析处理对计算、存储、传输的极限要求；另一方面，大数据分析处理是云计算的典型应用，提升了云计算的商业价值，促进了云计算的发展。云计算和大数据的结合可以更好地满足用户的实际需求。

　　本章介绍大数据分析处理框架 Apache Hadoop，包括 Apache Hadoop 简介、Hadoop YARN、Hadoop MapReduce、Hadoop 集群搭建、MapReduce 程序设计等内容。

第一节　Apache Hadoop 简介

　　Apache Hadoop 是一种使用简单编程模型在大型计算机集群上对海量数据进行并行处理的开源框架。Apache Hadoop 的思想源自 Google 的 GFS 和 MapReduce，主要目的是满足处理越来越多的数据并尽可能快速地向用户返回处理结果的实际要求。

　　Hadoop 具有无与伦比的可扩展性，可以非常容易地从一台服务器扩展为由数以千计的计算机组成的集群，每台计算机均有本地计算和存储能力。Hadoop 基于硬件故障常见的重要假设，运行在普通商用硬件上。Hadoop 依赖于位于计算机集群之上的应用层检测和处理可能的故障，而不是依赖于硬件自身的可靠性，以保证系统服务的高可用性。使用 Hadoop，用户无须了解分布式系统的底层细节，便可以利用集群的高性能计算和大容量存储开发分布式应用。

　　Hadoop 是大数据领域的重大进展，催生了计算能力的"平民化"。单位或个人可以使用免费、开源的软件和廉价的现成硬件，以可扩展方式分析和查询海量数据。Hadoop 的出现为专有数据库解决方案和封闭数据格式提供了一个可行的替代方案。并且，Hadoop 的成本更低、可伸缩性更强，为大数据分析的未来发展铺平了道路。实际上，Hadoop 被认为是现代云数据湖的基础。数据湖（data lake）是一类存储数据的系统或存储，数据通常是对象块或者文件，其中包括原始数据的复制以及为了各类任务产生的转换数据。

　　目前，Hadoop 被公认为大数据领域中的标准开源框架，已经成为海量数据分析处理的首选工具，被广泛应用于大数据存储、日志处理、ETL（extract，transform，load；提取，转换，加载）、数据分析、数据挖掘、用户行为特征建模、个性化广告推荐等诸多领域。谷歌、雅虎、微软、淘宝等都围绕 Hadoop 提供了开发工具、开源软件、商业化工具和技术服务。

一、Hadoop 的发展

2004 年，道格·卡廷（Doug Cutting）和迈克·卡法雷拉（Mike Cafarella）在 Apache Nutch 项目中启动了 Hadoop 的相关工作，开源实现了 Google 的 GFS 和 MapReduce。

2006 年 2 月，Hadoop 从 Nutch 中分拆出来。Nutch 继续专注于 Web 爬虫和检索，Hadoop 成为专注于分布式计算和存储的子项目。《纽约时报》的一篇文章介绍，卡廷以他儿子的玩具大象的名字命名了 Hadoop。

2006 年 2 月，雅虎（Yahoo）的网格计算采用了 Hadoop。

2006 年 4 月，Hadoop 0.1.0 发布。

2008 年 1 月，Hadoop 成为 Apache 的顶级项目，项目名为 Apache Hadoop。自此，Hadoop 迎来了快速发展期。

2009 年 5 月，Hadoop 把 1TB 数据的排序时间缩短到了 62s。Hadoop 从此名声大振，迅速成为大数据时代最具影响力的开源分布式处理平台，并成为事实上的大数据处理标准框架。

2011 年 12 月，Hadoop 1.0.0 发布。

2012 年 5 月，Hadoop 2.0.0 发布。

2017 年 12 月，Hadoop 3.0.0 发布。

2020 年 7 月，Hadoop 3.3.0 发布。

二、Hadoop 生态系统

经过长时间发展，围绕着 Hadoop 出现了大量的开源应用框架，包含了用来帮助收集、存储、处理、分析和管理大数据的众多工具和应用程序。这些工具和应用程序相互兼容，形成了庞大的 Hadoop 生态系统，如图 8.1 所示。

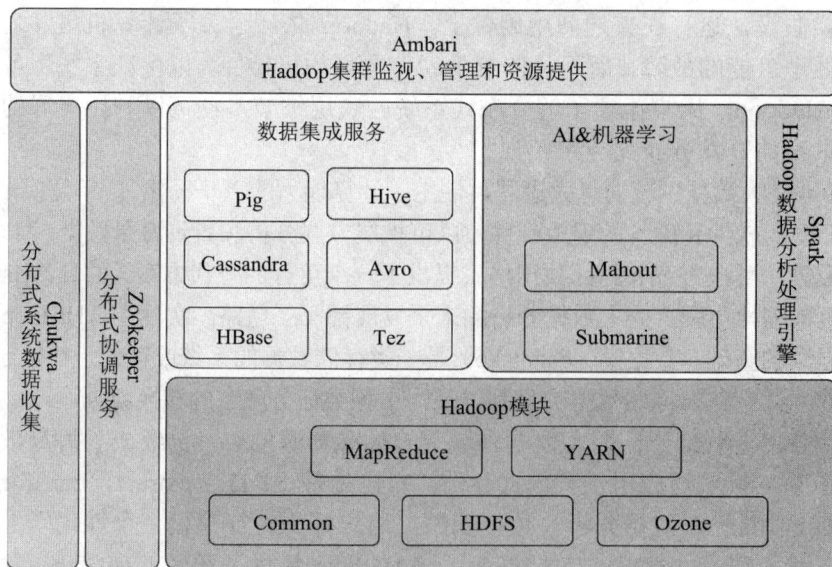

图 8.1　Hadoop 生态系统

1. Apache Hadoop 项目模块

目前，Apache Hadoop 项目包含五个模块：HDFS、MapReduce、YARN、Ozone 和 Common。

1）HDFS

HDFS 是 Hadoop 的核心模块之一，也是 Hadoop 项目最初包含的两个模块之一。

HDFS 借鉴了许多 GFS 的设计思想和实现方法，被认为是 Google GFS 的一种开源实现。HDFS 可以运行在普通硬件上，是整个 Hadoop 系统的数据存储管理基础设施。HDFS 采用主从架构，将文件拆分为固定大小的块（block），存储在分布式文件系统的节点中。主节点负责管理数据块到节点的映射、文件系统元数据和命名空间，从节点负责数据存储。HDFS 是具有高度容错性的系统，通过简化文件一致性模型和流式数据访问提供高吞吐量数据访问服务，非常适合大规模数据集上的应用。第四章的 HDFS 部分对 HDFS 的基本架构、数据副本位置、数据复制、读取数据流程、写入数据流程等做了详细介绍。

2）MapReduce

MapReduce 是 Hadoop 的核心模块之一，也是 Hadoop 项目最初包含的两个模块之一。Hadoop MapReduce 借鉴了 Google MapReduce 的许多设计思想和实现方法，被认为是 Google MapReduce 的一种开源实现。

Hadoop MapReduce 既是一种并行编程模型，也是一种海量数据处理引擎，用于大规模（通常大于 1TB）数据集的并行处理，所处理的数据存储在 HDFS 中。MapReduce 采用"分而治之"思想，将海量数据处理抽象为 Map 和 Reduce 两个阶段。Map 对数据进行指定操作，生成中间结果；Reduce 对中间结果进行合并、化简得到最终结果。以 MapReduce 编程模型编写的程序可以自动地在 Hadoop 集群上并行执行，MapReduce 引擎封装了并行计算、容错处理、数据存储、任务调度、任务间通信等细节，用户只需专注于并行程序的编写。因此，MapReduce 非常适合在大量计算机组成的分布式系统中对海量数据进行处理。

3）YARN

另一种资源协调者（yet another resource negotiator，YARN）是 Hadoop 的集群资源管理系统，为包括 MapReduce、Hive、HBase、Pig、Spark 等的 Hadoop 上层应用提供统一的资源管理和任务调度服务。

Hadoop 2 引入 YARN，对 Hadoop 1 的 MapReduce 架构进行了重新设计。YARN 将资源管理和任务调度/监测功能分离，从系统层面实现对 MapReduce 和其他 Hadoop 应用的统一管理。有了 YARN 后，各种 Hadoop 组件可以互不干扰地运行在同一个 Hadoop 集群中。

4）Ozone

引入 Ozone 之前，Hadoop 系统的存储完全依赖于 HDFS。HDFS 在处理小文件时效率比较低，可扩展性差。Hadoop 引入 Ozone 的目的是弥补 Hadoop 系统在对象存储方面的不足，目标是提供百亿甚至千亿级规模的对象存储能力。

Ozone 是分布式键值存储系统，可以高效管理大、小文件。Ozone 继续采用了 HDFS

的中心化架构和"机架感知"策略,提供了与 HDFS 相同的文件接口和相对应的对象操作接口,使用 HDFS 的应用可以无缝切换到 Ozone 上。

Ozone 将元数据管理分为命名空间和数据块管理两个服务,把以数据块为单位的管理变为以容器(container)为单位的管理。Ozone 中,一个容器可以包含多个数据块,解决了 HDFS 处理小文件效率低的问题。同时,以容器为单位进行管理,可以减少所维护的元数据量,大大增强了系统的可扩展性。

关于 Ozone 的详细信息,感兴趣的读者请参考 Ozone 官方文档。

5)Common

Hadoop Common 为 Hadoop 中其他模块和组件提供了一些常用工具,主要包括系统配置工具(Configuration)、远程过程调用(RPC)、I/O 序列化机制、Hadoop 抽象文件系统、日志处理等。Hadoop Common 为在通用硬件上搭建 Hadoop 集群环境提供了基本的服务,也包含了 Hadoop 软件开发所需的 API。

2. Apache Hadoop 的相关项目

1)Apache Ambari

Apache Ambari 项目开发了用于配置、管理和监控 Hadoop 集群(包括 HDFS、MapReduce、Hive、HCatalog、HBase、ZooKeeper、Oozie、Pig 和 Sqoop)的软件工具,以简化 Hadoop 集群及应用的配置和管理。集群管理人员使用 Ambari 可以搭建包含任意数量节点的 Hadoop 集群、管理 Hadoop 服务和应用配置、启动/停止/重新配置 Hadoop 集群及服务、监控及收集 Hadoop 集群及应用状态数据等。Ambari 提供了 RESTful API 支持的 Web UI,开发人员使用 Ambari RESTful API 可以轻松地将 Hadoop 配置、管理和监控功能集成到自己的应用程序中。

2)Apache Cassandra

Apache Cassandra 是一套开源分布式 NoSQL 数据库系统,综合了 Google BigTable 的数据模型和 Amazon Dynamo 的完全分布式架构。Cassandra 由 Facebook 开发,用于存储收件箱等简单格式的数据。由于具有良好的可扩展性,Cassandra 已经成为一种流行的分布式结构化数据存储方案。

3)Apache Chukwa

Apache Chukwa 是用于监控大型分布式系统(节点规模超过 2000 个)的开源数据收集系统,构建在 HDFS 和 MapReduce 之上,继承了 Hadoop 的可伸缩性和鲁棒性。Apache Chukwa 还包含了一个强大和灵活的工具集,可用于展示、监控和分析所收集的数据。Apache Chukwa 也被看作一种"分布式日志处理/分析"的全栈解决方案。

4)Apache HBase

Apache HBase 是一种分布式的、面向列的开源数据库。HBase 源自 Google 的 Bigtable,被认为是 Bigtable 的开源实现。HBase 在 HDFS 之上提供了类似于 Google Bigtable 的功能。第四章的 HBase 部分对 HBase 的数据模型、体系结构、Region 定位、数据读写流程等进行了较为详细的介绍。

5）Apache Hive

Apache Hive 是基于 Hadoop 的数据库工具，可以用来对存储在 Hadoop 中的大规模数据进行提取、转化、加载等，实现对数据的查询和分析。Hive 可将结构化数据文件映射为一张数据库表。Apache Hive 提供了 SQL 查询功能，同时可以将 SQL 语句转变成 MapReduce 任务在 Hadoop 集群上执行。

6）Apache Pig

Apache Pig 是一个基于 Hadoop 的大规模数据分析平台，提供了与 SQL 类似的语言 Pig Latin。Pig Latin 编译器可以把类 SQL 的数据分析请求转换为一系列经过优化处理的 MapReduce 任务。另外，Pig 为复杂的海量数据并行计算提供了简单的操作和编程接口。

7）Apache Spark

Apache Spark 是一种统一的大规模数据分析处理引擎，具有 MapReduce 的灵活性和可扩展性，但速度比 MapReduce 快得多。当数据存储在内存中时，Spark 比 MapReduce 快 100 倍；当数据存储在磁盘中时，Spark 比 MapReduce 快 10 倍。Spark 的内存计算和并行处理是其最受欢迎的特性。

Spark 允许用户读取、转换、聚合数据，并可以轻松地训练和部署复杂的统计模型。使用 Java、Scala、Python、R 等语言均可以访问 Spark API，也支持以交互方式分析处理数据。另外，Spark 提供了多个经过优化的算法、统计模型和框架。比如，为机器学习提供了 MLlib，为图形处理提供了 GraphX，为流计算提供了 Spark Streaming。

8）Apache Tez

Apache Tez 是一种构建在 Hadoop YARN 之上的通用数据流编程框架，提供了一个强大而灵活的引擎，以批处理或交互式方式执行任意的以有向无环图（directed acyclic graph，DAG）描述的任务。与 MapReduce 相比，Tez 可以将多个有依赖关系的作业转换为一个作业，降低了写入 HDFS 的频率，从而大大提升了任务处理性能。目前，Apache Tez 被 Hive、Pig 和 Hadoop 生态系统中其他框架和某些商业软件（如 ETL）所采用，以取代 Hadoop MapReduce 作为底层处理引擎。

9）Apache Mahout 和 Submarine

Apache Mahout 是一种分布式机器学习和数据挖掘库，提供了一些可扩展的机器学习领域经典算法的实现，包括聚类、分类、协同过滤、回归、奇异值分解、频繁项挖掘等，旨在帮助开发人员更加方便、快捷地创建智能应用程序。

Apache Submarine 是 Hadoop 和 Zeppelin 社区联合开发的机器学习平台，支持 TensorFlow、PyTorch 等机器学习框架以单机或分布式方式运行在 k8s 和 YARN 中。

10）Apache ZooKeeper

ZooKeeper 主要为分布式系统提供协调服务以及数据管理功能，如命名服务、集群管理、主节点选举、分布式锁、分布式应用配置等。通常，ZooKeeper 被看作 Chubby 的一种开源实现，但两者的设计理念也有着非常明显的不同。第四章的 Apache ZooKeeper 部分对 ZooKeeper 进行了较为详细的介绍。

11）Apache Avro

Apache Avro 是一种与编程语言无关的数据序列化系统，旨在提供一种共享数据文件的方式。Apache Avro 是一种基于二进制数据传输的中间件，通过对数据进行二进制序列化节约网络传输带宽。

三、Hadoop 的特点

Hadoop 具有以下特点。

① 高性价比：Hadoop 集群使用普通商用硬件，不依赖于专用硬件。

② 支持大规模集群：Hadoop 集群规模可达数千个节点，更大规模的集群可以提供更多的存储容量和更高的计算能力。

③ 数据并行处理：Hadoop 系统支持跨节点的并行数据处理，可以有效加快数据分析和处理速度。

④ 分布式处理：Hadoop 将数据高效地分布在集群的多个节点中，采用多数据副本，在保证数据可靠性的基础上提高了数据可用性。当某个节点故障或忙时，可以从其他节点获得数据或把任务调度到其他节点上执行。

⑤ 自动错误恢复管理：当节点故障时，Hadoop 可以根据数据副本的配置和数据分布情况自动替换故障节点。

⑥ 支持异构集群：Hadoop 集群节点的硬件、操作系统等都可以不同。

⑦ 可扩展性：可以灵活添加或移除 Hadoop 集群中的节点或硬件组件。

第二节　Hadoop YARN

Hadoop 1.x 中，Jobtracker 以单进程方式实现了资源管理和任务生命周期管理（包括定时触发及监控）两项功能。因此，Jobtracker 的压力大，容易成为系统瓶颈。并且，Jobtracker 和 MapReduce 的耦合非常紧密，不利于对多种应用所需的资源进行统一管理。

Hadoop 2 引入了 YARN，将资源管理和作业调度/监控功能拆分为两个单独的守护进程。YARN 使用了全局唯一的资源管理器以及每个应用程序对应一个的应用主控器的资源管理架构。应用可以是单个作业，也可以是以 DAG 描述的多个作业。

一、体系结构

YARN 的体系结构如图 8.2 所示。

YARN 的主要组件包括资源管理器（ResourceManager，RM）、节点管理器（NodeManager）、应用主控器（ApplicationMaster，AppMaster）、容器（Container）。

资源管理器是整个集群的资源仲裁者，负责为应用分配资源和对资源进行管理，并保障集群的运行效率。逻辑上，一个集群中只有一个资源管理器。

节点管理器是节点的资源和任务管理的代理，每个节点会运行一个节点管理器进程。当节点启动时，向资源管理器注册并通告自己的可用资源情况。在运行期间，节点管理器和资源管理器协同工作，维护整个集群的状态。节点管理器定时向资源管理器报告节点的资源（CPU、内存、磁盘、网络等）状态、使用情况，以及在节点中运行的容器的状态，接收和处理资源管理器的命令，为应用任务分配容器，接收并处理来自 AppMaster 的启动/停止容器等的各种操作请求。

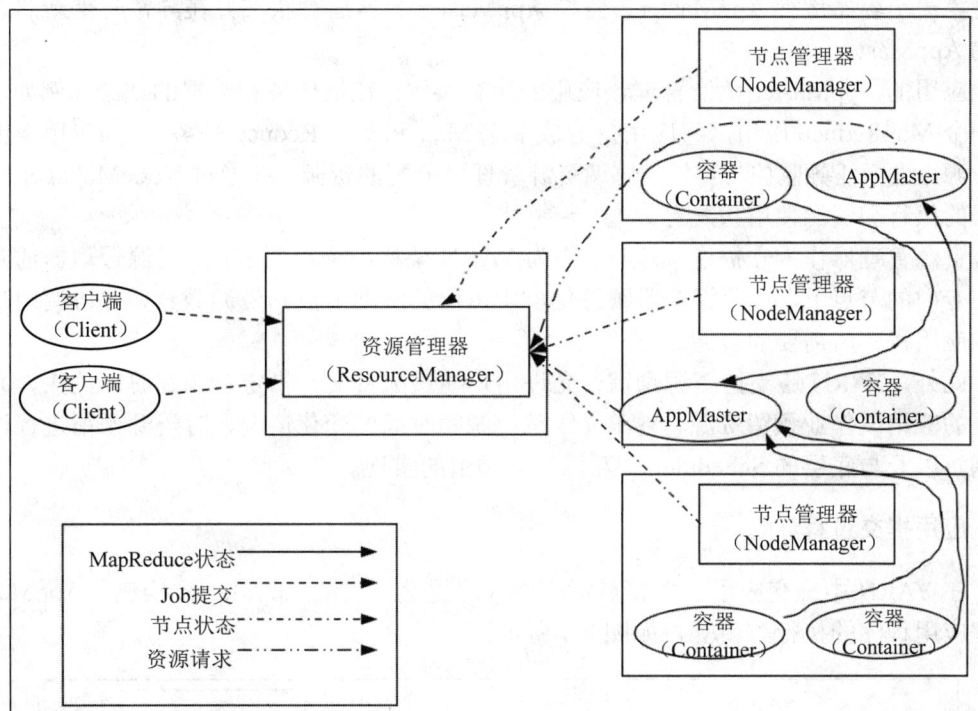

图 8.2　Hadoop YARN 体系结构

　　用户提交应用程序时，资源管理器启动用户应用的 AppMaster 实例。AppMaster 负责与资源管理器协商，以获取资源并分配给应用中的任务。AppMaster 与 NodeManager 进行交互，启动/停止任务、监控任务运行状态，在任务运行失败时重新为任务申请资源并重启任务。

　　YARN 以容器为单位进行资源分配，所有应用或作业都运行在容器中。Hadoop 中，一个节点中有多个容器，但一个容器只能运行在一个节点中。实际上，容器是 YARN 对节点资源的抽象，是一种资源表示形式，一个容器是某个具体节点中的一组系统资源。目前，YARN 管理的系统资源有 CPU 和内存两种。当 AppMaster 向资源管理器申请资源时，资源管理器向 AppMaster 返回以容器形式表示的资源。YARN 资源管理器负责为每个任务分配一个或多个容器，并且该任务只能使用分配给容器的资源。资源管理器会通知 AppMaster 哪些容器可用，但 AppMaster 需要请求容器所在节点中的节点管理器获得容器资源。

　　YARN 资源管理器包含 Scheduler 和 AppManager 两个组件。其中，Scheduler 负责根据容量、队列等约束条件为正在运行的应用分配资源。比如，为每个队列分配一定的资源，最多执行一定数量的作业等。Scheduler 是一种纯粹的调度器，只负责容器调度，并不对应用程序状态进行监控或跟踪。此外，Scheduler 也不保证在应用或硬件故障时重新启动失败的任务，这些具体工作均由应用的 AppMaster 负责。调度时，Scheduler 根据应用程序的资源需求情况做出决策，并且基于容器分配资源进行调度。AppManager 负责管理整个集群中的所有应用程序，具体包括接收作业提交、与 Scheduler 协商为应用分配第一个容器运行 AppMaster、监控 AppMaster 容器运行状态并在异常时重新启动应用的 AppMaster。

应用的 AppMaster 负责管理该应用的所有实例，包括任务和数据的切分（例如，对于一个 MapReduce 应用，将应用拆分成多个 Map 和多个 Reduce 任务），为应用申请容器资源，进行任务监控与容错，协调资源管理器分配的资源，并通过 NodeManager 监控容器的执行和资源使用状况等。

资源管理器作为守护进程运行。作为 YARN 架构的全局主节点，资源管理器通常运行在专门的节点上。资源管理器跟踪集群中可用的活动节点和资源数量，并协调用户提交的应用程序所需要的资源。

此外，YARN 还支持资源预留，允许用户通过配置文件指定资源和时间约束，并为重要的应用或作业预留资源。YARN 跟踪资源随时间的变化情况，对资源预留进行许可控制，以及与底层的 Scheduler 交互以保证预留的实现。

二、应用提交过程

在 YARN 中提交应用，主要包括应用程序提交、启动 AppMaster 实例、AppMaster 管理应用程序的执行等步骤，如图 8.3 所示。

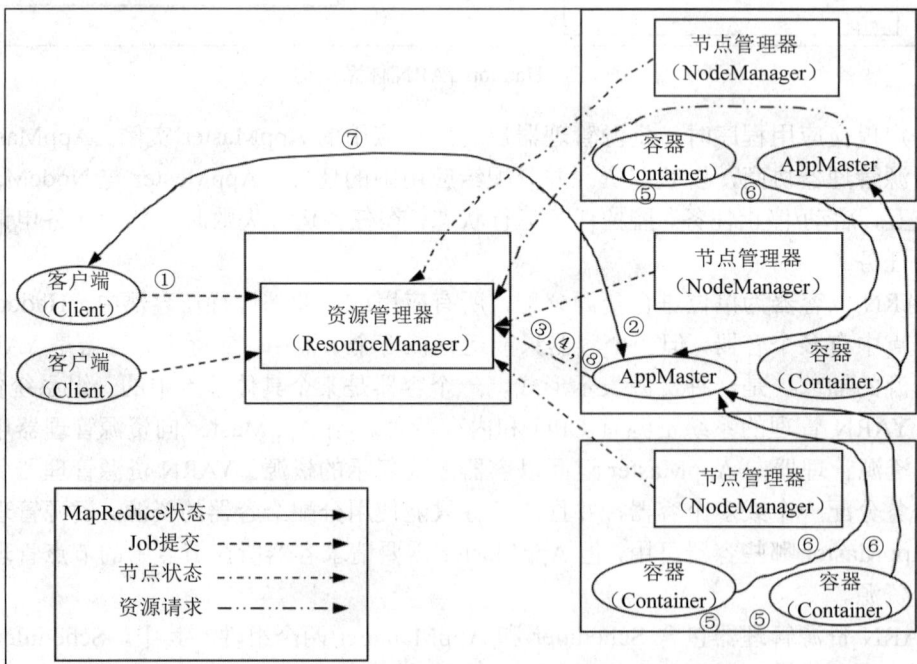

图 8.3　YARN 应用提交过程

① 客户端将应用程序所需的文件资料（包括 Jar 包、二进制文件等）存储在 HDFS 中，YARN 向资源管理器提交应用，并请求一个 AppMaster 实例。

② 资源管理器选择一个可以运行容器的节点。被选中节点的 NodeManager 从 HDFS 中下载应用的资料，并在指定容器中启动应用的 AppMaster 实例。

③ AppMaster 向资源管理器申请注册。注册完成后，客户端查询资源管理器以获得应用 AppMaster 的相关信息。随后，客户端可以和自己的 AppMaster 直接交互。客户端首先向 AppMaster 发送关于资源需求的请求。

④ AppMaster 使用资源请求协议向资源管理器的 Scheduler 发送资源请求消息①，Scheduler 进行调度并将分配的容器资源在消息中携带，返回给 AppMaster。

⑤ 当容器被成功分配后，AppMaster 向容器所在节点的 NodeManager 发送信息启动容器。其中包含能够让容器和 AppMaster 进行交流的必要信息。

⑥ 客户应用程序的代码以任务形式在启动的容器中运行，并把任务运行的进度、状态等信息发送给 AppMaster。

⑦ 在应用程序运行期间，客户端主动和 AppMaster 交互以获得应用的运行状态、进度更新等信息，使用的协议与具体应用有关。

⑧ 一旦应用程序执行完成，并且所有相关工作也已经完成，AppMaster 向资源管理器申请注销，并返回应用使用的容器资源。

第三节　Hadoop MapReduce

MapReduce 是一种以可靠、容错的方式在由商业硬件构成的集群上对大规模数据进行并行处理的编程框架。

MapReduce 将在大规模集群上进行的并行计算高度抽象为 Map 和 Reduce 两个阶段。大规模数据集被分成多个独立的小数据块，多个 Map 任务在多个节点上以并行方式对数据进行处理。MapReduce 框架按照用户定义逻辑对 Map 的输出结果进行排序、汇总、组合，作为 Reduce 任务的输入。MapReduce 把从 Map 输出的中间结果作为 Reduce 输入的过程叫作洗牌（shuffle）。Reduce 负责最终结果的合并，并将最终结果写入 HDFS。一般情况下，MapReduce 任务的输入数据和输出结果（包括中间结果）被存储在分布式文件系统（如 HDFS）中。

MapReduce 的基本思想是"计算向数据靠拢"，目的是降低移动大量数据带来的通信开销。通常情况下，计算节点和存储数据的分布式文件系统运行在同一个集群上。MapReduce 框架可以将任务调度到数据所在节点或离数据比较近的集群内其他节点上执行，尽量避免跨机架移动大量数据。离数据比较近的节点，通常指与数据节点在同一个机架中的节点。Hadoop 具有机架感知机制，可以了解两个节点是否在同一个机架中。

---

① 资源请求（resource request）消息中包含资源名称、优先级、资源需求量（CPU、内存）、满足需求的容器集合等内容。

尽管 MapReduce 的实现使用了 Java，但 MapReduce 应用可以使用 Java、Python、C++等多种语言编写。

一、MapReduce 编程模型

MapReduce 实际上是 Hadoop 系统的数据处理层。应用程序开发人员只需要按照 MapReduce 编程模型的要求设计数据处理业务逻辑，即定义 Map 和 Reduce，任务的调度、监测、异常时重新调度执行等复杂处理由 MapReduce 负责。

MapReduce 将用户提交的数据处理作业(job)划分成多个 Map 和 Reduce 任务(task)，并将任务调度到集群的一个或多个节点上并行执行。

MapReduce 处理的数据类型是键值对（key-value），即 MapReduce 将输入数据看作键值对的集合，MapReduce 的输出结果也是键值对的集合。

MapReduce 数据处理流程包括 Map、Shuffle、Reduce 等阶段，如图 8.4 所示。其中，Map 和 Reduce 是必需的。

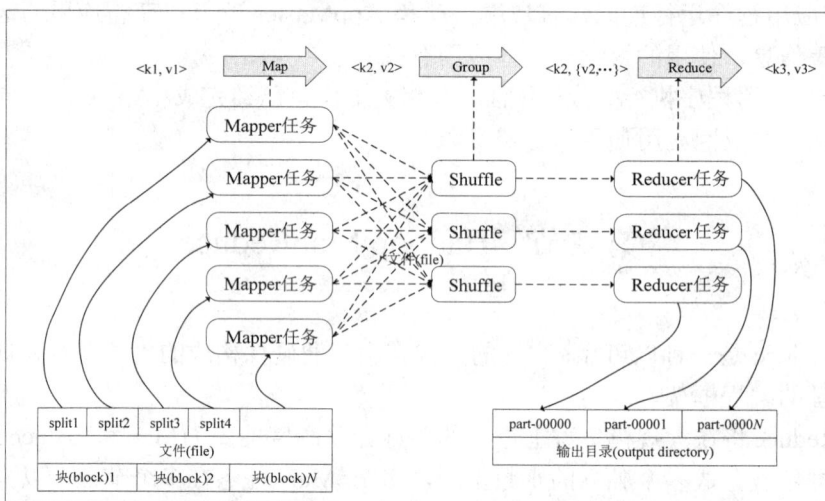

图 8.4 Hadoop MapReduce 数据处理流程

输入数据通常以文件形式存储在 HDFS 中。MapReduce 按照 HDFS 默认的数据块尺寸或用户定义的数据块尺寸将文件分割成一个或多个文件片(split)，每片对应生成一个 Map 任务。MapReduce 将片中的数据转换为键值对集合，作为 Map 任务的输入，即 Map 任务的输入数据为键值对集合：<k1, v1>。Map 按照用户定义的逻辑对数据进行处理并得到中间结果，中间结果也是键值对集合：<k2, v2>。

Map 任务得到的中间结果保存在缓存中。MapReduce 对所有 Map 任务生成的中间结果进行分区处理并按 key 进行排序，将相同 key 的所有 value 组合成一个 value 列表，并构成新的键值对集合：<k2, {v2,...}>。

MapReduce 按应用开发人员指定的 Reduce 任务数量对 Map 任务的中间结果进行分区，并对应生成 Reduce 任务。与 MapReduce 将输入文件自动切分并对应生成 Map 任务不同，Reduce 任务的数量由应用开发人员指定。数据经 Shuffle 输出给 Reduce 时，应用开发人员可以自定义分区类（即 Partitioner）以实现键值对到 Reduce 任务的映射，并均衡负载。

Reduce 按照用户定义的逻辑对数据进行处理，得到最终结果。最终结果也是一个键值对集合：<k3,v3>，MapReduce 框架将最终结果以文件形式写入 HDFS 中。

用户提交应用时，MapReduce 首先将数据文件切分为片，一个 Map 任务负责处理一个片中的数据。MapReduce 按行读取数据并将数据转换为键值对，key 为数据行在文件中的偏移，value 就是一行的数据。Map 按照用户定义的逻辑对数据进行处理，生成的中间结果在 Map 任务的内存缓冲区中暂时保存。当缓冲区快满时，MapReduce 会把中间结果写入 HDFS 中。

Map 任务执行完毕后，MapReduce 对所有 Map 得到的中间结果进行分区。分区的作用是将 Map 得到的中间结果分配到具体的 Reduce 任务。默认情况下，MapReduce 对 key 进行哈希（Hash）运算，以用户指定的 Reduce 任务数量取模。应用开发人员可以定义并实现自己的分区策略。数据分区完成后，Map 的中间结果和分区情况被写入环形缓冲区。Reduce 任务从环形缓冲区中读取自己需要的数据，并按照用户定义的逻辑对数据进行处理。

二、MapReduce 基本架构

自 Hadoop 2 以后，Hadoop 使用 YARN 统一管理集群资源以及进行任务调度。MapReduce 的基本架构如图 8.5 所示。

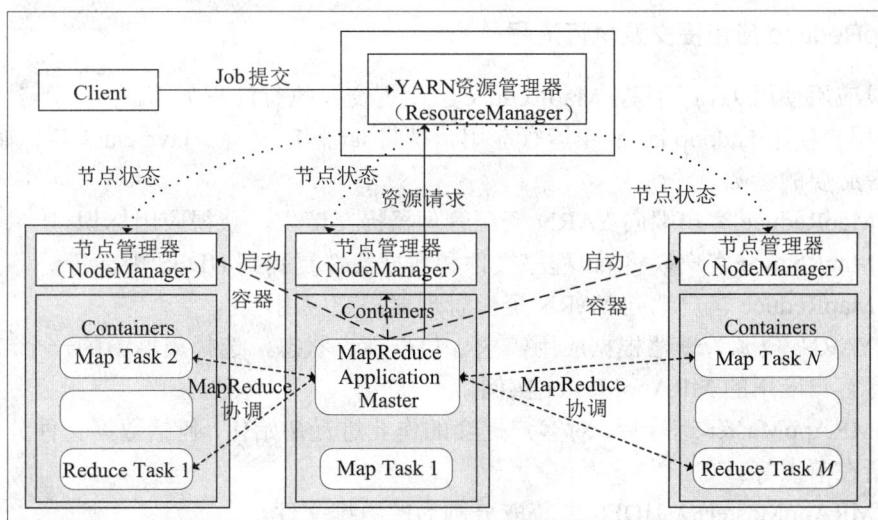

图 8.5　Hadoop MapReduce 的基本架构

MapReduce 框架主要包括运行在主节点中的一个 YARN 资源管理器（ResourceManager），运行在每个从节点中的节点管理器（NodeManager），以及一个 MapReduce 应用主控器（MapReduce ApplicationMaster，MRAppMaster）。前面，在 YARN 部分已经介绍过资源管理器、节点管理器和容器。需要进一步说明的是 MRAppMaster。

客户每向 Hadoop 集群提交一个 MapReduce 作业，YARN 资源管理器都会根据资源需求和集群资源状态，选择在一个节点中启动一个容器，运行该 MapReduce 应用的 AppMaster 实例。MRAppMaster 负责向资源管理器申请部署应用 Map 和 Reduce 任务所需的容器资源。

MRAppMaster 包含 ContainerAllocatorRouter、ContainerLuncherRouter 等组件。这些组件独立运行，负责接收事件或向其他组件分发事件。其中，ContainerAllocatorRouter 负责向 YARN 资源管理器请求容器资源，并将申请到的容器转交给负责容器启动的组件；ContainerAllocatorRouter 向 YARN 资源管理器请求容器时，以(node, container number) 形式描述希望申请的资源。例如，(A, 10)表示从节点 A 申请 10 个容器。

客户端运行 MapReduce 应用程序时，使用文件或文件列表指定输入数据，使用配置文件定义应用的属性。MapReduce 与 HDFS 进行交互，获得文件包含的数据块及其存放位置。然后，按数据块大小对文件进行分片，并将文件分片结果发送给 MRAppMaster。 MRAppMaster 根据文件分片情况生成 Map 任务，根据用户指定数量生成 Reduce 任务，并向 YARN 资源管理器申请容器以执行任务。

YARN 资源管理器和 NodeManager 之间周期性地进行通信。如果在一定时间内没有收到某个 NodeManager 的消息，YARN 资源管理器将节点标记为失效。失效节点中所有已经完成和正在处理的 Map 任务被重新设置为初始状态，正在处理的 Reduce 任务也被重新设置为初始状态，这些初始状态的 Map 或 Reduce 任务将被重新调度到正常节点上执行。已经完成的 Reduce 任务由于结果已经写入 HDFS，无须重新调度执行。

三、MapReduce 应用提交及执行流程

假设应用使用 Java 编写，MapReduce 应用提交及执行流程如下。

① 用户使用 hadoop jar 命令运行应用，携带 jar 程序文件、java class 名、输入及输出文件等必要的参数。

② MapReduce 客户端向 YARN 资源管理器提交请求，获得应用标识。

③ MapReduce 客户端将 jar 程序文件和数据文件复制到 HDFS 中。

④ MapReduce 客户端向 YARN 资源管理器提交应用。

⑤ YARN 资源管理器根据应用需求、集群节点状态，选择集群中的一个节点启动容器运行客户应用的 MRAppMaster 实例。

⑥ MRAppMaster 运行后，对客户提交的作业进行初始化，包括数据文件分割情况、数据块所在节点等。

⑦ MRAppMaster 从 HDFS 中获取分割后的数据文件。

⑧ 根据数据分割情况，生成子任务（Map 或 Reduce），并向 YARN 资源管理器请求容器资源。

⑨ 根据 YARN 资源管理器返回的容器资源，与相应的 NodeManager 交互，获得输入数据的位置，并启动容器运行子任务。

⑩ 子任务容器（即 Java 虚拟机）从 HDFS 中获得需要处理的数据及 Map 和 Reduce 的处理代码（即 Mapper 和 Reducer 类）。

⑪ 子任务容器执行 Map 或 Reduce 任务。

第四节　Hadoop 集群搭建

本节将介绍 Hadoop 的规划与设计，以一个实际例子说明 Hadoop 集群搭建过程。

一、系统规划

Hadoop 集群通常由多台计算机通过 LAN 相互连接组成，以分布式方式存储和处理海量数据。

1. 节点

Hadoop 集群主要有主节点和从节点（工作节点）两种类型的节点。主节点负责运行 ResourceManager 和 HDFS NameNode 等重要的守护进程。HDFS NameNode 的主要功能包括文件系统命名空间管理、监控 HDFS 客户端对文件系统的访问、文件系统元数据存储与管理、执行打开/关闭/重命名文件和目录操作等。ResourceManager 负责集群资源管理和任务调度，与 NodeManager 交互实现对集群状态的监控。

从节点负责运行 HDFS DataNode 和 Hadoop NodeManager 等守护进程。HDFS DataNode 负责数据存储、执行数据读写操作，在收到 NameNode 的指令后创建、删除、复制数据块。NodeManager 负责监控节点资源状态，向 ResourceManager 报告节点状态。

2. 单节点集群与多节点集群

单节点集群是指包括 NameNode、DataNode、NodeManager 等在内的所有守护进程运行在一台计算机中，并且运行在同一个 Java 虚拟机（JVM）实例中。单节点集群的存储和处理能力有限，可用性和可靠性不高，一般用于了解和熟悉 Hadoop 系统的学习环境。

顾名思义，多节点集群由多个节点使用网络相互连接构成。Hadoop 集群一般采用主从架构，即包含主节点和从节点。主节点负责集群级的资源管理、任务调度和状态监控，从节点负责具体的数据存储和执行计算任务。

在多节点集群中，是否采用专门节点分别运行 NameNode、ResourceManager 等集群级的监控进程，应根据实际应用对可靠性、可用性、性能等方面的要求加以确定。其中，运行 NameNode、ResourceManager 的节点分别是 HDFS、YARN 的主节点。为保证可靠性，一般会专门配置一个节点运行 Secondary NameNode 进程，以消除 HDFS 单 NameNode 节点存在的性能瓶颈和单点失效问题。从节点中运行 DataNode、NodeManager 等进程，承担计算和数据存储任务。

出于性能和可靠性考虑，主节点的配置要求通常较高。集群中从节点数量较多、功能相对单纯，对性能和可靠性的要求不那么高。因此，为了控制 Hadoop 集群系统的成本，从节点一般采用比较廉价的普通商用硬件。

集群规模主要由从节点数量决定。从节点数量越多，集群规模越大，Hadoop 系统的数据存储和计算能力越强。当然，系统的成本也会越高。实际应用中，应综合考虑需要处理的数据量及预期的数据量增长情况，通过平衡性能和成本，选择合适的集群规模。

二、Hadoop 集群搭建过程

下面以四节点 Hadoop 集群为例介绍搭建集群的基本过程。节点可以是物理计算机，也可以是虚拟机。集群配置及节点角色见表 8.1。

表 8.1　Hadoop 集群配置

序号	主机名	IP 地址	角色/功能
1	hadoop01	192.168.1.201/24	NameNode、DataNode、NodeManager
2	hadoop02	192.168.1.202/24	Secondary NameNode、DataNode、NodeManager
3	hadoop03	192.168.1.203/24	ResourceManager、DataNode、NodeManager
4	hadoop04	192.168.1.204/24	DataNode、NodeManager

其中，HDFS NameNode 为 hadoop01，Secondary NameNode 为 hadoop02，YARN ResourceManager 为 hadoop03。四个节点均作为从节点来运行 HDFS 的 DataNode 和 YARN 的 NodeManager。

节点的操作系统均为 CentOS 8，JDK 版本为 Java SE8u261，Hadoop 版本为 3.3.0。搭建时，建议先在一个节点中安装好 CentOS、JDK、Hadoop，并完成共性配置；之后，使用克隆技术复制出其他节点的基础环境；最后，修改各节点的主机名、IP 地址等。

1. 基础环境

CentOS 和 JDK 的安装过程不再详述。假设已经在节点 hadoop01 中安装好了 CentOS 和 JDK，用户名为 hadoop，IP 地址为 192.168.1.201。JDK 安装目录为/home/hadoop/jdk1.8.0_261，Hadoop 安装目录为/home/hadoop/hadoop-3.3.0。

配置主机名解析，以便使用主机名访问各节点。编辑/etc/hosts 文件，增加如下内容：

```
......
192.168.1.201  hadoop01
192.168.1.202  hadoop02
192.168.1.203  hadoop03
192.168.1.204  hadoop04
```

将 Hadoop-3.3.0 的安装文件解压缩到/home/hadoop/hadoop-3.3.0：

$ cd /home/hadoop

$ tar -xf hadoop-3.3.0.tar.gz

编辑文件/etc/profile，配置 JDK 和 Hadoop 环境变量，如图 8.6 所示。

```
......
export JAVA_HOME=/home/hadoop/jdk1.8.0_261
export PATH=$PATH:$JAVA_HOME/bin
export HADOOP_HOME=/home/hadoop/hadoop-3.3.0
export HADOOP_SHARE_HADOOP=$HADOOP_HOME/share/hadoop
export PATH=$PATH:$HADOOP_HOME/bin:$HADOOP_HOME/sbin
export CLASSPATH=$HADOOP_SHARE_HADOOP/common:$HADOOP_SHARE_HADOOP/hdfs:$HADOOP_SHARE_HADOOP/yarn
export HADOOP_CLASSPATH=$JAVA_HOME/bin/tools.jar
```

图 8.6 配置环境变量

编辑文件/home/hadoop/hadoop-3.3.0/etc/hadoop/hadoop-env.sh，配置 Hadoop 使用的 JDK，在文件的最后添加一行 JDK 配置：

```
export JAVA_HOME=/home/hadoop/jdk1.8.0_261
```

验证 JDK 和 Hadoop 的安装是否正确。如图 8.7 所示，表示 JDK 和 Hadoop 安装成功。

```
hadoop@hadoop01:~
文件(F) 编辑(E) 查看(V) 搜索(S) 终端(T) 帮助(H)
[hadoop@hadoop01 ~]$ java -version
java version "1.8.0_261"
Java(TM) SE Runtime Environment (build 1.8.0_261-b12)
Java HotSpot(TM) 64-Bit Server VM (build 25.261-b12, mixed mode)
[hadoop@hadoop01 ~]$ hadoop version
Hadoop 3.3.0
Source code repository https://gitbox.apache.org/repos/asf/hadoop.git -r aa96f1871bfd858f9bac59cf2a81ec470da649af
Compiled by brahma on 2020-07-06T18:44Z
Compiled with protoc 3.7.1
From source with checksum 5dc29b802d6ccd77b262ef9d04d19c4
This command was run using /home/hadoop/hadoop-3.3.0/share/hadoop/common/hadoop-common-3.3.0.jar
[hadoop@hadoop01 ~]$
```

图 8.7 验证 JDK 和 Hadoop 的安装

2. Hadoop 配置

Hadoop 配置文件是/home/hadoop/hadoop-3.3.0/etc/hadoop/core-site.xml。编辑文件 core-site.xml，在<configuration>节中增加如下内容：

```
<property>
       <name>fs.defaultFS</name>
       <value>hdfs://hadoop01:19870</value>
</property>
<property>
       <name>hadoop.tmp.dir</name>
       <value>/home/hadoop/tmp/hadoop-hadoop01</value>
 </property>
```

其中，fs.defaultFS 为 Hadoop 中默认文件系统的服务地址，设置为 hdfs://hadoop01:19870，用于在程序中访问 HDFS。hadoop.tmp.dir 为 Hadoop 临时文件存放目录。

3. HDFS 配置

HDFS 的配置文件为/home/hadoop/hadoop-3.3.0/etc/hadoop/hdfs-site.xml。HDFS 配置包括副本数量、NameNode 元数据文件存放目录、DataNode 数据文件存放目录、Secondary

NameNode 地址、是否允许 Web 访问等。

编辑 HDFS 配置文件 hdfs-site.xml，在<configuration>节中增加如下内容：

```
<property>
    <name>dfs.replication</name>
    <value>3</value>
</property>
<property>
    <name>dfs.namenode.name.dir</name>
    <value>/home/hadoop/dfs/name</value>
</property>
<property>
    <name>dfs.datanode.data.dir</name>
    <value>/home/hadoop/dfs/data</value>
</property>
<property>
    <name>dfs.namenode.secondary.http-address</name>
    <value>hadoop02:9868</value>
</property>
<property>
    <name>dfs.webhdfs.enabled</name>
    <value>true</value>
</property>
<property>
    <name>dfs.permissions</name>
    <value>false</value>
</property>
```

其中，dfs.replication 为 HDFS 的副本数量；dfs.namenode.name.dir 为 NameNode 存放 HDFS 元数据的目录，如果 value 中包含多个以逗号分隔的目录，则这些目录下都保存着相同的元数据；dfs.datanode.data.dir 为 DataNode 存储数据文件的目录；dfs.namenode.secondary.http-address 为 Secondary NameNode 的 IP 地址。

HDFS NameNode 内置一个 Web 服务器，提供关于 Hadoop 集群的一些基本信息，HDFS Web 服务器的 URL 默认为 http://namenode-name:9870。

本示例主要用于介绍 Hadoop 集群搭建过程，所搭建的集群不会用于实际生产环境。因此，配置 HDFS 可以使用浏览器访问。同时，为了方便，简化了 HDFS 的安全检查。需要注意，实际生产环境中应特别关注安全问题及其配置，通常应禁止以 Web 方法对 HDFS 进行操作。

4. MapReduce 配置

MapReduce 的配置文件为/home/hadoop/hadoop-3.3.0/etc/hadoop/mapred-site.xml。

编辑 MapReduce 配置文件 mapred-site.xml，设置使用 YARN 进行任务调度，在 <configuration>节中增加如下内容：

```
<property>
        <name>mapreduce.framework.name</name>
        <value>yarn</value>
</property>
```

5. YARN 配置

YARN 的配置文件为/home/hadoop/hadoop-3.3.0/etc/hadoop/yarn-site.xml。

编辑配置文件 yarn-site.xml，在<configuration>节中增加如下内容：

```
<property>
        <name>yarn.nodemanager.aux-services</name>
        <value>mapreduce_shuffle</value>
</property>
<property>
        <name>yarn.nodemanager.env-whitelist</name>
        <value>JAVA_HOME,HADOOP_COMMON_HOME,
          HADOOP_HDFS_HOME,HADOOP_CONF_DIR,
          CLASSPATH_PREPEND_DISTCACHE,
          HADOOP_YARN_HOME,HADOOP_MAPRED_HOME</value>
</property>
<property>
        <name>yarn.resourcemanager.hostname</name>
        <value>hadoop03</value>
</property>
```

其中，yarn.nodemanager.aux-services 指定 NodeManager 提供的服务；yarn. nodemanager.env-whitelist 指定容器可以覆盖的环境变量；yarn.resourcemanager.hostname 指定 ResourceManager 所在的节点，本示例使用 hadoop03 作为资源管理器。

6. Hadoop Worker 配置

worker 节点配置文件为/home/hadoop/hadoop-3.3.0/etc/hadoop/workers。编辑配置文件 workers，内容如下：

```
hadoop@hadoop01
hadoop@hadoop02
hadoop@hadoop03
hadoop@hadoop04
```

7. 复制其他节点并完成配置

通过磁盘克隆或虚拟机克隆，复制出另外三个节点。复制完成后，按表 8.1 设置各节点的主机名和 IP 地址。

8. 配置节点 SSH 免密登录

启动集群中的节点，在每个节点执行如下操作。
（1）生成密钥对：
$ ssh-keygen
（2）将生成的公钥发送给其他节点。例如，在 hadoop01 中执行如下命令：
$ ssh-copy-id hadoop@hadoop02
$ ssh-copy-id hadoop@hadoop03
$ ssh-copy-id hadoop@hadoop04

9. HDFS 初始化

在 NameNode 节点（即 hadoop01）中执行如下命令，以对 HDFS 文件系统进行初始化：
$ hdfs namenode -format

10. 启动 Hadoop 集群

在 NameNode 节点（hadoop01）中执行命令启动 HDFS：
$ start-dfs.sh
在 ResourceManager 节点（hadoop03）中执行命令启动 YARN：
$ start-yarn.sh
也可以在 NameNode 节点（hadoop01）只使用一条命令启动 Hadoop：
$ start-all.sh
停止 Hadoop 集群时，将上面启动命令中的 start 替换为 stop 即可。

11. 验证 Hadoop 集群

根据表 8.1 给出的集群设置可知：hadoop01 中运行 NameNode、DataNode、NodeManager 三个进程；hadoop02 中运行 Secondary NameNode、DataNode、NodeManager 三个进程；hadoop03 中运行 ResourceManager、DataNode、NodeManager 三个进程；hadoop04 中运行 DataNode 和 NodeManager 两个进程。

在各节点上使用 jps 命令可以查看节点中运行的 Java 进程，如图 8.8 所示。
使用浏览器查看 Hadoop 集群的基本信息，如图 8.9 所示。

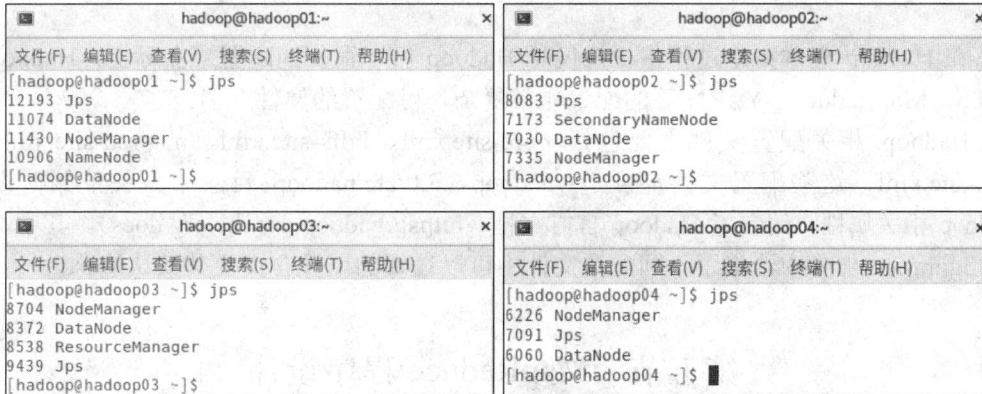

图 8.8 节点中的 Hadoop 相关进程

图 8.9 Hadoop 集群基本信息

12. 有关说明

在 Hadoop 集群搭建过程中，仅仅对 Hadoop 做了很少的配置。实际上，Hadoop、HDFS、MapReduce、YARN 等的配置非常复杂，可配置的属性众多。

Hadoop 相关配置文件主要包括 core-site.xml、hdfs-site.xml、mapred-site.xml 和 yarn-site.xml，这些配置文件都位于~/hadoop-3.3.0/etc/hadoop 目录中。关于如何设置 Hadoop 相关属性，请参考 Hadoop 官方文档（https://hadoop.apache.org/docs）。其中，在 Configuration 部分中给出了不同配置文件中可以设置的属性含义及其默认值。

第五节　MapReduce 程序设计

本节以 Hadoop MapReduce 官方的单词计数（WordCount）示例为例，简单介绍 MapReduce 应用程序设计。WordCount 统计输入文本文件中每个单词出现的次数。程序运行时，第一个参数指定输入，可以是文本文件，也可以是包含多个文本文件的目录，第二个参数指定保存输出结果的文件。

1. 源程序

源程序文件名为 WordCount.java，内容如图 8.10 所示。

2. 程序设计

MapReduce 程序设计时，主要需要编写 Map 和 Reduce 两个处理逻辑类。WordCount 中，类 WordCountMapper、WordCountReducer 分别派生自 Mapper 和 Reducer，分别重载了 map()和 reduce()两个方法，实现了 Map 和 Reduce 处理逻辑。

Mapper 将输入键值对映射为另一种键值对形式的中间结果。InputFormat 将输入文件分片，得到一个或多个文件片（split）。每个文件片对应生成一个 Map 任务。Mapper 的实现（即 WordCountMapper）被 Job.setMapperClass()传递给 job 实例。然后，对于文件片中的每个键值对（通常，key 为行号，value 为字符串），MapReduce 框架调用 map()方法进行处理。

map()方法每次处理一行文本。首先，使用 StringTokenizer 将文本行分割为单词（word），生成键值对形式的中间结果<word, 1>，key 为 word，value 为 1。假设输入文件包含一行字符串：Hello World Bye World。由于该文件很小，不会被进一步分片。因此，只生成一个 Map 任务。该 Map 任务处理完成后，生成的中间结果如下：

```
<Hello, 1>
<World, 1>
<Bye, 1>
<World, 1>
```

```java
import java.io.IOException;
import java.util.StringTokenizer;
import org.apache.hadoop.conf.Configuration;
import org.apache.hadoop.fs.Path;
import org.apache.hadoop.io.IntWritable;
import org.apache.hadoop.io.Text;
import org.apache.hadoop.mapreduce.Job;
import org.apache.hadoop.mapreduce.Mapper;
import org.apache.hadoop.mapreduce.Reducer;
import org.apache.hadoop.mapreduce.lib.input.FileInputFormat;
import org.apache.hadoop.mapreduce.lib.output.FileOutputFormat;
import org.apache.hadoop.util.GenericOptionsParser;

public class WordCount {
    public static class WordCountMapper extends Mapper<Object, Text, Text, IntWritable> {
        private final IntWritable one = new IntWritable(1);
        private Text word = new Text();

        public void map(Object key, Text value, Context context)
            throws IOException, InterruptedException {
            StringTokenizer stn= new StringTokenizer(value.toString());
            while (stn.hasMoreTokens()) {
                word.set(stn.nextToken());
                context.write(word, one);
            }
        }
    }
    public static class WordCountReducer extends Reducer<Text, IntWritable, Text, IntWritable> {
        private IntWritable result = new IntWritable();

        public void reduce(Text key, Iterable<IntWritable> values, Context context)
            throws IOException, InterruptedException {
            int sum = 0;
            for (IntWritable val : values) {
                sum += val.get();
            }
            result.set(sum);
            context.write(key, result);
        }
    }
    public static void main(String[] args) throws IOException, ClassNotFoundException,
        InterruptedException {
        Configuration conf = new Configuration();
        String[] cliArgs = new GenericOptionsParser(conf, args).getRemainingArgs();
        Job myJob = Job.getInstance(conf, "Word Count");
        myJob.setJarByClass(WordCount.class);
        myJob.setMapperClass(WordCountMapper.class);
        myJob.setReducerClass(WordCountReducer.class);
        myJob.setCombinerClass(WordCountReducer.class);
        myJob.setOutputKeyClass(Text.class);
        myJob.setOutputValueClass(IntWritable.class);

        FileInputFormat.addInputPath(myJob, new Path(cliArgs[0]));
        FileOutputFormat.setOutputPath(myJob, new Path(cliArgs[1]));
        boolean isSucced = myJob.waitForCompletion(true);
        System.out.println("result:" + isSucced);
        System.exit(isSucced ? 0: 1);
    }
}
```

图 8.10　WordCount.java

MapReduce 框架对 Map 任务生成的中间结果按 key 进行排序，然后根据 Reduce 任务数量对中间结果进行分区。开发人员可以通过自定义 Partitioner 类，控制将哪个 key 交由哪个 Reduce 任务处理。

WordCount 通过 Job.setCombinerClass()指定 Combiner 类，对 Map 中间结果进行本地汇总，目的是降低从 Map 到 Reduce 需要传输的数据量。程序中，指定的 Combiner 类为 WordCountReducer。Map 任务节点按照 WordCountReducer 定义的逻辑对中间结果进行汇总。结果如下：

```
<Hello, 1>
<World, 2>
<Bye, 1>
```

Reducer 对同一个 key 的 value 列表进行化简。应用开发人员可以通过 Job.setNumReduceTasks(int)指定启动的 Reducer 任务数量。WordCount 中，使用 Job.setReducerClass(WordCountReducer.class)传递给 job 实例。MapReduce 框架为每个 <key, (list of values)>调用一次 reduce()方法。reduce()方法将输入的形如<key, (list of values)>键值对中的 value 列表中的 value 求和，并将结果写入 HDFS 中。

MapReduce 中，作业（job）是用户描述在 MapReduce 框架中运行 MapReduce 应用的主要接口，一个 job 代表着一个 MapReduce 作业的具体配置。应用程序开发人员使用 job 与 YARN 资源管理器进行交互，包括向资源管理器申请 job、资源管理器从 job 配置获取作业的资源需求等。

可以通过 Configuration.set()、Configuration.get()来设置或读取 job 的特定配置。通常，应用程序开发人员通过 job 指定 Mapper、Combiner、Partitioner、Reducer、InputFormat、OutputFormat 等的具体实现。

WordCount 的主函数中，Hadoop 的默认文件系统设置为 HDFS（在之前的 Hadoop 集群搭建部分，已经将 Hadoop 集群的默认文件系统配置为 HDFS），指定作业配置，包括 Mapper 类、Combiner 类、Reducer 类。MapReduce 框架将读取程序运行参数，启动作业并等待作业的 Map 和 Reduce 任务运行结束。

3. 编译运行

编译源程序 WordCount.java：
$ javac ./WordCount.java
将编译后的 WordCount 类文件打包为 JAR：
$ jar -cvf WordCount.jar ./WordCount.class*
创建一个文本文件 input.txt，输入两行内容：

```
Hello World Bye World
Hello Hadoop Goodbye Hadoop
```

将文件 input.txt 上传到 HDFS 中的 input 目录中：
$ hdfs dfs -put input.txt /input

运行并将输出结果保存在 HDFS 中的/output/output.txt 文件中：

$ hadoop jar WordCount.jar WordCount /input /output/output.txt

打开 output.txt 文件查看运行结果，如图 8.11 所示。

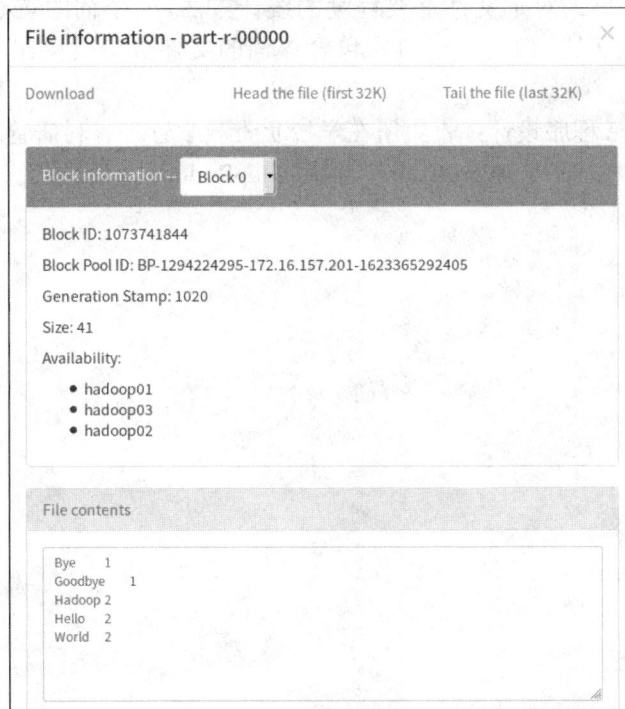

图 8.11　运行结果

习　　题

1. 简述 Hadoop 的核心模块及其主要功能。

2. Hadoop 的主要特点是什么？

3. 概述 Hadoop YARN 的主要组件及其功能。

4. 什么是 MapReduce？

5. 简述在 MapReduce 中提交应用的主要过程。

6. 简述使用 MapReduce 从读取数据到结果写入 HDFS 中间经历的主要阶段及其作用。

7. 假设文件大小为 M，数据块尺寸为 N。在 MapReduce 中将被分为多少片（split）？

8. 搭建包括 4 个节点的 Hadoop 集群，说明主要过程。

9. MapReduce 程序设计：假设某个班有 50 名同学，在最近一个学期开设了 5 门必修课。编程实现计算每门课程和每名同学的平均成绩。

10. MapReduce 程序设计：编程实现多个文本文件的合并，并删除文件中的重复文本行。

11. MapReduce 程序设计：TF-IDF（term frequency-inverse document frequency）是一种用于评估某个单词对于文件重要程度的统计方法。一个词的重要性与该词在该文件中出现的次数成正比，但与在语料库包含该词的文件数量成反比。编程实现 TF-IDF 算法。

12. MapReduce 程序设计：收集所在学校负责教学管理、科研管理等工作部门的相关新闻、公文、资料，参考 WordCount，利用 MapReduce 统计"立德树人""科教兴国""信息技术"等出现的次数。

参 考 文 献

阿里巴巴集团. 阿里云[EB/OL]. (2021-03-10)[2023-12-20]. https://www.aliyun.com.

陈国良, 2003. 并行计算：结构、算法、编程[M]. 2 版. 北京：高等教育出版社.

邓志, 2014. 处理器虚拟化技术[M]. 北京：电子工业出版社.

都志辉, 2001. 高性能计算并行编程技术：MPI 并行程序设计[M]. 北京：清华大学出版社.

龚正, 吴治辉, 闫健勇, 2021. Kubernetes 权威指南：从 Docker 到 Kubernetes 实践全接触[M]. 5 版. 北京：中国工信出版集团, 电子工业出版社.

顾炯炯, 2016. 云计算架构技术与实践[M]. 2 版. 北京：清华大学出版社.

管增辉, 曾凡浪, 2019. OpenStack 架构分析与实践[M]. 北京：中国铁道出版社.

过敏意, 2017. 云计算原理与实践[M]. 北京：机械工业出版社.

胡建平, 胡凯, 2014. 分布式计算系统导论：原理与组成[M]. 北京：清华大学出版社.

华为. IP 新技术专题[EB/OL]. （2020-10-10）[2023-12-10]. https://support.huawei.com/enterprise/zh/doc/EDOC1000173014/ a74c6374.

华为. 新的三层 overlay 技术[EB/OL]. （2016-11-28）[2023-12-10]. https://forum.huawei.com/enterprise/zh/thread/ 580908553567354880.

黄铠, 2018. 云计算系统与人工智能应用[M]. 袁志勇, 杜瑞颖, 张立强, 等译. 北京：机械工业出版社.

兰新宇. 虚拟化技术：CPU 虚拟化[EB/OL]. （2020-04-02）[2023-07-10]. https://zhuanlan.zhihu.com/p/69625751.

雷万云, 等, 2011. 云计算：技术、平台及应用案例[M]. 北京：清华大学出版社.

李宗标, 2018. 深入理解 OpenStack Neutron[M]. 北京：机械工业出版社.

林予松, 李润知, 刘炜, 2017. 数据中心设计与管理[M]. 北京：清华大学出版社.

刘鹏, 2015. 云计算[M]. 3 版. 北京：中国工信出版集团, 电子工业出版社.

刘三满, 杨晓敏, 郝雅萍, 2019. 云计算深度剖析：技术原理及应用实践[M]. 北京：中国水利水电出版社.

陆嘉恒, 文继荣, 2013. 分布式系统及云计算概论[M]. 2 版. 北京：清华大学出版社.

吕科, 等, 2018. 京东数据中心构建实战[M]. 北京：机械工业出版社.

梅宏, 金海, 2020. 云计算：信息社会的基础设施和服务引擎[M]. 北京：中国科学技术出版社.

米开朗基杨. VXLAN 基础教程：VXLAN 协议原理介绍[EB/OL]. (2020-04-14)[2022-10-21].https://juejin.cn/post/6844904126 539628557.

倪超, 2015. 从 Paxos 到 Zookeeper：分布式一致性原理与实践[M]. 北京：电子工业出版社.

邱铁, 陈晨, 周玉, 2016. Linux 内核 API 完全参考手册[M]. 2 版. 北京：机械工业出版社.

任永杰, 程舟, 2019. KVM 实战：原理、进阶与性能调优[M]. 北京：机械工业出版社.

孙宏亮, 2015. Docker 源码分析[M]. 北京：机械工业出版社.

吴朱华, 2011. 云计算核心技术剖析[M]. 北京：人民邮电出版社.

肖睿, 2017. Docker 容器与虚拟化技术[M]. 北京：中国水利水电出版社.

肖伟, 2017. 云计算平台管理与应用[M]. 北京：中国工信出版集团, 人民邮电出版社.

杨传辉, 2013. 大规模分布式存储系统：原理解析与架构实战[M]. 北京：机械工业出版社.

杨欢, 2014. 云数据中心构建实战核心技术、运维管理、安全与高可用[M]. 北京：机械工业出版社.

英特尔开源技术中心, 2017. OpenStack 设计与实现[M]. 2 版. 北京：中国工信出版集团, 电子工业出版社.

英特尔开源软件技术中心, 复旦大学并行处理研究所, 2009. 系统虚拟化：原理与实现[M].北京：清华大学出版社.

袁春风, 余子濠, 2018. 计算机系统基础[M]. 2 版. 北京：机械工业出版社.

詹姆斯·F. 库罗斯, 基思·W. 罗斯, 2018. 计算机网络：自顶向下方法（原书第 7 版）[M].陈鸣, 译. 北京：机械工业出版社.

张磊, 2021. 深入剖析 Kubernetes[M]. 北京：中国工信出版集团, 人民邮电出版社.

张子凡, 2016. OpenStack 部署实践[M]. 2 版. 北京：中国工信出版集团, 人民邮电出版社.

浙江大学 SEL 实验室, 2016. Docker 容器与容器云[M]. 2 版. 北京：中国工信出版集团, 人民邮电出版社.

郑纬民, 汤志忠, 1998. 计算机系统结构[M]. 2 版. 北京：清华大学出版社.

钟小平，许宁，2019. OpenStack 云计算实战[M]. 北京：中国工信出版集团，人民邮电出版社.

Adrian Mouat，2017. Docker 开发指南[M]. 黄彦邦，译. 北京：中国工信出版集团，人民邮电出版社.

Ajay D. Kshemkalyni，Mukesh Singhal，2012. 分布式计算：原理、算法与系统[M]. 余宏亮，张冬艳，译. 北京：高等教育出版社.

Alan Demers, Dan Greene, Carl Hauser, et al., 1987. Epidemic algorithms for replicated database maintenance[J]. ACM SIGOPS Operating Systems Review, 22(1):1-12.

Apache. Apache Hadoop Documentation[EB/OL]. (2020-07-06)[2022-10-10]. https://hadoop.apache.org/docs/r3.3.0/.

Apache. Apache Hadoop 3.3.1 Documentation[EB/OL]. (2020-10-02)[2022-03-11]. https://hadoop.apache.org/docs/ current.

Apache. Apache HBase Reference Guide [EB/OL]. (2019-06-02)[2022-05-06]. https://hbase.apache.org/book.html.

Apache. Apache Ozone Documentation[EB/OL]. (2021-03-13)[2022-10-10]]. https://hadoop.apache.org/ozone/docs/.

Apache. ZooKeeper 3.7 Documentation[EB/OL]. (2021-03-27)[2021-04-24]. https://zookeeper.apache.org/doc/current/zookeeper Observers.html.

Apache OpenStack. OpenStack Wallaby Installation Guides[EB/OL]. (2021-05-23)[2023-10-10]. https://docs.openstack.org/wallaby/ install/.

Arun C. Murthy，Vinod Kumar Vavilapalli，Doug Eadine，et al., 2015. Hadoop YARN 权威指南[M].罗韩梅，洪志国，杨旭，等译. 北京：机械工业出版社.

丹·C. 马里恩斯库（Dan C. Marinescu），2021. 云计算：原理、应用、管理与安全（原书第 2 版）[M]. 余堃，蔺立凡，等译. 北京：机械工业出版社.

Daniel P. Bovet，Marco Cesati，2007. 深入理解 LINUX 内核[M]. 陈莉君，张琼声，张宏伟，译. 3 版. 北京：中国电力出版社.

Danielle Ruest, Nelson Ruest，2011. 虚拟化技术指南（书名原文：Virtualization: A Beginner's Guide）[M].陈奋，译. 北京：机械工业出版社.

David E. Culler, Jaswinder P. Singh, Anoop Gupta，1998. Parallel Computer Architecture: A Hardware/Software Approach[M]. Waltham, MA: Morgan Kaufmann.

Docker Compose Doc[EB/OL].(2021-03-21)[2022-05-16].https://docs.docker.com/compose/.

Docker. Docker Docs[EB/OL]. (2019-10-12)[2021-12-20]. https://docs.docker.com.

Docker. Install Docker Engine[EB/OL]. (2020-12-01)[2023-12-10]. https://docs.docker.com/engine/install.

Donald Miner，Adam Sbook，2014. MapReduce 设计模式[M]. 徐钊，赵重庆，译. 北京：人民邮电出版社.

Fabrizio Soppelsa，Chanwit Kaewkasi，2017. Swarm 容器编排与 Docker 原生集群[M]. 崔婧雯，钟最龙，译. 北京：中国工信出版集团，电子工业出版社.

Fay Chang, Jeffrey Dean, Sanjay Ghemawat, et al. , 2006. Bigtable: A Distributed Storage System for Structured Data. OSDI'06: proceedings of the 7th USENIX Symposium on Operating System Design and Implementation, Seattle,WA, USA, Nov. 6-8, 2006[C]. Berkeley, CA, USA:USENIX Association.

Flexera. Flexera 2023 State of the Cloud Report[EB/OL]. (2023-04-05)[2024-01-20]. https://info.flexera.com/CM-REPORT-State-of-the-Cloud .

Gartner Glossary. Pubic Cloud Computing[EB/OL]. (2021-03-01)[2023-12-10]. https://www.gartner.com/en/information-technology/ glossary/public-cloud-computing.

George Coulouris，Jean Dollimore，Tim Kindberg，et al.， 2013. 分布式系统概念与设计（原书第 5 版）[M]. 金蓓弘，马应龙，等译. 北京：机械工业出版社.

Gerald J. Popek, Robert P. Goldberg, 1974. Formal requirements for virtualizable third generation architectures[J]. Communication of the ACM, 17(7):412-421.

Giuseppe DeCandia, Deniz Hastorun, Madan Jampani, et al. Dynamo: Amazon's highly available key-value store. SOSP 2007: proceedings of the 21st ACMSymposium on Operating System Principles, Stevenson, WA, USA, October 14-17, 2007[C]. New York: ACM, 2007.

Gustavo A. A. Santana，2015. 数据中心虚拟化技术权威指南[M]. 张其光，袁强，薛润忠，译. 北京：人民邮电出版社.

H3C. IRF 与 TRILL：构建无生成树协议的数据中心二层网络 [EB/OL]. (2011-09-10)[2020-06-04]. http://www.h3c. com/cn/d_201108/723207_30008_0.htm.

Hagit Attiya，Jennifer Welch，2008. 分布式计算[M]. 骆志刚，黄朝晖，黄旭慧，等译. 2 版. 北京：电子工业出版社.

Ian Foster, 1995. Designing and building parallel programs: concepts and tools for parallel software engineering[M]. Boston, MA: Addison Wesley.

伊恩·米尔（Ian Miell），艾丹·霍布森·塞耶斯（Aidan Hobson Sayers），2020. Docker 实践[M].杨锐，吴佳兴，梁晓勇，

等译. 2 版. 北京：中国工信出版集团，人民邮电出版社.

IETF RFC 7348, 2014. Virtual eXtensible Local Area Network(VXLAN): A Framework for Overlaying Virtualized Layer 2 Networks over Layer 3 Networks[S].

Intel. Intel Virtualization Technology for Directed I/O: Architecture Specification [S/OL]. Rev. 3.3. (2021-04-01) [2021-05-01]. https://software.intel.com/content/www/us/en/develop/download/intel-virtualization-technology-for-directed- io-architecture-specification. html.

Intel LAN Access Division. PCI-SIG SR-IOV Primer: An Introduction to SR-IOV Technology [R/OL]. Rev. 2.0. (2008-12-01)[2020-08-11]. https://www.intel.cn.

Intel Network Division(ND). Intel VMDq Technology: Notes on Software Design Support for Intel VMDq Technology[S]. Rev. 1.2. (2008-03-12)[2022-06-11]. https://www.intel.cn.

Jason A. Kappel, Anthony T. Velte,Toby J. Velte, 2009. Microsoft virtualization with Hyper-V[M]. New York: McGraw-Hill.

Jeffrey Dean, Sanjay Ghemawat, 2004.MapReduce: Simplified Data Processing on Large Clusters. OSDI 2004: proceedings of the 6th USENIX Symposium on Operating Systems Design and Implementation, San Francisco, California USA, December 6-8, 2004[C]. Berkeley, CA, USA: USENIX Association.

Kai Hwang，1995. 高等计算机系统结构：并行性、可扩展性、可编程性[M]. 王鼎兴，沈美明，郑纬民，等译. 北京：清华大学出版社，广西科学技术出版社.

Kai Hwang, Geoffrey C. Fox, Jack J. Dongarra, 2011. Distributed and cloud computing: from parallel processing to the Internet of things[M]. Waltham, MA:Morgan Kaufmann.

Kai Hwang，Geoffrey C. Fox，Jack J. Dongarra，2013. 云计算与分布式系统：从并行处理到物联网[M]. 武永卫，秦中元，李振宇，等译. 北京：机械工业出版社.

凯文·杰克逊（Kevin Jackson），科迪·邦奇（Cody Bunch），埃格尔·西格勒（Egle Sigler），2018. OpenStack 云计算实战手册：第 3 版[M]. 宋秉金，黄凯，杜玉杰，译. 2 版. 北京：中国工信出版集团，人民邮电出版社.

Kubernetes. Kubernetes Documentation[EB/OL].(2023-12-28) [2024-01-01]. https://kubernetes.io/docs/home/.

Linux.The Linux man-pages project[EB/OL]. (2021-02-13)[2024-01-01].https://www.kernel.org/doc/man-pages/.

Massimo Cafaro, Giovanni Aloisio, 2010. Grids, Clouds and Virtualization[C]. Berlin: Springer.

Matthew Portnoy, 2016. Virtualization Essentials[M]. 2nd ed. Indianapolis: SYBEX.

Michael J Flynn, 1966. Very High-Speed Computing Systems[J]. Proceedings of the IEEE,54(12):1901-1909.

Mike Burrows, 2006. The Chubby Lock Service for Loosely-Coupled Distributed Systems. OSDI'06: proceedings of the 7th USENIX Symposium on Operating System Design and Implementation[C]. Berkeley, CA:USENIX Association.

PCI-SIG. Multi-Root I/O Virtualization and Sharing Specification[S]. Rev. 1.0. (2008-05-12) [2020-10-24]. https://pcisig. com/specifications.

PCI-SIG. Single-Root I/O Virtualization and Sharing Specification[S]. Rev. 1.1. (2010-01-20) [2020-09-12]. https://pcisig.com/ specifications.

Peter M, Timothy G. The NIST definition of cloud computing[M/OL]. Recommendations of the national institute of standards and technology. Special Publication 800-145. Gaithersburg, MD: National Institute of Standard and Technology. 2011[2021-03-15]. https://nvlpubs.nist.gov/nistpubs/Legacy/SP/nistspecial-publication800-145.pdf.

Peterson, Cascone, O'Connor, et al. Software-Defined Networks: A System Approach[EB/OL]. (2021-01-14) [2021-07-12]. https://sdn. systemsapproach.org/index.html.

Rajkumar Buyya, Christian Vecchiola, S Thamarai Selvi, 2013. Mastering cloud computing: foundations and applications programming[M]. San Francisco: Morgan Kaufmann.

兰德尔·E. 布莱恩特（Randal E. Bryant），大卫·R. 奥哈拉伦（David R. O'Hallaron），2016. 深入理解计算机系统：原书第 3 版[M].龚奕利，贺莲，译. 北京：机械工业出版社.

Red Hat. Ceph Documentation[EB/OL]. (2020-03-06)[2021-04-14]. https://docs.ceph.com/en/latest.

Redis. Redis Documentation[EB/OL]. (2020-08-05)[2021-04-01]. https://redis.io/documentation.

Roman Trobec, Boštjan Slivnik, Patricio Bulić, et al., 2018. Introduction to Parallel Computing: From Algorithms to Programming on State-of-the-Art Platforms[M]. Gewerbestrasse, Switzerland: Springer.

Sage A. Weil, Andrew W. Leung, Scott A. Brandt, et al., 2006.Ceph: A Scalable, High-Performance Distributed File System. OSDI'06: proceedings of the 7th USENIX Symposium on Operating System Design and Implementation, Seattle, WA, USA, Nov. 6-8, 2006[C]. Berkeley, CA: USENIX Association.

Sage A. Weil, Scott A. Brandt, Ethan L. Miller, et al. , 2007. RADOS: a scalable, reliable storage service for petabyte-scale storage clusters. PDSW'07: proceedings of the 2nd International Petascale Data Storage Workshop, Reno, Nevada, USA, Nov.11, 2007[C]. New York: ACM.

Sage A. Weil, Scott A. Brandt, Ethan L. Miller, et al., 2006.CRUSH: controlled, scalable, decentralized placement of replicated data. SC'06: proceedings of the ACM/IEEE Conference on Supercomputing, Tampa, FL, USA, Nov.11-17, 2006[C]. New York: ACM.

Sanjay Ghemawat, Howard Gobioff, Shun-Tak Leung, 2003. The Google File System. SOSP'03: proceedings of the 19th ACM Symposium on Operating Systems Principles, BoltonLanding New York, USA, October 19-22, 2003[C]. New York: ACM.

Shashank Mohan Jain, 2020. Linux containers and virtualization: a Kernel perspective [M]. New York: Apress.

Thilina Gunarathne，2016.Hadoop MapReduce v2 参考手册：第 2 版 = Hadoop MapReduce v2 Cookbook，Second Edition：英文[M].影印本.南京：东南大学出版社.

Thomas Erl，Zaigham Mahmood，Ricardo Puttini，2014. 云计算：概念、技术与架构[M]. 龚奕利，贺莲，胡创，译. 北京：机械工业出版社.

TIA,2017. Telecommunications Infrastructure Standard for Data Centers:ANSI/TIA-942-B-2017 [S]. Virginia:TIA Technology and Standards department.

Tom White，2017. Hadoop 权威指南[M]. 王海，华东，刘喻，等译. 北京：清华大学出版社.

Transparent Interconnection of Lots of Links (TRILL) Use of IS-IS[EB/OL].(2011-07-01)[2022-10-10]. https://datatracker. ietf.org/doc/html/rfc6326.

VMware. VMware 词汇表[EB/OL]. [2023-12-10]. https://www.vmware.com/cn/topics/glossary.html .

VMware. 软件定义数据中心解决方案[EB/OL]. [2020-10-15]. https://www.vmware.com/cn/solutions/software-defined-datacenter. html.

Wesley P. Petersen, Peter Arbenz, 2004. Introduction to parallel computing: a practical guide with examples in C[M]. New York: Oxford University Press.

WiKi. Software Defined Network[EB/OL]. (2021-04-12)[2023-12-22]. https://en.wikipedia.org/wiki/Software-defined_networking.

Wikipedia. Apache Hadoop[EB/OL]. [2020-12-01]. https://en.wikipedia.org/wiki/Apache_Hadoop.

Zhang Ying, 2018. Network function virtualization: concepts and applicability in 5G networks[M]. New York: IEEE Press, Wiley.